JN165236

農学基礎シリーズ

新版 土壌学の基礎
生成・機能・肥沃度・環境

松中照夫
［著］

農文協

はじめに

本書の旧版は15年前の2003年末に公刊された。幸いにも多く読者に受け入れられ，15刷まで版を重ねることができたことを心から感謝したい。旧版が世にでて以来，記述内容に気がかりなこともあり，このたび，新版を世に送りだすことになった。旧版と同様，多くの読者に支持されることを願ってやまない。新版では，旧版で修正を必要とする部分を改訂し，そのうえで以下の内容を書き加えた。

まず，土壌の酸性についてである。土壌の酸性が強く低pHになると，作物に酸性障害（アルミニウム過剰害）があらわれるとされている。しかし，火山灰に由来する土壌（黒ボク土）を例に，すべての黒ボク土が例外なく「酸性化で作物にアルミニウム過剰害を発生させる」わけではないことを述べた。土壌が帯びるマイナスの電気(負荷電）の性格のちがいによって，酸性障害のでやすい土壌とそうでない土壌ができるからである。負荷電の性格のちがいは，土壌のpHの変化をやわらげる能力や養分を保持する能力にも関係する。これらについても，旧版より詳しく解説した。

次の注目点は，堆肥中心の有機農業と化学肥料も用いる慣行農業の関係である。堆肥と化学肥料を敵対させるのではなく，両者の利点を生かしたいと強調した。また，作物生産にとって「よい土壌」であるための具体的条件を提示した。土壌診断結果を活用して，堆肥や化学肥料を適正に利用する手順も書き加えた。それらの適正利用こそが，耕地に由来する環境汚染の回避や，持続的な食料生産に必須だからである。化学肥料との関連で，植物養分の「無機栄養説」はリービヒが唱えたとされてきた。しかし，この説を最初に指摘したのは，旧版でも記述したシュプレンゲルである。その功績を評価して，シュプレンゲルとリービヒによる説であると改めた。

土壌の放射能汚染についても加えた。旧版刊行後に発生した東日本大震災と，それによる福島第一原子力発電所の過酷事故，そして放射性物質の放出があったからである。しかし，チェルノブイリ原発事故後に制定された土壌汚染対策法においてさえ，放射性物質が法律の「特定有害物質」から除外されている。それはなぜか，この事故の教訓をどう生かすのかを読者に問うた。著者の意をくんでいただければ，まさに望外の幸せである。

本書ができたのは，旧版に序文を寄せていただいた北海道大学名誉教授岡島秀夫先生のたゆまぬご薫陶のおかげである。酪農学園大学の澤本卓治教授には，資料の収集や疑問点の整理のための論議など，絶大なご支援をいただいた。農文協編集部の丸山良一氏には，時宜にかなった叱咤激励をいただいた。以上の皆様に対し，深く感謝の意を表したい。最後に，旧版のときと同様，私の仕事に理解を示し，忍耐をもって温かく見守り支えてくれた家族と妻に，心から感謝の気持ちを捧げたい。

2018年8月

松中照夫

旧版「序」

土という漢字は，土から植物の芽が出てくる姿を表わしているといわれている。この文字を見ただけでも農耕を手にすることで栄えてきた人間社会の土への関心の深さが伝わってくる。紀元前1世紀に書かれた中国の農書にすでに，土の能力を作物ごとに発揮させる栽培法が詳しく述べられている。西欧でも，古代ギリシャの哲学には，万物は土，水，空気，火の4元素で構成されているとの自然観があったほどである。

農耕技術の発達によって食料生産が高まり，人口が増え，文明が発達し，その歴史のなかで時代を画する農業の技術がいろいろと誕生してきた。その一つに，イギリスの産業革命を支えたノーフォーク農法がある。この農法は土の革新的肥培管理によって飛躍的に食料生産を高め，産業革命を後押ししたことで有名なもの。本書著者の松中照夫教授は，かつてノーフォークのモーレイ研究センターでコムギの研究に従事され，その地域の農業の歴史的な働きを身をもって学びとられた数少ない学者である。

松中教授はコムギのほかに長年草地の土壌肥料学研究に従事し，貴重な研究成果を数多く発表されている。現在，その体験をもとに酪農学園大学で土壌肥料・作物栄養の教育研究に情熱を燃やしておられるが，“自分の体験から学んできた土の機能のすばらしさや，そこに見られる美しい自然の調和を伝え，土壌学への理解を深めてほしいと願って講義を続けているが，学生にとって何かとむずかしいことがあるようで，思うように伝えられない”としばしば自戒されていた。その松中教授が，この度，その想いを込めて『土壌学の基礎—生成・機能・肥沃度・環境—』を執筆された。通読し，さすがと感服している。

土壌学が対象にする土の話には確かにむずかしいことがある。自然のなかで土は多様な働きで非常に大きな役割をはたしているが，直接目でその実態をとらえがたく，土が植物を育てる仕組みでさえ，かつては限られた根拠による憶測に過ぎないものであった。やがてその仕組みなども19世起中頃から発展してきた土壌科学によってしだいに明らかになり，知識が体系化されてきた。ただしその過程でときには土壌学特有の用語も生まれたため，学ぶものにとって理解にとまどうことがある。例えば土性という用語がある。科学には対象とするものを分類して知識を整理する基本姿勢がある。とらえがたい土を，粒子組成（soil texture）によって分類し，土の比較を容易にしているのもその好例である。その粒子組成がじつは土性なのである。文字からは意味を読みとりがたい。

植物養分などを保持する土の重要な能力は，かつては何か語感の重い塩基置換容量として示されていた。現在は陽イオンと陰イオン交換容量として表示されているが，本書はそれらについても歴史的な背景から説き起こし，的確な事例によって読者の関心を高めながら，わかりやすさを基本に講じられている。この独自な姿勢は本書全般にわたるもので，人間の土の認識についての歴史を背景にして学んでゆき，理解を深める名著。読んでいると何とかしてわかってほしいと願う著者の温かい心が伝わってくる。

環境保全が現代社会の合言葉である。農業も他の人間の営みと同じように環境との調和が求められている。本書からもわかるように，もともと土壌学は環境と生物の関係，つまりエコロジー（生態学）の視点で発展してきた学問である。そのため農学を学ぶにはもちろん，食料生産，その安全，あるいは地球環境など，現代人に欠かせない情報を得るには土壌学が必須の知識であろう。本書を読まれることで、私たち一人ひとりの生き方や，世界の在り方を改めて考える機縁が得られるものと期待している。

2003年9月

岡島 秀夫

旧版「はじめに」

今，唐突に「土壌とはなにか」と質問されると答えに困らないだろうか。コンクリートのビルとアスファルト舗装で固められ，土壌と無縁の都会に住む人だけでなく，日常生活で土壌と接する機会が比較的多い農山村地域に住む人でさえ，改めて質問されるととまどってしまうだろう。私たちの食料の多くが農地から生産され，その生産に土壌が深くかかわっていることに異論を持つ人はいないと思う。しかし，それほど大切な役割を担っている土壌について，それがどのようにしてできたのか，土壌にはどんな機能があり，農産物の生産とどのような関係を持っているのかといったことに関心を持つ人は少ない。

その一方で，科学技術の著しい進歩によって日常生活が便利で快適になった反面，大量生産大量消費の経済活動によってもたらされるさまざまな問題に不安を持つ人も多い。そして，食料生産の基盤である土壌がそうした経済活動で危機に直面し，結果的に土壌が「死んで」しまうと主張する人もいる。土壌への過大な期待が土壌の変化を過敏に感じさせているのかもしれない。

こうした無関心と過敏な関心が同居する今こそ，土壌を過大評価も過少評価もしない冷静な眼を養うことが重要である。しかし，じつはそれが意外にむずかしい。私たちは，現実の土壌中でのさまざまな変化を直接見聞きできないうえに，その変化の時間の単位が，秒の世界から数千年，数万年の世界までと，きわめて幅広いからである。それゆえ，土壌を正しく理解するための手引きがどうしても必要となる。もとより浅学非才の身，しかも類書が多数あるにもかかわらず，あえて本書を出版したいと思ったのは，こうした背景があったからである。

本書では，まず土壌の働きの基本概念と土壌のでき方を述べた。土壌が自然環境の法則とは無関係に「生きたり死んだり」しないこと，土壌は与えられた自然や人為による環境変化のなかで，常に調和を保とうとしており，土壌の変化も自然との調和という大原則に従っていることに力点をおいた。次に土壌の持つ多様な機能と，その機能ができあがる仕組みを解説した。土壌の物理的あるいは化学的性質に基づく幅広い機能のなかから，土壌の理解に必要な事項を取りあげて記述した。続いて，そうした多様な機能が全体として作物の生育にどのような影響を与えているのかを，土壌の肥沃度という立場で述べた。最後に，最近の人類による活発な経済活動が土壌や作物生育に大きな影響を与えることと，これまでには考えられなかった農業による環境汚染や地球環境への悪影響について触れた。将来の人類の食料確保に明るい展望を見出すには，足もとの土壌に関心を持ち，その土壌を保全していく必要があることを強調した。

こうした内容を含む本書では，土壌学の最先端の知見を述べることよりも，基礎的な事項を可能な限り平易に述べ，理解しやすくすることに務めた。それは，一見複雑に見えてわかりにくい土壌の世界が，じつは見事な自然の調和の美しさで律せられていることを，読者に味わってもらいたいためでもある。

このような土壌の世界の美しさを私に教え，土壌学という学問の道に導いて下さったのは，本書に序文をお寄せいただいた恩師，北海道大学名誉教授岡島秀夫先生である。日頃の先生のご薫陶に心から感謝申し上げる。また，酪農学園大学土壌植物栄養学研究室の大学院生，専攻学生諸君と交わした多くの論議は，本書執筆のうえで大きな助けとなった。同研究室の阿部直美氏には本書の資料整理に特段のご協力をいただいた。さらに，貴重な研究成果を引用させていただいた関係各位，そして農文協の編集部には，出版へのご尽力と執筆中に叱咤激励をたまわった。記して謝意を表する。本書は，月刊誌『酪農ジャーナル』に「土のはなし」として連載したものを基礎とし，大幅に加筆したものである。酪農ジャーナルからの転載を許していただいた酪農学園大学エクステンションセンターに心からなる感謝を申し上げる。

私がこれまで仕事に心おきなく没頭できたのは，私を身近で温かく見守り，励まし，支え，そして忍耐し続けてくれた家族のおかげである。特に妻・礼子に対し，ここに記して深く感謝の気持ちを表わしたい。

2003年10月

北海道・野幌にて

著 者

目次

地球の生命を支える土壌

1 地球の中での土壌の位置

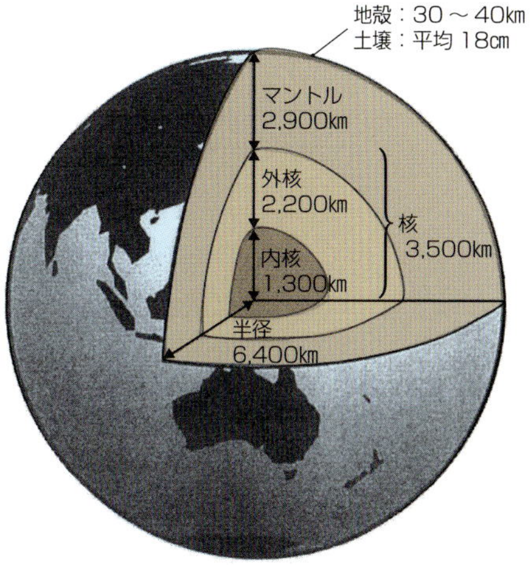

私たちはまぎれもなく地球上で生活している。広大な宇宙空間で，地球以外に私たちの生命を維持してくれる場所はない。その地球は，半径およそ6,400kmのほぼ球体である（図1-1）。この球体の中心部分が核で，その外側がマントル，そしてマントルの外側に地殻がある。地球の表面積のうち70%は海洋で覆われ，陸地は30%にすぎない。陸地の地表からおよそ30～40kmの厚さで覆われる部分，それが大陸地殻である。土壌は，大陸地殻の表面のほんの数cmからせいぜい数m，全地球を平均すると18cmの厚みしかない（陽，1994）。

地殻：30～40km
土壌：平均18cm
マントル 2,900km
外核 2,200km
内核 1,300km
核 3,500km
半径 6,400km

図1-1　地球の構造と土壌の位置

この厚みは，地球の半径の1,000万分の1にすぎない。人の皮膚は平均すると2mm，身長2mの人の1,000分の1である（モントゴメリー，2010）。土壌は，地球規模でみると人の皮膚よりもさらに薄いかすかな皮膜でしかない。半径6,400kmの球体を図1-1のように縮小して表現すると，18cmの厚みは，円の外周線の太さでも厚すぎて，図示すらできないほどの薄さである。これが地球のなかでの土壌の位置である。このかすかな地球の皮膚である土壌に植物が育ち，それを餌として微生物や動物がくらし，私たち人類の食料の多くも土壌から生産されている。食料だけでなく，生活に必要な物資のほとんどは土壌から産出されたものである。土壌なくして，私たちの生活はありえない。それほどに重要な土壌であっても，地球全体からみればかすかな薄い皮にすぎない。

2 土壌が地球に誕生するまで

1 月には土壌がない

もし地球上に土壌がなければ，どのような世界になっていたのだろうか。地球とほぼ同時期に誕生した月には，地球でいう土壌が存在しない。

1969年7月20日，アメリカの宇宙船アポロ11号の船長ニール・アームストロングは人類史上はじめて月面に第一歩を降ろした。そのとき，足下にあったのは地球でいう土壌ではなかった。アームストロングにつづいて月面に降り立ったバズ・オルドリンによれば，それは地上でいう塵埃（じんあい），ほこりとしかいいようがなかった（立花，1983）。

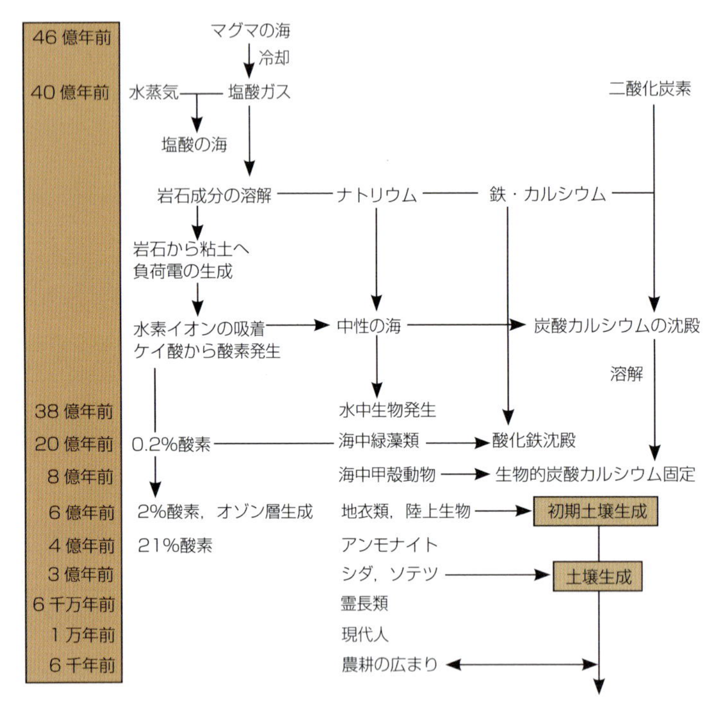

図 1-2　地球の地質生物化学的歴史と土壌生成
（波多野〈松井，北野，石川，梅木による〉，1998）

月の表面温度は，太陽に直射される部分で最高130℃にもなる。逆に，裏側の日陰の部分では，最低−170℃に達する。月には大気も水もないからである。これでは月面に生命が宿るはずがない。月面の無生物状態のようすは，生命の宿る地球がいかにすばらしいものであるかを教えている。しかし，その生命が地上に宿るには，長い道のりを必要とした（図 1-2）。

2 地球の誕生と生命のはじまり

今から46億年前の地球誕生以降，マグマは徐々に冷えていった。表面の温度が300℃になったとき，水蒸気は豪雨になって地上に降りそそぎ海がつくられた。この海は高温でしかも強酸性だった。マグマから排出されたさまざまなガスを雨が吸収したためである。

そのころの大気は，二酸化炭素（炭酸ガス）が全体の97％もしめていた。二酸化炭素は強酸性の海に溶け込むことができなかった。しかし，海が岩石から溶け出した成分によって徐々に中和されていくと，二酸化炭素が少しずつ溶け込んでいき，酸性の海の中和がさらにすすんだ。

そして生命は，まず海中に宿った。太陽から降りそそぐ生物に有害な紫外線をさけることができたのは，海中だけだったからである。それは，およそ38億年前のことと考えられている。生命のはじまりは，酸素のない条件，つまり嫌気的条件でも生育できる細菌であったようだ。

20億年前まで時がすすむと，海中の生命のなかに，光合成の機能を身につけるものがあらわれた。原始藻類である。原始藻類は二酸化炭素を吸収利用し，酸素を放出しはじめたので，大気に酸素が徐々に含まれるようになった。そして，いまからおよそ6億年前，大気の酸素濃度が2％にまで増え，オゾン層が大気中にできはじめた。

3 生物が土壌をつくった

オゾン層は，太陽からの紫外線を遮断してくれた。その効果が海洋生物の上陸を可能にした。上陸をはたした生物のはじまりは地衣類（注1）だった。地衣類が陸上の岩石にとりつき，岩石を変質させていった。同時に，地衣類自身が死ぬと，有機物になって次世代の栄養分になるだけでなく，変質した岩石にも混じり合って，地球上に土壌のようなものができはじめた。この作用がつぎつぎとくり返されて，徐々に土壌がつくられていった。

こうして，およそ3億年前には，地上に土壌ができていたと考えられて

〈注1〉
菌類（おもに子嚢（しのう）菌類）の菌糸でつくられた構造の内部に，藻類（らん藻，緑藻など。ただし，らん藻は厳密には細菌の仲間である）が共生する共生生物である。藻類がつくる光合成産物を菌類が利用して生活していることから，最近は菌類として分類されている。

いる。それは，当時の陸上には封印木（ふういんぼく），蘆木（ろぼく）（注2）などの巨大なシダ植物の森林ができ，両生類，昆虫類が出現したことからうかがい知ることができる。それらが，現在の化石燃料を提供してくれている。

〈注2〉
封印木，蘆木とも代表的な絶滅シダ植物の1属。約3億年前の古生代後期石炭紀から二畳紀にかけて生育，繁栄した。

地上に土壌ができるには，地球上で生命を得た生物によるじつに長い長い道のりが必要だった。その道のりは，そのときに完成して終わったわけではなく現在もつづいている。土壌は一見して不動のようにみえる。しかし，この莫大な時間の変化の延長線上で，いまもなお，土壌は環境と調和するように変化しつづけている。

3 生命を支える土壌とその機能

地球上の生命は陸地だけでなく海洋にも存在している。しかし，少なくとも陸地に存在する生命の全ては，直接あるいは間接的に土壌の恩恵を受けている。土壌に生育した植物を起点に，地球上での「捕食（食べる）―被食（食べられる）」という食物連鎖によって，地上の多くの生命が養われていることからも理解できる。土壌なくして地上の生命の維持はありえない。まさに，土壌が陸上生物の生命を支えている。

土壌は，次の3つの機能によって地上の生命を支えている。

①陸上の植物を育てる機能（生産機能）
②水を保持する機能（保水機能）
③有機物や化学物質を分解し浄化する機能（分解浄化機能）

このほかにも視点をかえると，土壌は多くの機能をもっている。たとえば，④大気組成の維持に寄与する大気圏とのガス交換機能，⑤植物だけでなく動物のための生息環境としての機能，さらに，⑥道路や鉄道，建物などの基盤になる機能や，⑦各種の建築資材や窯業の原料としての機能，⑧景観の構成要因としての機能まで加えることもある。

1 陸上の植物を育てる機能（生産機能）

植物は太陽から熱と光を受け取り，大気から二酸化炭素，土壌から水を得て光合成をおこない，同時に必要な養分を土壌から獲得して生育する。したがって，土壌の最も重要な機能は，植物へ水と養分を送り込み，植物の生育を支える生産機能である。

〈注3〉
ピーエイチ。ペーハーはドイツ語読み。水素イオン濃度を示す。この数値で酸性の強さをあらわす。pH 7が中性で，それより低pHが酸性，高pHはアルカリ性である（詳細は第9章参照）。

土壌を利用しなくても，水に養分を溶かし込み，植物の生育に好適なpH（注3）に調節し，空気を送り込んでやることで，植物を正常に生育させることができる。この栽培方法を水耕栽培という（図1-3）。さらに大規模に光，日長，温度などの生育環境を人工的に管理して作物栽培する場合もあり，この施設を植物工場などという。こうした栽培法には施設や養液管理のための機械装置，さらに冷暖房，照明に要する光熱費など多大なエネルギーコストと，労賃を含めた高い維持管理費が必要である。しかも，外部からの病原菌の侵入や栽培中の病害などの蔓延は，土壌にくらべ格段に早い。こうしたことや化石エネルギーの将来を考えると，食料生産を水耕栽培にまかせるのは非現実的である。地上の生物の食料生産を土壌に依

図1-3 レタスの水耕栽培
白い培養床には，養分を溶かしてpHを調節した培養液が送り込まれている。施設内の温度はセンサーで感知し，適温に制御されている

存することは，今後もかわらないだろう。

2 水を保持する機能（保水機能）

アスファルトで舗装された都市の道路，コンクリートで建築されたビル，こうしたもので土壌が被覆されると，雨水は土壌に浸透することなく，下水道をとおして直接河川に流出してしまう。この状況で一時的な豪雨にあうと，都市の小さな河川が氾濫して被害をもたらす。水を保持するという土壌の機能が，完全に失われてしまったためである。

土壌の保水能力の低下に起因する現象は，たとえば，森林を伐採して切り開いた丘陵地の宅地造成地でも認められる。そのような現場では，雨水が土壌表面をかけ抜け，表土を削りながら濁流になって河川に流れ込む。このように土壌が水で削り取られる現象を水食という。

21世紀は水問題の世紀といわれる（ポステル，2000）。農地で食料を生産するにも，淡水資源が制限因子になって増産の期待がもてない。土壌の保水能力の低下だけでなく，地下に貯留されていた水（地下帯水層）を利用しすぎて，帯水層の貯水量が激減しているためだ。土壌の保水能力は，私たち人類を含む地上の生物の未来に深くかかわっている。

3 有機物や化学物質を分解し浄化する機能（分解浄化機能）

土壌中の生物は，動植物の遺体や動物の排泄物などの有機物を分解する。分解にともなって有機物が無機物に変化し（無機化），有機物を構成していた元素は植物が吸収利用できる養分に変化し，再利用される。これによって養分循環がおこなわれる（図1-4）。各種の有害な有機性廃棄物なども，こうした土壌中での分解過程で浄化される。

土壌に添加された有機物は，まず，土壌動物によって摂食されて細かく粉砕される。細かくなった有機物を土壌微生物が摂食して，さらに分解と無機化をすすめる。有機物分解による無機化と養分の有効化の多くは土壌微生物の活動であり，土壌動物は粗大有機物の破砕者として働いている。

土壌微生物の有機物分解能力は非常に幅広い。人工の化学物質，たとえば，石油成分やトリクロロエチレン，ポリ塩化ビフェニール（PCB）など，いわゆる環境ホルモンの前駆物質である有機塩素化合物を分解できる土壌微生物も生息している（内山，1999）。こうした，微生物の汚染物質を分解する能力を利用して汚染物質を浄化し，もとの環境へ修復することをバイオレメディイエーション（生物的修復）といい，土壌生物を利用した安全な環境汚染修復対策として注目をあびている。土壌の有機物分解浄化機能は，土壌それ自

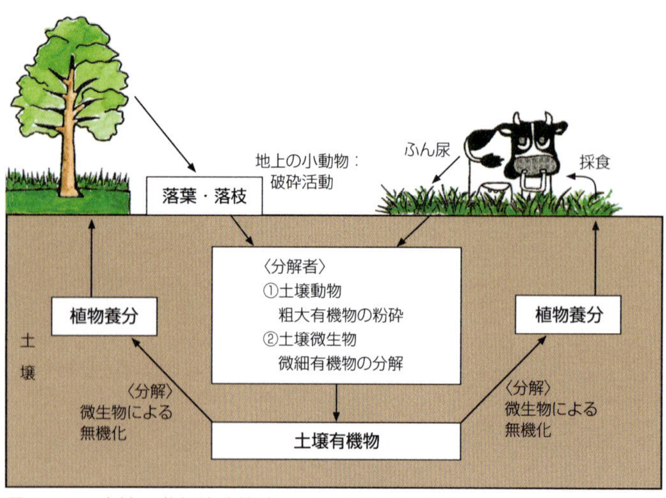

図1-4　土壌の分解浄化機能による養分循環の例

身の機能ではなく，土壌に生息する生物活動の結果としての機能である。

4 地球環境の保全と土壌の役割

1 土壌が支える地球環境

地球の環境は，熱やエネルギー，それに水や化学物質などが，地球の表面を構成する大気圏，生物圏，水圏，地圏のあいだをなめらかに循環することで維持されている。これら各圏のあいだでの物質やエネルギーの移動の多くは，接触面である土壌をとおしておこなわれる。

その移動速度を制御しているのが，土壌中での物質やエネルギーの移動の速さである。土壌がもっている物理的，化学的，生物的な性質や機能は，土壌中での水や熱，物質の流れを急激なものからゆるやかなものへと変化させ，ある場合には土壌中に貯留して流れそのものを抑制することもある。こうした物質の移動速度をやわらげる機能（緩衝能）が土壌に備わっていることが，地球上の物質やエネルギーなどの循環を調和のあるなめらかなものとする基本的要因である。

20 世紀以降，人間活動がかつてない規模で拡大し，地球環境に悪影響を与えている。耕地の拡大のための無原則な森林伐採，生産性向上のための化石燃料の大量消費など，人間活動による物質やエネルギーの流れが土壌による制御をこえてしまった。その結果としての地球環境の変動が，温暖化やオゾン層の破壊，土壌の砂漠化や塩類化，土壌侵食，水質汚濁，生物多様性の減少といった悪影響をもたらした。

かけがえのない土壌が，人間活動に起因してその生産機能を失ってしまう現象を土壌劣化とよぶ。劣化した土壌は，現在，地上の植生地の 17%，20 億 ha にも達している（UNEP〈国連環境計画〉，1997）。こうした，人間活動によって失われた土壌のさまざまな機能を回復し，耕地土壌の生産機能を維持発展させていくことは，今後ますます重要となってくる。

2「社会的共通資本」としての土壌

社会的共通資本という概念がある。この概念は，1つの国，特定の地域に住む全ての人々が，豊かな経済生活を営み，すぐれた文化を展開し，人間的に魅力ある社会を持続的，安定的に維持することを可能にするような社会的装置を意味する（宇沢，2000）。

土壌も水や空気と同じように，自然環境に属する社会的共通資本の1つである。土壌の劣化が，その国，その地域に住む人たちに保障されるはずの，豊かな生活や文化を非持続的で不安定なものにするからである。社会的共通資本を健全に維持することは，そこに住む人間が豊かな文化や魅力ある社会を実現するための義務である。

社会的共通資本としてのかけがえのない土壌をよく理解し，土壌のもつ多くの機能を十分に発揮させるためにどうすればよいか，そして広がっている土壌劣化をどう防ぎ，地上の生物の生命をどのように維持するのかを考えること，そこに土壌を学ぶ意義がある。

第2章 土壌は「環境の産物」

1 いろいろな土壌─土壌と土壌物質のちがい

最近，ガーデニングで花を，また，マンションのベランダで小さなコンテナの野菜づくりを楽しむ人が増えてきている。そこで大切にあつかわれる「土壌」は，園芸資材店で購入した「袋詰めの土壌」で，青空のもと大きく広がる農耕地の土壌ではない。

本書で対象にしている土壌は，森林や農耕地の自然物としての土壌である。その一部を切り取って植木鉢やコンテナにつめ込まれる「土壌」は，土壌物質とよばれるもので，本書でいう土壌とは明確に区分されるべきである。土壌と土壌物質の本質的なちがいは，自然の構成物（自然体）であるか否かということである。

2 土壌の認識と土壌観の確立

ところで土壌物質ではなく，ここで考えようとしている土壌とはなにか。あらためて定義を問われると答えにこまる。じつは19世紀まで，「土壌は地殻の表面を覆う細かく砕かれた岩石からなるやわらかな物体」という程度にしか考えられていなかった。したがって土壌学は，地質学の一分野であった。この考え方に異議を唱えたのが，ロシアの若き地質学者，ドクチャーエフ（V. V. Dokuchaev, 1846 ～ 1903）であった（図2-1）。

図2-1　ドクチャーエフV.V.
（ドクチャーエフ，1885）

土壌の研究は，土地を支配していた領主が，土壌の良否によって年貢高（地租）を公平に判定する必要にせまられてはじまった。ドクチャーエフは，この地租の公正な割当てを目的とした土壌図作成のため，1882年から1886年にかけて，ゴルキ地方の灰色の土層をもつ土壌（注1）地帯の調査をおこなった（大羽・永塚，1988a）。ドクチャーエフは，1877年から1878年にかけて実施した，ウクライナ地方の大干ばつ被害で調査した黒色の土壌（注2）地帯でみた土壌とのちがいに驚いた。

〈注1〉
このような土壌をポドゾルという。

〈注2〉
このような土壌をチェルノーゼムという。

彼が注目したのは，植物の根が張る表層土壌だけでなく，それより深く土壌を掘りすすんで観察した土壌の側面壁（土壌断面）だった。ゴルキ地方でみた表層近くの灰色の土層が，ウクライナ地方では全くみられず，地中深くまで黒色の土壌断面がみえていたからだ。彼はこの調査期間に1万㎞以上も踏査したという。そして，野外調査でみた土壌断面のちがいが，その土地の気候や植物の種類（植生）などに対応していることに気づいた。

人間の眼はわずかな差をみきわめることがむずかしく，大きなちがいから特異性と一般性をみいだしがちである。ポドゾルとチェルノーゼムの大きなちがいは，ドクチャーエフの洞察力を強めたにちがいない（岡島，1989）。ドクチャーエフは，こうして得た経験から「土壌は土壌がおかれた場所の気候，動植物，それに岩石の組成，さらに，地形などといった環境要因の総合的な作用の結果として，地表に生成する独立した歴史的自然体である」という画期的な土壌観を確立していった（大羽・永塚，1988a）。

すなわち，土壌は環境がつくりだした産物であり，植物や動物，岩石といったものと同じく，独自の自然物として認識するというものだった。この考え方に感激したヤリロフ（Yarilov）は，「地質学は地球の死んだ部分をあつかう学問であり，土壌学は太陽光，降雨，生物によって定常的に変化にさらされ，つねに変化しているものを対象にする学問である」と，土壌学の地質学からの独立を高らかに宣言したという（岡島，1976a）。

3 岩石から土壌へ—土壌とはなにか

土壌の原材料は基本的には岩石である。これを母岩という。母岩から土壌ができるには，２つの作用が必要である（図２-２）。第一段階として風化作用によって岩石が細かく破砕される必要がある。地表に露出した岩石は地表に近い部分ほど風化の影響を強く受け，徐々に細かい破砕物になって，母岩の上層を構成する。この母岩上層部分を母材という。

第二段階は，母岩の風化生成物にすぎなかった母材の地表面に生物的な作用が加わって，いわゆる土壌がつくられる作用で，土壌生成作用，または土壌化作用という。土壌生成作用は，風化作用と共同で母材から土壌を生成することに関与している。

これに対し，風化作用は，単独で母岩を破砕する役割を担っている。

1 風化作用

風化作用には物理的風化（機械的風化）と化学的風化の２つの側面がある。物理的風化の原動力は，①岩石が地表に露出すると，それまで上部にかかっていた圧力が除かれるため，岩石が膨張し，それによってできる亀裂（除荷作用），②温度変化による膨張収縮，③岩石の亀裂にしみこんだ水が凍結するときの膨張や，亀裂に侵入した植物根による圧力（根圧）による破砕，さらに，④細粒質の岩石では，表面の乾湿のくり返しでもたらされる岩石の膨張収縮による細かい崩壊（注３）などである。

〈注３〉
このような現象をスレーキングともいう。

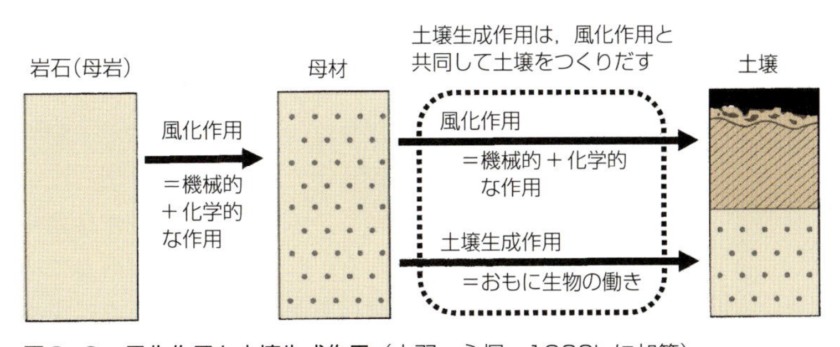

図２-２　風化作用と土壌生成作用（大羽・永塚，1988b に加筆）

化学的風化とは，大気中や地表の水，さらにそのなかに溶け込んだ物質の作用によって岩石の化学組成が変化する過程をいう。雨水は大気の二酸化炭素を吸収しているため炭酸を含み，弱酸性を示す。その酸の作用で岩石が分解，変性するのは，化学的風化の代表的な例である。鉱物に水が化学的に加わって（水和作用）膨張することなども化学的風化に含まれる。

2 土壌生成作用

風化作用によってできた母材に，まず藻類やこれに共生する微生物たちが住みつく。さらに地衣類が母材にとりつく。地衣類などの遺体は微生物によって分解され，分解過程でできる化学物質が母材を化学的に風化していく。また，地衣類などの遺体の分解産物が徐々に母材に蓄積し，それが引き金になってコケ類やイネ科の草本類が侵入しはじめる。

こうなると，土壌動物の生息も可能になり，母材に蓄積していた有機物を摂食し，それらの分解産物が母材に再び蓄積して，黒い色をした表層土壌が少しずつつくられていく。こうして，土壌ができあがる。

3 土壌の定義

岩石からはじまって，風化作用と土壌生成作用を受けて誕生する土壌は，結局のところ，次のように定義できる。土壌とは「岩石が外界の影響によって物理的あるいは化学的な風化作用を受け，それに動物や植物の遺体が加わり，さらにその遺体が土壌生物の作用を受けて互いに混じり合い，一体となり，その与えられた環境で安定した状態（平衡状態）に移りつつあるか，平衡状態に達した自然物」である。ここで重要なことは，土壌というものが不動のものではなく，与えられた環境で安定した状態に向かって変化しているということである。

4 環境がつくる土壌

母材だけが存在しても，それはただの岩石の風化生成物にすぎない。これに微生物や植物が作用する。これが前述の土壌生成作用である。こうした生物の作用は，生物が生息する環境の温度，雨量といった気象条件に大きく影響される。与えられた気象条件のなかで，植物由来の有機物が母材に添加され，分解されることをとおして，母材が土壌へと変化していく。

つまり，土壌が生成し，変化していくのは，与えられた環境条件の範囲のなかであって，勝手気ままに土壌ができあがるのではない。それゆえ，ドクチャーエフは「土壌は，何らかの機械的な，偶然的な，生命のない混合物ではなく，逆に，独立した一定の法則により決定され，支配される博物学的形成物である」と言い切っている（ドクチャーエフ，1885）。

すなわち，一定の環境条件が与えられると，母材が同じなら同じ土壌ができあがる。しかし，母材が同じであっても，環境条件がちがうとできあがる土壌はちがってくる。まさに環境が土壌をつくるのである。

ドクチャーエフの環境によって土壌がつくりだされるという概念は，同

「土壌」と「土」はちがうとの指摘について

最近，「土壌」と「土」とは意味がちがうという指摘がある（永塚，2012；日本土壌肥料学会土壌教育委員会，2014）。岩石が風化作用を受け，さらに環境や生物の影響である土壌生成作用を受けた産物が土壌であり（日本土壌肥料学会土壌教育委員会，2014），永塚（2012）はそれに加えて，ドクチャーエフが主張した環境がつくりだす自然の構成物（自然体）であるとの認識の重要性を強調している。「土」については，土壌生成作用を受けない「風化生成物」（日本土壌肥料学会土壌教育委員会，2014），あるいは「地表を覆う細かく砕けやすい堆積物」（永塚，2012）と定義し，「土壌」と区別している。こうした指摘に対する，日本土壌肥料学会としての正式な見解は，現時点（2018年8月）で公表されていない。

本書でも「土壌」については，上記の指摘と同じ理解である。しかし「土」については，上記の指摘とはちがい，「土壌」と同義語と理解している。土壌（土）を自然から切り離した物質は「土壌物質」として区別する。また，岩石が風化作用を受けただけの「風化生成物」で，土壌生成作用を受けていない状態の物質は，土壌（土）の「母材」であるとの認識である（図2-2）。月には生物が存在しない。そのため，土壌生成作用が働かない。本書第1章で月に土壌（土）が存在しないと述べたのはこのためである。

じころ，ドクチャーエフとは全く別にアメリカでも芽生えていた。ヒルガード（Hilgard, 1892）がその人だった。彼は気候や植生と土壌が密接な関係にあることを認め，「土壌とは岩石に対する気象因子の作用の所産で，土壌とそれが存在する地域の現在と過去の気候条件との間には，密接な関係が存在しなくてはならない」と指摘した。そして，乾燥型土壌，湿潤型土壌といった気候帯による土壌区分をおこなったという。人間の自然認識に時空をこえた共通のものがあることを教えるエピソードで興味深い。

5 成帯性土壌と成帯内性土壌

あらためて世界の土壌をながめると（図2-3），それぞれの土壌が地球上を緯度に沿って帯状に分布しているようにみえる。緯度に対応して気象条件が大きく変化し，その変化に対応して土壌がつくられるからである。巨視的にみれば，ドクチャーエフやヒルガードの指摘どおり，「環境によって土壌がつくられている」ことを実感する。このように，地球の緯度に沿った気象条件や，それによる環境条件のちがいがおもな要因になってできる土壌を成帯性土壌という。

しかし，やや細かく土壌をながめると，気象条件や植物の生育など環境条件から受ける影響より，局地的な地形や母材，地下水などの影響をより強く受ける土壌も当然存在する。こうした土壌を成帯内性土壌という。石灰岩や火山灰など特徴的な母材，谷や尾根筋といった地形，水田のように人為的な影響の強いところなどでできる特徴的な土壌がこれにあたる。

6 いろいろな土壌生成作用

土壌生成作用は基本的に環境によって規制されている。では，具体的にどんな環境がどのように作用して，土壌をつくりあげるのだろうか。ドクチャーエフの考え方によれば，土壌生成要因は母材，気候，生物，地形，

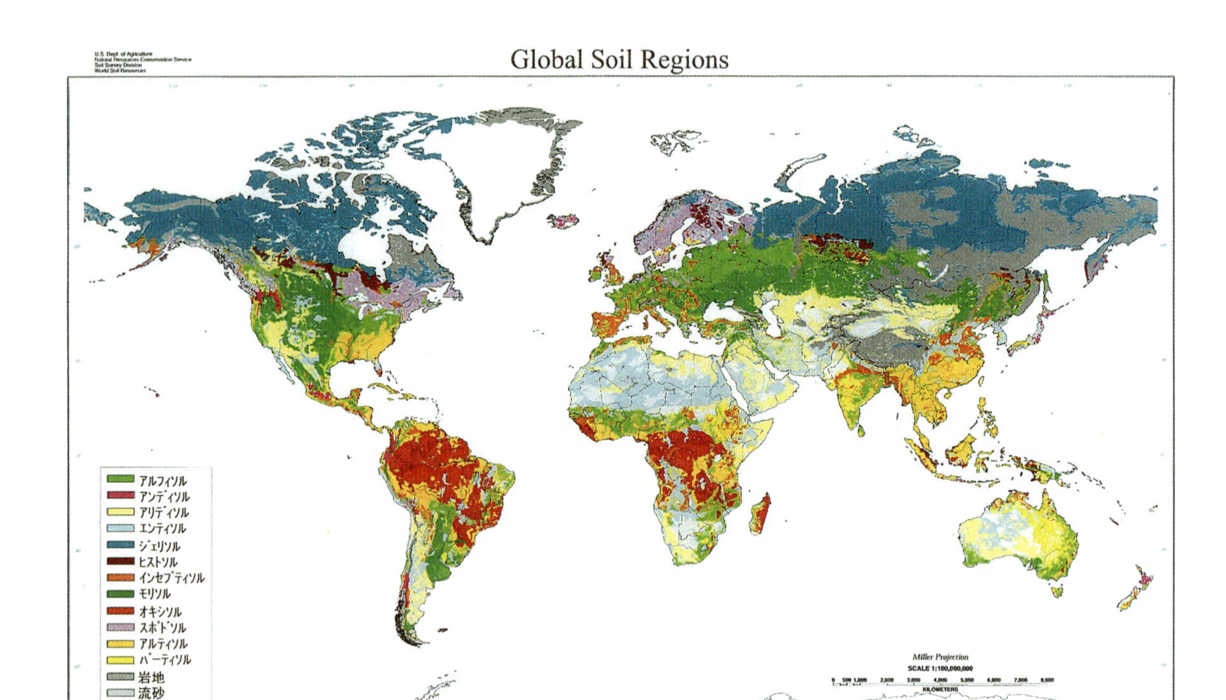

図2-3　世界の土壌図（USDA Natural Resources Conservation Service，1999）
各土壌目の特徴などは図2-18を参照

図2-4
高緯度地域（シベリア・ヤクーツク）の土壌断面
（写真提供：澤本卓治氏）
有機物の分解が遅く，表層に有機物に富む暗黒色の土層がつくられる。シベリアでは土壌の凍結と融解がくり返され，その影響で土層が撹乱され波打って，下層にも黒色の土層が認められる

時間などである。しかし，ここではこれらの要因が関与しあってできる２つの要因，①有機物の蓄積様式と，②水の移動方向という２つの面から，土壌生成作用を巨視的にながめてみよう。環境のちがいがこの２要因にどのような影響を与え，それによってどのような土壌ができるかということから自然の妙味を味わってみたい。

1 高緯度地域の土壌－有機物蓄積型

岩石から風化によって母材がつくられ，母材からの土壌生成作用を完成させるものは生物遺体の分解産物，すなわち有機物である。有機物を地上で独自に生産するのは植物だけである。そして，その植物の育ち方は，一般の生物と同様，気象条件の影響を受ける。

高緯度のツンドラ地帯では，植物の生育が不十分である。植物による有機物生産量は，1年間でわずかに0.1kg/㎡程度しかない。しかし，地温が低く湿潤なため，有機物を分解する微生物の働きが非常に弱い。このため，地表面に還元される有機物の多くは，新鮮有機物として地表に堆積する。土壌中でも分解量が少ないため，12kg/㎡ もの有機物が蓄積しているという（波多野，1998）。有機物生産量がわずかでも，分解量がそれ以上に少ないので，有機物が累積的に蓄積した結果である。

このように寒冷湿潤で，有機物還元量が分解量を上回り，有機物が蓄積していく環境では，有機物分解で生成された物質（腐植）に由来する暗黒色系の色の土壌がつくられていく（図２‐４）。

2 低緯度地域の土壌－有機物消耗型

低緯度の湿潤地域では熱帯雨林が発達している。植物が生産する有機物量も多く，年間２～３kg/㎡にもなる（波多野，1998）。したがって，土壌に還元される有機物量は非常に多い。熱帯雨林は豊かな樹冠に覆われており，土壌からの水分蒸発がおさえられている。このため土壌有機物の分解は比較的おだやかである。ところが，大規模開発などで樹林が皆伐され，太陽光が土壌に到達すると，土壌の乾燥化がすすむ。

こうした環境がそろうと，土壌中の微生物活動がきわめて活発になり，還元された有機物の分解が急速にすすむ。同時に分解産物の二酸化炭素が温室効果ガスとして排出される。その結果，有機物が多量に還元されても土壌に蓄積されず，有機物が消耗し，風化がすすんだ黄褐色や赤褐色系統の色の土壌がつくられる（図２‐５）。このような環境では，有機物蓄積に由来する黒色系の色の土壌はつくられない。

図2-5
低緯度地域の有機物消耗型土壌
（ガーナ，クマシ近郊）

3 中緯度草原地域の有機物蓄積土壌－チェルノーゼム

有機物が土壌に最も蓄積しやすいのは，中緯度の草原地帯である。ここでは，年間の植物生産有機物量が1.1kg/㎡程度と，広葉樹林地帯よりわずかに少ない（波多野，1998）。しかし，やや乾燥条件にあるため，土壌中の微生物による有機物分解活動が多少抑制される。その結果，土壌に蓄積する有機物量は最大を示し，およそ40kg/㎡にもなって土壌の深いところまで蓄積している。

このような土壌の１つが，チェルノーゼム（ロシア語で黒い土の意味）とよばれる土壌で，ドクチャーエフが新しい土壌観をみいだした土壌である（図２‐６）。

チェルノーゼムは十分な蓄積有機物のおかげで，地上最高の土壌で，人類の宝になる土壌との評価を得ている。しかし実際には，チェルノーゼムの作物生産力は春の雨量の多少によって決まることが多い。やや乾燥した地帯なので，水分が作物の生育を規制しているためである（岡島，1976b）。土壌の良否と作物生産との関係もまた，自然の妙味に支配されている。

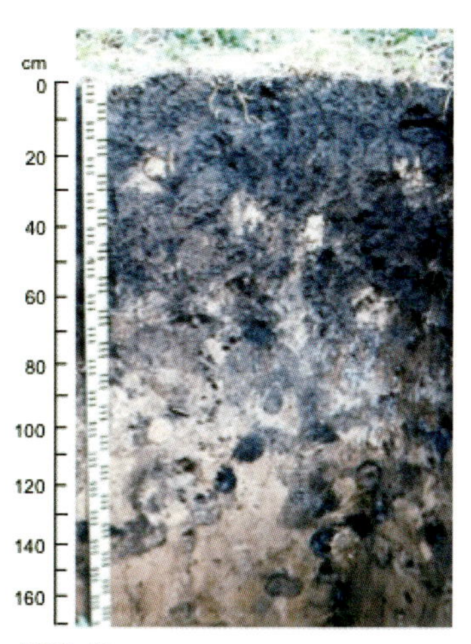

図2-6
ロシア・クルスク近郊のチェルノーゼム（写真提供：粕渕辰昭氏）
深さ80㎝くらいまで有機物が蓄積した黒色の土層が広がっている。断面にみえる円形のまだら模様は，モグラやステップマーモットなどのげっ歯類動物が土壌中で移動したあとの空間や，巣穴などに土壌有機物が運搬されてできたもので，クロトビナという

4 ポドゾル化作用

水分の移動方向も土壌をつくるうえで重要な要因である。

亜寒帯の針葉樹林では，降雨量のほうが，地表面からの水分蒸発量や植物の蒸散作用によって消費される水分量の合計よりも多い。したがって，余剰水分は土壌中を下方へ浸透していく。この寒冷湿潤な条件で針葉樹林下に堆積している有機物の層は，未分解のままで酸の性質をもつ有機化合物〈注４〉を多く含み，酸性が強い。

このような針葉樹林が排水のよい土壌で発達すると，雨水が有機酸類を含みながら土壌中を下方へ移動する（図２‐７）。この過程で，有機酸類は，

〈注４〉
このように酸の性質をもつ有機化合物を有機酸という。

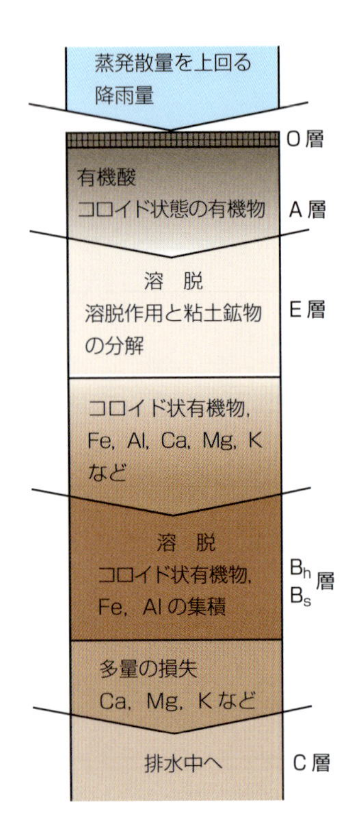

図2-8 北海道浜頓別町のポドゾル
わが国の平地でみられるほとんど唯一の典型的ポドゾル

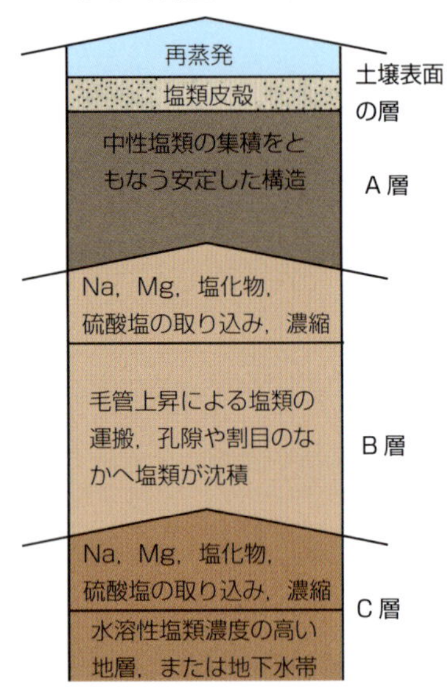

図2-9 塩類集積作用の過程
（ブリッジズ，1990 を一部改変）
Na：ナトリウム，ほかは図2-7と同じ

図2-7 ポドゾル化作用
（ブリッジズ，1990 を一部改変）
Fe：鉄，Al：アルミニウム，Ca：カルシウム，Mg：マグネシウム，K：カリウム，B_h：有機物に富むB層，B_s：鉄やアルミニウムの酸化物が集積したB層，O層・A層・E層・B層・C層などの土層については後述。図中の矢印は水の移動方向を示す

土壌の水に比較的溶けやすい塩基類（カルシウム，マグネシウム，カリウム，ナトリウムなど）だけでなく，酸性条件で溶解度が高まる鉄やアルミニウムなども溶かしだし，下方へ流してしまう。これを溶脱という。

これらの成分が溶脱すると，灰色のパサパサした感触の土層ができる。さらに溶脱された塩基類や鉄，アルミニウムなどは灰色の土層の下に運ばれ，そこに集積して赤褐色の土層をつくる。このように塩基類が溶脱した灰白色の土層（漂白層）と，その塩類が集積した赤褐色の土層（集積層）をもつ土壌をポドゾル（注5）といい，このような土壌生成作用をポドゾル化作用という。

ポドゾルがつくられるには，寒冷湿潤な気候，未分解の堆積有機物を多くつくる針葉樹林，排水良好な土壌，余剰の水分が停滞しない地形という条件がそろわなければならない（図2-8）。どれか1つ欠ければつくられない。まさに，絶妙のバランスでつくられるのがポドゾルである（注6）。

〈注5〉
ポドゾルとは，ロシア語で灰白土を意味する。溶脱する水が下層へ移動するにつれて酸性度が徐々に弱まる。その結果，溶脱する酸性の水に溶けていた鉄やアルミニウムなどが難溶性物質に変化して沈殿し，集積層がつくられる。

〈注6〉
例外的に，熱帯でも土壌の透水性がよく，土壌表層に未分解有機物が蓄積して有機酸が供給されるという条件が整うと，ポドゾルがつくられることがある。

5 塩類集積作用

乾燥地帯では土壌中の水が地表面で蒸発するため，水は下から上への動きが主体になる。このような乾燥地帯の母材は，もともと塩基類が高濃度の堆積物であることが多い。しかも，乾燥地帯なので植物の生育は貧弱で，植物による蒸散量はわずかである。このため，土壌の下層から移動してきた水分は，土壌中の塩類を溶かし込みつつ地表面へ移動し，その大部分は地表面に塩類を沈殿させながら蒸発していく。この場合，水に溶けにくい塩類から順次沈殿し，最表層にはナトリウムの塩化物や硫酸塩といった水

図2-10　塩類集積によって塩害がでた土地
（中国・内蒙古，通遼近郊）

図2-11　オキシソル
（タイ中部・ウォンソン）

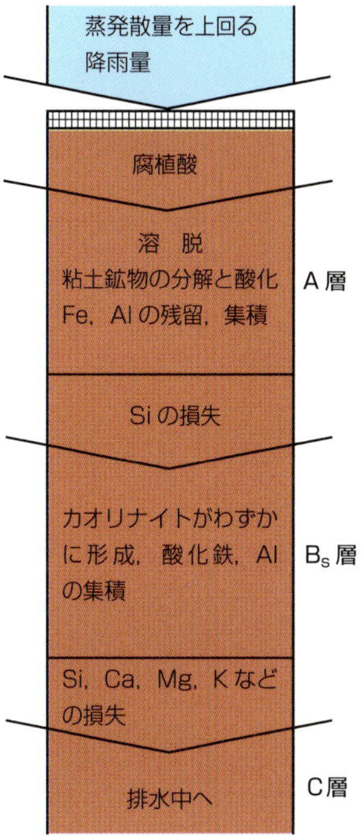

蒸発散量を上回る降雨量

腐植酸

溶　脱
粘土鉱物の分解と酸化
Fe，Al の残留，集積　　A 層

Si の損失

カオリナイトがわずかに形成，酸化鉄，Al の集積　　B_s 層

Si，Ca，Mg，K などの損失

排水中へ　　C 層

図2-12
鉄アルミナ富化作用の過程（ブリッジズ，1990 を一部改変）
Si：ケイ素，ほかは図 2-7 と同じ。カオリナイトについては本文第 5 章 8 項参照

溶性の塩類が集積していく（図2-9）。

こうして塩類が土壌表層に集積しはじめると，ただでさえ貧弱だった植物の生育はさらに抑制され，水分の蒸散が衰えていく。植物による蒸散が衰えれば衰えるほど土壌表面の水分蒸発量が多くなって，さらに地表に塩類が集積する。この悪循環が塩類集積土壌をつくっていく。作物に塩害のでる土壌は，塩類集積が強度にすすんだ土壌である（図2-10）。

6 鉄アルミナ富化作用

高温多湿な低緯度地域では，微生物の活発な活動により有機物が急速に分解され，同時に，土壌の骨格をつくっていた鉱物が激しく化学的風化を受けて塩基類を放出する。このため，土壌中の水は有機酸に乏しく，pH がやや高いアルカリ性に維持される。その結果，塩基やケイ酸の溶脱がさらに強度にすすむ。そして，相対的に鉄やアルミニウムの酸化物が残留濃縮して，暗赤色の厚い下層土をもつ土壌（注7）がつくられる（図2-11）。このような土壌のでき方を，鉄アルミナ富化作用とよんでいる（図2-12）。

ラテライトとよばれているレンガ状の物質は，この高温多湿の熱帯地方で，極度に風化のすすんだ土壌（注8）が日光に当たって乾燥・硬化してできたものである（図2-13）。まさに，自然がつくりだした土壌の究極の風化産物であり，土壌生成作用の終着駅でもある。

〈注7〉
このような土壌をオキシソルという。

〈注8〉
このような土壌をプリンサイトという。

図2-13
ラテライト採石場（西アフリカ，ブルキナ・ファソ）
右奥がプリンサイトをレンガ状に掘りすすめているところで，これを乾燥させたものが荷車の上のラテライトである。建材に利用される

7 土層の分化

1 土層とは

土壌母材から土壌がつくられていく過程で，それぞれ特徴ある土壌断面がつくられる。ここでは，土壌断面をくわしくみてみよう。

道路の切通しや崖などで，土壌の断面を一度意識的にみてほしい。土壌の深さに沿って一連の関連性をもった特徴（色，土壌の粒径の大きさ，土壌の構造，化学的性質など）が層状になっていることに気づくだろう。この層を土層，または土壌層位という（図２-14）。

森林では，地面より上に植物の枯葉や落枝などによる，未分解かある程度分解された有機物が堆積した層位がある。この有機質層位をＯ層という。その下には分解された有機物を含んで黒みを帯びた層があり，植物の根も多い。この根も枯死すれば，土壌の有機物になっていく。この土層がＡ層である。

Ａ層の下にはややち密で，赤褐色や茶褐色の土層がよくみられる。植物の根はこの層の上部くらいまでしか伸びていない。この層はＢ層とよばれる。さらにその下には，土壌生成作用の影響を受けていない，その土壌の母材がみえてくる。この層がＣ層である。さらにその下には土壌母材のもとになった岩石があらわれる。これはＲ層とよばれている。

このように，土壌はその深さに沿って特徴ある層に分かれている。これを土層の分化という。それぞれの土層は，次のような特徴をもっている。

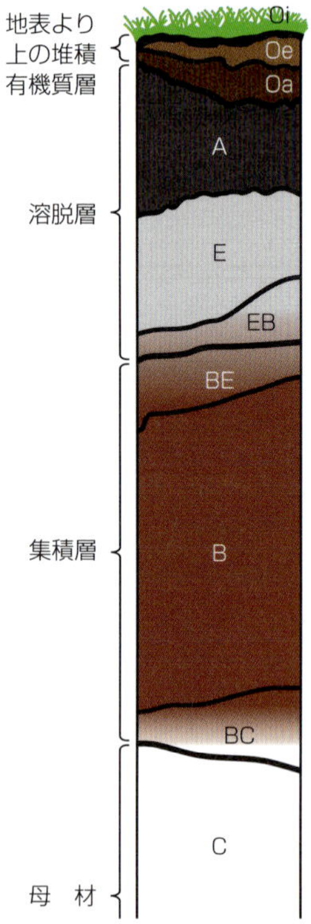

地表より上の堆積有機質層　Oi　Oe　Oa
溶脱層　A　E　EB
集積層　BE　B　BC
母　材　C

O 層：未分解もしくは部分的に分解された有機物（植物遺体，落葉，落枝，コケ，地衣類など）からなり，地面より上に堆積する有機質層
A 層：腐植化した有機物を含み，そのために暗色（黒色）を示す無機質層で，生物の影響を強く受ける
E 層：ケイ酸塩粘土 *，鉄，アルミニウムまたは，それらの複合体などが溶脱している層
EB 層：E 層と B 層の遷移層で，B 層より E 層の特徴を強く示す層
BE 層：E 層と B 層の遷移層で，E 層より B 層の特徴を強く示す層
B 層：土層の特徴を最もよく示す土層で，代表的な特徴は次のようなものがある
　1）ケイ酸塩粘土 *，鉄，アルミニウム，腐植，炭酸塩，石膏（せっこう）の単独または複合的な移動や集積
　2）炭酸塩の溶脱の形跡
　3）鉄やアルミニウムの酸化物が残留濃縮
　4）土壌の構造 ** がよく発達している
BC 層：B 層と C 層の遷移層で，C 層の影響より B 層の影響をより強く受ける層
C 層：土壌生成過程の影響をごくわずかしか受けず，O・A・E・B 層にみられるような特徴をもたない層。この土壌の母材で風化作用を受けた岩石破片などが主体になっている

図２-14　主要層位をもつ土壌断面の概念図
（フォス（1983）および Brady and Weil（2008a）を参照して作成）

1）O 層は通常，有機物の分解程度によって，Oi，Oe，Oa の３層に細分される
　Oi 層：有機物は未分解で，植物組織の原形が肉眼で認められるか，かすかに分解されている層位
　Oe 層：有機物は分解されつつあり，落葉や落枝は原形をとどめない。しかし，それらが植物の組織であると判断できる状態にある
　Oa 層：有機物の分解がすすみ植物組織は判別できず，一定の形状を示さない
2）各層位の厚さは，図示するように厚い部分や薄い部分があり，一定ではない
3）C 層の下部には基盤となる岩石の層がある。それを R 層という。R 層は母材に含めない
注）＊：ケイ酸塩粘土については，第５章８項参照
　＊＊：土壌構造については，第６章２項参照

2 Ａ層およびＥ層

Ａ層は土壌の表層にあり，気象だけでなく動植物，微生物などの影響を最も強く受ける。そして，これらの生物の遺体やその分解生産物などの有機物が集積する。表層の土壌の色（土色）が黒みを帯びるのは，この有機物による。降雨によって水が土壌中を下方へ移動するとき，この土層中の物質を溶かし込み，それを下層へ溶脱させる。このため，この土層を溶脱層ともいう。一方，乾燥条件では後述するように塩類集積作用が働き，このＡ層が塩類化する場合

もある。

排水のよい土壌条件で雨量が多いと，A 層の下部に，ポドゾル化作用でできる漂白されたような灰白色の特徴的な土層ができることがある。この特徴的な層を E 層（漂白層）という。

耕地土壌の A 層は，その一部あるいは全部が耕起され，種子が播かれ，肥料や堆肥などが施される層で，作物の生産や土壌の肥沃度を決定するきわめて重要な土層である。

3 B 層と C 層

B 層は土壌の特徴を最もよく示す土層である。A 層や E 層の下にあって，これらの層から溶脱してくる鉄，アルミニウムや有機物，粘土などがこの土層に集積する。この土層を集積層ともいう。土層の色が赤みを帯びるのは，溶脱してきた鉄やアルミニウムなどが集積した結果である。

C 層は母材の層である。この土層は，土壌生成作用の影響をほとんど受けていないので，A 層や B 層のような特徴をもたない。

4 例外的な土層分化－火山放出物を母材とする土壌

火山国であるわが国には，これまで述べてきた土層分化とはちがい，例外的な土層を示す土壌がある。火山が爆発的に噴火すると，天空に火山灰だけでなく多様な放出物が飛びだす。これが火山放出物である。放出物が地表に降下した後，土壌生成作用が加わり，しだいに地表面に植物が生育して有機物が蓄積した A 層ができる。その後，時間が経過すると徐々に B 層も分化して通常の土壌断面ができあがる。

しかし，その途中で再噴火があると，A 層は新しい火山放出物で覆われて表層よりも下の層になってしまう。このような土層を埋没層（埋没腐植層）という。もちろん，A 層ができる前に新しい放出物に覆われることもある。これがくり返されると，通常の土層分化ではなく，土層が積み重なった土壌断面がつくられる。このような火山放出物を母材とする代表的な土壌が，後述する火山放出物未熟土と黒ボク土である（図 2 - 15）。

噴火で放出された放出物のうち，火山礫（れき）のように粒径が大きく重いものは噴出源近くに降下し，火山灰のように粒径が小さく軽いものは遠くに降下する。わが国の火山放出物は，上空の偏西風の影響で，一般に噴出源より東方向に降下する。

降下物の風化作用は，粒径が大きいとすすみにくく，細かいとすすみやすい。したがって，同じ時期に降下した放出物であっても，その後にできあがる土壌は噴出源からの距離によって風化の程度や有機物の蓄積量がちがう。そのため作物生産力がちがってくる（松中・三枝，1986）。

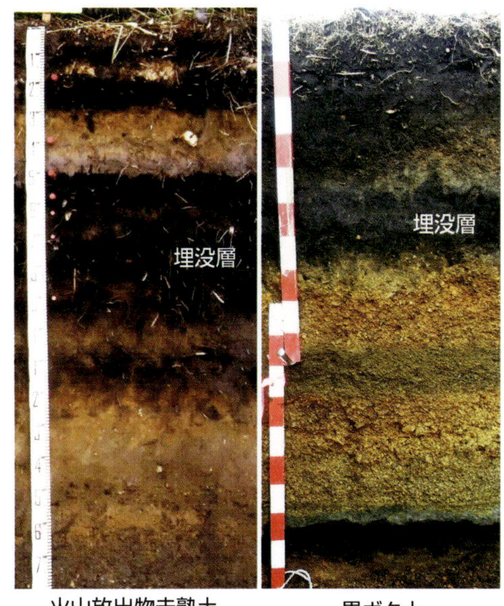

図2-15
例外的な土層を示す火山放出物未熟土と黒ボク土
下層の有機物（腐植）を含む黒色の土層が埋没層である。いずれも，かつての地表面で植物が生育して有機物が蓄積していた

〈注9〉
このような模様を斑紋という。

〈注10〉
このような青灰色や青緑色の土壌をグライ層という。

8 土壌断面が語る水分環境

土壌の下層であるB層やC層には，土壌の排水の良否を示す特徴的な模様や土色がある。B層の赤褐色のまだら模様（注9）や青灰色や青緑色の土層（注10）がその例である（図2-16）。

図2-16
鉄の斑紋（○で囲まれたような鉄さび色のまだら模様）がある土壌（灰色台地土）と青灰色のグライ層をもつ土壌（グライ低地土）
（灰色台地土の写真提供：橋本均氏）

1 鉄の斑紋

排水のやや悪い土壌に，排水量より多くの降雨があると，地下水位が上がって停滞する。こうなると，その部分は水が酸素を遮断するため，酸素の少ない状態（還元状態）になる。その結果，それまでの酸素の多い状態（酸化状態）で安定していた酸化鉄（鉄さび色）が，しだいに還元されて還元鉄（青色または青緑色）になる。還元鉄は水に溶けやすいので，溶出して部分的に集合する。

ところが，降雨後の時間が経過し徐々に排水されていくと，地下水位が下がり，下層土は水に浸った状態から抜け出し，還元状態から酸化状態に変化する。このとき，溶出し集合していた還元鉄はもとの酸化鉄の赤褐色（鉄さび色）にもどり，斑紋がつくられる。したがって，鉄の斑紋があることは，土層が地下水の影響を受けたことを明示している。

2 グライ層

排水不良のため土層が常に地下水位の下にあり，還元状態が持続すると，土壌中に多量に含まれている鉄は還元鉄として安定する。そして，この還元鉄の色によって青灰色や青緑色の土壌になる。つまり，グライ層は土壌が排水不良で，地下水位がその層位より上にあったことを示している。

9 土層分化の発達と時間

A層，B層，C層などの土層は，土壌のできはじめから自動的にできているものではない。土壌生成作用の初期は，母材だけの土層，すなわち，C層だけの単一な土層で構成されている（図2-17）。C層の表層に地衣類やコケなどがとりついて有機物を供給し，それに微生物が作用するという一連の土壌生成作用が関与して，はじめてA層ができ，A層とC層からなる土壌断面がつくられる。これは土層分化の早い段階でできる断面であり，人にたとえると幼年期に相当する。

世界で最善といわれる土壌，チェルノーゼムの断面は，この幼年期の断面をみせる例が多い（図2-6参照）。チェルノーゼムが分布する雨量の少ないやや乾燥した地帯では，A層からの溶脱作用が緩和されるため，B層の発達が不十分であるからである。

土壌生成作用がさらにすすむと，湿潤温暖な気象条件では，A層からの溶脱の影響が下層にあらわれて，B層ができ，A，B，Cの 3層からなる土壌断面がつくられる。これは人でいうと成熟期に相当する。さらに時間が経過して，A層の溶脱がすすむと，A層下部には灰白色の土層があらわれ，A層からE層が分化した老齢期の断面へと変化していく。

このように，土壌断面にあらわれた土層構成は，土層分化の歴史を私たちに語りかけている。同時に，不動にみえる土壌が，じつは変化してやまないということをも示している。ただし，その変化は決して無原則ではなく，土壌中での物理的，化学的，生物的な反応が，その環境で最も安定した平衡関係を維持しようとするという原則にしたがっている。そこに，土壌という複雑な系が，全体として調和している秘密が隠されている。

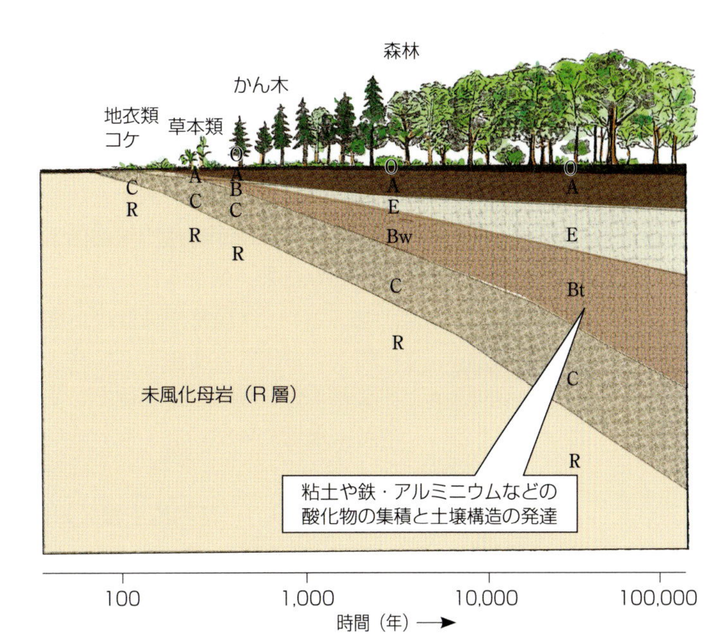

図2-17　湿潤温暖な気候条件での土層の分化と時間の関係
（Brady and Weil，2002aに一部加筆）
O層，A層，E層，B層，C層，R層：本文および図2-14を参照のこと
Bw層：層位内で粘土含量や色，構造などが変化したB層
Bt層：粘土が集積したB層

10 世界の土壌

1 世界共通の土壌分類のむずかしさ

世界にどんな土壌があるか。問いは簡単である。しかし，それに正確に回答するのは簡単ではない。土壌が環境の産物であるがゆえの困難さがそこにある。

分類は，外見では別々のようにみえていても，その裏にかくれた類似関係をみつけだしてまとめることであり，それが科学のはじまりである（ポアンカレ，1987）。分類によって共通の概念が与えられ，対象の認識を共有できる。したがって，分類上の用語が決まると，それに対応する概念が決まる。動物，植物には世界共通の分類体系があり，それによって用語（学名）が決まるため，たとえば，*Oryza sativa* L.といえば世界中のだれとでも，イネという認識を共有できる。

ところが，土壌となると分類がむずかしい。動物や植物のように遺伝的な体制をもった自然物は，変異の幅が比較的小さいのに対して，同じ自然物でも土壌は環境の産物であるがゆえに，世界中の環境のちがいによって大きな変異が生じるからである。

環境だけでなく土壌の母材までも大きくちがう世界各国では，それぞれ，独自に環境や母材にみあった土壌分類体系を確立してしまった。こうした事情が，世界共通の土壌分類体系の確立をさまたげている。

〈注 11〉
この7つの土壌型は，①北方圏地帯のツンドラ（暗褐色）土，②シベリアの針葉樹林帯（タイガ）の淡褐色ポドソル化土，③森林ステップ地帯の灰色土および暗灰色土，④ステップ（草原）地帯のチェルノーゼム，⑤沙漠ステップの栗色土および褐色土，⑥気生（乾燥帯）または沙漠地帯の気生土，黄色土，白色土，⑦亜熱帯および熱帯での森林帯のラテライトまたは赤色土。

〈注 12〉
この3つの土壌型は，①陸生沼沢土または沼沢－湿草地土，②炭酸塩質土（レンジナ），③二次的アルカリ性土。

〈注 13〉
この3つの土壌型は，①沼沢土，②沖積土，③風積土。

2 ドクチャーエフの土壌分類体系

1876 年，ドクチャーエフは世界にさきがけて土壌の分類体系を提案した。彼は，土壌の生成因子である母材や気象条件などが決まると，そこにあらわれる土壌もおのずと決まってくるという，一般的原理にもとづいて結果を導き出す方法（演繹（えんえき）的方法）で土壌を分類した。

その結果，気象条件に対応してあらわれる正常（成帯性）土壌として7つ（注 11），気象条件以外の土壌生成因子に強い影響を受けてあらわれる中間（成帯内性）土壌として3つ（注 12），さらに気象条件によらない未発達な非正常（非成帯性）土壌として3つ（注 13），合計 13 の土壌型に分類した（大羽・永塚，1988c）。

3 アメリカの包括的土壌分類体系―ソイルタクソノミー

これに対して，アメリカで 1975 年にはじめて提案された「Soil Taxonomy」（ソイルタクソノミー：土壌分類法）は，上記の演繹的な方法をわずかに含みつつも，土壌の個別的な特徴から一般的な土壌型をみちびきだす方法（帰納的方法）を採用している。

この分類体系の特徴は，①分類の基準に土壌生成因子や生成過程に関する推論的要素を用いず，土壌それ自身がもっている特性，たとえば土壌断面の形態，物理的および化学的性質や生物的な性質，さらに粘土含量などから定義される基準を用いる，②ただし，特定の土壌生成因子や生成過程は分類基準に取り入れる，③一定の順序に配列された基準を用いて一群の土壌を切り取り，残りの土壌に対して次の基準で切り取るというように，順次切り取っていき，最終的に対象とする土壌に1つの名前を与える，④これまで用いられてきた土壌の名称は全く使用せず，新しく人為的に合成された命名法を採用することでこれまでの土壌名との混同をさける，などである。

1999 年に提案された最新のソイルタクソノミーでは，上述した方法で土壌を分類し，最も大きな分類単位である土壌目を 12 種類設けている（図 2 - 18）。

4 世界の土壌分布

世界共通語をもたない土壌の世界にも，共通語の必要性が認められ，最近はソイルタクソノミーがしだいに普及してきている。そこで，この分類体系によって世界の土壌がどのように分布しているかを概観してみよう（図 2 - 18，図 2 - 3 も参照）。

この地上で氷に覆われない陸地面積 1.3 億㎢のうち，16％は未熟なエンティソルが分布し，これが世界最大の分布面積である。ついで広く分布するのがアリディソルで 13％をしめる。これは砂漠土の多くが該当する土壌で，世界の土壌の砂漠化とも関連している。

悲しいことに作物生産力の高い肥沃な土壌とされる3つの土壌，アルフィソル，モリソル，バーティソルの分布面積は世界の 20％に満たない。

検索順	分類基準		土壌目名－地球上での分布割合[1]	おもな土地利用	土壌の肥沃度[2]
①	表層 1 m 以内に永久凍土がある。あるいは，水飽和土層の凍結や融解によって凍結層内の土層のかく乱が 1 m 以内にあり，2 m 以内に永久凍土を認める	YES →	ジェリソル（Gelisols）－ 8.6% いわゆる永久凍土が該当する	ツンドラ 沼沢地	中
	↓ NO				
②	不透水層にいたるまで有機物質からなる土壌，あるいはアンディックな特徴（火山灰を母材とし，活性アルミニウムに富み，リン酸保持容量が大きく，容積重が小さい）をもたない有機物層が 40 cm以上ある	YES →	ヒストソル（Histosols）－ 1.2% 有機質土壌や泥炭土が該当する	湿地 農耕地	中～高
	↓ NO				
③	表層 2 m 以内にスポディック層（ポドゾル化作用による有機物と鉄，アルミニウムの移動・集積を示す土層）があり，アンディックな特徴を示さない	YES →	スポドソル（Spodosols）－ 2.6% ポドゾルが典型例である	森林 農耕地	低
	↓ NO				
④	アンディックな特徴をもつ土壌	YES →	アンディソル（Andisols）－ 0.7% わが国の黒ボク土など	ツンドラ 森林 農耕地	中～高
	↓ NO				
⑤	表層 150cm以内にオキシック層（強度に風化がすすんで鉄やアルミニウムの酸化物が蓄積し，活性の低い粘土が残留集積している土層）をもつ	YES →	オキシソル（Oxisols）－ 7.6% 旧分類でラトソルといわれた鉄・アルミナ富化作用を受けた土壌など	森林 農耕地	低
	↓ NO				
⑥	50cmの深さまで 30%以上の粘土含量をもつ。乾燥で土壌が収縮して深い亀裂が発生し，湿潤では土壌が膨張して盛り上がる特徴をもつ	YES →	バーティソル（Vertisols）－ 2.4% 膨張性粘土鉱物であるスメクタイトを多量に含む	農耕地 放牧地 湿地	高
	↓ NO				
⑦	アリディックな水分状況(年間の 1/2 以上連続して土壌が乾燥し，湿った状態は連続して 90 日以下であるような状態）にある土壌。B 層が分化しつつあるか，サリック層（塩類集積層）がある	YES →	アリディソル（Aridisols）－ 12.7% 砂漠土の多くが該当する	放牧地 農耕地	低～中
	↓ NO				
⑧	表層下の土層に，アルジリック層（表層から移動した粘土が集積する土層）あるいは，カンディック層（鉄やアルミニウムの酸化物や活性の低い粘土が集積する土層）があり，深さ 2 m 以内では塩基飽和度が 35%未満であるか，あるいはフラジパンの特徴（非常に硬いが，一度崩れるともろい板状構造）がある	YES →	アルティソル（Ultisoils）－ 8.5% 湿潤地域に多く分布する	森林 農耕地	低～中
	↓ NO				
⑨	モリック層（有機物の集積で厚い暗色の表層，塩基類を多量に保持し，構造が強く発達している土層）をもち，不透水層あるいは深さ 1.8 m までの土壌の塩基飽和度が 50%以上と高い	YES →	モリソル（Mollisols）－ 6.9% チェルノーゼムや栗色土，プレーリー土などが該当する	農耕地 放牧地 湿地	高
	↓ NO				
⑩	アルジリック層，カンディック層，あるいはナトリック層（ナトリウムの分散しやすい性質に影響された粘土の集積層）があるか，粘土皮膜をともなったフラジパンの特徴がある	YES →	アルフィソル（Alfisols）－ 9.6% モリソルと同様に，作物生産力の高い土壌	農耕地 森林 放牧地	高
	↓ NO				
⑪	表層の下（次表層）に，カンビック層（物理的あるいは化学的作用を受けた結果，もとの母材とちがう構造や土色を示す土層），あるいはサルフィリック層（含イオウ物質起源の硫酸による強酸性を示す土層），カルシック層（炭酸カルシウムや苦土炭酸カルシウムなどが集積した土層），ジプシック層（硫酸カルシウムが蓄積した土層），ペトロカルシック層（固結したカルシック層）やペトロジプシック層（固結したジプシック層）などといった特徴をもつ土層がある。あるいは，表層に次のような特徴層，すなわちモリック層やアンブリック層（塩基類の溶脱がすすみ酸性化しているほかはモリック層に類似した土層），または，ヒスティック層（一定期間水で飽和され多量の有機物を蓄積した土層）をもつ。あるいは，交換性ナトリウムの割合が 15%以上あるか，フラジパンの特徴をもつ	YES →	インセプティソル（Inceptisols）－ 9.9% 土層の分化がはじまり，各種層位がある程度認められる。褐色森林土や古い沖積土が該当する	森林 放牧地 農耕地	低～高
	↓ NO				
⑫	上記以外の土壌	YES →	エンティソル（Entisols）－ 16.3% 土壌生成過程の初期段階にある新しい土壌。わが国の低地土や傾斜地の岩屑土などがこれにあたる	放牧地 森林 農耕地 湿地	低～中

1）：地球上の氷で覆われない陸地面積 1 億 2,979 万km^2 に対する分布面積。FAO のデータベースにもとづいて計算された結果。このほかに陸地面積には流砂地帯あるいは岩石地帯などがあり，それらの分布面積は 14.1%をしめる

2）：農耕地の作物生産力規制要因の 1 つで，作物の根を支え，作物に養水分を供給する土壌の能力。詳細は第 10 章参照

図2-18

ソイルタクソノミーによる土壌目の検索と各土壌目の地球上での分布面積割合，おもな土地利用，および土壌肥沃度水準

（Brady and Weil, 2002b と 2008b を参照して作成）

土壌目の検索は，つねに検索順の最初からおこなうこと

今後，世界の人口が増加し食料の増産を計画しても，食料生産の場としての土壌の多くは生産力の低い土壌である。

11 日本の土壌

1 わが国の土壌分類

わが国にはどのような土壌があるのだろうか。わが国の気候は世界的にみると多雨多湿で，地質がきわめて多様で地形も複雑であり，土壌の種類も多い。分類体系は，農耕地と林地それぞれ別につくられている。両者を統一する分類体系は2002年に提示され，さらに改訂を加えて「包括的土壌分類第1次試案」として2011年に発表されている（小原ら，2011）。

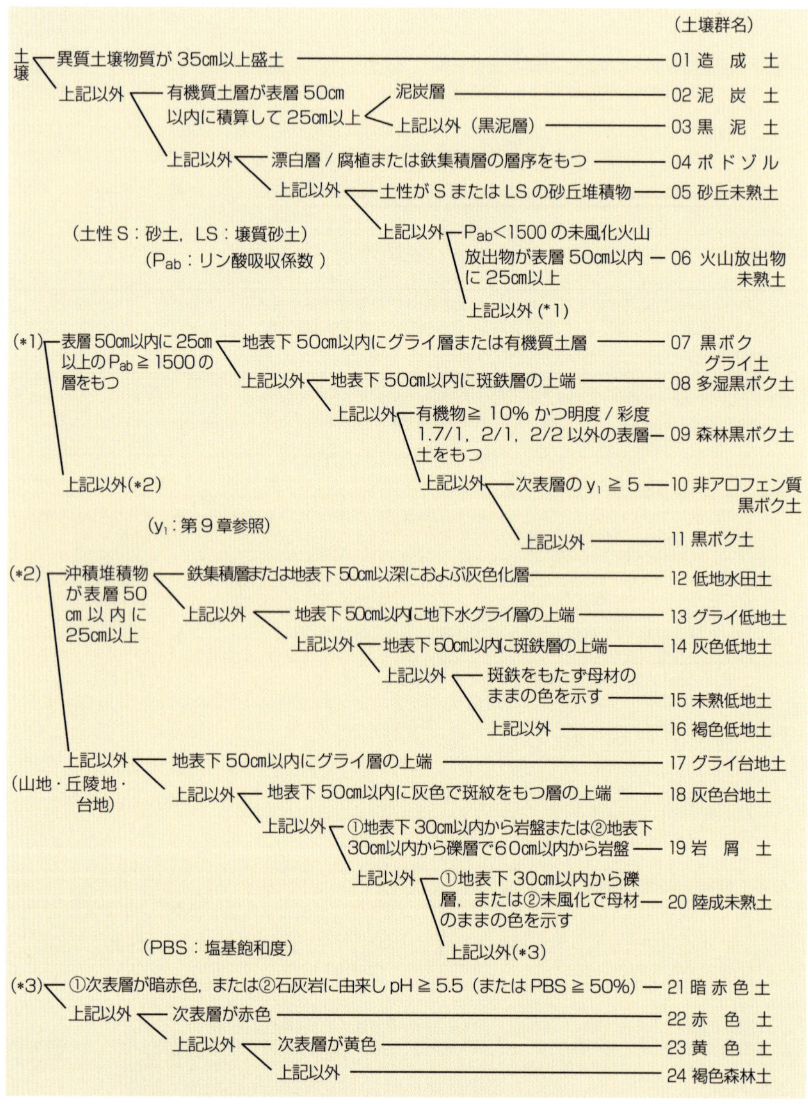

図2-19　農耕地土壌分類第3次案にもとづく土壌群の検索図
（農耕地土壌分類委員会，1995）
このフローは説明を簡略化してあるので，詳細については出典を参照のこと

ここでは農耕地を対象に，わが国にどのような土壌があるのかを，「農耕地土壌分類 第3次改訂版（1995）」（以下第3次案）にもとづいて考えてみる（注14）。第3次案も，世界の土壌分類の流れを受け継ぎ，定義された土壌の特徴層位と識別特徴によって，土壌を順次切り取って分類する方法を導入している。この分類で最も大きな分類単位は土壌群で24種類ある（図2-19）。

〈注14〉
わが国の土壌図は「日本土壌インベントリー」（http://soil-inventory.dc.affrc.go.jp/index.php）で公開されている。地図上に最新の分類体系である包括的土壌分類第1次案にもとづいた「土壌図」と，「農耕地土壌分類第3次改訂版」にもとづいた「旧農耕地土壌図」がある。いずれも地図上に土壌図が示されている。特定の場所の土壌を知りたい場合，そこの土壌図をクリックすると表示される。より正確に場所を特定して情報を入手したい場合は，地名や経度と緯度を入力して検索すると示される。土壌の特徴なども記載されており，土壌に関する基本的な情報が容易に入手できる。

2 主要土壌の特徴

わが国の24土壌群の定義は，図2-19の検索項目から決定される。たとえば，黒ボクグライ土は検索項目から，「リン酸吸収係数（注15）が1,500以上の土層が表層50cm以内に積算で25cm以上あり，地表下50cm以内にグライ層または有機質土層の上端があらわれる土壌」となる。以下，各土壌群の特徴を概観してみる。

〈注15〉
この係数は，作物の必須養分であるリンを土壌中で作物に利用できない形態にしてしまう性質の強さを示している（第12章3項参照）。

造成土：自然にはおこりえない大規模な土壌改変をおこなった結果，表層1m以内に異質の土壌物質が35cm以上盛土された土壌。いわば人工土壌である。

泥炭土・黒泥土：低温湿潤条件で植物遺体が母材になってできた土壌。とくに，植物遺体の分解が不十分で，その繊維質が肉眼で観察できる土壌を泥炭土という（図2-20）。黒泥土は，泥炭に土砂が混じって植物遺体の繊維質が識別できなくなるほど分解され，有機物を多量に含んで黒色から黒褐色になっている土壌である。

ポドゾル：冷涼湿潤な気象条件で，土壌がポドゾル化作用を受けた土壌。表層に鉄やアルミニウムなどが溶脱したE層（漂白層）があり，その下に鉄やアルミニウムの集積層であるB層をもつ土壌（図2-8参照）。

砂丘未熟土・火山放出物未熟土：いずれも土壌の粒子が粗く，土層の分化が不十分か，きわめて弱い土壌。砂丘未熟土は海岸付近にあってほとんど砂からなる。火山放出物未熟土は，未風化の火山放出物に由来する土壌（図2-15参照）。

黒ボク土の5群：おもに火山灰などの火山放出物に由来する土壌で，いずれもリン酸吸収係数が1,500以上で，施肥されたリンを作物に無効化させる性質の強い土層が表層50cm以内に25cm以上ある。この性質のほかに地下水の影響の強さ（グライ層や鉄などの斑紋があるかなど）の程度や，作物に酸性障害（アルミニウム過剰害）が出やすいかどうかなどによって，黒ボクグライ土，多湿黒ボク土，森林黒ボク土，非アロフェン質黒ボク土，黒ボク土の5群に分けられる（図2-15参照）。

低地土の5群：いずれも，河川などの水の力によって運ばれ堆積した，沖積堆積物が表層50cmに25cm以上ある土壌である。低地水田土は水田として長期に利用されたため，鉄やマンガンの集積層をもつ水田独自の土壌断面を示す土壌である（第14章1項参照）。地下水の影響の強さ（グライ層や鉄などの斑紋があるかどうか）でグライ低地土，灰色低地土，褐色低地土が区分される（図2-21）。沖積堆積物の風化程度が弱く，土壌粒子が粗い特徴をもつのが未熟低地土である。

図2-20　泥炭土
（写真提供：橋本均氏）

図2-21　代表的な低地土（写真提供：橋本均氏）
灰色低地土には一時的な滞水によってできた鉄の斑紋（矢印１）やマンガンが集積し，硬化してできる結核（矢印2）がみられる。グライ低地土にはグライ層が認められる。しかし，排水のよい褐色低地土には斑紋もグライ層もない

図2-22　代表的な台地土（写真提供：橋本均氏）
グライ層をもつグライ台地土，鉄の斑紋（矢印）がみられる灰色台地土。褐色森林土は排水がよいため，斑紋もグライ層もない

山地・丘陵地・台地の土壌３群：グライ台地土，灰色台地土，褐色森林土が対応する（図２-22）。おもに，地下水の影響の強さで分けられる。排水不良でグライ層が出現するのがグライ台地土，排水がやや不良で鉄の斑紋をもつのが灰色台地土，排水が良好でグライ層や斑紋をもたない土壌が褐色森林土である。ただし３次案では，図２-19の分類上最終的に残った山地・丘陵地・台地の陸成土壌を褐色森林土としている。

岩屑土（がんせつ）：丘陵の傾斜地にみられる土壌で，雨水などによる侵食を受けるため，表土の厚みがなく，母岩や礫層が浅い位置から認められ，植物の生育もよくない。

陸成未熟土：地表下30cm以内の，比較的浅い位置から礫層や母岩があらわれ，60cm以内に岩盤があらわれない未熟な土壌である。

暗赤色土，赤色土，黄色土：いずれも表層の下の層位（次表層）の色に特徴がある土壌。暗赤色土は，次表層が暗赤色または石灰岩に由来する土壌で，強酸性を示さない。赤色土と黄色土は台地，丘陵地などにあり，腐植に乏しく，黒色を示さないA層をもつことが類似しており，両者は次表層の色で区分される。

3 わが国の農耕地における土壌分布

わが国の農耕地の土壌は，上記のように土壌群として24種類ある。しかし，これらの土壌がどのくらい分布しているのかはまとまっていない。土壌群別の耕地面積がまとめられている最新のものは，「農耕地土壌分類

表2-1　わが国の土壌群別，地目別耕地面積[1)]とその割合　（土壌保全調査事業全国協議会，1991）

土壌群	水田		普通畑		樹園地		合計[3)]	
	面積	割合	面積	割合	面積	割合	面積	割合
岩屑土	0	0	71	<1[2)]	77	2	148	<1
砂丘未熟土	0	0	223	1	19	<1	242	<1
黒ボク土	171	<1	8,511	47	861	21	9,542	19
多湿黒ボク土	2,741	10	722	4	25	<1	3,488	7
黒ボクグライ土	508	2	19	<1	0	0	526	1
褐色森林土	66	<1	2,875	16	1,490	37	4,431	9
灰色台地土	792	3	719	4	64	2	1,575	3
グライ台地土	402	1	43	<1	0	0	446	<1
赤色土	0	0	252	1	199	5	452	<1
黄色土	1,443	5	1,056	6	760	19	3,259	6
暗赤色土	18	<1	291	2	61	2	370	<1
褐色低地土	1,418	5	2,311	13	353	9	4,081	8
灰色低地土	10,566	37	751	4	101	3	11,418	22
グライ土	8,894	31	132	<1	21	<1	9,047	18
黒泥土	759	3	17	<1	1	<1	778	2
泥炭土	1,059	4	323	2	1	<1	1,419	3
計	28,874	100	18,315	100	4,033	100	51,222	100

1)：農耕地土壌分類第２次案にもとづく。単位は，面積が100ha，割合は%である
2)：1%未満
3)：四捨五入の関係で，各地目の合計とは必ずしも一致しない

第２次案（1977）」にもとづいたものである。ここでは第２次案によってまとめられた土壌群別面積から，わが国の土壌と分布面積を述べる（表２-１）。

水田では灰色低地土とグライ土の両者で68%をしめる。これに，多湿黒ボク土を加えるとおよそ80%になる。この３土壌群は，いずれも排水がやや悪い特徴をもつ。

普通畑では，黒ボク土と多湿黒ボク土で50%以上になり，火山灰に由来する土壌の多いことがわかる。ついで広く分布するのは褐色森林土で16%，さらに褐色低地土が13%とつづく。

果樹園や茶園などの樹園地の土壌は，やはり立地条件を反映し，台地・丘陵地の土壌である褐色森林土が37%と多い。つづいて黒ボク土が21%で，さらに東海，近畿に広く分布する黄色土が比較的広く分布している。

これらをまとめて耕地全体としてみると，灰色低地土，グライ土，黒ボク土の３種類の土壌で，わが国の農耕地全体のほぼ60%をしめている。

第3章 有機物が土壌をつくる

1 土壌を完成させるもの

土壌の原材料は，基本的には地殻表層にある岩石である。これが土壌になるには，与えられた環境でさまざまな土壌生成因子が作用しなければならない。岩石の風化生成物にすぎない無機的な土壌母材を土壌にかえる第一歩は，動植物の遺体，すなわち有機物が土壌母材に加わることである。

それが起点になって徐々に土層が分化し，風化生成物が土壌へと変化していく。岩石から土壌をつくりあげ，土壌にさまざまな機能を付与して土壌生成を完成させるもの，それはまさに有機物である（Russell，1957）。

2 土壌有機物は炭素循環で決まる

1 土壌の有機物収支は環境が左右

では，これほど重要な働きをする土壌有機物は，土壌に蓄積しつづけるのか，あるいは消耗していくのだろうか。それを決めるのは，その土壌環境での有機物の収支であり，これは地球規模でも1枚の畑であっても同じである。有機物とは炭素（C）を含む化合物の総称であるから，対象になる土壌環境での有機物の現存量（注1）は，その土壌に添加される炭素量と土壌中での炭素分解量の収支で決定される。

ただし，土壌有機物の蓄積や減少が，無条件で勝手気ままに変化するわけではない。地球上で有機物を第一義的につくりだすのは植物である。そして，植物の生育に対応した有機物の添加量や分解量は，当然，気象や土壌など環境条件に規制されている。いいかえると，土壌生成作用が環境によって決められたように，土壌の有機物含量も，その土壌がおかれた環境のなかで，有機物の添加と分解のつり合うところに向かって変化する。

2 地球規模の炭素循環と土壌有機物

❶土壌は巨大な炭素貯留庫

まず有機物の現存量を地球規模の炭素循環から概観してみよう（図3-1）。深さ1mの土壌中に現存する炭素量は1,500～2,400Pg（ペタグラム，10^{15}g＝10億t）と推定されている（Ciais, et al., 2013）。この量は，地上の全植生（注2）（450～650Pg）と大気中に現存する炭素量（829Pg）（注3）

〈注1〉
ここでいう現存量とは，その土壌に現に存在している有機物の量，すなわち有機物含有量のことである。

〈注2〉
土地に生育する植物の集団を意味する植物生態学の用語。植物全体を意味し，ここでは，森林，草原，栽培作物などを含んでいる。

〈注3〉
産業革命前までの589Pgと，それ以降2011年までの人間活動によって増えた炭素量240Pgの合計（図3-1）。

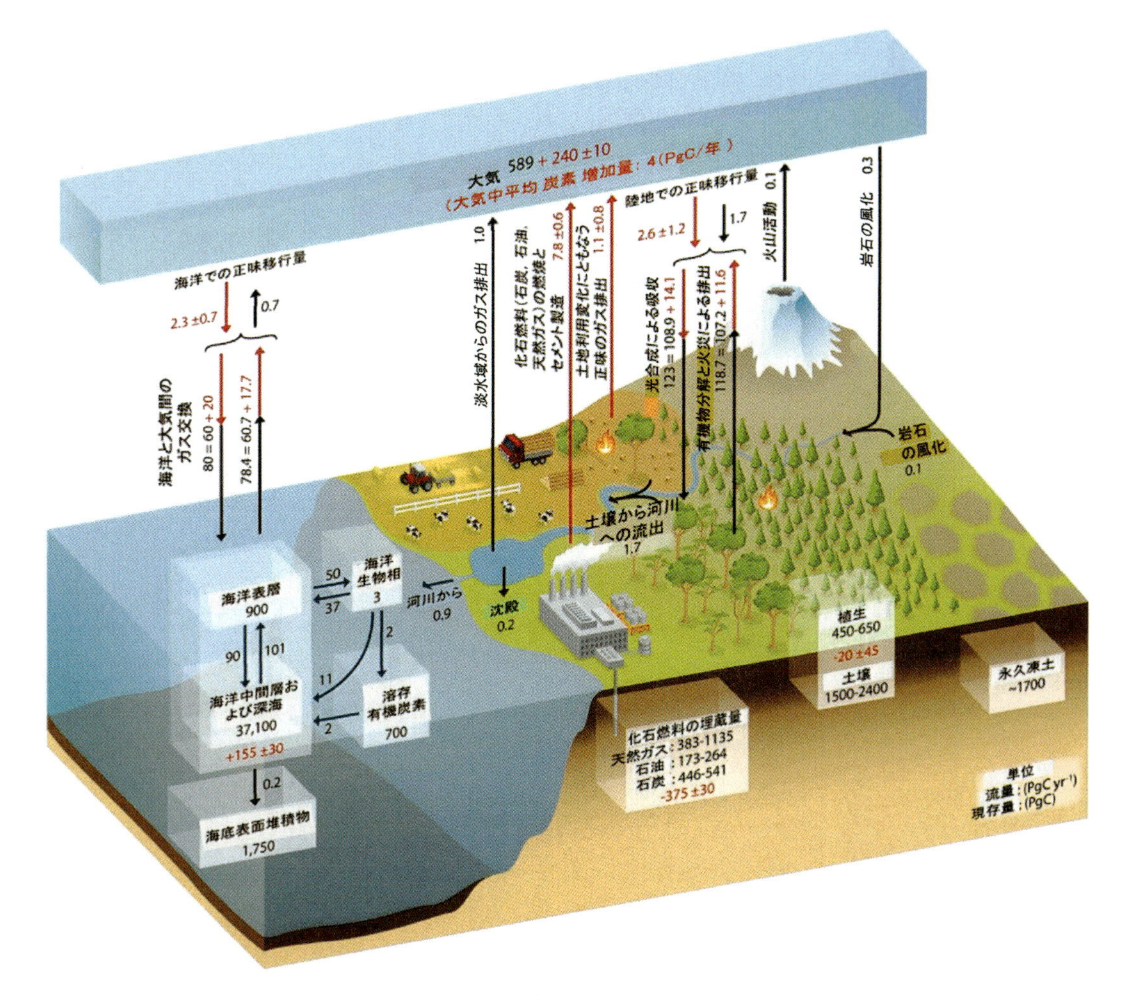

図 3-1　地球規模で見た炭素循環（Ciais,et al.，2013）
図中の箱は地球上の炭素（C）貯留庫を示す。黒色の数字と矢印は，産業革命以前（ここでは 1750 年より前の時代）の各貯留庫での炭素現存量と年間当たり平均移行炭素量（流量）の推定値である。貯留庫内の赤字は，産業革命以降，1750 年から 2011 年までの人間活動に由来する炭素量の積算量を示し，赤数字が記載されていない貯留庫は，1750 年以降大きな変化がないと仮定されるか，確実なデータが入手できなかった場合である
赤印の矢印とその赤数字は，2000 年から 2009 年までの人間活動に由来する年間の平均移行炭素量を示す。青色の矢印とその数字は，海洋内での炭素循環流量を示す
単位は現存量の場合が Pg（ペタグラム），年間の平均移行量の場合は Pg/ 年である。P はペタと読み，10^{15} 乗を意味する（1 Pg = 10^{15}g = 10 億 t）

の合計量（1,279 ～ 1,479Pg）の約 1.5 倍になる。つまり，土壌は海洋とともに，地球上での巨大な炭素貯留庫の役割をはたしている。

❷大気中の炭素量増加

大気から光合成で植生に吸収される炭素量は，産業革命前と 2000 年から 2009 年までの期間は年間 123Pg。一方，落葉，落枝，枯死遺体，根，収穫残渣などによって土壌に添加された有機物が分解されて発生したり，火災などで大気に排出される炭素量は同じ期間で 118.7Pg である。

したがって，大気から植生に吸収される炭素量のほうが土壌から排出される量を上回るため，陸地での正味の吸収炭素量は増加している。増加

〈注4〉
図3-1によると2000～2009年の陸地での炭素の正味吸収量は増加している。しかし，1750～2011年では，植生に現存する炭素量は，人間活動の結果として20Pg減少したと推定されている。アフリカや南アメリカなどでの森林の過剰伐採の影響とみられる（第17章3項参照）。

〈注5〉
産業革命前は大気に排出される炭素量は，いずれも年間当たりで，海洋から0.7Pg，淡水域から1.0Pg，火山活動から0.1Pg，合計1.8Pg。

〈注6〉
セメントの原料である炭酸カルシウム（$CaCO_3$）などの形態で土壌中から炭素が掘り出されるので，陸地からの排出に加えられている。

〈注7〉
産業革命以降2011年までのあいだで，化石燃料の消費による埋蔵量の減少は375 Pgと推定されている。

量は，産業革命前が年間1.7Pgだったが，2000年から2009年（以下，本項ではこの10年間を近年という）では，年間2.6Pgに増えている（注4）。これは大気中に現存する炭素量の増加の影響を受けた結果であろう。

❸原因は化石燃料の消費による炭素の放出

この地球規模の炭素循環は，大気中の二酸化炭素濃度が上昇して地球温暖化に歯止めがかからないことも明白に示している。

大気に排出される炭素量は，産業革命以前には年間わずかに1.8Pg（注5）であった。これに対して，近年は化石燃料の燃焼とセメント製造（注6）から大気へ排出される炭素量だけで年間7.8Pg，人間活動の結果として，森林の伐採など土地利用の変化によって大気に排出される炭素量が年間1.1Pgと推定されており，両者合計で年間8.9Pgになる。

しかし，近年の大気から植生に吸収される炭素量は，上述したように年間2.6Pg，海洋に吸収される炭素量が年間2.3Pg，合計で年間4.9Pgが大気から陸地や海洋に吸収されているにすぎない。したがって，近年の大気での炭素収支は年間4 Pgの増加となる。産業革命以降の化石燃料の消費（注7）によって大気に放出される炭素量が，大気中の炭素現存量に大きな負荷となっていることが理解できる。この地球規模の炭素循環は，私たちが化石燃料の消費削減に成功し，土壌保全につとめて，土壌から排出される炭素量を可能なかぎり抑制できれば，地球温暖化防止に大きく寄与できることも示している。最近は，畜産廃棄物や作物残渣といった農業から排出される有機物を炭化させて固定し，その炭化物を土壌に投入することで炭素排出量削減に寄与できることに関心が高まっている（平舘・井上，2013）。

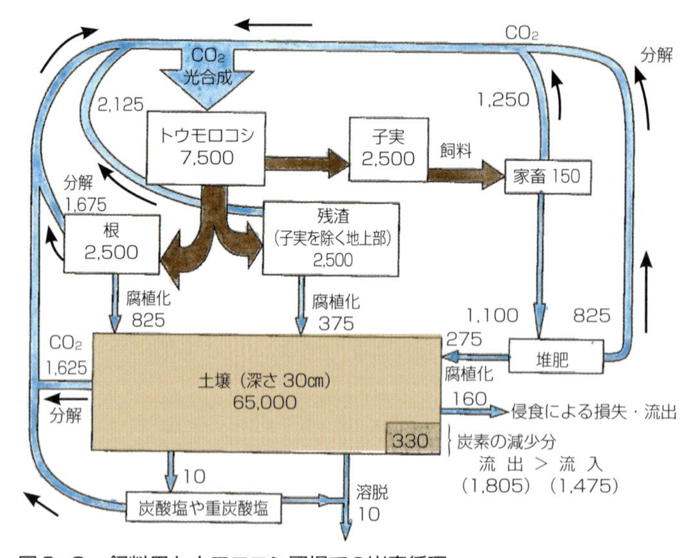

図3-2　飼料用トウモロコシ圃場での炭素循環
（Brady and Weil, 2008）
単位はkg /ha。線に囲まれた部分の数値は現存量，矢印の横の数字は年間の移行量である。全て炭素（C）として表示
この畑の土壌炭素量は，トウモロコシの作付けで年間330kg /ha減少している

3 耕地規模での炭素循環

比較的あたたかな温帯地域での家畜飼料用トウモロコシ圃場を例に，耕地規模での炭素循環をみよう（図3-2）。

実験開始時に，この圃場では深さ30cmまでの土壌中にha当たり65,000kgの炭素が現存していた。トウモロコシは光合成によってha当たり7,500kgの炭素を同化した。この炭素量は1/3ずつ，根，収穫残渣，飼料用の子実に移行した。根および収穫残渣は直接土壌にすき込まれ，土壌の腐植（有機物）になる。子実は家畜によって採食された後に，ふん尿になって堆肥として土壌にすき込まれる。これらが土壌中の生物によって分解され，最終的に土壌に残った炭素量は年間合計でha

当たり 1,475 kg（注8）であった。

これに対して，もともと土壌に存在していた有機物の分解や，土壌侵食による損失，さらに炭酸塩や重炭酸塩として堆積したり，地下水に溶脱したものなどを含め，年間合計で ha 当たり 1,805kgの炭素がこの土壌から流出した。したがって，この圃場の土壌中の炭素現存量は，年間 ha 当たり 330kgの損失で，もとの土壌の現存量に対して 0.5 %の減少となった。

このように圃場での土壌有機物の量も，植物の乾物生産や土壌中での有機物分解の収支から決定される。

〈注8〉
根から 825kg，収穫残渣から 375kg，堆肥から 275kgの合計である。

4 土壌水分環境，気温のちがいと土壌有機物の蓄積量

植物の乾物生産や土壌中での有機物分解は，当然，土壌条件や気象条件によって大きな影響を受ける。そこで，土壌の有機物量と水分環境や気温の関係から，土壌有機物の蓄積や消耗を巨視的にながめてみよう。

植物による有機物合成量は，好適水分環境による好気的条件（注9）でも逆の嫌気的条件（注10）でも，25℃くらいが最高で，それ以下でも以上でも減少する（図3-3）。

〈注9〉
畑状態で，酸素が十分にある酸化的条件。

〈注10〉
湛水状態，すなわち水田のように土壌表面に水がたまった状態で，酸素が不十分な還元的条件。

一方，有機物の分解速度は，関与する微生物の活動適温が高いため，35℃くらいまで増加する。この植物生育と微生物活動の好適温度のずれが，土壌有機物の蓄積と消耗に大きな影響を与える。

畑のような好気的条件では気温が 25℃くらいまで，水田のような嫌気的条件なら気温が 35℃くらいまでは，植物による有機物合成量が分解量を上回るため，土壌有機物は蓄積する。温度がそれ以上になると，逆に，有機物分解量が合成量を上回るため，土壌有機物は消耗する。有機物蓄積量が最大になるのは好気的条件で 15 ～ 20℃，嫌気的条件で 15 ～ 25℃くらいの範囲である。

土壌生物による分解活動は，好気的条件より嫌気的条件のほうが抑制されるため，有機物分解量は温度条件にかかわらず，嫌気的条件のほうが少ない。このため，畑より水田で有機物が蓄積されやすい。

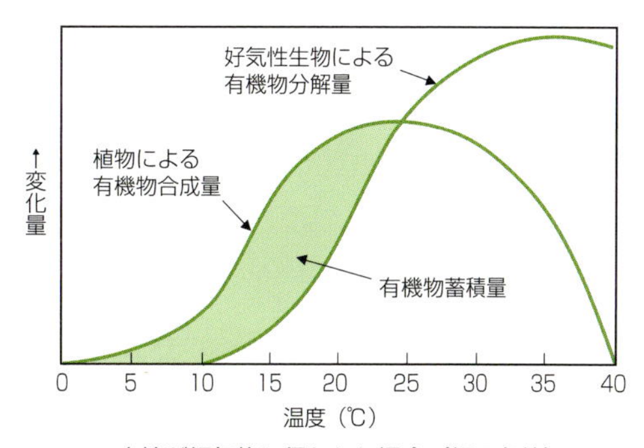

土壌が好気的に保たれた場合（畑の条件）

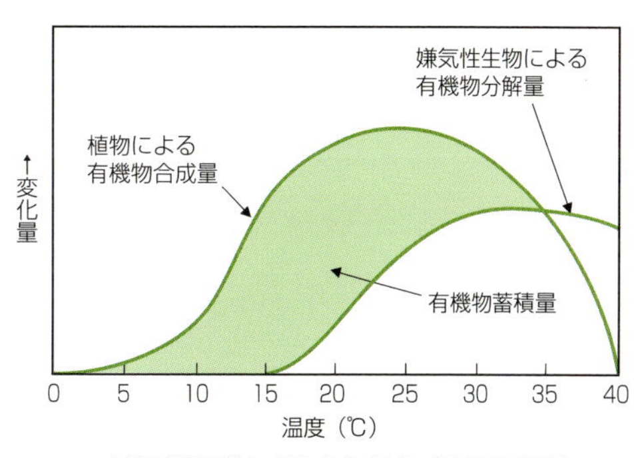

土壌が嫌気的に保たれた場合（水田の条件）

図3-3
温度と土壌水分条件のちがいと土壌有機物の蓄積
（Mohr and Baren（1954）を改変）

3 土壌有機物，腐植，腐植物質 ―その意味のちがい

1 土壌有機物

これまで土壌有機物という1つの用語ですませてきた。しかし，土壌有機物といっても，土壌中にはさまざまな形態の有機物が存在している。①生きた土壌動物，土壌微生物，植物根などの有機物，②新鮮な動植物の遺体や分解されやすい有機物（易分解性有機物），その分解過程で生産された有機物，③微生物などによって分解された結果として安定物質として存在する有機物，など

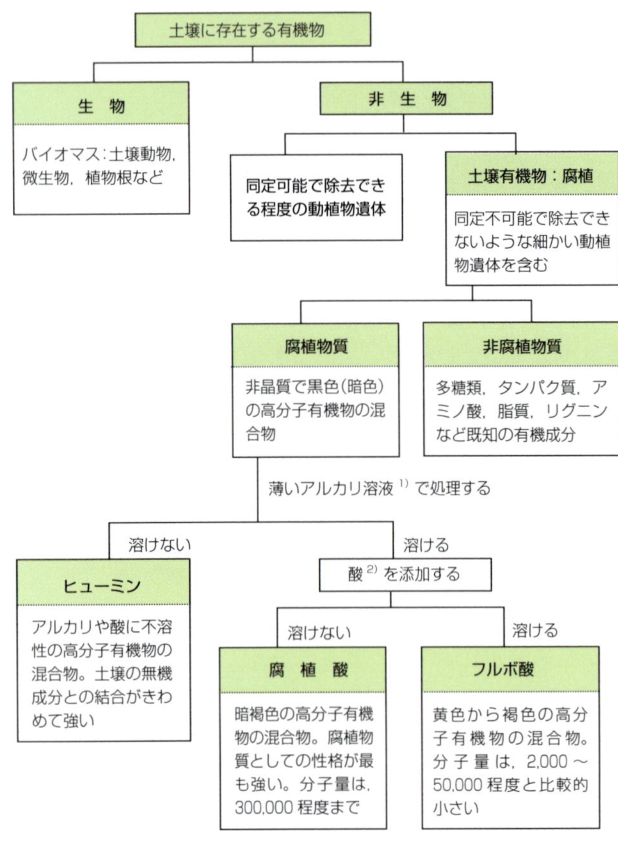

図3-4　土壌有機物の区分
1)；水酸化ナトリウム（NaOH）を用いる
2)；強酸性塩酸（HCl）溶液（pH ＝ 1）

である。このうち，どこまでを土壌有機物に含めるかは，研究者で微妙にちがう。

しかし，土壌から動植物残渣の細かい断片や，微少で同定が不可能な動植物遺体を完全に取り除くことは不可能である。そのため，本書では，土壌中の非生物由来有機物のうち，同定可能で除去できる程度の大きな動植物遺体を除いた全ての有機物を土壌有機物としている（図3 - 4）。腐植とはこの土壌有機物と同義語である。土壌有機物は，さらに非腐植物質と腐植物質に区分されている（図3 - 4）。ただし両者の境界は明確ではなく，便宜的なものである。

2 非腐植物質

非腐植物質は，土壌有機物が分解される過程で生産される有機成分のうち，炭水化物（多糖類），タンパク質，アミノ酸，脂質，リグニンなど構造の明確な既知の有機成分である。これらに対する土壌生物による分解の難易はかなりちがう。しかし，いずれも最終的には土壌中の微生物によって各種の中間代謝産物を経て，かなりの部分が二酸化炭素，水，アンモニア態窒素などの無機物に変化する。したがって，土壌中での存在量は少ない。

3 腐植物質

腐植物質は，土壌有機物が微生物などによる分解を受け，その分解産物から化学的あるいは生物学的に合成されたものである。土壌有機物の大部分はこの腐植物質である。この物質は単一の物質ではなく，結晶が不明瞭で（非晶質）暗色（黒色）の高分子有機物の混合物として存在している。腐植物質はある目的に沿って合成されたものではなく，微生物による利用・分解されたあとの残渣と考えられる。

腐植物質はさらに，アルカリと酸に対する溶解性からヒューミン，腐植酸（フミン酸），フルボ酸に分けられる（図3 - 4）。しかし，これらは操作上の区分であって，いずれも有機物の混合物で，物質の本質的なちがいではない。このうち，腐植酸が腐植物質としての性質が最も強く，後述する養分の保持能力や pH の変化をやわらげる効果（緩衝力）も大きい。

腐植物質の大部分は，土壌中でそれ自身が単独で存在するのではなく，土壌中の粘土鉱物，アルミニウムや鉄，金属イオンなどと結合することで存在している。こうした結合物質を有機無機複合体という。

4 土壌有機物の働き

土壌有機物の土壌中でのおもな働きは，次のとおりである。

①植物への養分供給源　土壌有機物のうち分解されやすい有機物の構成成分で有機態として存在する窒素，リン，イオウなどが微生物に分解され，植物に吸収可能な無機イオンとして放出される。これを無機化という。この無機化を通じて土壌有機物が植物の養分源になる（第12章参照）。

②養分の保持と土壌の緩衝力を大きくする作用　有機物のなかでもとくに腐植物質には，自身をとりまく溶液のpHによってマイナスやプラスに帯電する部分（官能基）を多くもっており（第9章参照），土壌中の陽イオンや陰イオンの保持に寄与する。同時にこの働きは，土壌のpHにかかわる水素イオン（H^+）や水酸イオン（OH^-）の保持に関与し，外部の急激なpH変化をやわらげるという，土壌の重要な働き（緩衝力）を強める。

③養分の有効性や有害物の調節　腐植物質は酸性土壌で作物の生育障害要因であるアルミニウムと結合しやすく，その害作用を抑制する。同時にアルミニウムがリンと結合する機会を減らし，リンの有効性を保つ。このような物質と結合しやすいという性質は，有害金属や有害有機合成化合物とのあいだにも認められ，それらの物質による環境汚染の防止に役立つ。

④植物の生育促進　腐植物質のうちの腐植酸やフルボ酸は植物の発芽や発根，根や茎の生育を促進する効果をもつ（表3-1）。これは，溶解度の低い養分元素が有機物と結合することによって植物に吸収されやすくなることや，腐植物質の一部が植物に直接吸収されてホルモン類似作用をもたらし，光合成や呼吸の活性，タンパク質・核酸の合成を促進させるためと考えられている。ただし，効果の発現には，少なくとも土壌溶液中に表3-1に示された程度の濃度が必要で，こうした物質を土壌に施与すれば，施与量にかかわらず生育促進効果が必ずあらわれるということではない。

⑤団粒の形成と土壌構造の安定化　土壌有機物は土壌粒子同士の接着剤としての働きをもち，団粒（第6章2項参照）形成を促進して土壌の水分保持能を高め，通気性や排水性を良好にする。このような土壌粒子の結合を重ねながら土壌構造が発達していく。

⑥吸熱効果と保温効果　腐植物質の黒色は太陽からのエネルギーをよく吸収し，土壌の保温や地温の上昇に寄与している。ただし，有機物が蓄積した土壌では，比熱が大きい水分の保持量が多くなる。そのため，寒冷地に多いこうした土壌は，春先の地温上昇が逆にゆっくりである。

⑦土壌微生物への栄養源　土壌中に生息する微生物は，きわめて多様な栄養要求性をもっている。土壌有機物はそれ自身の多様性と複雑性のゆえに，微生物の多様な栄養要求を満たして，その多様性を維持している。このことは，土壌の生物的な緩衝力を高めるだけでなく，植物養分の円滑な供給や病原菌の抑止効果にもつながっている。

表3-1　腐植物質による植物生育への直接的効果

(Chen and Aviad, 1990)

腐植物質の種類	生育への影響	濃度の範囲（mg/ℓ）
腐植酸	水分吸収の増強，発芽の促進	1～100
腐植酸・フルボ酸	発根の刺激や根の伸長促進	50～300
腐植酸	根細胞の拡大を促進	5～25
腐植酸・フルボ酸	生育全般の促進	50～300

第4章 「土は生きている」―土壌生物の働き

1 土は生き物か？

土壌への敬愛の思いをこめて，「土は生きている」としばしばいわれる（薄井，1976；ロデール・赤堀訳，1993；ヘニッヒ・中村訳，2009）。では，土壌は本当に「生きている」のだろうか。あらためて問われると，土壌を「生き物」であるという人はだれもいないだろう。

多細胞生物であるためには，①分化と生長，②繁殖と遺伝，③環境変化への自律性を満たす必要がある（岡島，1989）。しかし，土壌に両親がいて，その遺伝的要素を引き継いで大きくなり，子供を育て，死んでいくとはだれも考えないし，土壌が生き物と思う人は一人もいないだろう。あくまでも，土壌を比喩的に表現して「土は生きている」といっているにすぎない。

土壌を敬愛するあまりに土壌が生物であると混同するのは，つつしまなければならない。これは，土壌の基本的認識として重要である。

では，なぜ土壌が「生きている」と感じるのだろうか。それは，土壌が莫大な生物の命を育んでおり，それらの生物の活動が「土壌の活動」であるかのようにみえるからではないだろうか。土壌中でどんな生き物たちがどのような働きをしているのか，それをこの章で考えてみたい。

2 土壌生態系の要としての土壌生物

土壌に生息する生物と，土壌や自然環境からなる非生物のあいだには，前章で述べたように，物質やエネルギーの流れがあり，きわめて密接な関係をもった１つの体系（システム）が成立している。このような系を生態系（注１）とよんでいる。

〈注１〉
イギリスの植物生態学者タンズリー（A. G. Tansley）が1935年に提唱した用語である。

土壌を中心とした土壌生態系は，①無機物，水，光エネルギーから有機物をつくりあげる生産者（植物），②その有機物を消費する消費者（動物），さらに③生産者や消費者などの遺体である有機物を分解し，最終的に再び生産者が利用できる無機物にまで分解する分解者（還元者ともいう）からなっている。

もし，③の分解者が存在しなければ，有機物が土壌中で植物の養分や土壌の構成成分に変化し，再び生産者である植物に利用されるという物質循環は成立しない。分解者である土壌生物は，土壌生態系の物質循環の要と

表4-1　土壌生物の種類

種　類	グループ	おもなもの
土壌動物	小型土壌動物（体長 0.2㎜ 未満）	アメーバ（根毛虫），鞭毛虫，繊毛虫，ワムシ類の大部分
	中型土壌動物（体長 0.2～2㎜）	トビムシ，ダニ，線虫など
	大型土壌動物（体長 2㎜～2㎝）	アリ，クモ，ワラジムシ，ダンゴムシ，ムカデなど
	巨形土壌動物（体長 2㎝以上）	モグラ，ヘビ，ミミズなど
土壌微生物	細菌	バクテリアといわれるもの。形態から，球菌，桿菌，らせん菌など，また酸素の必要性から好気性細菌，嫌気性細菌，通性嫌気性細菌などと分類
	放線菌	有機物分解能力の大きい *Thermoactynomyces*，抗生物質を生産する *Streptomyces* など
	糸状菌	菌糸に隔壁のない藻状菌類（*Mucor*，*Rhizops* など），菌糸に隔壁のある純正菌類（子嚢（しのう）菌類，担子菌類，不完全菌類）など。いわゆるカビやキノコの大部分
	藻類	らん藻，緑藻，けい藻など

して重要な役割をはたしている。

3　土壌に生息する生物の種類と数

土壌に生息する生物は，大きく土壌動物と土壌微生物に分かれる（表4-1）。

1　土壌動物

土壌動物は，体長によって便宜的に①体長0.2㎜未満の小型土壌動物，②体長0.2㎜～2㎜の中型土壌動物，③体長2㎜～2㎝の大型土壌動物，④体長2㎝以上の巨形土壌動物の4つに区分されている。

小型土壌動物にはアメーバ（根毛虫），鞭毛（べんもう）虫，繊毛（せんもう）虫などのほかに，ワムシ類の大部分が含まれる（図4-1）。

中型土壌動物は，線虫，ダニ，トビムシなどがはいり，土壌中での生息個体数が多い（図4-1，表4-2）。

大型土壌動物はアリ，クモ，ワラジムシ，ダンゴムシ，ムカデなど，子供のころ土遊びしたときのおなじみのものが含まれる。

巨形土壌動物には，モグラ，ヘビ，ミミズなどがはいる。ミミズは土壌1㎡当たり数十から数千ほど生息している（表4-2）。

2　土壌微生物

❶分類と生息数，量

土壌微生物の分類はさまざまである。一般的には形態や生理的性質から①細菌，②放線菌，③糸状菌，④藻類（そうるい）の4種類に大別されることが多い（表4-1，図4-2）。個体数

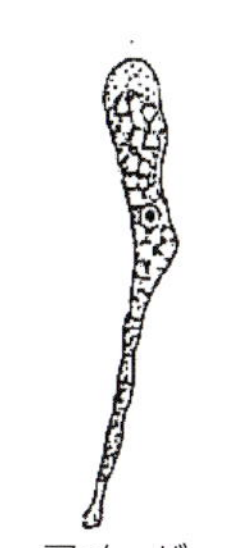

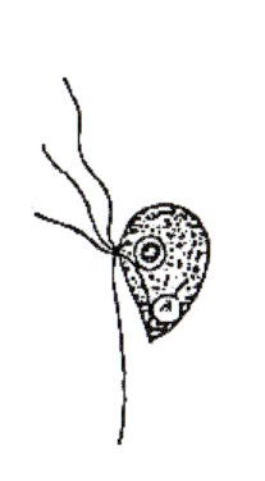

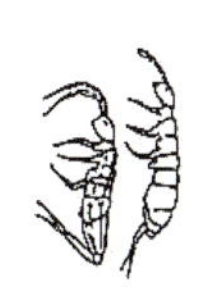

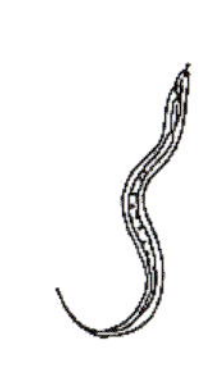

図4-1　小型・中型土壌動物の形態（妹尾，2001：*青木，1973）

表4－2　表層土で一般的に認められる土壌生物の相対的な数とその量[1)]

(Brady and Weil, 2008)

生物種	数[2)]		生体量[3)]	
	㎡当たり	g 当たり	kg /ha	g/㎡
動物				
原生動物	10^7～10^{11}	10^2～10^6	20～300	2～30
線虫	10^5～10^7	1～10^2	10～300	1～30
ダニ	10^3～10^6	1～10	2～500	0.2～5
トビムシ	10^3～10^6	1～10	2～500	0.2～5
ミミズ	10 ～10^3		100～4,000	10～400
その他	10^2～10^4		10～100	1～10
微生物				
細菌	10^{14}～10^{15}	10^9～10^{10}	400～5,000	40～500
放線菌	10^{12}～10^{13}	10^7～10^8	400～5,000	40～500
糸状菌	10^6 ～10^8 m	10 ～10^3 m	1,000～15,000	100～1,500
藻類	10^9～10^{10}	10^4～10^5	10～500	1～50

1)：細菌のデータは，Torsvik ら（2002）による古細菌を含む推定値。そのほかは多くのデータから計算して求めた

2)：糸状菌は個体を識別するのが困難なので，菌糸の長さで数を表現している

3)：データは生体重である。乾物重は生体重のおよそ 20 ～ 25%

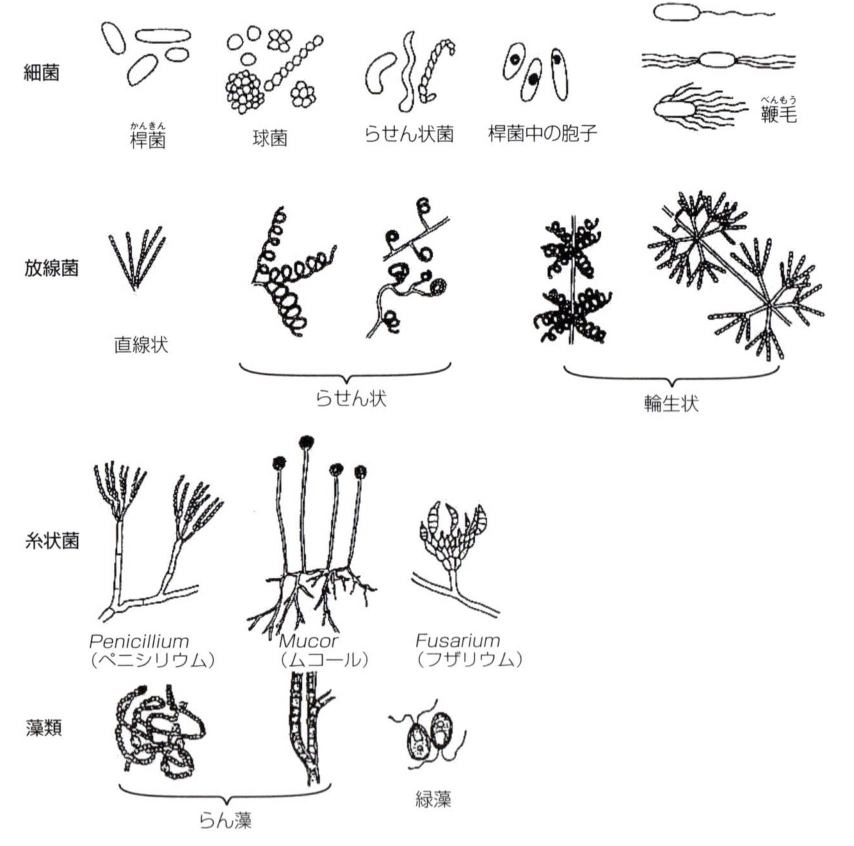

図4-2　土壌微生物の形態（妹尾（高井・三好，高尾による），2001）

は1㎡当たり10^6(100万)～10^{15}（1,000兆）程度にもなる（表4-2）。成人の片足の靴底面積はおよそ1/40㎡なので，その下のわずかな土壌にさえ，想像を絶するほどの生命が生息している。

畑で土壌微生物を生体の重量で換算すると，1㎡当たりおよそ700 gで，体内成分は1㎡当たり70gの炭素，11 gの窒素が含まれている（西尾，2001a)。畑に肥料を与えるとき，一般に1㎡当たり窒素で10g程度なので，微生物体の窒素はこれに匹敵する。したがって，土壌が保持する窒素として，微生物体に由来する窒素はきわめて重要な意味がある。

❷細菌

バクテリアともいわれ，一般に細胞壁をもち，細胞核をもたない単細胞の生物で（注2），細胞分裂によって増える。胞子をつくるものがある。栄養，水分，温度など生育環境が悪化すると胞子をつくり，悪条件環境に耐える。環境が好適になると，胞子が発芽して通常の栄養細胞にもどる。

生育に酸素を必要とするものを好気性細菌，必要としないものを嫌気性細菌という。しかし，大部分の細菌は酸素があってもなくても生育でき，これらを通性嫌気性細菌という。

〈注2〉
このように細胞核をもたない生物を原核生物という。

❸放線菌

細菌と，後述する糸状菌の中間的な性質をもつ微生物である。細胞壁をもった細長い細胞が長い糸状につながった組織をもち，これを菌糸という。菌糸の幅はおよそ0.5～1.0 × 10^{-6} m で，糸状菌の菌糸より細い。

放線菌は胞子をもつこと，細胞核をもたず，細胞壁の組織が細菌に似ていることから，細菌の一種としてあつかわれている。好気的条件で有機物と家畜ふん尿などから堆肥をつくる過程で，高温条件の有機物分解にはこの放線菌の一種（サーモアクチノミセス，*Thermoactynomyces*）が深くかかわっている。ある種の放線菌（ストレプトミセス，*Streptmyces*）は抗生物質を生産する。

❹糸状菌

放線菌より太い菌糸（幅，5～10 × 10^{-6} m）を伸ばして栄養をとり，繁殖のために胞子をつくり，細胞核やミトコンドリアをもつ生物である（注3）。菌糸が一定のまとまった形（子実体）になったのが，一般にいうキノコ（マツタケ，シイタケ，ナラタケなど）で，糸状菌のうちの担子菌類に分類される。逆に，まとまった形にならない糸状菌類が，いわゆるカビである。

〈注3〉
このように細胞核をもつ生物を真核生物という。

糸状菌は，セルロースやリグニンなど，植物体の分解しにくい高分子物質を分解する能力にすぐれている。森林土壌の表面を覆う落葉や落枝，倒木などの分解の開始は糸状菌の役目である。

❺藻類

肉眼で観察できないほど小さいものから，数 m の長さのものまで含まれる。らん藻は細菌と同じ原核生物で，細胞核や葉緑体をもたない。しかし，葉緑素（クロロフィル）をもっていて，光合成をおこなう。また，空気中の窒素を栄養分として利用すること（注4）ができるものもある。

〈注4〉
これを窒素固定という。

これに対して，緑藻やけい藻は，細胞核やミトコンドリア，葉緑体をもつ真核生物である。これらの藻類も光合成をおこなっている。

このように，光からエネルギーを得て光合成をおこなって炭素源としている微生物を光合成微生物という。

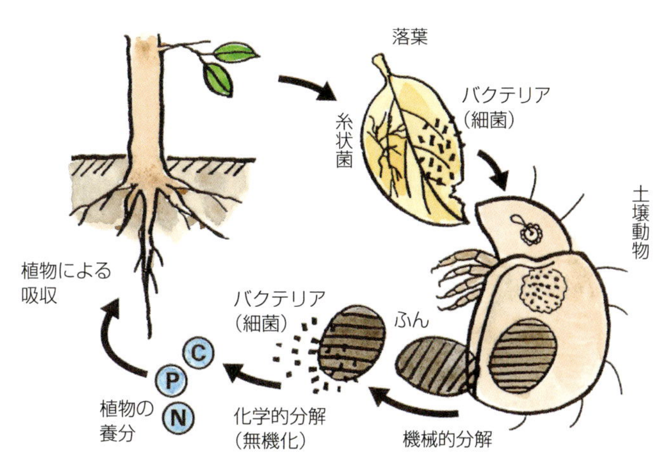

図4-3　土壌生物の連係による有機物（植物遺体）分解と養分循環の概念図　（青木，2005に一部加筆）
この図では，有機物として植物遺体が土壌に添加された場合を想定している。図中の土壌動物はササラダニで，模式的に大きく強調している。このほか，ミミズ，ワラジムシ，ダンゴムシなどさまざまな種類が同じような役割をはたす

3 土壌動物と土壌微生物の関係

土壌動物と土壌微生物は，別々に生命活動を営んでいるわけではない。両者は互いに密接に連係しあい，土壌に添加されてくる有機物を共同作業で分解し，植

物が利用できる形態に変化させ（無機化），養分循環を成立させている（図4-3）。

この連係作業の基本は，土壌動物によって粗大有機物が細かく砕かれ（破砕），それを土壌微生物がさらに分解するというものである。

4 土壌動物の働き

〈注5〉
地表に添加される有機物には，動物遺体，森林の落葉・落枝，耕地の作物残渣などが含まれる。

土壌動物のおもな働きは，①地表に添加される有機物（注5）を食べ（摂食），破砕すること，②破砕した有機物を土壌中に引きずり込み，土壌と混合することである。

1 粗大有機物の破砕

粗大な有機物の破砕は，土壌動物が摂食するとき，あるいは土壌動物の消化管を通過するときにおこなわれる。たとえば，有機物がミミズの消化管を通過すると2㎜以下に，トビムシでは30～50×10^{-6}m，ダニでは10×10^{-6}mにも細かく破砕されるという（妹尾，2001）。この作業によって，この後につづく細菌や糸状菌による有機物の分解が促進される。

2 有機物の土壌中への引きずり込み

地表の有機物を破砕しながら土壌中に引きずり込む作用は，ミミズの得意分野である。ミミズは植物遺体由来の有機物を摂食するだけでなく，同時に土壌も摂食する（図4-4）。ミミズは土壌粒子と有機物の消化物を混合して，ふん土とよばれる粒子をつくり地中や地表に排出する。ふん土が排出されて土壌表面に盛り上がったものをふん塚とよぶ（図4-5）。

進化論で有名なダーウィン（C. R. Darwin, 1809～1882）はミミズについて広範な研究をし，ミミズがつくるふん土の量をはじめて推定した。彼の2つの調査報告によると，ミミズがつくるふん土の量は年間1㎡当たり1.9kgと4.0kgであった（ダーウィン・渡辺訳，1994；新妻・杉田，1996）。これを土壌の厚みにすると，2.3㎜と3.6㎜に相当したという。

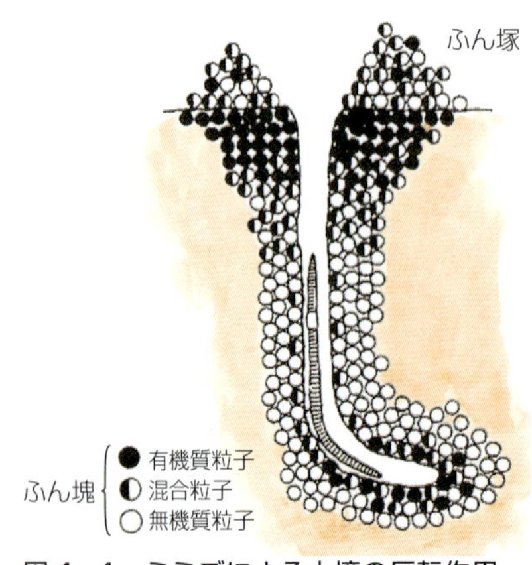

図4-4　ミミズによる土壌の反転作用
（青木，1973）

図4-5　ミミズのふん塚（タイ北部，チェンマイ近郊）

わが国の草地での測定例では，ミミズによるふん土の地表への排出量は年間1㎡当たり3.8kgで，土壌3.1㎜の厚みになる（注6）。世界各地のふん土の生成量は，地表の植物，土壌，ミミズの種類，気象条件，ふん土の回収条件などさまざまな影響を受けるものの，年間1㎡当たり0.15～50.7kgの範囲であった（渡辺，1997）。

表4-3　ミミズのふん土ともとの土壌の性状比較[a)]
(de Vlessschauwer and Lal, 1981)

	ふん土	もとの土壌
シルトと粘土含量（%）	38.8	22.2
容積重（Mg/㎥）	1.11	1.28
構造の安定性[b)]	849	65
陽イオン交換容量（cmol/kg）	13.8	3.5
交換性Ca（cmol/kg）	8.9	2.0
交換性K（cmol/kg）	0.6	0.2
可溶態P（mg/kg）	17.8	6.1
全N（%）	0.33	0.12

a)：ナイジェリアの6つの土壌の平均
b)：構造をこわすために必要な雨粒の数
Ca：カルシウム，K：カリウム，P：リン，N：窒素
単位のMgは，メガグラムで10^6 g ＝ 1 tに相当する

3 ミミズによる土壌改良効果

ミミズのふん土は，もとの土壌にくらべ粒子が細かくなって粘土やシルト分が増えているにもかかわらず，容積重（注6）がやや小さい（表4-3）。これは，土壌にすき間（孔隙）が多くなったことを意味している。しかも，崩れにくく構造が安定しているだけでなく，養分含量も明らかに増える。さらに，土壌酵素であるフォスファターゼ（注7）の活性が高く，ミミズが生活することで土壌中の有害汚染物質が除去され，病害虫被害を抑制し，作物の収量も増えるという（中村，1998および2005；板倉，1990；伊藤ら，2001）（注8）。

このように，ミミズが土壌を作物生育によい状態にかえる働きをもつことはたしかである。ただし，これらの効果が実際の畑で発現するには，たとえば，どのようなミミズがどのくらいの数で生息する必要があるのか，餌としての有機物がどのくらい必要なのかなど，具体的な条件を明らかにしなければならない。また，ミミズによる土壌反転効果も年間数㎜程度であり，ミミズの働きだけにまかせて広い耕地土壌の性質を全面的に変化させるということは，実際にはむずかしいだろう。

重要なことは，土壌改良に有用なミミズが生息しやすい土壌にしていくことであろう。ミミズによる土壌改良効果を過大評価することはさけなければならない（ブロムフィールド・沼田訳，1973）。

〈注6〉
ふん土の重量を土壌の厚みに換算する場合，重量が同じでも必ずしも同じ厚みにならない。これは，一定の容積にしめる土壌の乾燥重量（容積重という。単位はg/㎤もしくはMg/㎥）が，土壌によってちがうためである。

〈注7〉
土壌中のリンを含む有機化合物を分解して作物に吸収されやすくする酵素。

〈注8〉
板倉や伊藤らの試験では，ミミズ移入処理によって作物の収量は増えた。ここで，注意したいのは，ミミズの餌になる有機物が土壌表面に敷きつめられていたことである。前者では表面積0.05㎡のポットに枯草50 g，後者では表面積0.02㎡のポットにシラカンバの落葉約10 g（乾物重），また，圃場試験ではシラカンバの落葉が1㎡当たり約450 g（乾物重）添加されている。つまり，これらの試験結果は，ミミズの効果発現には，活動を保証する十分な餌が必要であることも示している。

5 土壌微生物の働き

土壌微生物のおもな働きは，①土壌動物が破砕し細かくした有機物をさらに分解して，最終的に無機物へ変換する，②大気，土壌，そして動植物体に含まれるさまざまな形態の窒素を別の形態に変化させ，大気―土壌―動植物体のあいだに窒素循環系をつくる，③有害な有機物を分解し，浄化する，④植物と共生（注9）し，植物の生育を支援する，ことなどである。このうち，②の窒素の形態変化については第12章2項で詳しく述べる。

〈注9〉
関係する両者にとって（ここでは微生物と植物）ともに有益で，かつ，どちらにも有害作用を与えない関係をいう。

1 有機物の無機化

土壌動物によって土壌中に引きずり込まれた有機物は，土壌微生物によってさらに分解され無機物に変化していく。これを無機化という。この無機化の過程で，有機物に含まれる炭素（C）は二酸化炭素（CO_2）として

大気中に放出される。これが土壌呼吸といわれる現象である。

また，有機物中の窒素（N）はアンモニウムイオン（NH_4^+），リン（P）はリン酸二水素イオン（$H_2PO_4^-$），イオウ（S）は硫酸イオン（SO_4^{2-}），そのほかの元素も，それぞれ無機イオンの状態で土壌中に放出される。

こうして放出された無機イオンは，養分として再び植物によって吸収利用され，植物体を構成する有機物につくりかえられていく。

2 土壌酵素による有機物の分解と無機化

有機物の分解と無機化は，土壌動物や微生物の働きだけでなく，土壌中の酵素（土壌酵素）によってもおこなわれる。植物の体内ではさまざまな有機物が複雑に結合しあっていて分解しにくい。そのため，植物に由来する有機物を分解するには，微生物それ自身の作用だけでなく，微生物が生産するいくつもの酵素が作用して効率をあげている。

土壌酵素は，微生物によって生産され，その後，微生物の細胞膜から外に出て微生物とは無関係に存在しているので，菌体外酵素という。この酵素は，作用すべき物質（基質）が周囲に十分あるときにだけ生産され，活動するという性質をもっている（注 10）。

こうした性質をもつ酵素には，分解しにくいセルロースを分解するセルラーゼ，タンパク質を分解するプロテアーゼ，リン脂質を分解してリン酸を放出するフォスファターゼなどがある。

〈注 10〉
このような性質をもつ酵素を誘導酵素，あるいは適応酵素という。

3 有害有機物の分解と浄化

人間活動が活発化して人工の化学物質が数多く合成された。農薬もその1つで，食料増産に大きな貢献をした。しかし，たとえば有機塩素化合物であるトリクロロエチレン，ポリ塩化ビフェニール（PCB）といった物質は，自然界できわめて安定した分解しにくい物質で，環境汚染だけでなく内分泌撹乱化学物質，いわゆる環境ホルモンに関係して，人類を含む生物の生殖機能の異常をもたらすと指摘されたことがある（コルボーンら，1997；キャドバリー，1998）（注 11）。

ところが，土壌微生物の有機物分解能力はきわめて幅広い。自然界で分解しにくいと考えられていた，これらの有機塩素化合物でさえ分解できる土壌微生物がいる（内山，1999；服部・宮下，2000）。この分解菌の作用には，①有機塩素化合物を直接分解する場合と，②ほかの物質を分解する酵素が，作用する物質（基質）に対して厳密でないため，たまたま有機塩素化合物も一緒に分解してしまう場合（注 12）の２種類ある。

こうした微生物の機能を積極的に活用して，汚染された環境をもとの状態に修復する技術がバイオレメディエーション（生物的環境修復）である。バイオレメディエーションには，汚染土壌中に存在する分解菌を利用する場合と，新たに分解菌を接種する場合の２つがある。下水処理場での活性汚泥法による下水浄化は，バイオレメディエーションの一種である。

〈注 11〉
20 世紀末の一時期，特定化学物質による内分泌撹乱作用が大きな問題にされた。しかし，それ以降のさまざまな調査では，実際に生物に内分泌撹乱作用を発生させたことは認められていない（環境省，2016）。また，厚生労働省での報告でも，2016 年の時点で，内分泌撹乱物質と疑われる物質によって人が有害な影響を受けたと確認された事例はない（厚生労働省，2016）。詳細は第 16 章 1 項参照。

〈注 12〉
酵素が作用する物質（基質）に対して，あまり厳密でないことを基質特異性が低いといい，その結果として基質以外の物質を分解してしまうような場合を，コメタボリズム（共代謝反応）という。

4 植物との共生関係

植物と土壌微生物は，進化の過程で利益を共有し，不利な点を補いあう共生関係をつくりあげてきた。そのうち，代表的なものが共生的窒素固定と菌根菌の作用である。

❶共生的窒素固定菌

このうち最も重要なものは，マメ科植物の根粒菌とフランキアといわれる放線菌（*Frankia* 属の放線菌）である。

○根粒菌

根粒菌はマメ科植物に根粒をつくる（図 4 - 6）。根粒中でエネルギー源として植物から炭素化合物（注 13）を受け取り，植物へは大気中の窒素ガス（N_2）をアンモニア（NH_3）に変換して与えている。この NH_3 は植物体内で有機窒素化合物（注 14）に変換され，それを植物が利用する。

マメ科牧草とイネ科牧草を混ぜ播きした草地（混播（こんぱ（ん））草地）で，マメ科牧草に共生した根粒菌による年間の窒素固定量は，窒素肥料を施与しない条件では 1 ㎡当たり 16 ～ 30g にもなる（東田，1993）。コムギへの平均的な窒素施与量が 1 ㎡当たり 10 ～ 15g 程度であることを考えると，この窒素固定量は無視できない量である。

混播草地では，マメ科牧草に共生した根粒菌が固定した窒素の一部はイネ科牧草にも利用される（注 15）。このため混播草地で，マメ科牧草が十分にあれば，根粒菌による窒素固定を考慮して窒素施与量を 1 ㎡当たり 4 ～ 6 g 程度にしても，イネ科牧草だけの草地で窒素施与量を 1 ㎡当たり 10 ～ 16g 程度にした場合と同等の乾物収量が期待できる（木曽・菊地，1988）。

○フランキアなど

フランキアは，樹木に根粒をつくって窒素固定をおこなう。したがって，フランキアが共生できる樹木は，窒素が不足した土壌でも生育できる。とくに，ハンノキやモクマオウにはフランキアが共生し，新規に森林を造成するときに「肥料木」として利用されている。

このほか，らん藻の一種アナベナはシダ植物のアゾラに共生し，水田の田面水中で窒素固定をおこなって，水田土壌に窒素を供給している。

❷菌根菌

○菌根菌とは

土壌中の糸状菌が，植物の根の表面や内部に共生的，あるいはやや寄生的に定着したものを菌根（きんこん）（ミコリザ，mycorrhiza）という。菌根をつくる糸状菌が菌根菌である。菌根菌は，共生した植物（宿主植物）からエネルギー源として炭素化合物を受け取り，それと引き替えに，土壌中に張りめぐらした菌糸からリンのほかに，条件によっては亜鉛，銅，カルシウムなどを吸収し，宿主植物へ供給している。

菌根菌によってとくにリンの吸収が促進される。これは，土壌中に張りめぐらした菌糸が，土壌中で移動しにくいリンに積極的に近づき，遠くま

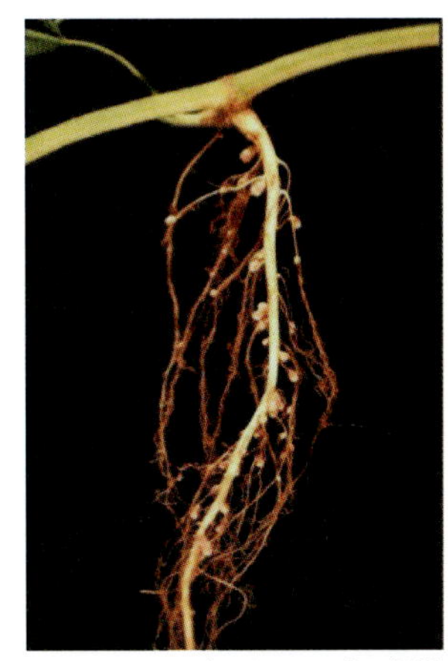
図4-6　ラジノクローバの根粒

〈注 13〉
コハク酸，リンゴ酸，フマル酸など。

〈注 14〉
グルタミン，アスパラギン，アラントイン，アラントイン酸など。

〈注 15〉
根粒菌が固定した窒素は，土壌を経由してイネ科牧草に利用される。根粒菌が固定した窒素は，まずマメ科牧草体内でタンパク質などになる。そして，マメ科牧草の脱落葉や枯死部が土壌に添加・分解され無機化する。これをイネ科牧草が吸収利用する。この現象を，マメ科牧草からイネ科牧草への窒素移譲という。

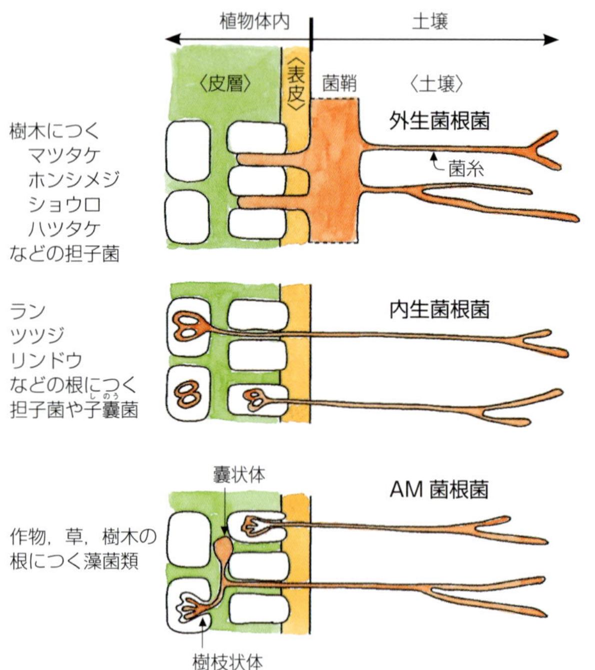

図4-7　**菌根菌のタイプ**（西尾，2001b を一部改変）

で表面積の多い根を伸ばしたのと同じ働きをするためである。

○外生菌根菌と内生菌根菌

菌根菌は外生菌根菌と内生菌根菌の２種類に大別できる（図４-７）。

外生菌根菌は，おもに樹木の根の表面を菌糸で覆い（この状態が菌鞘（きんしょう）である），そこで養分の交換をおこなう。

菌鞘から土壌へ伸びた菌糸の先に子実体をつくる。これが，いわゆるキノコで，マツタケ，ショウロなどはこの外生菌根菌の一種である。

内生菌根菌は，ほとんどの草本類や木本類の一部の根に共生する。菌糸が根の表皮から内部に侵入し，一部は根の細胞間に伸び，先端にヴェシクル（vesicle）といわれる小さな袋状のもの（嚢状体（のうじょうたい））をつくるものがある。嚢状体は養分を貯蔵する場と考えられている。

ほかの菌糸は，根の細胞内部に侵入して，先端に樹枝状体（arbuscule，アーバスキュール）をつくり，ここで養分を交換する。このことから，この種の内生菌根菌をアーバスキュラー菌根菌とか AM 菌根菌（注 16）とよんでいる。

〈注 16〉
かつて，この種の菌根菌は，嚢状体と樹枝状体の英語の頭文字から，VA 菌根菌とよばれていた。しかし，嚢状体がみられないものもあるため，樹枝状体の頭文字 A と菌根の M から AM 菌根，あるいは，AM 菌根菌とよばれるようになった。

5 エンドファイト

糸状菌や細菌のうちで，その一生あるいは大部分を植物体内で過ごすものを，総称してエンドファイト（endophyte）という。一般的には除外してあつかわれている根粒菌や菌根菌も，エンドファイトの一種である。エンドファイトにはさまざまな微生物が関与していると考えられている。しかし，培養が困難でその実態は明らかでない。また，感染した植物に特徴的な症状を与えることがないので，エンドファイトに感染しているかどうかは外見から判定できない。

エンドファイトが有害物質を生産するため，エンドファイトに感染したイネ科牧草を採食した家畜に中毒症状があらわれた例がある。逆に，エンドファイトの生産する物質（抗菌物質やアルカロイド）が害虫に対して毒性を示し，害虫からの被害を軽減させた場合もある。こうしたエンドファイトの性質は将来の生物農薬への道をひらくと期待されている。

第5章 土壌の骨格とそれを決めるもの

1 土壌の三相―固相，液相，気相

微生物になった気分で土壌のなかにはいり込んでみよう。土壌の固形物が大きく立ちはだかってくるだろう。これは，かつての岩石が物理的や化学的な風化を受け，変化してできた土壌粒子（無機物）である。そのほか，落葉や落枝などの粗大有機物と，それが分解してできた物質なども固形物として行く手をさえぎる。こうした固体部分を土壌の固相という。

固相と固相のあいだには無数のすき間（孔隙（こうげき））がある。この孔隙に植物の根がはいり込む。細かな孔隙には水分が保持されている。植物の根はその水分と，水分に溶けているさまざまな物質のなかから自分に必要な養分を選択して吸収し，不要なものは排除する。この土壌中の液体部分を土壌の液相という。

液相の水分は，地球の重力で下方に引っ張られている。細かい孔隙の水分は，重力の引っ張りに耐えて土壌に保持される。しかし，大きな粗い孔隙の水分は重力の引っ張りに負けて，地下水に排水される。

水分を保持できない大きな孔隙は，さまざまなガスを含む気体で満たされている。土壌中で有機物が分解されて発生するガスもここにたまる。この孔隙部分を土壌の気相という。つまり，土壌の孔隙には2種類あって，液相部分と気相部分に分かれている。土壌中の孔隙全て（全孔隙）は，液相と気相を合計したものである。

こうした，土壌内部の固相，液相，気相を土壌の三相という（図5-1）。

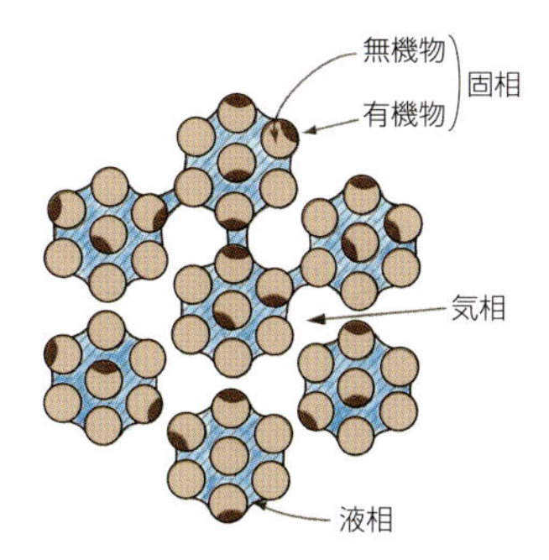

図5-1　土壌の三相の模式図
（高井・三好，1977）

2 土壌の容積重

1 容積重とは

たとえば，缶詰の空き缶のようなものをいろいろな場所の土壌に押し込み，すり切り1杯で土壌を採取し，その一定容積の土壌の重量を比較する。このとき，容積が同じであれば，どんな土壌でも同じ重量になるだろうか。

空き缶で採取したいろいろな土壌の重量をそのまま比較すると，それぞれの土壌の固相部と液相部の合計重量を比較することになる。気相は体積として認められても，含まれている気体の重量は，無視できる程度に軽いためである。

ところが，液相の水分の重量は採取するまでの降雨の影響を受ける。同

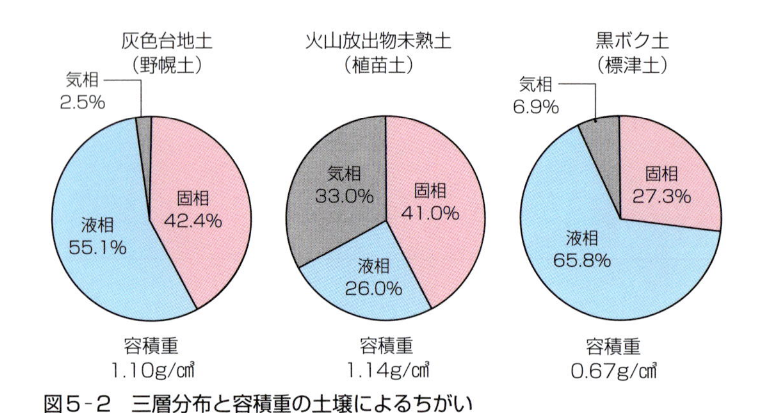

図5-2　三層分布と容積重の土壌によるちがい

じ土壌でも，採取したときが降雨の後であれば，水分を多く含んでいる。そうすると，液相の重量が重くなる。逆に，干ばつの後なら水分が少ないのでそれだけ軽くなる。こうした水分条件のちがいを除くため，空き缶の土壌を乾燥器にいれて完全に水分を蒸発させ，乾燥重量を測定する。この一定容積当たりの乾燥土壌の重量を容積重（または仮比重）という。

2 容積重は土壌でちがう

粒子が細かく排水のやや悪い灰色台地土（図5-2の野幌(のっぽろ)土），火山放出物由来の粗い粒子の火山放出物未熟土（図5-2の植苗(うえなえ)土），有機物を多量に含む黒ボク土（図5-2の標津(しべつ)土）の3種類の土壌の容積重を比較してみよう。植苗土と野幌土はほぼ同じ重量であった。しかし標津土は，他の2つの土壌の60%程度の重量しかなく軽い。このように土壌の容積重には，土壌間で大きなちがいがある。

通常の土壌の容積重は，おおむね1g/㎤（1 Mg/㎥，Mg＝メガグラム，10^6g＝t）内外である。しかし，標津土のような黒ボク土は容積重が軽く，0.5～0.8g/㎤程度である。このちがいはなぜか，以下，考えてみよう。

3 三層分布と土壌の重量，有機物含量との関係

1 容積重の軽い土壌は固相率が低い

土壌の三相は体積の割合で表示され，それぞれの割合を三相分布として表示する（図5-2）。しかし液相の体積は，土壌採取前までの降雨条件によってちがってくる。そこで，三相分布を土壌間で比較するときは，土壌の水分条件を一定にしておこなう必要がある。

通常，土壌の全孔隙を水で完全に飽和させたのち，大きな孔隙にあるため土壌に保持されない水が排水され，そこに気相が構成された条件で，三相を測定して比較する。図5-2の結果によると，最も軽い容積重を示した標津土の固相割合（固相率）はほかの土壌より低い。

では，固相率が低いとなぜ土壌が軽くなるのか。固相の単位容積当たりの重量（注1）は，通常の土壌では，1㎤当たり2.5～2.8g（2.5～2.8 Mg/㎥）の範囲にあり大きなちがいはない。このため，固相率が低く固相体積が小さくなると，それに対応して土壌重量も軽くなる。実際に固相の単位容積当たりの重量を計算すると（注2），野幌土は1㎤当たり2.6g，植苗土は2.8g，標津土でも2.5gで標準的な範囲におさまっている。

2 有機物含量が高い土壌は固相率が低い

最後に，標津土の固相率がなぜ低いのか，いいかえると，液相率と気相

〈注1〉
これを土壌の真比重という。容積重は，三相すべてを含む体積当たりの乾燥土壌重量であるのに対して，真比重は固相部分の体積当たりの乾燥土壌重量である。計算上の単位はg/㎤である。しかし，比重なので無単位であつかう。

〈注2〉
たとえば野幌土では，1㎤の体積のうち42.4%が固相なので，固相の体積は0.424㎤である。その重量が1.10gなので，この土壌の真比重は，1.10g÷0.424㎤＝2.6(g/㎤）となる。ただし無単位。

率を合計した全孔隙率がなぜ高いのか。標津土は有機物を多量に含んでいる。有機物は，土壌中で土壌の粒子と粒子を結合させ，少しずつ大きな粒子のまとまりをつくる働きをもち（注３），その結果さまざまな大きさの孔隙をつくっていく。したがって土壌の有機物含量が高まると，孔隙のしめる割合が大きくなる。標津土で気相率と液相率の合計（全孔隙率）がほかの土壌より高かったのは，有機物が蓄積して高含量であったからである。

〈注３〉
このようにしてできた粒子のまとまりを粒団といい，粒団がまとまったものが団粒である。団粒の詳細は第６章２項で述べる。

4 土壌粒子の大きさと液相 ―三相分布の適度なバランス

標津土のように有機物に富む土壌は，さまざまな大きさの孔隙をつくるため，土壌中に水を保持しやすい。ところが，植苗土のように粗粒質で有機物が少ない土壌では，大きな孔隙が多すぎて，水を保持できる細かい孔隙が少ない。これが，植苗土の液相率を小さくさせた要因である（図５-２）。この土壌の気相率が30％以上にもなっているのは，大きな孔隙が多いため，排水がよすぎて干ばつ被害を受けやすいことを意味している。

三相分布の測定条件から考えると，気相率は排水にかかわった大きな孔隙の割合を意味している。土壌粒子が細かい野幌土の低い気相率は，この土壌の排水の悪さを示している。

結局，土壌の三相分布には適度なバランスが必要となる。適当なバランスとは，固相率が黒ボク土では25～35％，それ以外の土壌は40～50％程度，排水にかかわる大きめの孔隙としての気相率が黒ボク土で15～20％，それ以外の土壌でも15～25％程度である。

5 土壌粒子の大きさのちがいと土壌の性質 ―土性と土性による土壌分類

1 土壌の可塑性・粘着性

子供のころ，砂場の砂でいろんなものをつくった楽しい経験があると思う。しかし，砂でつくったお城はもろかった。ところが，粘土細工でつくったお城はしっかりと形ができた。乾燥すると立派な置物にもなる。なぜ砂では立派な置物ができないのか。

畑の土壌をもってきて，水分を少し加えてから親指と人差し指のあいだでこねまわし，糸状や細い棒状の形，いわば「こより」のようなものをつくってみよう（後出の図５-５，表５-１参照）。ある土壌では，細長い「こより」がきちんとできる。しかし，別の土壌では，「こより」が全くできずに途中で切れてしまう。このように外から力を加えて土壌を変形させ，その力を取り去った後にも変形した形が残っているというような性質を可塑性（かそせい）という。

砂場の砂は可塑性や粘着性が弱い。そのためにつくったものが簡単にくずれる。逆に，粘土細工に使った土壌は可塑性や粘着性が強く，いつまでも形が残っている。こうした土壌のちがいはなぜできるのだろう。

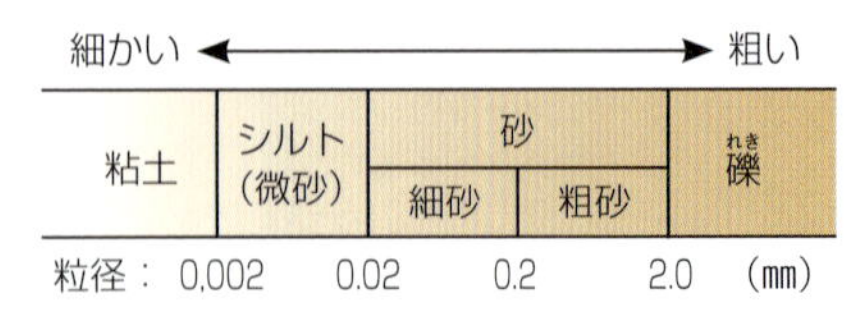

図5-3　国際法による土壌粒径区分

2 粒径と土性

その秘密は，土壌を構成している土壌粒子の大きさ（粒径）にある。土壌はさまざまな粒径の粒子で構成されている。この粒径のちがう粒子がどんな割合で土壌を構成するかは，土壌の可塑性だけでなく，土壌のもつさまざまな性質に大きな影響を与える。どのくらいの粒径の粒子がどんな割合で土壌に含まれているのか，すなわち粒径組成を示すもの，それが土性である。文字から受ける印象と意味するところがちがうので，注意が必要な用語である。

土壌の固相には，土壌粒子だけでなく有機物も含まれている。しかし，土性を判定するために土壌粒子の粒径区分をする場合，有機物を完全に取り除いた無機物の土壌粒子だけで判定する。

土壌粒子の粒径区分は，土壌分類と同じで，世界共通の区分が存在しない。また，土壌を農業の対象としてみる場合と，建築物をつくるときの土台とみる場合（土木工学的な見方）でもちがう。わが国の農業分野で広く用いられるのは，国際法による区分である（図5-3）。

3 粒径区分と反応特性

まず，土壌の有機物を完全に分解し，土壌粒子をバラバラにしたうえで２mm以上の粒子を除く。２mm以上の粒子は礫で，これは土性判定に含めない。そのうえで粒径による区分をおこなう（図5-3）。

❶砂

粒径が0.02～0.2mmまでの粒子を細砂，0.2～2.0mmまでを粗砂という。この２つの粒径区分を合計したものが砂である。

砂は土壌の骨格形成に重要である。また，粒子が粗いので，粒子間の孔隙が大きい。したがって，土壌の排水性や空気の通りやすさ（通気性）はよい。しかし，それぞれの粒子は分離しており，粘着性や散らばっていた粒子が集まって一回り大きなかたまりをつくる性質（注4）は弱い。

〈注4〉
このような性質を凝集性という。

❷シルト（微砂）

砂の次に細かい粒径区分は，粒径が0.002～0.02mmの範囲の粒子で，これをシルト（微砂）という。シルトは粉末のようななめらかさを感じる粒子である。シルトのなかでも比較的粗い粒子は砂の性質に近く，土壌の骨格形成に寄与する。一方，細かい粒子は次に述べる粘土の性質に似ていて，土壌の物理的，化学的な反応に寄与する。

シルト割合が高まると，ち密な土層ができやすい。

❸粘土

さらに細かい粒径区分，粒径が0.002mm以下の土壌粒子を粘土と定義している。粘土は，のちに詳しく述べるように，土壌の物理的，化学的性質に大きく関与している。

4 土性による土壌分類

土壌の粒径組成で決定される土性は，土壌の物理的，化学的な性質をある程度決める。そのため，土性を基準にした土壌分類が提案されている（図5-4）。それにしたがうと，土壌は12種類になる。このうち，砂土，壌質砂土，砂壌土は，砂の割合が多い粗粒質土壌に分類される。逆に，重埴土，軽埴土，シルト質埴土は，粘土やシルトの割合が多い細粒質土壌である。それ以外の壌土，シルト質壌土，砂質埴壌土，埴壌土，シルト質埴壌土，砂質埴土が中粒質土壌である。

土性は，ある程度経験すれば，親指と人差し指のあいだでこね回したときの感触から判断できる（図5-5）。その感触や糸状にしたときの形は，表5-1のように整理できる。

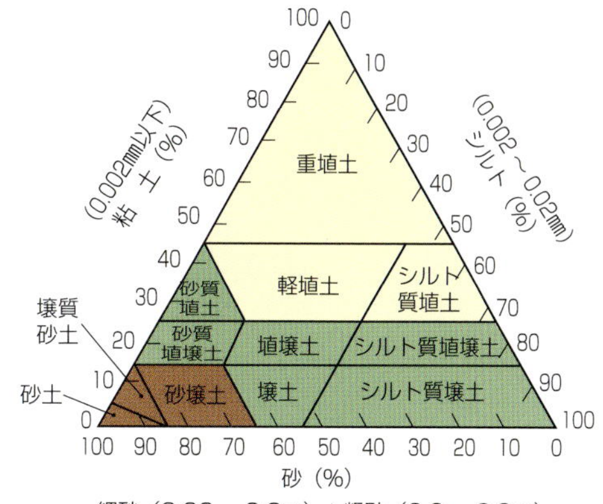

図5-4　三角図表による土性表示（国際法）
図中の（　）内は，粒子の粒径を示す
細粒質土壌，中粒質土壌，粗粒質土壌

6 土壌の性質を支配する粘土の働き

土壌の粒径が細かいか粗いかは，土壌の性質に大きな影響を与える。それを決定づけているのが粘土であり，比表面積という概念である。

1 粘土と比表面積

物質1g当たりの表面積を比表面積という。一般に，物質の比表面積が大きくなると，その物質が示すさまざまな反応性，たとえば，前述した可塑性，凝集性だけでなく，水分を吸収してふくらむ性質（膨潤性）や，物質を吸いつける力（吸着力）などの活性が高まる（図5-6）。

1辺が1㎝の立方体を考えてみよう。この立方体の表面積は6㎠なので，重量が1gであれば比表面積は6㎠/gである（図5-7）。この立方体の各辺を10等分すると，1辺が1㎜の立方体が1,000個できる。この，1辺1㎜の立方体の表面積は，0.06㎠なので，それが1,000個集まったもと

図5-5
親指と人差し指で土壌をこね回し，その感触から土性を判定する

表5-1　手触りから判定する土性
（日本土壌肥料学会土壌教育委員会，2014；前田・松尾，2001から合成）

土壌の種類	土性	親指と人差し指で土壌をこね回したときの感触	土壌を糸状にしたときの形
粗粒質土壌	砂土	ほとんど砂ばかりで，粘り気を全く感じない	指でこねても糸状にならない
	砂壌土	砂の感じが強く，粘り気はわずかしかない	
中粒質土壌	壌土	ある程度砂を感じ，粘り気もある。砂と粘土が同じくらいに感じられる	鉛筆からマッチ棒くらいまでの太さの糸状になる
	シルト質壌土	砂はあまり感じないが，サラサラした小麦粉のような感触がある	
	埴壌土	わずかに砂を感じるが，かなり粘る	
細粒質土壌	軽埴土	ほとんど砂を感じないで，よく粘る	コヨリのように糸状に伸びる
	重埴土	砂を感じないで，非常によく粘る	

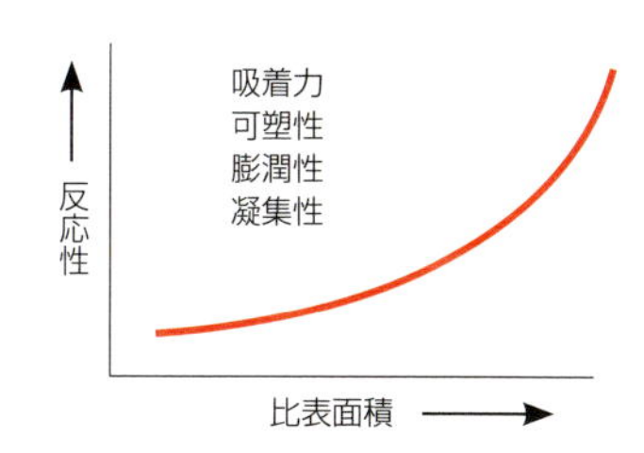

図5-6
比表面積が大きくなると反応性が高まる

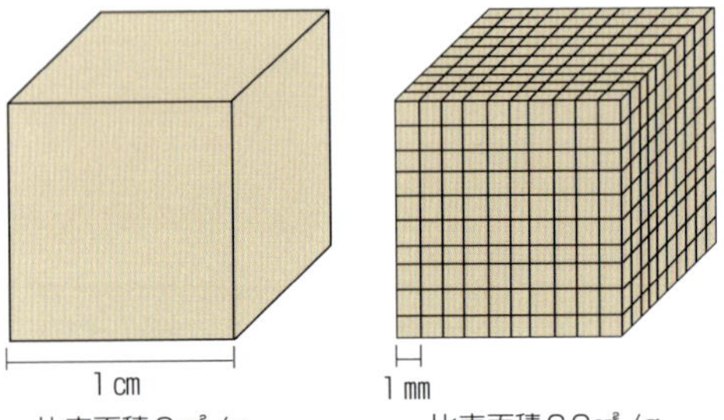

1辺1㎝，1gの立方体　　各辺を10等分した場合

1㎝　　1㎜

比表面積6㎠/g　　比表面積60㎠/g

図5-7　1㎤立方体と比表面積

の立方体としての総表面積は60㎠になるので，比表面積は60㎠/gである。このように，物体が細かくなればなるほど比表面積は大きくなる。

粘土粒子は細かいため，同じ重さでも粒子の数が著しく多くなって，比表面積を大きくする。比表面積を土壌粒子区分で測定した結果によると，粗砂は23㎠/g，細砂は91㎠/g，さらにシルトは454㎠/gであったのに対して，ある種の粘土粒子は，じつに8,000,000㎠/gにもなったとの測定例がある（フォス，1983）。

粘土の比表面積が大きいという特性が，土壌の可塑性，凝集性，膨潤性，さらに吸着力などの活性を高める要因である。粘土細工でいろいろな形をつくることができるのは，粘土のもつ強い可塑性のためである。

しかも，粘土は土壌中の水分（液相）に接すると電気を帯び，水分に溶けているさまざまな物質（イオン）を電気的に保持する性質がある（第8章参照）。この性質は，植物の養分を逃がさず土壌中に吸着するのに役立つ。つまり，粘土のもつ比表面積が大きいという特性が，土壌の物理的な性質や化学的な性質を決定づける重要な要因になっている。

2 粒子相互の調和

こうしてみると，土壌の性質は粘土の割合で決まるかのように思える。しかし，土壌の性質はさまざまな粒径の粒子が集まり，それらの総合的な結果として表現されるものである。粘土が多ければよいわけではない。

たとえば，細粒質の灰色台地土である野幌土は粘土が多い。降雨後の粘土は分散するため，ドロドロになって摩擦抵抗が少なくなる。このため，車はスリップしやすい。逆に，晴天がつづくと粘土粒子が乾燥してかたまり，コンクリート状になって，植物根の伸長を阻害する。

このような粘土の大きすぎる反応性を緩和するのは，粗い粒子の砂がつくる孔隙である。土壌の反応の中心である粘土も，比表面積の小さい砂やシルトとの共存によってはじめてその高い活性が有効に働くのである。みごとな調和である。

7 粘土と粘土鉱物

土壌の原材料は岩石であった（第2章3項参照）。岩石が風化作用と土壌生成作用を受けて土壌ができあがる。この過程は，岩石→礫→粗砂→細砂→シルト→粘土というように，粒径がしだいに細かくなっていく過程（細粒化過程）でもある。この過程で，化学的風化作用や土壌生成作用を受けると，もとの岩石を構成していた鉱物が化学的に変性し，土壌中で新たな鉱物につくりかえられる。

このとき，もとの岩石を構成していた鉱物を一次鉱物という。一次鉱物の種類はおよそ2,000にもなる。しかし，このうち，あとで述べる粘土鉱物の生成に関連して重要なものは少なく，長石，石英，輝石，角閃石，雲母の5種類である。この5種類が大陸岩石圏の約90％をしめている（井上，1997）。

一次鉱物が風化過程の影響を受けて土壌中で変性し，新たにできた鉱物を二次鉱物，あるいは粘土鉱物という。つまり，粘土は土壌の粒径だけに着目したいい方であり，粘土鉱物はその粘土がどのような物質から構成されているのかに着目した用語である。

8 粘土鉱物の種類

粘土鉱物をおおまかに分けると，①規則性のある結晶構造をもつ層状ケイ酸塩粘土鉱物，②明確で規則性のある結晶構造をもたない粘土鉱物（非晶質・準晶質粘土鉱物），③鉄，アルミニウムの酸化物・水和酸化物の3種類である。

1 層状ケイ酸塩粘土鉱物

この粘土鉱物は，特有の2つの基本になる層状構造をもつ。1つはシリカ4面体シートで，ケイ素（Si）と酸素（O）からなるシリカ4面体がつながりあってできている（図5-8）。もう1つはアルミナ8面体シートで，同じようにアルミニウム（Al）と酸素や水素からできるアルミナ8面体がつながりあってできる（図5-9）。

この層状のシートの重なりあい方で，①2：1型粘土鉱物，②2：1：1型粘土鉱物，③1：1型粘土鉱物に分けられている（図5-10）。

❶2：1型粘土鉱物

2つのシリカ4面体シートが，1つのアルミナ8面体シートをはさむ構造で結晶をつくっているため，2：1型粘土鉱物とよばれる（図5-10）。

代表的なものはスメクタイト群，バーミキュライト，イライトである。

スメクタイト群の粘土鉱物であるモンモリロナイト（注5）は，層間の結合がゆるく，多量の水が加わると結晶の層間に水を吸収して膨張し，層間隔が広がり反応性に富む。

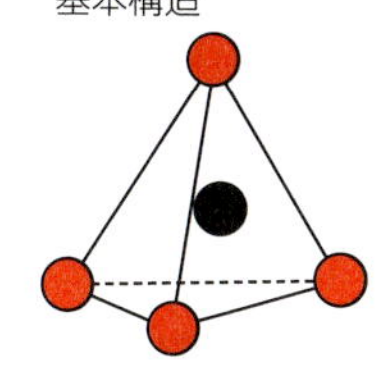

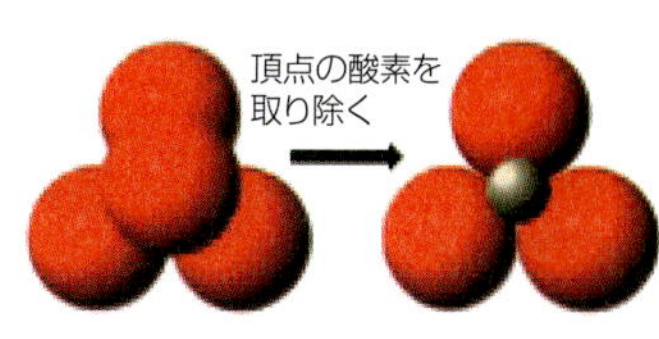

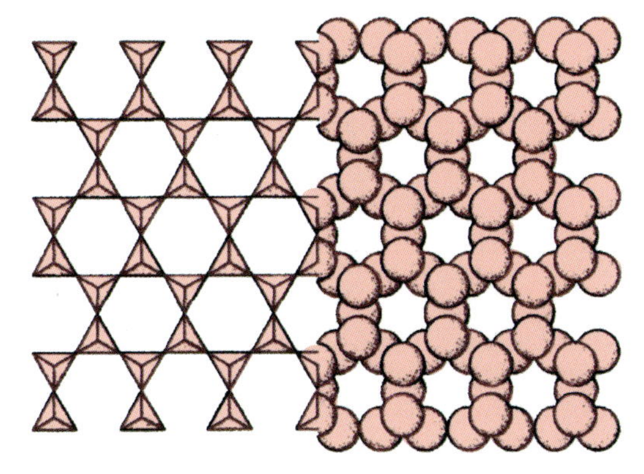

図5-8　シリカ4面体とシリカ4面体シートの構造模式図
b）図ではケイ素は外からみえない。4面体頂点の酸素を取り除くとケイ素がみえる。
c）図の左半分は4面体をならべたもの，右半分は酸素原子の大きさを考慮して描いてある。6個のシリカ4面体で構成された規則的な穴（六員環という）が開いているのが特徴。六員環の大きさは，カリウムイオン（K^+）やアンモニウムイオン（NH_4^+）の大きさにほぼ一致し，これらのイオンを土壌中で動けなくしてしまう。これを固定という

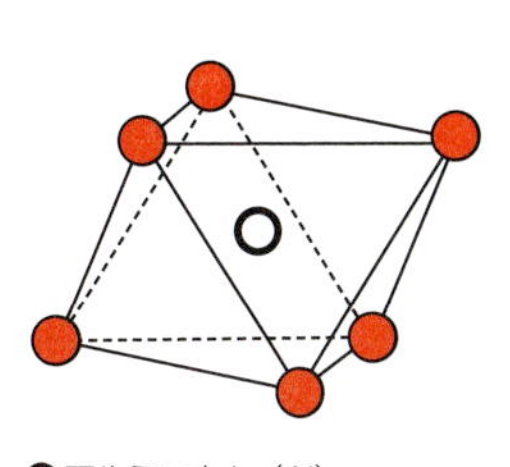

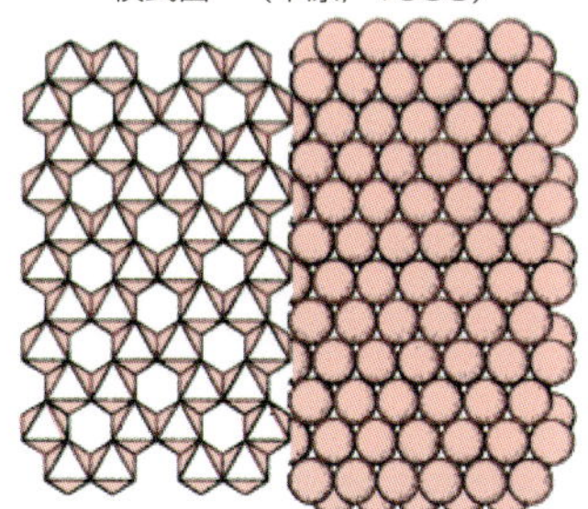

図5-9　アルミナ8面体とアルミナ8面体シートの構造模式図
a）1つのアルミニウムと6つの酸素もしくは水酸基からなる
b）左半分は8面体をならべたもので，右半分は酸素原子の大きさを考慮して描いている。酸素（O）がぎっしりとつまっている

〈注5〉
モンモリロナイトの名前は，フランス中央部の町モンモリヨン近郊のマンガン鉱山でこの粘土が発見されたことに由来する。

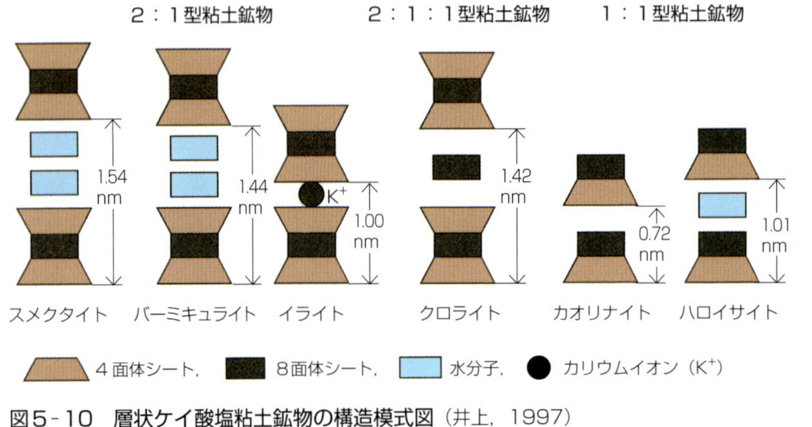

図5-10　層状ケイ酸塩粘土鉱物の構造模式図（井上，1997）
nm：ナノメートル＝10^{-9}m＝10^{-6}mm。

バーミキュライト（注6）も，モンモリロナイトと同様に水で膨張する性質をもつ。しかし，モンモリロナイトほどは膨張しない。

イライト（注7）は層間でカリウムイオン（K^+）と強く結合しているため，水を吸収して膨張する性質をもたない。層間のK^+はイライトに固定されおり，植物に吸収利用されにくい。

〈注6〉
この名前は，加熱したときの状態がミミズに似るので，そのラテン語の vermiculus（蠕虫）に由来する。

〈注7〉
イライトは，アメリカ，イリノイ州の粘土質堆積岩中の雲母に対して提唱された名前である。

❷2：1：1型粘土鉱物

これは2：2型粘土鉱物といわれることもある。この粘土鉱物クロライトは，2：1型粘土鉱物のあいだにアルミナ8面体シートのアルミニウムのかわりに，マグネシウム（Mg）がいれかわった8面体シートがはさまれた結晶構造をもっている（図5-10）。これらの層間は互いに静電気的に強く結合しているため，層間に水が吸収されて膨張することはない。

❸1：1型粘土鉱物

この粘土鉱物は，シリカ4面体シートとアルミナ8面体シートが，水素結合で強くつながって結晶をつくっている（図5-10）。したがって，この粘土鉱物も層間に水が侵入できないため，水を加えた状態と乾燥した状態で大きく変化しない。この性質は陶磁器原料に適している。

代表的な1：1型粘土鉱物はカオリナイト（注8）である。このほか，黒ボク土で，土中に埋没した古い火山灰の土層にみられるハロイサイトも1：1型粘土鉱物である。

〈注8〉
カオリナイトの名前は，中国の陶磁器産地として有名な景徳鎮近くの原料産地，高嶺（カオリン）に由来する。

2 明確で規則性のある結晶構造をもたない粘土鉱物

この粘土鉱物は，層状ケイ酸塩粘土鉱物のような一定の化学組成をもつ結晶構造をつくらないのが特徴である。代表的なものとして，アロフェンとイモゴライト（注9）がある。これらは黒ボク土で広く認められる。

アロフェンは，ケイ素とアルミニウム，酸素，水素からなる不完全ながら一定の結合をした準晶質粘土鉱物である。かつて，アロフェンは一定の形態をもたないと考えられていた。しかし，高分解能電子顕微鏡での観察から（Kitagawa, et al., 1979），直径が3～5nm（注10）程度の中空球状の立体構造をもつ超微粒子（図5-11）を単位とする粒子の集合体であることが明らかにされた（和田，1998）。黒ボク土に特有の性質，①有機物が多量に集積する，②リン酸保持能が大きい，③pHによって粘土の電気的性質が変化する（第8章参照），④土壌が軽いといった性質をもたらす原因物質の1つである。

〈注9〉
イモゴライトの名前は，わが国の吉永が九州で「いもご」とよばれる黒ボク土から確認したことによる（Yoshinaga, N. and Aomine, S., 1962）。

〈注10〉
nmはナノメートルで，1nmは10^{-9}m。すなわち10億分の1mである。

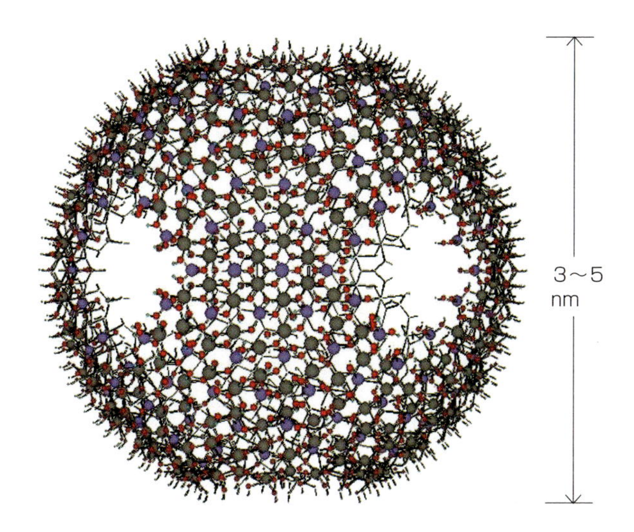

図5-11　中空球状の立体構造をもつアロフェンの単位粒子
（Padilla et al., 2002 の原図を原著者が構造最適化で改変。提供：原著者の一人である松枝直人氏）
アロフェンの単位粒子はケイ素（Si），アルミニウム（Al），酸素（O），水素（H）からなる。図では，Si＝紫，Al＝灰，O＝赤，H＝白の各色で表示している。また，理解しやすいように，構造図の主役であるSiとAlをやや大きく，Oを小さめに表現し，結合の棒も加えている。SiとAlの構成比率は常に一定ではなく，Alに対してSiが多い粒子や，逆に少ない粒子も考えられている。実際の土壌中でのアロフェンは，この基本粒子が多数集合して形成されている

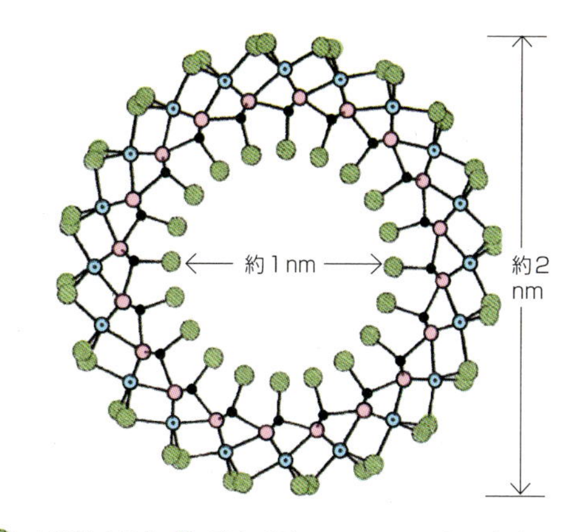

図5-12
イモゴライトの中空チューブ状立体構造の断面図
（MacKenzie, et al., 1989 に一部加筆）
外側のアルミニウム8面体シートがカールしてできた骨格の内側（中空部）にケイ素が結合している

イモゴライトも最近の高分解能の電子顕微鏡による観察から内径約1 nm，外径約2 nmでチューブ状繊維がからみ合って束（たば）になった構造の準晶質鉱物である（図5-12）。化学組成や化学的な性質はアロフェンに類似している。

3 鉄，アルミニウムの酸化物・水和酸化物

熱帯や亜熱帯で風化がすすんだ土壌に存在する粘土鉱物で，明確な結晶をつくらない（非晶質）か，結晶をつくる（結晶質）鉄やアルミニウムの酸化物または水酸化物である。水酸化物は水との結合の度合いによって変化する。最も結合水の少ないものが酸化物である。

熱帯にみられるラトソル（ソイルタクソノミーでいうオキシソル）などの赤色系土壌は，ヘマタイト（赤鉄鉱，Fe_2O_3）に起因する。マグネタイト（磁鉄鉱，$Fe^{2+}Fe^{3+}{}_2O_4$）は黒色で，強い磁性をもつ。アルミニウムの水和酸化物として，ギブサイト（$Al(OH)_3$）がある。これは，アルミナ8面体シートが積み重なった構造をもつ。

9 粘土鉱物の生成と環境

粘土鉱物は，岩石を構成する一次鉱物が，土壌の生成過程で化学的な風化を受けてつくられる。そのため，土壌の生成作用が環境と密接な関係を

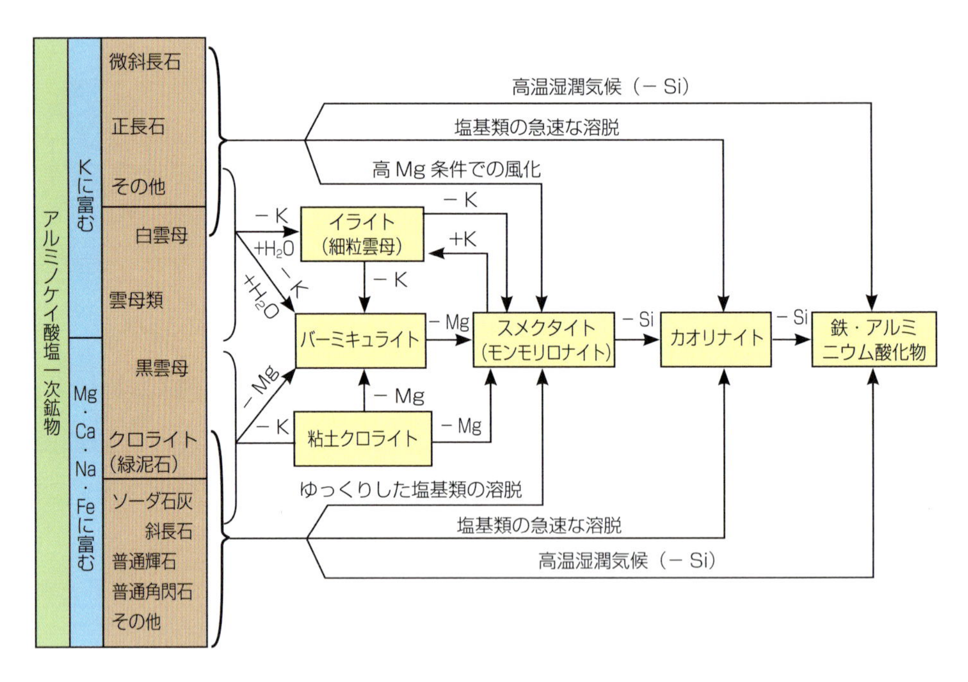

図5-13　一次鉱物から二次鉱物への風化生成過程（Brady and Weil, 2008）
－K，－Mg，－Siなどは，それぞれの元素が溶脱されることを意味し，+K，$+H_2O$などは，それらが付加されることを意味している
K：カリウム，Mg：マグネシウム，Si：ケイ素，Ca：カルシウム，Na：ナトリウム，Fe：鉄

もっているように，粘土鉱物も与えられた環境で，その環境にみあった粘土が風化産物としてできあがる。粘土鉱物もまた，土壌と同様に環境の産物なのである。

たとえば，黒ボク土以外の土壌では，カリウムに富む一次鉱物の白雲母が物理的に破砕されたのち，カリウムが溶脱すると，2：1型粘土鉱物のイライトが生成してくる（図5-13）。さらにカリウムの溶脱がすすむと，バーミキュライトが生成される。バーミキュライトからマグネシウムの溶脱がすすむと，モンモリロナイトが生成し，さらに風化がすすんでケイ素が溶脱しはじめると，2：1型粘土鉱物の結晶構造から，シリカ4面体シートの1つがなくなり，1:1型粘土鉱物であるカオリナイトが生成する。

さらに風化がすすんでケイ素の溶脱がつづくと，風化の最終産物である鉄・アルミニウム酸化物に変化する。

第6章 土壌の水と空気

1 土壌の保水と排水の仕組み

水は，植物にかぎらず，生物の生命維持に不可欠である。しかし多量の降雨のあと土壌から適度に排水されなければ，湿地に育つ種類を除き，植物は湿害を受けて枯れてしまう。植物が生育をまっとうできるのは，土壌が適度に水を保持し（保水），かつ排水してくれるからである。

保水と排水は逆の動きである。しかし，土壌はこの矛盾する水の動きの両方を支える仕組みをもっている。

1 重力とタオルの力くらべ

まず，水に浸したタオルをもちあげたときを想像してほしい。このとき，タオルの水がポタポタと落ちるのは，タオルの繊維が水を保持する力より，地球の重力のほうが強い力でタオルの水を引っ張るためにおこる現象である。しかし，しばらくすると水はしたたり落ちなくなる。このとき，タオルが水を保持する力と，重力が引っ張る力が等しくなったことになる。

その状態で，今度は，タオルを手で絞ってやる。そうすると，再びタオルから水がにじみ出てくる。これは，手で絞ることによってうまれた重力以上の力が，タオルの繊維に保持されていた水をタオルから引き離し，外にしみ出させたと考えられる。しかし，それ以上の強い力でタオルに保持されていた水は，まだタオルに残っている。

今度は，そのタオルを遠心脱水機にかけてみる。すると，手で絞り切ることができなかった水がタオルから出ていく。脱水機の遠心力で，タオルの繊維に保持されていた水がしみ出たのである。しかし，これでタオルの水が完全に抜けたわけではない。脱水後のタオルには，多少の湿り気が残っているからである。このとき残っていた水は，脱水機の遠心力より強い力でタオルの繊維に保持されていたことになる。

このように，タオルが吸水した全ての水が，全く同じ力の強さでタオルに保持されているのではなく，水がタオルに引きつけられている力の強さにちがいがあることがわかる。いいかえると，タオルの繊維がいろいろな力で，水を引きつけ保持していたともいえる。

この現象と全く同様に，土壌中の水分もさまざまな力で土壌に保持されている。もしそうでなければ，降った雨は，ただ，土壌を通過して地下水までいくだけで，土壌は降雨終了直後から乾燥してしまうはずである。

タオルや土壌がいろいろちがった力で水を引きつけることは，土壌粒子間やタオル繊維間にできるすき間（孔隙）の大きさが関係している。

図6-1
表面張力で球形になろうとするテーブル上の水滴

2 表面張力と毛細管現象

表面張力は，液体が表面積をできるだけ小さくしようとする力である。液体が気体と接する表面には，気体側から力がかからない。しかし，液体は表面張力が働いていて内側に引っ張られるため，表面積の最も少ない球形になろうとする（図6-1）。シャボン玉がそのよい例である。

土壌中の細かな孔隙でも，土壌粒子（固相）のまわりに存在する水分（液相）と空気（気相）の境界面には表面張力が発生し，それが水を保持する力になっている（図6-2）。孔隙が水を保持する力の強さは，おもに表面張力や孔隙の大きさに支配される。

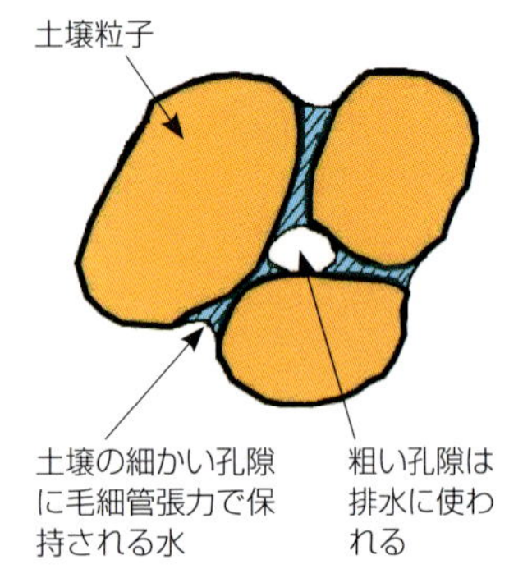

図6-2　土壌の孔隙の種類と水の保持・排水

そのことを，水をいれた容器に立てた細い管（毛細管）から考えてみよう。容器に毛細管を立てると，毛細管のなかの水面は，容器の水面より高くなる（図6-3）。これは，毛細管の水に表面張力が働くため，管内の圧力が外の圧力より低くなり，その圧力差にみあうだけ水が引き上げられた結果である。これが毛細管現象（毛管現象ともいう）である。このときの毛細管の水面高（H，単位はcm）は，毛細管の直径をd（cm）とすると，常温条件では以下のような計算式（注1）でほぼ近似できる。

$$H = 0.30 \div d$$

たとえば直径0.1cmの毛細管なら，毛細管の水面は3cmの高さまで上がり，0.01cmと細くなれば30cmまで上がる。これは，太い毛細管ほど水の吸引力が弱く，細いほど吸引力が強まることを意味している。したがって，土壌中の孔隙が粗く大きいほど水を保持する力は弱い。逆に，孔隙が細かく小さいほど水を保持する力が強くなる。

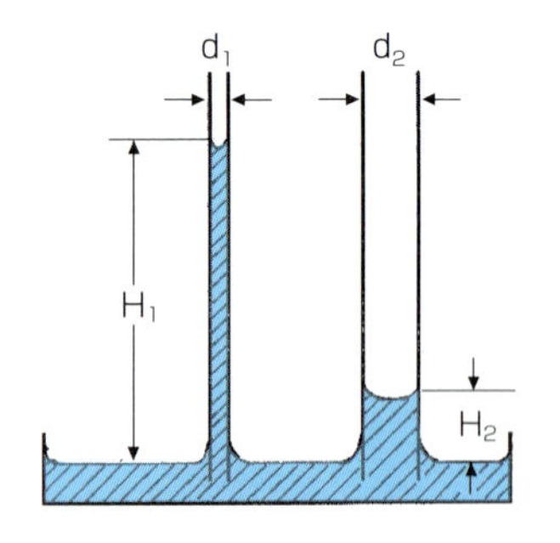

図6-3　毛細管現象
毛細管の直径が $d_1 < d_2$ の場合，毛細管の水面高は $H_1 > H_2$ となる

〈注1〉
この式をジュレンの式とよんでいる。

3 水分保持力と土壌の粒径

このように考えてくると，土壌粒子間にできる孔隙のさまざまな大きさが，水分を保持する力を変化させていることに気づく。

粗粒質の土壌（砂土，壌質砂土，砂壌土など，第5章図5-4参照）では，土壌粒子の粒径が粗いため，大きな孔隙が多くなり水分を保持する力が弱い。このため，多くの水は排水されてしまう。細粒質土壌（重埴土，軽埴土，シルト質埴土など，第5章図5-4参照）は土壌粒子が細かいため，細かな孔隙が多くなり，重力より強い力で水を保持する。いいかえると，排水不良になりやすい土壌でもある。

土壌中の孔隙は，水の排水路であると同時に，水の貯留庫にもなっている。排水路になるのか，貯留庫になるのかを決めるのは，孔隙の大きさである。どんな大きさの孔隙をどのくらいもっているかが，土壌の水分保持能（保水力）や排水性を決めている。水持ちがよく，かつ，排水もよい土壌という，一見矛盾する性質も，その土壌が細かい孔隙と粗い孔隙をほどよくもっていることで成立している。土壌の粒径の大きさと水分保持には，ここで述べたような物理現象が隠されている。

2 土壌の構造と孔隙

土壌に穴を掘り土壌断面をつくると，土壌の表層には丸みを帯びた粒子がよく観察される。さらに下層では，縦に亀裂がはいっていたり，平板が重なったようなものがみられる。このように土壌がさまざまな形をとるのは，土壌粒子があるかたまりになって配列することによる。こうした土壌粒子のかたまりを粒団といい，粒団がさらに複合してできあがる配列を土壌構造という。じつは，この土壌構造が土壌の保水や排水に大きく関係している。

1 粒団，団粒の形成と有機物

❶粒団のつくられ方

粒径の大きい砂やシルトは，それ自身で結合して粒団をつくることができない。これらをつなぐ役割をはたすのは，比表面積が大きく粘着性のある粘土，それに有機物である。

エマーソン（Emerson，1959）は，粒団のつくられ方をモデル的に図6-4のように説明している。この図で，Aは砂（粗粒石英）同士を，Bは砂と粘土を，薄い層の有機物が接着している様子を示している。C_1，C_2，C_3は粘土と粘土が有機物を接着剤として結合する様子で，粘土の接着面のちがいを表現している。この図で有機物が関与していないのはDだけで，粘土自体が静電気的に結合した状態を示している（粘土が電気を帯びることについては第8章参照）。

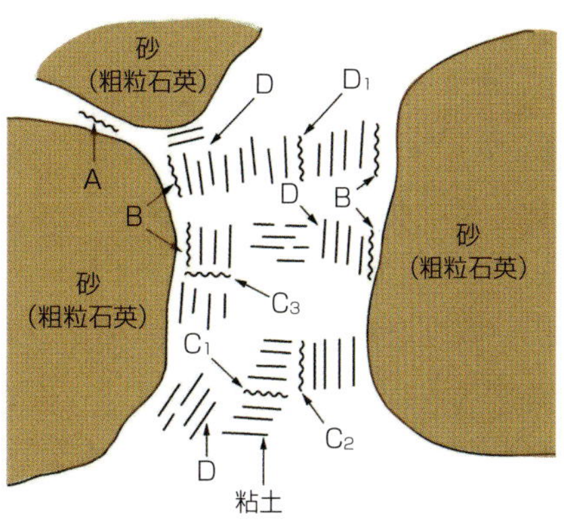

図6-4　土壌微細構造のエマーソンモデル
図中の記号は本文を参照

❷団粒の形成

こうしてできあがった小さな粒団は，粒団同士のあいだに伸びた植物の根によって締めつけられたり，圧迫されたりして互いにつながっていく。場合によっては，根が吸水することで土壌に一時的な脱水作用が加わり，粒団の結合をさらに強化することもある。

このようにして生きた根の作用を受けてできた粒団のかたまりを団粒とよび，団粒によってつくられる構造を団粒構造という（図6-5）。これに対して，土壌粒子や粒団が結合せずに配列した状態が単粒構造である。

植物根の作用を受けてしっかりと結合した団粒は，雨水や土壌水分によって崩れることがない。このような団粒を耐水性団粒とよぶ。

牧草は耐水性団粒をつくる能力が高い（北岸，1962）。牧草は根量が多く，古い根は土壌中に脱落分解して接着剤に，新

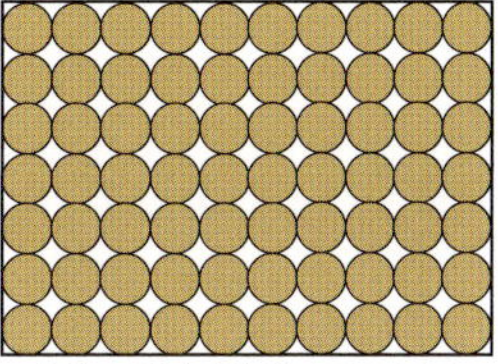
（a）正列（孔隙 47.64%）

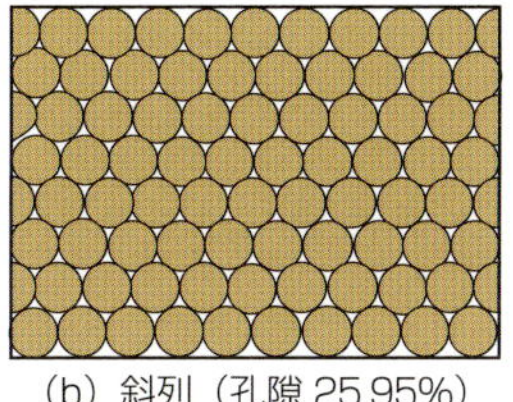
（b）斜列（孔隙 25.95%）

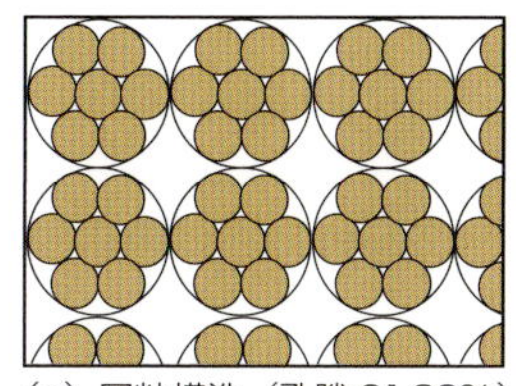
（c）団粒構造（孔隙 61.23%）

図6-5　粒子の配列モデル
（a）と（b）は単粒構造で，（c）が団粒構造。孔隙率は体積割合である。

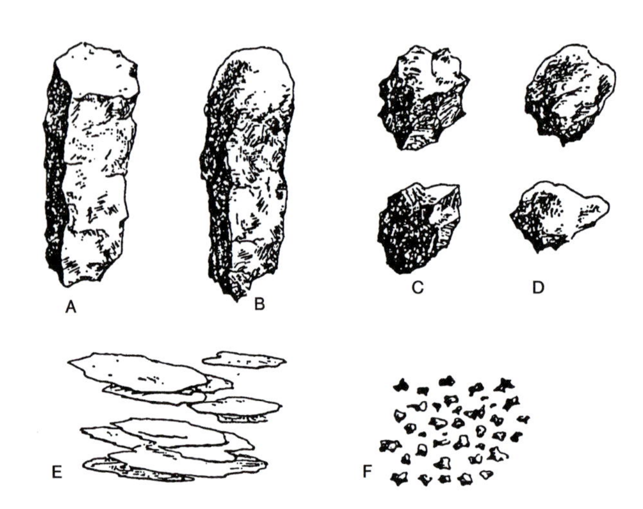

A：角柱状　B：円柱状　C：角塊状　D：亜角塊状　E：板状　F：粒状

図6-6　土壌構造の形状（Soil Survey Staff, 1951）
本文で述べた①～④の構造は，①：F，②：A，B，③：E，④：C，D。なお⑤の壁状構造は無構造とされ，他の構造とは区別されているためこの図には含まれていない

しい根は孔隙中に伸びて粒団を締めつけるなど，多様な機能をもつからである。

2 土壌の構造と水分保持

❶土壌構造のいろいろ

土壌構造には，①団粒や単粒といった粒状構造だけでなく，②垂直な亀裂からつくられる柱状構造，③水平な亀裂からつくられる板状構造，④垂直な亀裂と水平の亀裂が同程度にできる塊状構造，さらに，⑤土層全体が緊密に結合して粒団を認めにくい壁状構造などがある（図6-6）。実際には，これらをさらに細分化した構造のよび方もある。このうち，単粒構造や壁状構造は，粒団の形成が十分でないため，無構造とされて，他の構造と区別されている。

団粒構造は植物根の影響を強く受けてできるため，表層土に多い。これに対し，板状，柱状，塊状などの構造はおもに下層土でみられる。

❷土壌構造のちがいと水分保持能力

こうした土壌の構造は，土壌の気相，液相，固相を立体的に形成していくものであるから，土壌中での孔隙の大きさや量，さらにその方向性などを決定し，土壌の水分保持能力に大きく関与している。たとえば，図6-5にある単粒構造と団粒構造を比較すると，あきらかに団粒構造は孔隙率が高く，しかも大小さまざまな大きさの孔隙があり，団粒内の大きな孔隙は排水路に，小さな孔隙は水分貯留庫としての役割をはたすことになる。

粘質な細粒質土壌の下層土にみられる柱状構造の垂直の亀裂は，この土壌の排水不良を緩和するための重要な水の通り道になるばかりでなく，根が伸びる場所としても重要である。

3 土壌の水分保持力

土壌中の孔隙の大きさがちがうと，土壌が水を保持する力が変化する。では，土壌中の孔隙が水を保持する力はどう表現されるのだろうか。

1 水圧と水柱高（注2）

図6-7のように底面積100㎠，深さ20㎝の容器に毛細管と土壌カラムを立てたとする。このとき，この容器の底には容器にはいった水が作用する力がかかる。これが水圧である。この容器の水の体積は，（底面積×深さ）から求めて2,000㎤。水は1㎤が1gであるから，この容器の水の重量は2,000gである。したがって，容器の底の水圧は2,000g/100㎠，すな

〈注2〉
水柱とは，土壌中の細かいすき間で作用する，毛細管張力によって引き上げられた水を，柱にみたてたよび方である。水柱高とはその水柱の高さで，図6-7の場合だと，水面0㎝から引き上げられた水の高さを意味する。

わち20g/㎠となる。

底面積が1㎠で，高さが1㎝の水柱の容積は1㎤で重さは1gであるから，水圧は1g/㎠。したがって，上記の水圧20g/㎠は，この容器の底1㎠当たりに高さ20㎝の水柱に相当する圧力がかかっていることになる。同様に，深さ10㎝のところでは10g/㎠，水面では0g/㎠となり，それぞれ水柱高で10㎝，0㎝と水圧が下がっていく。

さらに，図6-7の毛細管内の上方へいくと，水圧は下がりつづけ，0g/㎠より小さい負の圧力になる。すなわち，下方への吸引力になる。たとえば，水面から10㎝の高さの水圧は−10g/㎠，20㎝のところでは−20g/㎠になる。

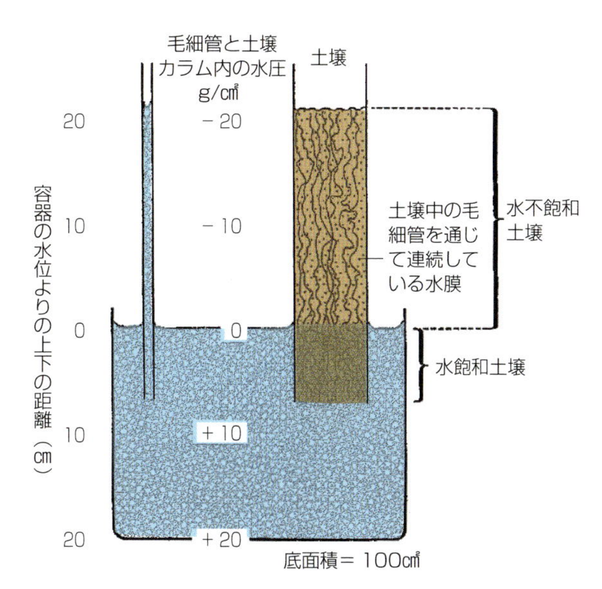

図6-7　土壌水分張力の概念図（フォス，1983）

全く同様に，土壌カラムでも容器の水面から10㎝上にある土壌中の水圧は−10g/㎠。同じように，20㎝上にある土壌中の水圧は−20g/㎠である。これを水柱高であらわすと，それぞれ−10㎝，−20㎝となる。

2 土壌水分張力とpF

❶土壌水分張力

イネなどの植物は，土壌の孔隙が水で完全に満たされ条件（水飽和土壌，図6-7参照）で栽培される。このような場合，土壌中では負圧（吸引圧）は生じない。しかし，多くの植物は，土壌の孔隙が水によって完全に満たされていない状態（水不飽和土壌，図6-7参照）で栽培されるので，土壌中の水の圧力は多くの場合，負の値となる。

そこで，便宜上この負の水圧に（−1）を掛けて，正の値に変換したものを土壌水分張力とよんでいる。したがって，土壌水分張力は，g/㎠で表示できるし，水柱高の㎝でも表示できる。土壌水分張力は，土壌中の水分がどの程度の力で下方へ引きつけられているのかを示している。

❷pFとPa

現実の土壌では，土壌水分張力をg/㎠や水柱高の㎝で表示すると，0から10,000,000くらいまでの範囲で変化するため，あつかいにくい。そこでイギリスのスコフィールド（Schofield）は，1935年，この水柱高（㎝）の常用対数をpFと定義することを提案した。水柱高をH㎝とすると，

$$pF = \log H$$

で与えられる。pFを用いることで，後述するように，土壌の水分状態が簡単に表現できるようになった。なお，pFはピーエフと読み，pは対数値を示し，Fは水の自由エネルギーを意味している。

ただし，最近はpFを原則として使わないことになった。自然科学の分野で，圧力の国際単位を基本的にパスカル（Pa）としたためである。pF

とPaの関係は，負の圧力をϕ（ファイ，単位はkPa＝キロパスカル，10^3Pa）とすると，pF＝log（－10.2ϕ）で与えられる。

4 土壌水分の分類

土壌中の水分状態をpFで表現し，pF値と植物の水に対する反応を基礎にして，土壌中の水は以下のように分類されている（図6-8）。

1 土壌が過湿状態のとき

多量の降雨や，土壌に大量のかんがいがおこなわれると，土壌表面に水たまり（停滞水）ができる。これは，土壌の全ての孔隙が水によって完全に埋めつくされ，土壌中に水が浸入する場所がなくなったことを意味する。このように，土壌中の全ての孔隙（全孔隙）が水で満たされた状態を最大容水量という。このときpF値はほぼ0（0kPa）である（注3）。

しばらくすると，重力より弱い力で土壌に保持されている水が排水され，停滞水は消滅する。この重力による排水が終了したときの状態を圃場容水量という。このときはpF 1.8（－6kPa）程度に相当する（注4）。

このpF 0から1.8の範囲に存在していた水を，重力水（または重力流去水）と分類している。重力水は植物が利用する前に排水されてしまうので，植物にとって有効な水分には含めない。また，重力水がはいっていた孔隙は，排水路になる孔隙であり，粗孔隙とよぶ。そして，これより細かい孔隙で，重力水が排水された後も水を保持している孔隙を毛管孔隙という。

〈注3〉
ここで「pF値はほぼ0である」と記述したのは，以下の理由による。最大容水量は土壌が水飽和の状態で，このときの水柱高は理論上0cmである。ところが，pFの定義から水柱高H＞0cmでなければならないため，水飽和の状態をpFでは表現できない。定義にしたがうとpF 0は，水柱高H＝10^0cm＝1cmを示すことになってしまう。これが，土壌水分張力をpFで表現しなくなった理由の1つでもある。

〈注4〉
圃場容水量のpF値は，土壌の種類によって変化するので，厳密にいえば，圃場容水量のpF値が全ての土壌で1.8であるとはいえない。

2 土壌水分が適度なとき

土壌の水分が，圃場容水量からしだいに減っていくと，毛管孔隙に発生する毛細管現象によって水が移動するには水分が不足する状態になる。このため，地下水から毛細管を通して水が上昇できなくなる。この状態が毛管連絡切断含水量である。このときは，pF 2.7（－50kPa）程度である。さらに水分が少なくなると，植物の旺盛な生育に必要とされる水分が供給できなくなり，生長が阻害されてくる。この状態が生長阻害水分点で，pF3.0（－100 kPa）程度である。

圃場容水量から生長阻害水分点までの範囲の水（pF1.8～3.0）は，植物が比較的吸収しやすい水で，正常生育有効水分と分類されている。

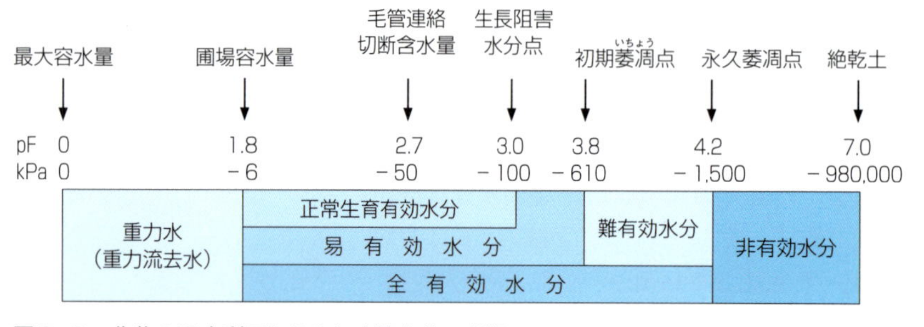

図6-8 作物の吸水利用からみた土壌水分の分類

3 土壌が乾燥したとき

さらに水分が少なくなって，土壌が乾燥しだすと，土壌水分は土壌の非常に細かな孔隙にしっかり保持されてしまい，その保持力が植物の吸水力に近いかそれ以上となることがある。こうなると，植物の吸水速度が遅くなり，必要な水分をまかないきれなくなって，植物はしおれはじめる。

このときの土壌水分の状態が初期萎凋(いちょう)点で，pF3.8（− 610kPa）程度に相当する（注5）。また，圃場容水量から初期萎凋点までの土壌水分を，易有効水分と分類している。土壌の乾燥状態が初期萎凋点程度のときなら，水分が供給されると植物のしおれは回復する。

しかし，さらに土壌の乾燥がすすむと，植物はしおれを回復させることができず，枯れて死んでしまう。このときの水分状態が永久萎凋点で，pF4.2（− 1,500kPa）に相当する。

初期萎凋点から永久萎凋点まで，すなわち pF3.8 から pF4.2 までの，かなり細かな孔隙に保持された水分を難有効水分と分類している。また，圃場容水量である pF1.8 程度からこの永久萎凋点の pF4.2 までの水分が，植物の利用可能な全有効水分である。

〈注5〉
萎凋とは，しおれるという意味である。

4 植物の利用できない水

永久萎凋点である pF4.2（− 1,500kPa）でも，土壌にはまだ水が含まれている。残っている水分を 105℃の乾燥器で乾燥させて可能なかぎり水分を除くと，土壌 pF は 7.0（$- 9.8 \times 10^5$kPa）になる。この土壌にもわずかな水があり，しばらく室内に放置すると空気中の湿気から水分を吸収する。

しかし，いずれにしても，永久萎凋点以上になっても土壌に残っている水分は，強い力で土壌粒子に吸着保持されているため，植物に利用されない。このような水を吸湿水とよぶ。このほか植物が利用できない土壌中の水には，粘土鉱物の結晶間に取り込まれた水があり，膨潤水という。

このように土壌中には，さまざまな力の強さで土壌に保持された水があり，それらが渾然一体となり，植物の吸水によって時々刻々変化し，そのときどきの新しい土壌水分張力と調和しながら土壌中に存在している。

5 土壌による有効水分量のちがい

1 有効水分量の土壌間差

土壌の pF 値は，土壌水分が土壌にどのくらいの力で保持されているかを示している。しかし，土壌中に植物にとって有効な水分がどのくらいあるのかという，量的な情報は得られない。量的情報を得るためには，あらかじめ対象になる土壌の，pF 値とそれに対応する土壌中の水分量の関係を調べておく必要がある。それが pF―水分曲線である（図6 - 9）。

pF―水分曲線を利用すると，あるときの土壌 pF 値が測定されると，そのときの水分率（注6）がわかり，永久萎凋点である pF4.2 のときの水分率との差から，土壌中の有効水分量がただちに理解できる。

〈注6〉
土壌の体積当たりの水分割合。土壌1㎥当たりの水の体積を㎥で表示する。

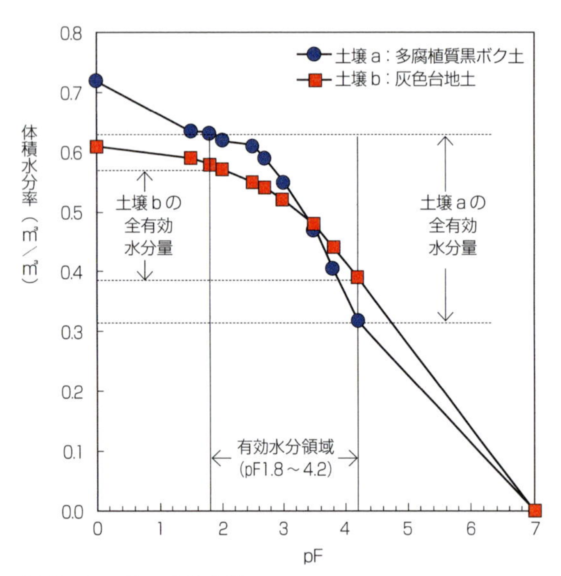

図6-9　pF－水分曲線
多腐植質黒ボク土の土性：埴壌土（中粒質）
灰色台地土の土性：軽埴土（細粒質）

たとえば図6-9で，土壌のpF値が圃場容水量（pF1.8）であったとすると，永久萎凋点であるpF 4.2の水分率との差から，そのときの多腐植質黒ボク土（図6-9の土壌a）の有効水分量は，土壌1㎥当たり0.31㎥であり，灰色台地土（図6-9の土壌b）の場合0.19㎥であることがわかる（注7）。腐植を多量に含んでいる黒ボク土は，有効水分を蓄える孔隙量が多く，干ばつ害を受けにくい。

〈注7〉
多腐植質黒ボク土では，pF1.8とpF4.2のときの体積水分率は，土壌1㎥当たり0.63㎥と0.32㎥である。この差が有効水分量なので，土壌1㎥当たり0.31㎥となる。
灰色台地土では，pF1.8とpF4.2のときの体積水分率が土壌1㎥当たり0.58㎥と0.39㎥なので，土壌1㎥当たり0.19㎥になる。

2 pF値に対応する水分率の土壌間差

ところで図6-9によれば，同じpF値であっても，多腐植質黒ボク土と灰色台地土では水分率がちがう。これは，それぞれの土壌で水を蓄えている孔隙にちがいがあるからである。

細粒質の軽埴土である灰色台地土は，中粒質の埴壌土である黒ボク土より土壌の粒径が細かいため，非常に微細な孔隙が多くなって，そこに水が強力に保持される。したがって，高pF側では，同じpF値でも灰色台地土の水分率のほうが高い。逆に，低pF側の粗い孔隙は，細粒質の灰色台地土はもともと粗い孔隙をわずかしかもたないため，黒ボク土より水分保持量が少なく，水分率が黒ボク土より低い。このように，土性のちがいは土壌の水分保持力のちがいに密接に関係している。

3 土性と有効水分量との関係

土性と土壌の水分保持力の関係は，粗粒質の土壌は水分保持力が弱く，細粒質の土壌は水分保持力が強いと直感的に感じる。しかし，水分保持力が強いことと，植物にとっての有効水分量が多いということは必ずしも同じ意味ではない。

排水にかかわる粗い孔隙は，砂土のような粗粒質のほうが当然多い。したがって，粗粒質の土壌は，土壌の全孔隙が水で飽和されてもその多くが排水されてしまうため，排水が終わった状態，すなわち圃場容水量のときの水分率は低い（図6-10）。粒径が細かくなると微細な孔隙が増え，大きな孔隙が少なくなるので，圃場容水量の水分率が高くなる。しかし，中粒質の埴壌土のような土壌からさらに粒径が細かい細粒質の重埴土になっても，排水にかかわる粗い孔隙量はそれほど増えない。そのため，圃場容水量の水分率は，中粒質の土壌と細粒質の土壌では大差ない（図6-10）。

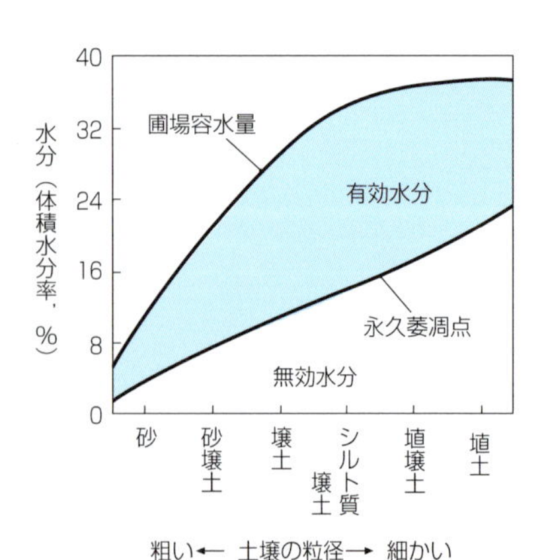

図6-10　土壌の粒径と有効水分量の関係
(Brady and Weil，2008に加筆)

一方，永久萎凋点の水分率は，粒径が細かくなるにともなってほぼ直線的に高くなる（図6-10）。これは，土壌の粒径が細かく粘土含量が多くなるほど，水を強力に吸着する微細な孔隙が多くなるだけでなく，植物に無効な吸湿水や膨潤水などとして存在する水も多くなるため，永久萎凋点より強い力で土壌に保持される無効水分量が多くなるからである。

したがって，植物にとっての有効水分量，すなわち，圃場容水量の水分率から永久萎凋点の水分率の差で求められる水分量は，中粒質の土壌である壌土や埴壌土で多くなり，必ずしも細粒質の土壌が多いとはいえない（図6-10）。土性が粗すぎても，また細かすぎても，植物の生育によい結果を与えない。なにごとも「過ぎたるは猶(なお)及ばざるがごとし」である。

6 土壌空気

土壌の孔隙には，水が保持されている液相と土壌中のすき間（空間）である気相がある。気相にある気体全体を土壌空気とよんでいる。

1 土壌空気の特徴とガス交換の仕組み

土壌中では植物根や土壌生物の呼吸によって酸素（O_2）が消費され，二酸化炭素（CO_2）が生産される。また，土壌中の有機物が微生物によって分解を受けると，多様な還元性物質が放出される。したがって土壌空気は，①CO_2濃度が大気中より高く，②温室効果ガスとして重要な一酸化二窒素（N_2O）を含む窒素酸化物（NO_X）と，硫化水素（H_2S）などの還元性物質が多く，③相対湿度はほぼ100%に近い，という特徴をもつ（表6-1）。

こうした特徴をもつ土壌空気は，大気とのあいだでガス交換をおこない，必要以上に特殊なガスが土壌中に蓄積しないように保たれている（図6-11）。ガス交換は，表層ではマスフロー（mass flow）（注8）と拡散の両方で，下層ではマスフローがほとんどなく，拡散（注9）が主体である。

〈注8〉
土壌空気に含まれるガス全体が一体になって，高圧部から低圧部に流れていくことでおこなわれるガス交換。

〈注9〉
ガスとガスとの濃度差が均一になるように移動することでおこなわれるガス交換。

表6-1 大気と土壌空気の組成 （陽，1994）

	大気 (vol%)	土壌空気 (vol%)
N_2（窒素）	78.09	75～90
O_2（酸素）	20.94	2～21
Ar（アルゴン）	0.93	0.93～1.1
CO_2（二酸化炭素）	0.0345	0.1～10
CH_4（メタン）	0.00017	tr～5
N_2O（一酸化二窒素）	0.00003	tr～0.1
	(ppm)	
Ne（ネオン）	18	各種炭化水素
He（ヘリウム）	5.2	NH_3，NO，NO_2
Kr（クリプトン）	1	H_2，H_2S，CS_2
H_2（水素）	0.5	COS，CH_3SH
CO（一酸化炭素）	0.1	DMS，DMDS
Xe（キセノン）	0.08	揮発性アミン
その他		
O_3，NH_3，NO_2，SO_2		揮発性有機酸など多数
相対湿度	30～90%	約100%

1）vol%：体積百分率，tr：かすかに認められる程度
2）O_3：オゾン，NH_3：アンモニア，NO：酸化窒素，NO_2：二酸化窒素，SO_2：二酸化イオウ，H_2：水素，H_2S：硫化水素，CS_2：二硫化炭素，COS：カルボニルサルファイド（硫化カルボニル），CH_3SH：メチルメルカプタン，DMS：ジメチルサルファイド，DMDS：ジメチルジサルファイド
3）とくに濃度を記載していないガス類は，いずれも極微量含まれるガス類である

2 土壌空気と作物生育

一般に，気相率が10～15%程度確保されると，植物は健全に生育する。しかし，作物の種類によっては，土壌中の高い気相率を要求する（表6-2）。たとえば，キャベツを地下60cmで強制通気処理すると，生育を旺盛にする効果がある（安田・荒木，1970）。とくに，気相率の小さな土壌ではガス交換が不十分なので，土壌空気のO_2濃度が減りCO_2濃度が増える。そのため，こうした土壌では強制通気の効果が高い。

種子の発芽や根の伸長には，土壌空気中に10%以上のO_2濃度が必要とされている。ただし，O_2濃度の低下はCO_2濃度の上昇をともなうのが一般的で，必要なO_2濃度にはCO_2濃度との関係が強い。たとえば，土壌空気のCO_2濃度が0でもO_2濃度が7%以下になると，あるいはO_2濃度が21%でもCO_2濃度が8%にな

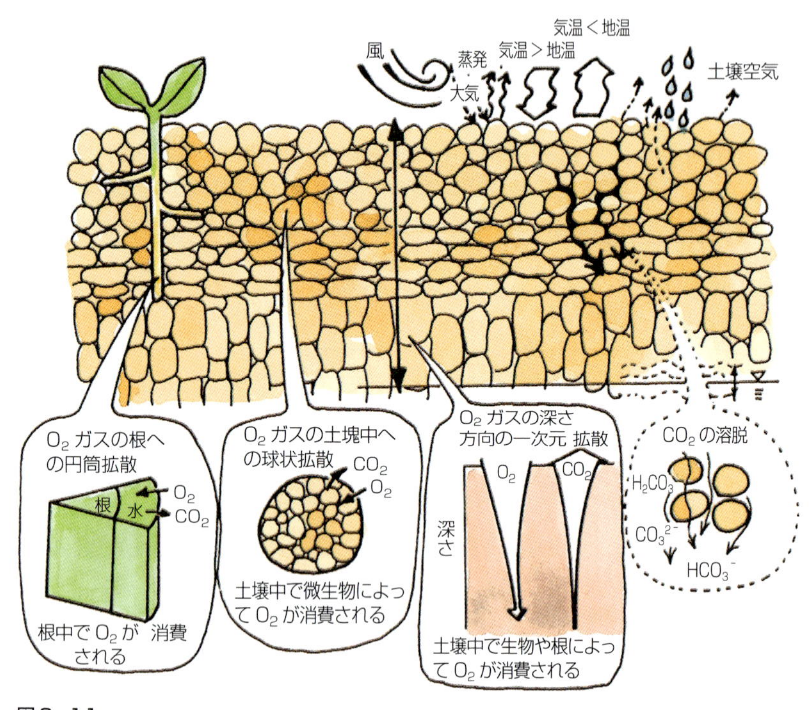

図6-11
酸素（O_2），二酸化炭素（CO_2）を中心とした土壌通気の模式図（遅沢，1998）
H_2CO_3：炭酸，CO_3^{2-}：炭酸イオン，HCO_3^-：炭酸水素イオン

表6-2　作物の種類と根の活動を活発にする必要空気率（小川，1969）

項　目	必要空気率	作　物
最も多く要求する作物	24%以上	キャベツ，インゲン
比較的多く要求する作物	20%以上	カブ，キュウリ，コモンベッチ，オオムギ，コムギ
比較的要求が小さい作物	15%以上	エンバク，ソルゴー
最も要求が小さい作物	10%	イタリアンライグラス，イネ，タマネギの生育初期

ると，オオムギやエンドウの根の伸長が著しく抑制されたという報告がある（Geisler, 1967）。

また，土壌の水分条件は土壌からのガス放出に密接に関係している。最近，化学肥料やふん尿として土壌に施与された窒素（N）に由来する一酸化二窒素（N_2O）の放出が，土壌の水分条件に大きく影響されることが注目されている。この N_2O は強力な温室効果ガスで，農業分野から排出される主要な温室効果ガスの１つである（詳細は第15章5項参照）。

第7章 土壌の温度（地温）とその影響

1 地温の重要性

1 気温や地温は作物の生育に大きく影響

気温は作物の生育に大きな影響を与える。盛岡高等農林学校で土壌学を専攻した宮澤賢治は，詩『雨ニモマケズ』で東北地方の冷害のみじめさを「サムサノナツハオロオロアルキ」と表現した（宮澤，1995）。

また，童話『グスコーブドリの伝記』でも，冷害に苦しむ農家を助けるために，ブドリ自身が犠牲になって火山を爆発させて大気の炭酸ガス濃度を高め，その温室効果を利用して暖めることを創作している（宮澤，1996）。

化学反応速度も温度に強く影響され，10℃上がるごとに2倍になる（注1）。生物の反応速度もこれと同じである。生物反応で，温度が10℃上がるごとに反応速度が何倍になるのかという増加率を温度係数（Q_{10}，キュー・テン）という。通常の生物反応のQ_{10}は2～3程度である。これは気温だけでなく，土壌の温度（地温）も全く同じで，作物の生育に大きく影響する。土壌中での生物活動，有機物の分解，植物の養分吸収など，いずれも地温による影響が大きい。

〈注1〉
この現象を発見したのは，1901年に最初のノーベル化学賞を受賞した，オランダの化学者ファント・ホッフ（Jacobus Henricus van't Hoff）である。

2 土壌養分への影響

土壌からの養分供給は，地温が高いほど旺盛である。地温が高いと土壌中の有機物の分解がすすみ（第3章2項参照），それにともなって作物の養分として窒素が土壌中に放出されてくる（第12章2項参照）。

逆に，春の低温時には土壌からの養分供給がおとろえる。地温が低い時期のリン施与がダイズの生育を良好にするのは，この時期の土壌からのリン供給のおとろえを補う効果が大きいためである（岡島・石渡，1979）。

3 作物への影響

❶生育初期ほど影響が大きい

地温は作物の発芽（注2）にも大きな影響を与える。作物生育への地温の影響は初期生育に大きく，生育がすすむにつれて小さくなる。これは，生育初期は根が十分発達していないこと，春に播種する作物は初期生育時の地温が低いため，土壌からの養分供給が弱いことなどが相互に影響し，作物の養分吸収が抑制されるためである。

〈注2〉
発芽とは，種子から幼根や幼芽が種皮から伸び出すことをいう。類義語の出芽は，土壌中で種子から発芽した芽が，地上にあらわれることをいう。

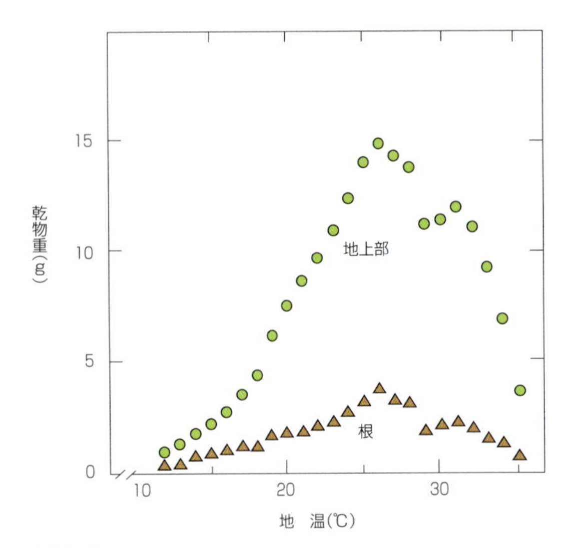

図7-1
地温とトウモロコシの根と地上部の生育（Walker, 1969）
トウモロコシの幼苗（23日齢）を17日間栽培，地上部の気温は25℃で一定

それに対して生育後期は，すでに根が十分に発達しているので，大きな根系が，低地温による土壌の養分供給の弱さを補完している。

実際の圃場での地温は，気温と連動している。しかも，土壌の深さによって変化するだけでなく，地表面近くの土層では気温との温度較差で熱の出入りもはげしい。

そのため，地温による作物の生育への影響を，気温の影響を除いて検討するには，地上部の温度が影響しないように地温を変化させて，作物の生育を調査する必要がある。

こうした実験結果によれば，地温が1℃変化しても，トウモロコシの地上部と根の生育は非常に大きな影響を受けることが確認されている（図7-1）。

❷日較差の影響も大きい

さらに興味深いことに，地温は一定であるよりも自然状態と同じように日較差のあるほうが，トウモロコシの生育はよくなる（図7-2）。

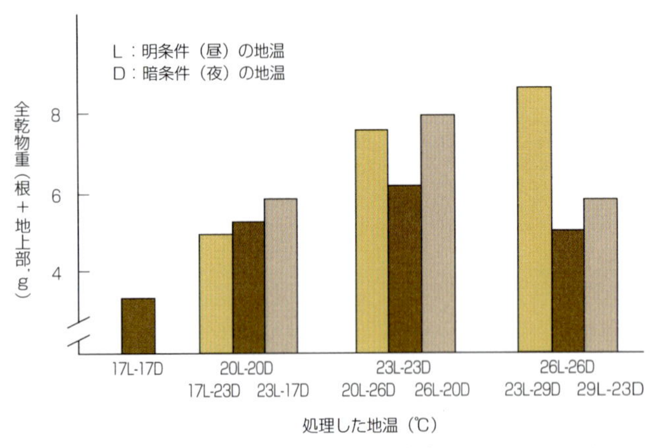

図7-2　地温の日較差とトウモロコシの生育（Walker, 1970）
トウモロコシの幼苗（7日齢）を16日間栽培，地上部の気温は25℃で一定

ただし，処理する地温が適地温（23℃）より低いときは，昼に高く（処理地温＋3℃）夜に低い（処理地温－3℃）日較差のほうが生育はよい。逆に適地温より高い場合は，昼に低く夜に高いほうが生育がよい。しかし，適地温の場合は，日較差があれば，昼と夜のどちらが高くても生育が旺盛になる。

このように，地温は根の生育環境に影響して作物生育に重要な働きをしている。

2 地温に影響する各種要因

地温を左右する熱は，太陽の放射エネルギー，地熱，反応熱などである。なかでも太陽からの放射エネルギーが地温に深くかかわっている。太陽の放射エネルギー量と，地表からの熱放射の収支によって地温が決まる。熱収支には，①大気の状態，②緯度と土地の傾斜，③土壌表面への植物の被覆，④土壌の性質などが関係する。

1 大気の状態

太陽からの放射エネルギーは，大気層に入射する前にかなり反射され，

〈注3〉
この反射率をアルベド(albedo)という。図7-3の場合，250 kcal/（㎠・年）に対して反射が83 kcal/（㎠・年）なので，反射率は33％（83÷250＝0.33）になる。

その反射率（注3）はおよそ33％程度と見積もられている（内嶋，1975）。大気層に入射しても，そのすべてが地表面に到達できるわけではない。大気中の塵（ちり）や雲によって放射エネルギーが吸収されて減り，最終的に全放射エネルギーの50％程度しか地表に到達しない。

しかも，地表に到達したエネルギーのうち，地表面の反射でおよそ10～20％程度失われる。このため，実際に土壌に吸収される日射量は，全放射エネルギーの40％程度に減っている（図7-3）。

この熱量の大部分は，地表面からの蒸発，大気中への放熱，地表面からのエネルギー放射（有効放射）によって再び大気圏外に出ていく。

地温は，こうした土壌からの熱量の出入りに左右されている。

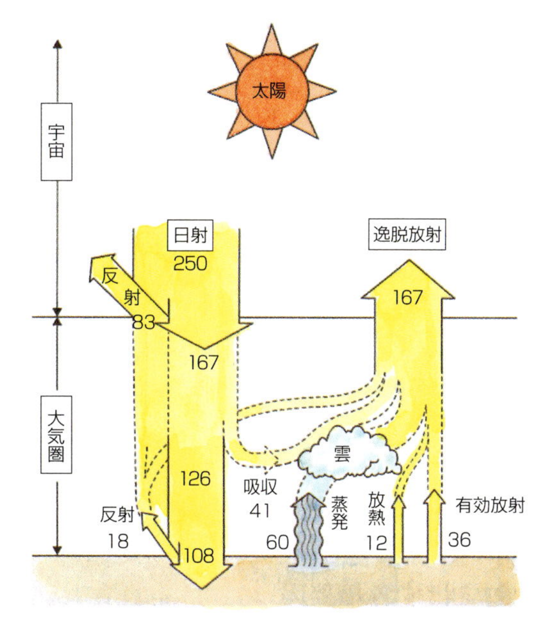

図7-3　地球に入射する日射量の配分（内嶋，1975）
ブデイゴのデータを内嶋が修正したもの。作物の光合成に用いられる熱量は，ここに示すことができないくらい小さい
単位：kcal/（㎠・年）

2 緯度と土地の傾斜

太陽からの放射エネルギーが同じでも，高緯度地方と低緯度地方では，太陽光線の角度がちがうため，単位面積当たりの放射量がちがう（図7-4）。高緯度ほど一定の放射量に対する地表面積が多くなるため，単位面積当たりの放射量が少なくなる。そのため，低緯度地方の気温や地温は，高緯度地方より高い。

同様に，北半球では同じ緯度であっても，南斜面のほうが北斜面より単位面積当たりの太陽からの放射量が多くなる。

その結果，北斜面にくらべて南斜面の地温のほうが高まりやすい。山岳地の南斜面と北斜面で生育する植物にちがいがあるのはこのためである。こうした現象は，緯度が高いほど強くあらわれる。

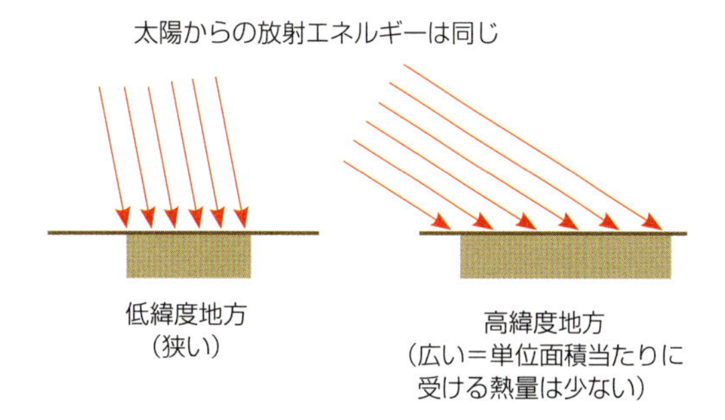

図7-4　地球上の緯度のちがいと受光面積の比較

3 土壌表面への植物の被覆

植物は土壌表面を覆うため，太陽の放射エネルギーを遮断する効果をもつ。たとえば，単位面積当たりの植物の葉の面積割合（注4）が3～4程度の植物群落が地表を覆うと，到達した放射エネルギーの70～80％が吸収されてしまう。

そのため，植物が生育しない裸地では，日中，放射エネルギーを十分に受け取って熱に変換して地温が上がり，夜間はその熱が大気に放散されるので地温が下がる。裸地の地温の日較差が，植物で覆われているところより大きいのはこのためである。

〈注4〉
これを葉面積指数（LAI，Leaf Area Index）という。葉面積指数3～4というのは，1㎡当たりに存在する葉の面積の合計が3～4㎡であることを意味する。

〈注5〉
比熱とは，物質1gを1℃上げるのに必要な熱量（カロリー，cal）のことである。容積比熱とは，容積当たりの比熱のことで，物質1㎤を1℃上げるのに必要な熱量（カロリー，cal）である。
ただし，最近はカロリーの単位を仕事エネルギーの単位ジュール（J）で表現することが多い。その場合は，1cal＝4.18605Jで換算する。

〈注6〉
熱伝導率とは，物質の熱の伝わりやすさをあらわす値。たとえば1㎠の面積に対して，垂直方向に1㎝で1℃の温度差があるとき，1秒間にその方向に流れる熱量（cal）のことである。

4 土壌の性質

熱に関係する土壌の性質には，比熱，とくに後述する容積比熱（注5）と熱伝導率（注6）がある。

比熱が大きいと，物質は暖まりにくく冷めにくい。比熱は物質の重さ当たりの値である。しかし，土壌中での熱の移動は一定の容積に伝わっておこなわれるので，重さ当たりの比熱を容積当たりの比熱（容積比熱）に換算するほうが理解しやすい。土壌の容積比熱が大きければ土壌は暖まりにくい。しかし，一度暖まると冷めにくいので地温が維持されやすい。また，ある土壌の熱伝導率が大きければ，その土壌への熱の伝わり方が速く，地温の上昇が速い。

したがって，こうした熱に関係する土壌の性質が地温に深くかかわっていることは容易に理解できる。具体的に土壌中でどのように熱が伝わり，保温されるかについては次項であらためて考えてみたい。

3 土壌中での熱の伝わり方と保温の仕組み

1 熱伝導率と土壌

❶熱の伝わり方は熱伝導率で決まり，固相率が大きいほど大きい

上で述べたように，太陽からの放射エネルギーが土壌にたどりつくと，熱エネルギーに転換されて土壌に移動して地温になる。熱の移動には伝導，対流，放射があり，土壌中での熱移動はおもに伝導でおこなわれる。したがって，土壌中での熱の伝わり方は熱伝導率で決定される。

土壌は固相，液相，気相の3相からなっている（第5章1項参照）。3相の熱伝導率をくらべると，気相（土壌空気）＜液相（水）＜固相（土壌の粒子）の順に大きくなる。したがって，土壌の固相率が大きいほど，また同じ固相率の場合には，液相率が大きいほど熱伝導率が大きい。このような土壌は熱が伝わりやすい性質をもつ。

❷有機物が多いほど熱伝導率は小さい

固相は，岩石が風化によって細粒化した無機物質部分と有機物からなる。無機物質の容積比熱は有機物より小さいので（表7-1），無機物質が多いほど暖まりやすい。したがって，固相率が同じでも，固相を構成する物質が石英のような無機物質を多く含むほうが，有機物を多く含むより暖まりやすく熱伝導率が大きい。

わが国の畑土壌に多い黒ボク土は，容積比熱が大きく熱伝導率が小さい。これは，黒ボク土が有機物を比較的多く含み，固相率が小さく気相率が大きいという性質をもつからである（第5章3項参照）。

これに対して，台地に広く分布する褐色森林土や低地の褐色低地土などは，黒ボク土より固相率が大きく，固相粒子の熱伝導率も大きい。このため熱伝導率は，黒ボク土より2～4倍ほど大きい（粕渕，1998）。

表7-1　土壌構成物質の比熱と容積比熱
（ベーバー，1955）

物質	比熱 (cal/g)	容積比熱 (cal/㎤)
石英粗砂	0.198	0.517
カオリナイト＊	0.233	0.576
有機質	0.477	0.601
有機質石灰質砂土	0.257	−
畑土	0.267	−
水	1.000	1.000

＊1：1型粘土鉱物の1つ（第5章8項参照）

2 土壌の保温と水

こうして伝わった熱は，土壌に蓄えられて地温に影響する。土壌の保温は，容積比熱の大きさによって決まる。水は比熱が大きいため暖まりにくい。しかし，一度暖まると冷めにくい。したがって，水を多く含むと容積比熱が大きくなる（表7-2）。

低温時の水田で，昼間に田面水（注7）の水深を浅くし夜間に深くするのは，水の比熱が大きいことを利用した地温を下げない工夫である。田面水の水深を深くしてイネを冷害から守るのも，水の比熱の大きさを利用した保温対策である。

また，水田では田面水が地下へゆっくり浸透するため，水深はしだいに下がる。減水深（注8）が2～3cm程度の水田では，水がゆっくりと太陽に暖められ田面水の水温が上がり，この水がゆっくりと地下に浸透していくため，地下深くまで地温が上がっていく。これも水の比熱を利用した地温を維持するための知恵である。

黒ボク土は，土壌の色が黒いため吸熱して地温が上がりやすいように思われる。しかし，この土壌は有機物が多く，そのため保水性が大きい（第6章5項参照）。ということは水分が多く容積比熱が大きく，土壌が暖まりにくい。

したがって，寒冷地の黒ボク土では融雪後の地温上昇が遅い。また，灰色台地土は，台地に分布する排水のやや悪い細粒質土壌である。北海道のような積雪寒冷地の灰色台地土は，春の農作業開始時期になっても融雪水をたっぷり含み土壌中の水が多い。このため地温上昇が遅れる。

このような早春の水分過剰による地温上昇の遅れは，農作業の遅れに直結し，作物生産に悪影響を与える。こうした土壌では排水することで地温の上昇を促進できる。しかし，過度に排水すると水不足が作物生育を規制する可能性もある。

水は比熱が大きいという性質のため，土壌の保温に直接影響するだけでなく，地温の上昇や降下にも大きな影響を与える。土壌の水管理はその効果が多面的でむずかしい。

表7-2
土壌構成物質の水分含量の変化と容積比熱（cal/cm³）
（ベーバー，1955）

水分状態	カオリナイト*	有機質
乾燥状態	0.233	0.165
50%飽水	0.539	0.555
飽水状態	0.846	0.945

* 1：1型粘土鉱物の1つ（第5章8項参照）

〈注7〉
イネの栽培中，水田に張られている水のこと。

〈注8〉
1日に減る田面水の水深のこと。

3 植物による被覆と保温

水以外に植物による土壌表面の被覆も，土壌の保温に深くかかわっている。すでに述べたように，植物が土壌表面を被覆すると太陽からの放射エネルギーを吸収してしまう。しかし，同時に，植物による地表面の被覆は土壌表面から大気への熱放射をおさえるため，土壌の保温効果がある。

北海道東部の根釧台地は，太平洋側に位置し，冬に晴天がつづき積雪量が少ない。このため雪による地表面の断熱効果が小さく，土壌は平年で30cm程度凍結する。土壌凍結は，牧草地のように表面が牧草で覆われているところより，バレイショ栽培跡地で裸地状態になっているところのほうがはるかに深い。植物による被覆効果の有無によるちがいである。

4 地温の変動

現実の地温はどのように変化するのだろうか。北海道江別市で測定した例からその変化をみよう。

1 日変化

図7-5aは，快晴になった5月下旬のトウモロコシ畑での地温の日変化を示したものである。このときのトウモロコシの草丈は31cmと小さかったため，太陽光線は畑の表面に直接到達していた。昼間は，太陽からの放射エネルギーを受けて，熱が地表から地下へ流れる。このため，地温は表層から下層へと時間のずれをともないながら上がっていく。夜間は逆に地表面から大気に熱が放出されるため，下層から表層に向かって熱が流れ，地温も下層ほど高くなる。地温の変化と気温の変化の時間的ずれは，表層ほど小さく下層になるほど大きくなる。地温の日較差（注9）は表層で大きく，下層ほど小さい。このような地温の日変化は，土壌中の熱の移動がおもに熱伝導であることを示している。

〈注9〉
最高地温と最低地温の差である。

これに対し，図7-5bは上記のトウモロコシ畑で観測した同じ日に（したがってa，b図の気温は全く等しい），隣接する草地で測定した地温の日変化を示したものである。土壌や気象条件が同じであるにもかかわらず，図7-5aとbで地温の日変化に大きなちがいがあることに気づくだろう。

このとき，牧草のチモシーの草丈は67cm（草高55cm）だったので，太陽光は草地の地表面にほとんど届いていない。畑では太陽光が直接地表面に到達しており，牧草とトウモロコシの生育のちがいが，地表面の被覆程度に大きなちがいをもたらしていた。これが両者の地温の日変化の差になっている。

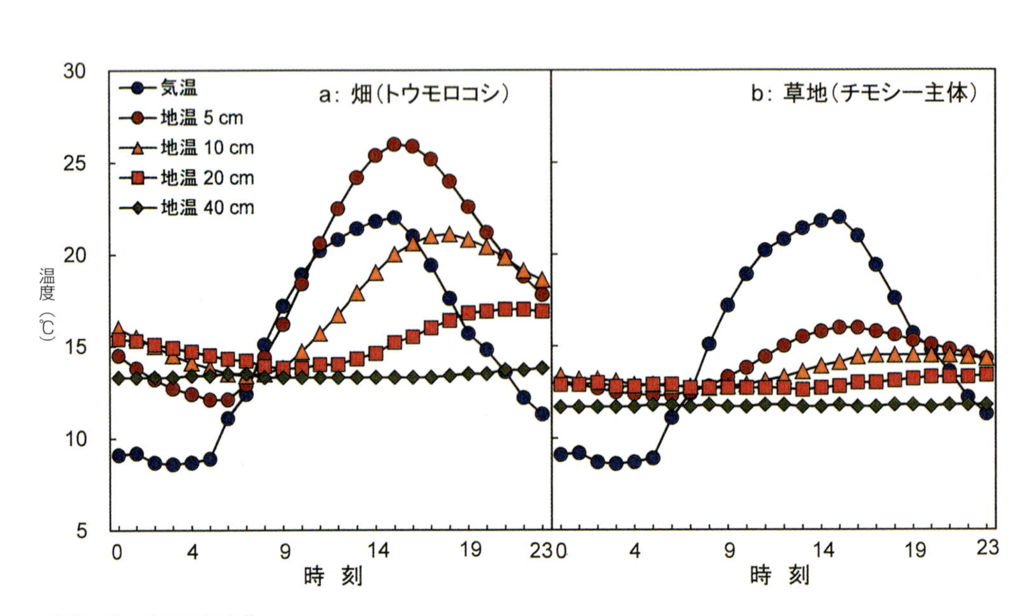

図7-5　地温の日変化
測定日：5月28日，快晴。測定地：北海道，江別市野幌

太陽の放射エネルギーが牧草によってさえぎられた草地では，地温の日変化が畑よりはるかに小さい（図7-5b）。草地では，地下5cmの地温の日較差でさえわずかに3.7℃しかない。これに対して畑では13.9℃にもなり，気温の日較差にほぼ等しいほど大きい。

2 季節変化

同じ北海道江別市で観測した地温（芝生地）の季節変化を，月別平均値から考えてみよう（図7-6）。土壌を暖める熱源である太陽からの日射量は，夏至をむかえる6月に最高となり，冬至になる12月に最低を示す放物線になる。気温の季節変化は，この日射量の動きより数カ月遅れ，日射量の変化とほぼ同じ変化を示す。大気の熱伝導率が小さいため，冬季間に冷え切った大気を暖めるのに，そうとうな時間を必要とすることがわかる。

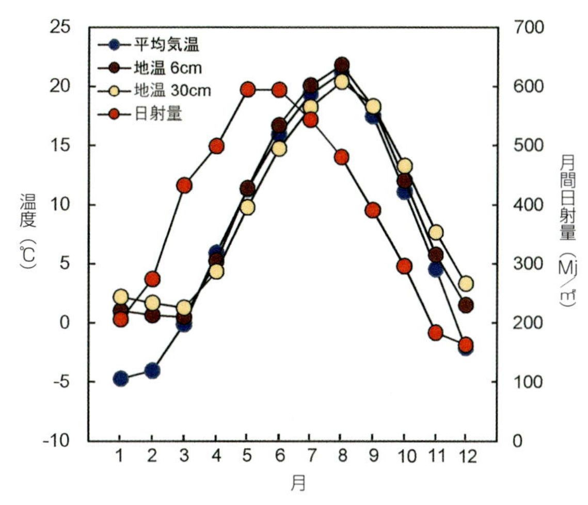

図7-6　地温，気温，日射量の季節変化
2001年から2015年までの15年間平均値，芝生地での観測データで，平均気温，地温は月平均値，日射量は月間の積算値。測定地：北海道，江別市野幌

そこで，地温の季節変化をみると，地温と平均気温の推移はほぼ一致している（図7-6）。とくに，地下6cmの地温は4月から10月まで平均気温とほぼ等しく推移している。冬になると積雪による断熱効果を受け，土壌の深さにかかわらず気温より地温のほうが高い。1～2月の年間で最も寒い時期では，地温が気温より5～7℃も高い。春，4月になると地下6cmと30cmの地温はほぼ等しくなり，夏に向かって地表に近いほど地温が高くなる。秋，9月には再び，地下6cmと30cmの地温がほぼ等しくなり，冬に向かうと深いほうの地温が高くなる。

気温の変化が大きい日本では，季節の移りかわりが美しい。気温の変化は，動植物に影響を与えるだけでなく，私たちの足下の土壌にも大きく影響している。地温は，季節変化という大きな枠組みのなかで，なおかつ1日のうちでも変化をくり返している。そしてそれらの変化が，土壌中での物質の動的変化を引き起こし，支えている。

第8章 土壌が養分を保持する機能

1 イオン交換現象の発見

Sir Harry Stephen Meysey-Thompson（1809－74）　Canon Anthony Huxtable（1808－83）

図8-1　トンプソン（左）とハクスタブル（右）
（Forrester and Giles, 1971）
この2人は土壌の養分保持機能の発見に貢献した。同じ時期に活躍したウェイの画像はみつかっていない

土壌が電気を帯びているとはにわかに信じにくい。しかも，土壌のもつ電気が，植物の養分を保持してくれているとは考えもおよばない。しかし，この性質の発見には有名な話が残されている。話は今からおよそ170年前にさかのぼる。

イングランド王立農学会（the Royal Agricultural Society of England）の著名な会員であったトンプソン（Sir Thompson, H. S.）とハクスタブル（Huxtable, C. A.）（図8-1），そして彼らと深くかかわった化学の得意な薬剤師スペンス（Spence, J.）（注1）と王立農学会の相談員で化学教授ウエイ（Way, J. T.）らの話である（Forrester and Giles, 1971）。

〈注1〉
英語で化学者をChemistという。全く同じ単語を薬剤師にも用いる。薬剤師が古くから化学をよく理解し，利用していたためである。薬局の意味でChemistを用いるのも同じ理由である。

1 トンプソンとスペンスの実験

この話の時代，19世紀半ばのイングランドでは，家畜ふん尿は肥料として非常に重要であった（第10章3項参照）。しかし，ふん尿に含まれるアンモニアは放置すると揮散損失する。それを防ぐために，堆肥堆積場などへの硫酸散布が広まった。ところが，硫酸処理は結果的に大量の硫酸アンモニウムをつくることになった。イングランド北部，ヨークシャーの富豪トンプソンは，雨水がこの硫酸アンモニウムを溶かして地下へ流出させるため，硫酸処理は堆肥の肥効を低下させるのではないかと考えるようになった。彼は1845年の夏，ヨークにあるスペンスの薬店の2階に実験室をつくり（図8-2），硫酸アンモニウムが土壌に保持されるのかどうかを実験的に試してほしいともちかけた。

スペンスは，まずトンプソンの農場の砂壌土に硫酸アンモニウム（硫安：$(NH_4)_2SO_4$）の水溶液を加え混合した。それをガラス管につめ，多雨に相当する水（H_2O）を土壌表面に注ぎ，流出してきた浸透水を採取し分析した（図8-3）。すると，硫酸カルシウム（石こう：$CaSO_4$）が主成分で，添加したアンモニウムの76％は土壌に残っていた（Thompson, 1850）。

次に，同様の実験をおこない，ガラス管から出てきた浸透水を一定間隔であつめ，それを再びもとのガラス管にもどすことをくり返した。そうすると，最終的に分析した浸透水中には，アンモニウムは全く検出されなかった。アンモニウムが完全に土壌に保持されたと考えられる。アンモニウムにかわって浸透水にあらわれたのはカルシウムで，石こうになっていた。有機物に富む土壌や，粘土質の土壌など，さまざまな種類の土壌を用いて同じ実験をおこなった。いずれの実験でも，添加したアンモニウムは土壌に保持され，浸透水中にあらわれなかった。

トンプソンはこの実験結果をまとめ，1850年に「土壌の養分吸収能について」という論文にして発表した（Thompson，1850）。土壌の重要な性質を報じた世界ではじめての論文であった。トンプソンは「この実験は不完全なものだった。しかしおそらく，この結果は土壌にとって最も重要な性質に関するはじめての発見であると同時に，この土壌の性質は今後の農業に有益なものとなるにちがいない」と結論づけた。

図8-2
中世からつづくヨークの古い街並み
ヨークにあるシャンブルズという通り。かつて，この通りには肉屋が軒をつらね，通りにせりだした2階や3階の軒下に肉を吊り下げたという。トンプソンとスペンスは，このような建物の2階で実験したのだろうか

2 ハクスタブルの実験

トンプソンとスペンスが実験していた1845年ころ，イングランド南部のドーセットで司祭をしていたハクスタブルも，畜舎から貯留槽に排出されたふんと尿が混合した液状物質を土壌に添加し，その浸透水を調べていた（Forrester and Giles, 1971）。すると，添加前の物質にあった色や悪臭が浸透水では全くなくなっていた。この結果からハクスタブルは，貯留槽にたまった物質の色や悪臭の原因物質を除去する能力を，土壌がもっていると指摘した。

3 ウエイの実験

❶トンプソンとスペンスの実験の再確認

トンプソンやハクスタブルらの実験結果がウエイに語られたのは，1848年の王立農学会の集会だった。ウエイはそれに興味をもち，1848年から1852年の5年間にわたる膨大な実験をくり返した。

まず，ウエイはトンプソンとスペンスの実験が正しいことを再確認した。さらに，アンモニウムだけでなく，カリウム，マグネシウム，ナトリウムを含む水溶液で同じ実験をくり返し，土壌に添加した溶液に含まれていたアンモニウム，カリウム，マグネシウムなどは，ガラス管から出てくる浸透水中に認められず，それらにかわってあらわれたのは，おもにカルシウムであった（Way, 1850）。さらにハクスタブルの実験もくり返し，ふん尿の液状物質に含まれていたアンモニウムが浸透水では姿を消し，それにかわってカルシウムを認めた（Way, 1850）。

ウエイはこの実験を人間の尿やロンドンの下水を用いてもおこない，全く同様の結果を得た。

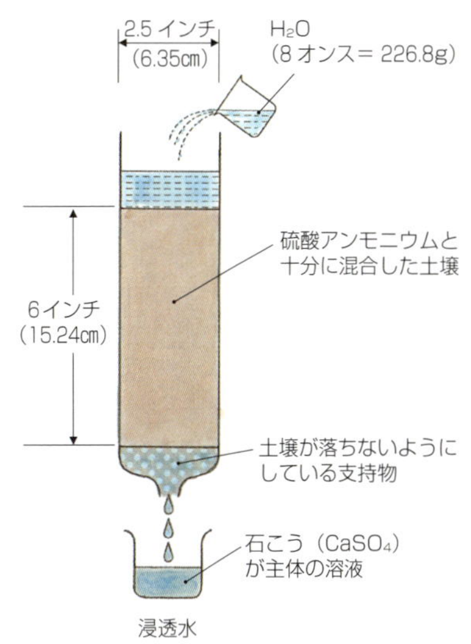

図8-3
トンプソンとスペンスの実験の概要
（Thompson，1850）

❷ウエイの発見―粘土の働きでおこり，塩基類のみが関与

ウエイは，一連の実験を土壌でおこなっていたとき，添加した液体が土壌を浸透しにくくなることがあったので，透水性を大き

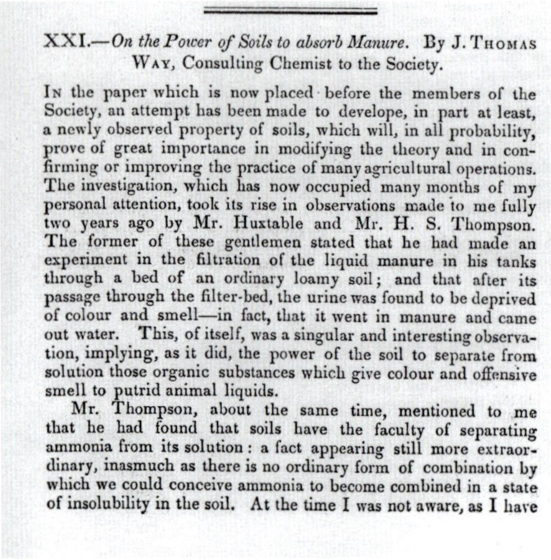

XXI.—*On the Power of Soils to absorb Manure.* By J. THOMAS WAY, Consulting Chemist to the Society.

IN the paper which is now placed before the members of the Society, an attempt has been made to develope, in part at least, a newly observed property of soils, which will, in all probability, prove of great importance in modifying the theory and in confirming or improving the practice of many agricultural operations. The investigation, which has now occupied many months of my personal attention, took its rise in observations made to me fully two years ago by Mr. Huxtable and Mr. H. S. Thompson. The former of these gentlemen stated that he had made an experiment in the filtration of the liquid manure in his tanks through a bed of an ordinary loamy soil; and that after its passage through the filter-bed, the urine was found to be deprived of colour and smell—in fact, that it went in manure and came out water. This, of itself, was a singular and interesting observation, implying, as it did, the power of the soil to separate from solution those organic substances which give colour and offensive smell to putrid animal liquids.

Mr. Thompson, about the same time, mentioned to me that he had found that soils have the faculty of separating ammonia from its solution: a fact appearing still more extraordinary, inasmuch as there is no ordinary form of combination by which we could conceive ammonia to become combined in a state of insolubility in the soil. At the time I was not aware, as I have

図8-4　イングランド王立農学会誌第11巻（1850）に掲載されたウエイの論文
この巻の313ページのなかほどからはじまり，全体で66ページにわたる大論文である。トンプソンの論文は同じ第11巻で，ウエイの論文よりも前の68ページから74ページに掲載されている

図8-5　純水製造に用いられているイオン交換樹脂筒
このイオン交換樹脂筒には，陽イオンとして水素イオン（H^+），陰イオンとして水酸イオン（OH^-）を吸着したイオン交換樹脂が混合されている。この樹脂筒に水道水を通すと，イオン交換樹脂のH^+やOH^-は水道水に溶存していた陽イオンや陰イオンとイオン交換して放出される。このため，樹脂筒を通過してくる水は純水（H_2O）に変化している

くするために砂を混ぜて実験した。そのうち，土壌を用いず砂だけで実験をしたところ，土壌で認めたような汚水浄化機能が認められなかった。しかし，粘土をつかうと浄化機能が再び認められた。このことから，ウエイは土壌中の粘土が物質を吸収する能力をもつと考えた（Way, 1850）。こうして，ウエイは土壌に養分を吸収する能力があると確信した。

ウエイの報告は，トンプソンの発表と同じ1850年の同じ王立農学会誌に「養分を吸収する土壌の能力について」として掲載された（図8-4）。この2年後，彼はこうした現象をもたらすのは粘土に含まれているなにかの物質，とくに，無機物質としてはケイ酸アルミニウムが関係していると考えられること，添加された溶液と入れ替わってあらわれるのは，カルシウム，マグネシウム，カリウム，ナトリウムなどの塩基類だけで，硝酸，塩素，リン，硫酸などの酸基類は関与しないことなどを報告した（Way, 1852）。しかも，溶液にあらわれたカルシウムは添加した溶液に含まれるアンモニウムなどの量と関係があることもつきとめた（Way, 1852）。

そして，ウエイもトンプソンと同じく，土壌のこの性質が実際の農業にとって非常に有効なものになるだろうと指摘している（Way, 1852）。

❸死後「イオン交換現象」として認められる

ウエイは，こうした土壌によるアンモニウムの取り込みを，カルシウムとの化学反応による交換の結果であると考えていた（Way, 1850；1852）。しかし，その考え方はただちに受け入れられなかった。当時，物質の取り込み（吸着）は活性炭がガスを吸着するのと同じ物理現象であるという，リービヒ（Liebig）の主張が一般的だったからである。

このため，ウエイの新しい考え方が「イオン交換現象」として世に認められるには，彼がロンドンのケンジントンで息を引き取った1883年から約40年後，1924年にロシアのゲドロイツ（Gedroiz），つづいて1925年にオランダのヒッシンク（Hissink）らが，土壌を用いたイオン交換にかかわる定量的な実験をおこなうまでまたなければならなかった（Weir, 1949）。

土壌のイオン交換現象をより定量的にあつかったウエイの関心は，同時期に観察していた土壌による下水の浄化のほうに向かい，下水処理と河川

の汚濁防止についての研究にすすんでいった。

トンプソン，スペンス，ハクスタブル，ウエイらの深い洞察力によって発見されたイオン交換現象をきっかけに，土壌の性質を化学的に理解しようという気運が大きく花開いたのはいうまでもない。それは，一方でイオン交換樹脂の開発（1935年）につながった（図8-5）。

イオン交換樹脂は，ウエイが関心をもった汚水浄化，純水製造，不純物除去，物質の分離精製などに用いられている。ウエイとのつながりの深さを感じさせられる話である。

2 イオンとは

スペンスやウエイの実験の中心的な概念であるイオン交換反応を理解するために，化学の復習をしよう。まず，イオンという言葉である。この言葉の命名者は，イギリスの有名な科学者ファラディ（Faraday, M. 1791～1867）である。このファラディは，さまざまな物質を含む溶液に電気を通すと，溶液中のプラスの電極（陽極）に向かって流れていく粒子とマイナスの電極（陰極）へ向かって流れていく粒子があることを発見した。溶液の電気分解という現象である。

このとき彼は，「行く」という意味のギリシャ語から，それぞれの電極へ動いていった粒子を「イオン」と命名した。陽極へ動いたイオンは，プラスの電気に引き寄せられたのだから，マイナスの電気を帯びた（帯電した）イオンで，これを陰イオンという。一方，陰極へ動いたイオンは，マイナスの電気に引き寄せられたのであるから，このイオンはプラスに帯電しており，これが陽イオンである。

食塩で考えてみよう。食塩は，化学的にいうと塩化ナトリウム（NaCl）で，ナトリウム（Na）と塩素（Cl）からなるさらさらした感じの白色物質である。ところが，水を加えて混ぜると，白色の食塩は消えてなくなる。これは，食塩が水に溶けて陽イオンのナトリウムイオン（Na^{+}）と陰イオンの塩素イオン（Cl^{-}）に変化したためである（注2）。

〈注2〉
このように物質が水に溶けてイオンに分かれる現象を電離という。

3 スペンスの実験の化学

前述したスペンスの実験に用いられた硫酸アンモニウムは，白色の結晶物質である。硫酸アンモニウムを水に溶かすと，陽イオンのアンモニウムイオン（NH_4^{+}）と陰イオンの硫酸イオン（SO_4^{2-}）に電離し，無色透明の液体に変化する。スペンスが土壌とあらかじめ混合した液体は，この無色透明の液体である。

ここで，あのファラディの電気分解の実験を思い出してほしい。土壌が陰極，つまりマイナスの電気（負荷電）を帯びていると考えると，スペンスの実験はわかりやすい。

土壌が負荷電をもつなら，イギリスの石灰質土壌中の水分（土壌溶液）にもともと多く含まれているカルシウムは陽イオン（Ca^{2+}）なので，土壌の

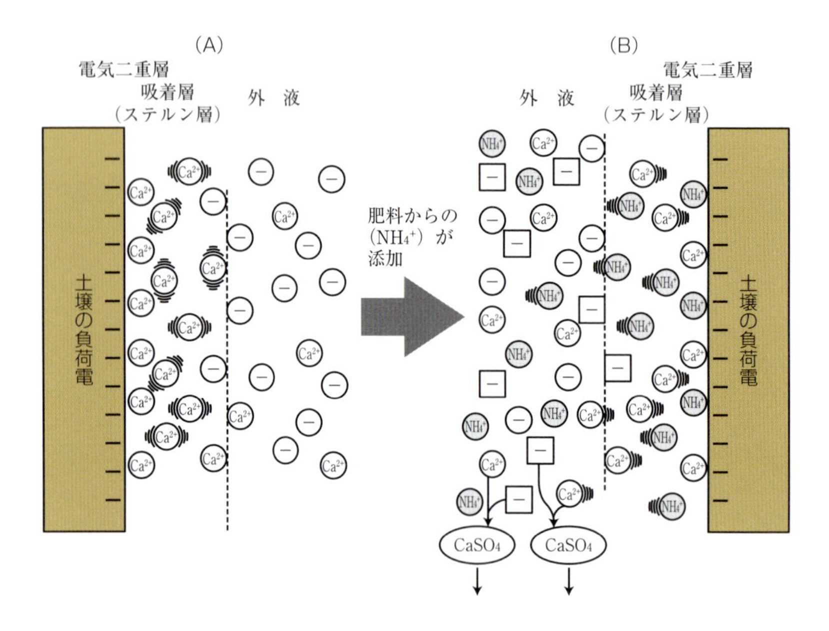

図8-6 スペンスの実験の内容（西尾，2000に加筆）

(A) 土壌の負荷電が陽イオンのカルシウム（Ca^{2+}）を強く引きつけている。この状態で，硫酸アンモニウム溶液に溶けたアンモニウムイオン（NH_4^+）と硫酸イオン（SO_4^{2-}，図中では⊟で表示）が，多量にやってきて（B）の状態になる

(B) この状態では，NH_4^+が吸着層へ引きつけられ，Ca^{2+}をはじき出してイオン交換がおこなわれる。イオン交換がおこなわれたのち，Ca^{2+}は図中の⊟で示されたSO_4^{2-}とともに石こう（$CaSO_4$）として下方へ流出し，その$CaSO_4$をスペンスが観察した

土壌の負荷電と，それに引きつけられた陽イオンによってできた2つの荷電による層を電気二重層（または，ヘルムホルツの二重層）という。そして，土壌のもつ負荷電がそのすぐ近くで陽イオンを強く引きつけるところを吸着層といい（ステルン層ともいう），負荷電の影響がおよばないところを外液（またはグーイ拡散層）という

土壌の負荷電が陽イオンを吸着しているというのは，じつは，上図のように引きつけている状態であってしっかりと固定しているのではない。また，引きつけられた陽イオン（この図ではCa^{2+}）は，吸着層内でたえず振動してイオン交換がおこなわれやすい状態で存在している

負荷電に引きつけられて安定している（図8-6A）。そこに硫酸アンモニウム溶液が添加されると，溶けていたアンモニウムイオン（NH_4^+）が高濃度で土壌溶液中に含まれる。すると土壌の負荷電に引きつけられていたCa^{2+}は，外からやってきたNH_4^+にはじき出されて入れ替わり，土壌溶液中に放出される（図8-6B）。放出されたCa^{2+}は，土壌溶液中に残っていた陰イオンの硫酸イオン（SO_4^{2-}）と結合して石こう（$CaSO_4$）になる。石こうは水に溶けにくいため，土壌に注がれた多量の水に洗い出されて浸透水に出てくる。これが，スペンスの実験の化学的なあらすじである。

ウエイが主張したように，土壌中でのこの現象はまさにCa^{2+}とNH_4^+のイオンの交換現象で，これを陽イオン交換とよんでいる（注3）。

〈注3〉
スペンスの実験が成功し，トンプソンをよろこばせた背景には，実験に用いられたイングランドの土壌が，石灰質でカルシウム（Ca）を非常に多く含んでいたという偶然が重なっている。同じ実験をわが国の酸性化した黒ボク土でおこなっても，硫酸アンモニウム溶液が石こう（$CaSO_4$）に変化して浸透水中に出てくることの再現は非常にむずかしい。土壌に十分なCa^{2+}がないからである。科学の発展には，こうした偶然が重要な役割をはたすことが多い（白川，2000）。

4 土壌の養分保持能の作物生産にとっての意義

土壌がもつ電気を帯びた手（荷電）は，基本的には負荷電が主体である。しかし場合によっては，プラスの電気（正荷電）をもつこともあり多彩である。どのような仕組みで荷電をもつのかは以下の項で述べることとして，土壌が負荷電や正荷電をもっていることは，トンプソンやウエイの予言どおり，農業の現場で非常に重要な意味をもつ。植物（作物を含む）に必要な養分は，どれもイオンの形態で土壌中の水（土壌溶液）に溶存しており，それを養分として根から吸収しているからである。

化学肥料は水に溶けやすく，水に溶けると化学肥料を構成していた物質が，土壌溶液中で陽イオンや陰イオンになって，植物に吸収されるのをまつ。堆肥などの有機物も，基本的には，土壌中の微生物によって分解され，最終的に無機物のイオンとして植物に吸収利用される。したがって，堆肥にしても化学肥料にしても，含まれている作物の養分がイオンの形態で土壌中に保持されていなければ，養分は雨水の下方浸透とともに地下水へ流れ去るため，植物に吸収利用されなくなる（図8-7A）。

こうした養分のイオンを土壌が保持できるのは，土壌が負荷電や正荷電をもち，それによって静電気的に養分を引きつけて保持しているからである（図8-7B）。養分を安心して土壌に施与できるのも，この機能があるためである。このような土壌の機能を養分保持能という。

5 土壌の養分保持能の担い手

土壌の養分保持能は，結局のところ，土壌が負荷電，場合によっては正荷電をもつことによる機能である。これらの荷電はいったいどのようにして土壌に発生するのだろうか。

1 土壌の負荷電の担い手

土壌の負荷電の担い手は①粘土鉱物の構造変化による荷電，②粘土鉱物の端末にできる荷電，③有機物（腐植）による荷電の3種ある（表8-1）。

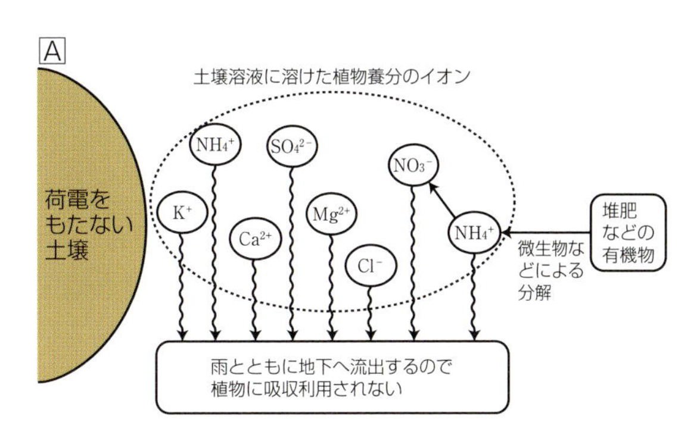

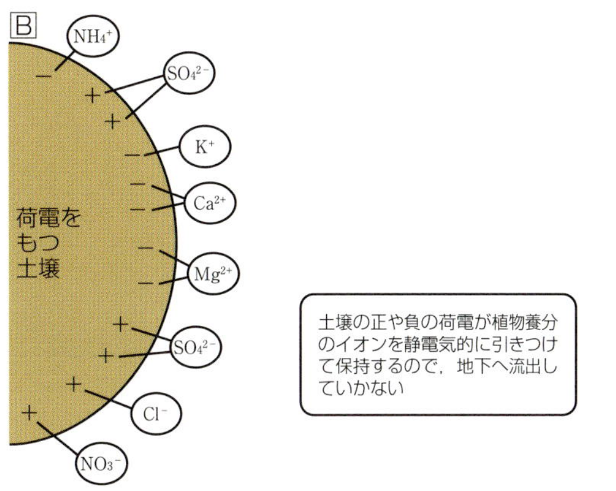

図8-7　土壌がもつ荷電の意義

NH_4^+：アンモニウムイオン，K^+：カリウムイオン，Ca^{2+}：カルシウムイオン，Mg^{2+}：マグネシウムイオン，NO_3^-：硝酸イオン，SO_4^{2-}：硫酸イオン，Cl^-：塩素イオン

❶粘土鉱物の構造変化による荷電

第5章で学んだように，粘土鉱物のなかには，規則性のある結晶構造をもつ層状ケイ酸塩粘土鉱物がある。その基本構造はシリカ4面体シートと，アルミナ8面体シートであった。このシートがそのままなら荷電は発生しない。なぜなら，この結晶のなかでは電気的につり合いがとれていて，安定しているからである。しかし，まさに自然のいたずらとでもいうべきか，この安定したシートに不純物がはいり込むために荷電が発生する。

たとえば，シリカ4面体シートのケイ素（Si）に，原子の大きさがよくにているアルミニウム（Al）が置き換わることがある。このように，原子の大きさの似ているものが置き換わる現象を同型置換という。同型置換が発生すると，正荷電を4本もっているSiが，正荷電を3本しかもっていないAlと置き換わるため，Siと結合して電気的につり合っていた酸素

表8-1　土壌の負荷電および正荷電の担い手

負荷電	正荷電
①　粘土鉱物の構造変化による荷電（同型置換による荷電。変異荷電＊でなく安定した荷電＝永久荷電）	①　アルミナ8面体層の端末の化学的性質による荷電（変異荷電＊のため不安定な荷電）
②　粘土鉱物の端末の化学的性質による荷電（露出端末結合手，または破壊原子価ともいう。変異荷電＊のため不安定な荷電）	②　鉄・アルミニウム酸化物の端末の化学的性質による荷電（変異荷電＊のため不安定な荷電）
③　土壌有機物（腐植）の構造端末の化学的性質による荷電（変異荷電＊のため不安定な荷電）	③　有機物（腐植）の構造端末の化学的性質による荷電（変異荷電＊のため不安定な荷電）

＊：変異荷電とは，荷電の発生がまわりのpHに影響を受けて変化する荷電。pH依存荷電ともいう

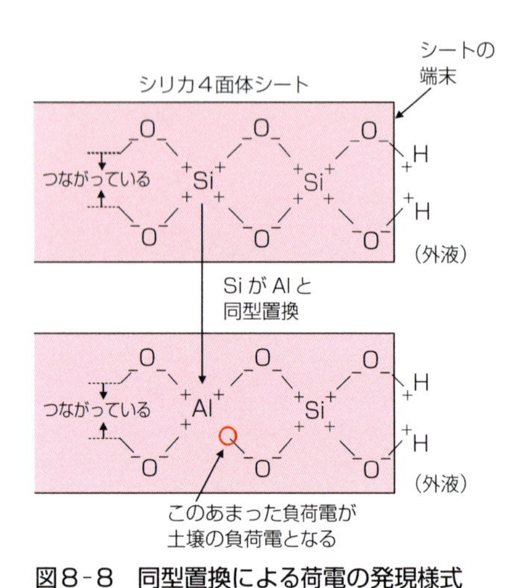

図８-８　同型置換による荷電の発現様式
Si：ケイ素，Al：アルミニウム，O：酸素，H：水素
正（＋）荷電を４つもつ Si が，正荷電を３つしかもたない Al と置き換わると，O がもつ負（－）荷電の２つのうち１つがあまり，これが土壌の負荷電となる

（O）の負荷電が１本あまってしまう（図８-８）。このあまった負荷電が，土壌の負荷電として働き，陽イオン交換現象の担い手になる。

同じように，アルミナ８面体シートの Al に，やはり原子の大きさが似ているマグネシウム（Mg）やマンガン（Mn）が同型置換することがある。このときも，正荷電３本の Al に，正荷電２本の Mg や Mn が置き換わるため，酸素の負荷電が１本あまる。これが土壌の負荷電として働く。この同型置換によって発現する負荷電は，自然の不思議（注４）によってできた粘土鉱物の構造変化に起因している。

したがってこの負荷電は，粘土鉱物の構造が変化しないかぎり消滅せず安定している。そのため同型置換による負荷電は，永久荷電ともいわれる。自然界でも非常に不思議な負荷電で，このような現象による荷電はほかにほとんどない。また，同型置換による負荷電はカリウムイオン（K^+）やアンモニウムイオン（NH_4^+）に対する選択性が強く，これらのイオンを強く引きつける。

〈注４〉
Si と Al や，Al と Mg，Mn など，大きさが似ている原子が置き換わる同型置換現象が，どのようなきっかけで，なぜ発生するのかといったことは，現時点では解明されていない。

❷粘土鉱物の結晶端末にできる荷電

粘土鉱物に関連した負荷電にはもう１つ別のでき方がある。それは，粘土鉱物の結晶端末にできる荷電である。端末が露出したためにできた荷電という意味から，露出端末結合手，または破壊原子価ともいう。

図８-９に示したように，シリカ４面体シートの端末では，ケイ素（Si）と結合している酸素（O）の負荷電が露出する。通常はここに，正荷電をもつ水素イオン（H^+）が結合して電気的につりあって安定している。

このケイ素―酸素―水素（Si―O―H，シラノール基）の結合のうち，とくに O と H の結合は，これをとりまく溶液が酸性で pH が低いときには安定しているため荷電の発生はない。ところが，アルカリ性物質が添加されて pH が高まると，粘土のまわりの水酸イオン（OH^-）が増える（注５）。この水酸イオンが，Si―O―H の端の水素（H）を引きつけて酸素から離れさせ，水（H_2O）をつくる。そのため，端末の酸素に電気的なあまりができて負荷電が発生する（図８-９）。

アルミナ８面体シートの端末（Al―O―H，アルミノール基）でも，同じことがおこり，まわりの溶液の pH が高まると負荷電が発生する。

このように，土壌のまわりの pH がなんらかの要因で変化し，その pH の変化によって発生する荷電を変異荷電（または，pH 依存荷電）という。同型置換による永久荷電にくらべると不安定な荷電である。

〈注５〉
次の第９章で詳しく述べるように，pH は水素イオン（H^+）濃度（厳密には活動度）を示している。pH が低いほど H^+ 濃度が高く，水酸イオン（OH^-）濃度が低い。したがって，pH が高まるということは，OH^- が増えることである。逆に pH が低下するということは，H^+ が増えることで，酸性化するということである。

❸土壌の有機物による荷電

土壌に黒い色を与えている有機物（腐植）も，土壌に荷電をもたせる担い手の１つである。有機物の複雑な構造の端末には，炭素（C），２つの酸素（O），水素（H）からなるカルボキシル基（－COOH）がある。また，有機化合物（R）とOとHからなるフェノール水酸基（R−OH）もある。

これらの結合の末端部分にあるHとOの結合力は弱い。そのため，末端のHはなにかの要因でpHが高まり，まわりの水酸イオン（OH^-）が増えると，それに引きつけられてもとの結合から離れ，水（H_2O）をつくる。その結果，とり残されたOにマイナスの電気のあまりができ，負荷電が発生する（図8-10）。

このように，土壌の有機物による負荷電はまわりのpHによって発生が変化するので，変異荷電の1つであり比較的不安定な荷電である。

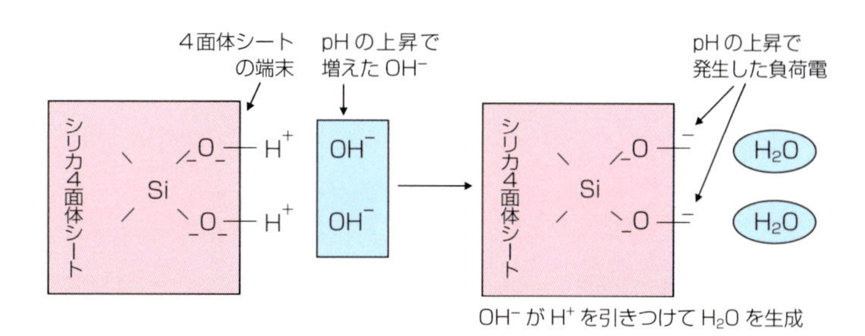

図8-9　露出端末での負荷電の発生
Si：ケイ素，O：酸素，H^+：水素イオン，OH^-：水酸イオン
pHが上がるとOH^-が増える。この増えたOH^-が，シリカ4面体シートの端末に引きつけられていたH^+を引きつけてH_2Oを生成し，出ていったH^+のあとに残された酸素（O）に負荷電が発生する

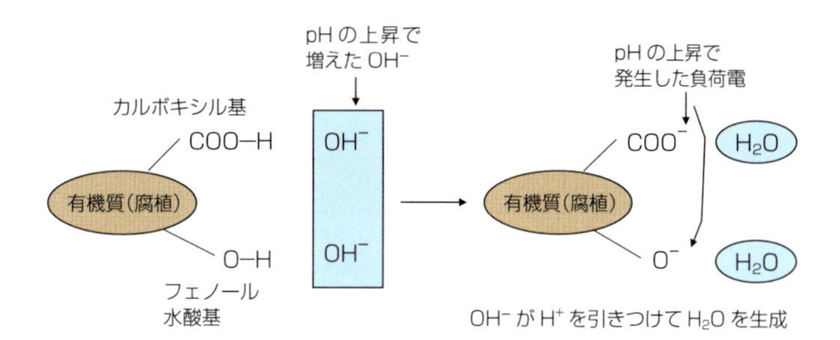

図8-10　有機物がもつ負荷電
C：炭素，O：酸素，H^+：水素イオン，OH^-：水酸イオン
pHが上がるとOH^-が増える。この増えたOH^-が，土壌の有機物（腐植）の端末にあるカルボキシル基やフェノール水酸基のH^+を引きつけてH_2Oを生成し，出ていったH^+のあとに残されたカルボキシル基やフェノール水酸基の酸素（O）に負荷電が発生する

2 土壌の正荷電の担い手

スペンスやウエイが実験した当時には考えられなかった土壌の正荷電は，土壌の化学的な研究がすすむとともに明らかになってきた。正荷電は陰イオンの交換保持をおこなう。これは負荷電が陽イオンの交換に関係するのと同じである。

土壌が正荷電をもつための担い手は，おもに①アルミナ8面体シートの露出端末にできる正荷電，②風化がすすんだ土壌の粘土鉱物である鉄やアルミニウムの酸化物に発生する正荷電，③土壌の有機物がもつ正荷電，などである。これらはいずれも変異荷電で，酸性化のすすんだ低pH条件で発生しやすい（表8-1）。

❶アルミナ8面体シートの端末にできる正荷電

アルミナ8面体シートの端末では，まわりの溶液が酸性に傾くと（pHが低下する），シリカ4面体シートにはみられない正荷電が発生する。これは，アルミナ8面体シートのアルミニウムに結合した水酸基（− OH）に，酸性条件で増えた水素イオン（H^+）が引きつけられて，プラスの電気が過剰になる（$-OH_2^+$）ために発生する（図8-11）。

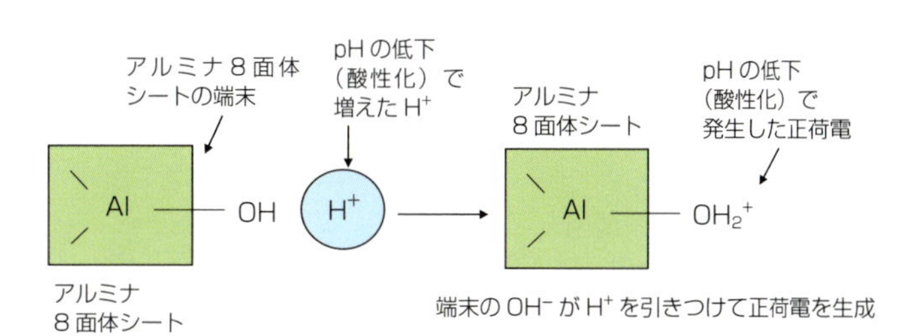

図8-11　酸性化でアルミナ8面体シートの端末に発生する正荷電
Al：アルミニウム，O：酸素，H^+：水素イオン，OH^-：水酸イオン
pHが低下し酸性化するとH^+が多くなる。このH^+が，アルミナ8面体シートの端末にあるOH^-に引きつけられてOH_2^+を生成するため正荷電が過剰となり，シート端末に正荷電が発生する

❷鉄やアルミニウムの酸化物がもつ正荷電

熱帯や亜熱帯で風化がすすんだ土壌に含まれている粘土鉱物である，鉄やアルミニウムの酸化物（第５章参照）も，アルミナ８面体シートの端末にできる場合と全く同じで，低 pH 条件で鉄やアルミニウムに結合した水酸基（$-OH$）に水素イオン（H^+）が引きつけられて，プラスの電気が過剰になり正荷電（$-OH_2^+$）が発生する。熱帯で風化のすすんだソイルタクソノミーでいうオキシソルやアルティソルは，この正荷電を多くもつ。

❸土壌の有機物がもつ正荷電

有機物に富む黒ボク土は，アルミニウムと結合した水酸基（$-OH$）を多量にもっていることが多い。これまでに述べた場合と同じように，この水酸基は，結合のまわりの pH が低下することで増える水素イオン（H^+）を引きつける。その結果，引きつけられた H^+ のもつ電気が過剰になり，正荷電（$-OH_2^+$）が発生する。

このように，黒ボク土のもつ荷電の大部分は変異荷電で，土壌の pH によっては負荷電だけでなく正荷電も発生する。

6 交換性陽イオンと陽イオン交換容量（CEC）

1 交換性陽イオン

土壌の負荷電は，土壌中の水（土壌溶液）に溶存している陽イオンを静電気的に保持している。ところが，たとえば土壌の負荷電の担い手が変異荷電を主体とする土壌では，荷電のまわりの pH が高い場合と低い場合で，土壌が保持できる陽イオンの種類や数がちがってくる。pH が高いと負荷電が増加して多くの陽イオンを保持できるのに対して，pH が低いと負荷電が減少して保持できる陽イオンも少なくなるからである。

また，土壌に保持されている陽イオンを測定しようとするとき，イオン交換によって土壌から陽イオンを引き離すために用いる溶液の濃度がちがうと，その結果もちがってくる。用いる溶液の濃度が濃いと，イオン交換が容易におこなわれるのに対して，溶液濃度が薄いと土壌に強く引きつけられている陽イオンは，土壌から引き離されずに保持されたままになる。

このような事情から，土壌に保持されている陽イオンの測定に用いる溶液は，濃度が１モル（mol/ℓ）で pH を 7.0 に調節した酢酸アンモニウム（CH_3COONH_4）溶液と決められている（注６）。ショーレンベルガーの装置とよばれる装置を使って（図８-12），土壌をこの酢酸アンモニウム溶液で浸出し，イオン交換反応をおこなわせる。この溶液中のアンモニウムイオン（NH_4^+）とイオン交換して浸出液にあらわれた陽イオンを，一般に交換性陽イオンとしている（注７）。土壌の主要な交換性陽イオンは，カルシウム（Ca^{2+}），マグネシウム（Mg^{2+}），カリウム（K^+），ナトリウム（Na^+）などである。

〈注６〉
濃度が１モルの酢酸アンモニウム溶液とは，溶液１ℓ中に酢酸アンモニウムが１モル＝77.0825 g 溶けている溶液である。

〈注７〉
通常用いられる交換性陽イオンとは，ここでいう酢酸アンモニウム溶液の NH_4^+ とイオン交換して土壌の負荷電から引き離された陽イオンのことである。
しかし，交換性陽イオンを広くとらえると，土壌の負荷電に保持され，近くにやってきた他の陽イオンとイオン交換できる陽イオンの全てを含むとも理解できる。たとえば，土壌の負荷電にもともと保持されていた NH_4^+ やアルミニウムイオン（Al^{3+}）などを塩化カリウム（KCl）溶液で浸出し，この溶液の K^+ とイオン交換して出てきた NH_4^+ や Al^{3+} も，広い意味でいえば交換性陽イオンということができる。

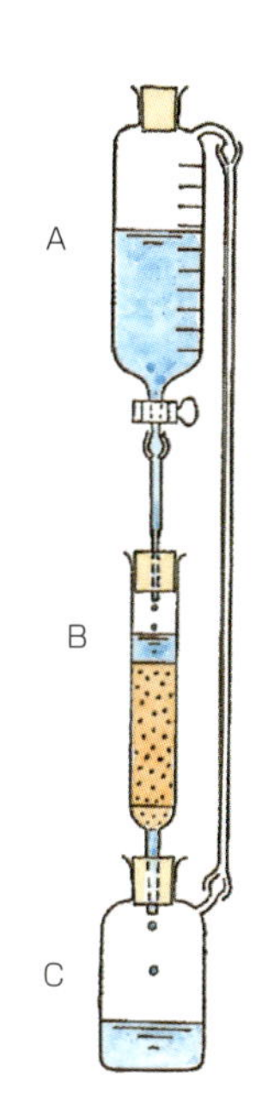

図8-12　ショーレンベルガーの装置

A：洗浄液容器，B：浸透管（これに土壌をつめる場合，先に酢酸アンモニウム溶液を満たしておき，そこに気泡がはいらないように土壌をいれていく），C：受器

Aには，①酢酸アンモニウム溶液（1 mol/ℓ，pH7.0），② 80%エチルアルコール（pH7.0），③ 100g/ℓ塩化カリウム溶液（注8参照）が順にはいっていく

詳細は図8-13参照

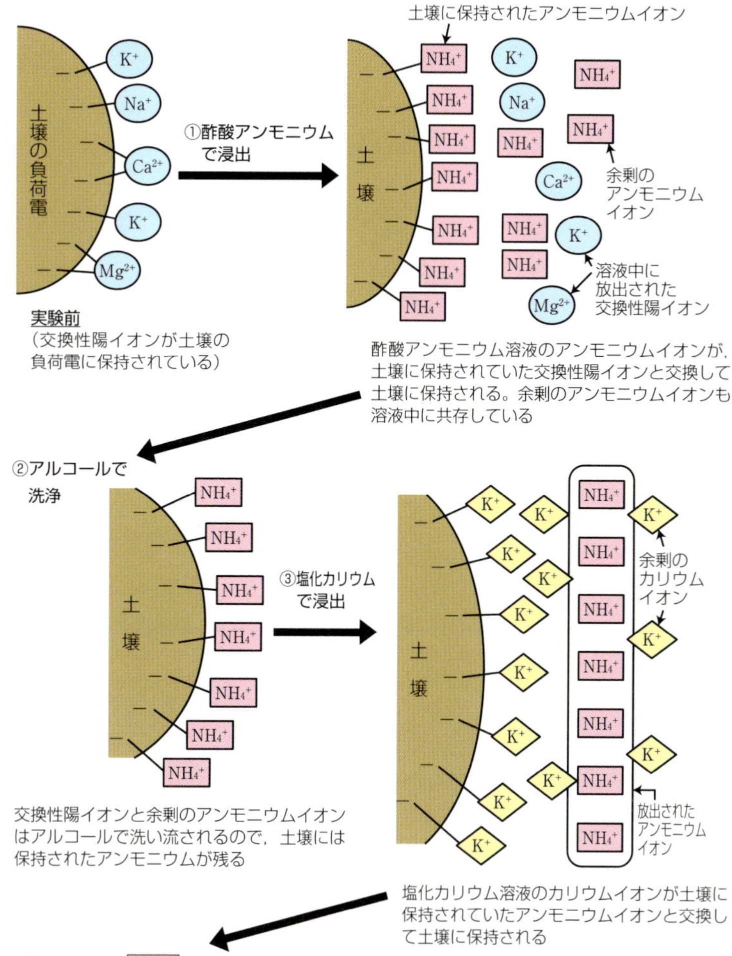

図8-13　土壌の陽イオン交換容量の測定法

K^+：カリウムイオン，Na^+：ナトリウムイオン，Ca^{2+}：カルシウムイオン，Mg^{2+}：マグネシウムイオン，NH_4^+：アンモニウムイオン

（楕円）：交換性陽イオン，（四角）：酢酸アンモニウム溶液由来イオン，（ひし形）：塩化カリウム溶液由来イオン

2 陽イオン交換容量

pHが7.0の酢酸アンモニウム溶液で土壌を浸出すると，土壌の負荷電に引きつけられていた陽イオンがアンモニウムイオン（NH_4^+）とイオン交換する（図8-13）。

次に，カラム内の土壌に含まれている過剰の酢酸アンモニウム溶液をアルコールで洗い流す。その後，100g/ℓの塩化カリウム（KCl）溶液で（注8）カラムの土壌を再び浸出して，浸出溶液中の K^+ と土壌の負荷電に引きつけられていた NH_4^+ のイオン交換をおこなう。こうして，土壌の負荷電に保持されていた NH_4^+ を完全に塩化カリウムの浸出液中に取り出す。

この溶液中の1個の NH_4^+ は，それを引きつけていた土壌の負荷電1つに対応するため，塩化カリウム浸出液中の NH_4^+ を定量すると，実験に用いた土壌の負荷電の量が計算できる。このようにして求めた土壌1kg当たりの負荷電の量を陽イオン交換容量（Cation Exchange Capacity，略してCEC）という。CECも交換性陽イオンの場合と同じく，実験によって決定されるもので，実験操作がちがうとCECは変化する。

〈注8〉
100g/ℓの塩化カリウム溶液とは，塩化カリウム100gに純水を加えて1ℓにした溶液である

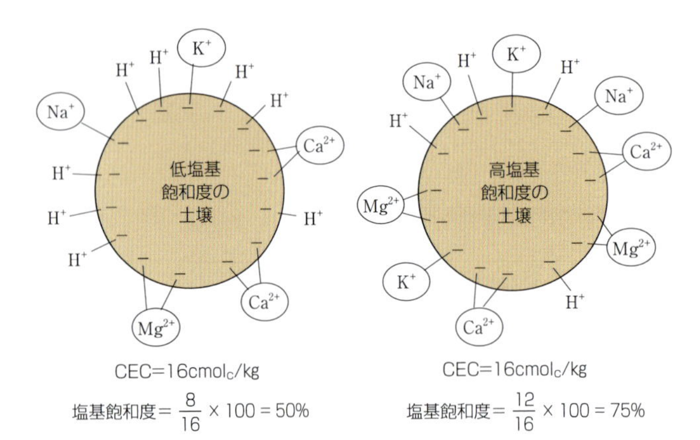

図8-14　塩基飽和度の概念図

CEC：陽イオン交換容量，K^+：カリウムイオン，Na^+：ナトリウムイオン，Ca^{2+}：カルシウムイオン，Mg^{2+}：マグネシウムイオン，H^+：水素イオン，◯：交換性陽イオン

この図の例では両土壌の CEC は同じであるにもかかわらず，交換性陽イオンの保持量がちがうため，塩基飽和度に差ができた。交換性陽イオンが保持されない土壌の負荷電には，陽イオンとしての H^+ が保持されることが多い。このため，塩基飽和度が低いと低 pH となって，酸性を示す

単位の cmol$_c$ /kgは，センチ・モル・チャージ・パーキログラムと読む。最初のセンチ（c）は 100 分の 1（0.01 倍）を意味し，モル・チャージ（mol$_c$）は土壌がもつ負荷電のうち，陽イオン交換反応した負荷電の数をあらわしている。最後のパーキログラム（/kg）は乾燥土壌 1 kg 当たりという意味である。これまで用いられていた単位で，たとえば 20me/100g（ミリグラム当量パー百グラム）を cmol$_c$/kgの単位で示すと，数字としては同じで 20cmol$_c$/kgとなる

3 塩基飽和度

CEC に対して，交換性陽イオンがどの程度の割合で存在するかを示したのが塩基飽和度である。具体的には，

塩基飽和度（%）
　＝〔(交換性陽イオンの正荷電量)
　　　／(陽イオン交換容量)〕× 100

で与えられる。

塩基飽和度が低いということは，土壌の負荷電のうち交換性陽イオンを引きつけていない負荷電の割合が大きいことを意味する。交換性陽イオンを引きつけていない負荷電には，陽イオンである水素イオン（H^+）が保持されることが多い（図 8 - 14）。

したがって，塩基飽和度の低い土壌は土壌中に H^+ が多く，原則として土壌の pH が低く酸性に傾いている。逆に塩基飽和度が高いと，土壌 pH は中性である 7 に近づく。このように，塩基飽和度と土壌 pH のあいだには，原則として密接な関係がある（図 8 - 15）。

ところで，図 8 - 15 を詳しくみると，塩基飽和度が 20% と低いにもかかわらず，土壌 pH が 5.0 と強酸性を示す試料がある一方で，6.0 程度と比較的良好な pH を示す試料もあることに気づくだろう。これは，CEC を担う負荷電の性質を反映した結果である。

図 8 - 15 は黒ボク土で測定した結果である。黒ボク土の負荷電の主体は，荷電のまわりの pH によって変化する変異荷電（表 8 - 1 参照）である。変異荷電の負荷電に引きつけられている H^+ は，低 pH の酸性条件では負荷電から解離しにくく安定している（注 9）。

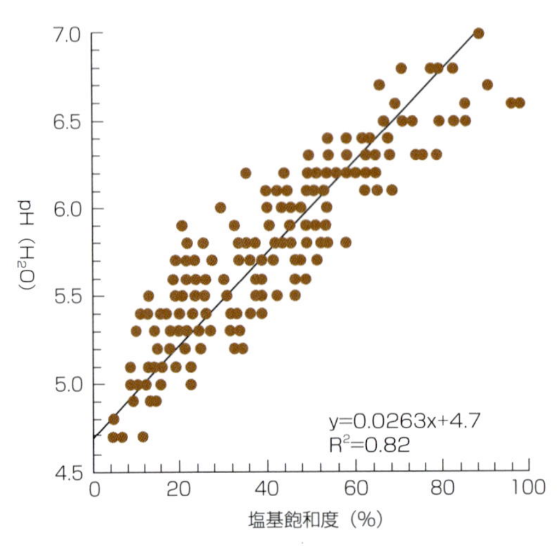

図8-15　塩基飽和度と土壌 pH との関係

土壌試料は全て黒ボク土で，採草地の表層土から採取したもの

〈注 9〉
変異荷電の負荷電は低 pH 条件で H^+ を放出しにくい特性をもっている。この特性は，酢酸のような弱酸が水溶液中で完全にイオンになって電離せず，一部しか H^+ を電離しないことに類似している。このことから，変異荷電の負荷電は「弱酸的性格」をもつと表現されている。詳細は第 9 章 2 項で述べる。

そのため塩基飽和度が低く，H^+ が土壌の負荷電に多く存在しているにもかかわらず，その H^+ は土壌に引きつけられたまま溶液に放出されにくい。それゆえ，土壌の塩基飽和度が低くても pH があ

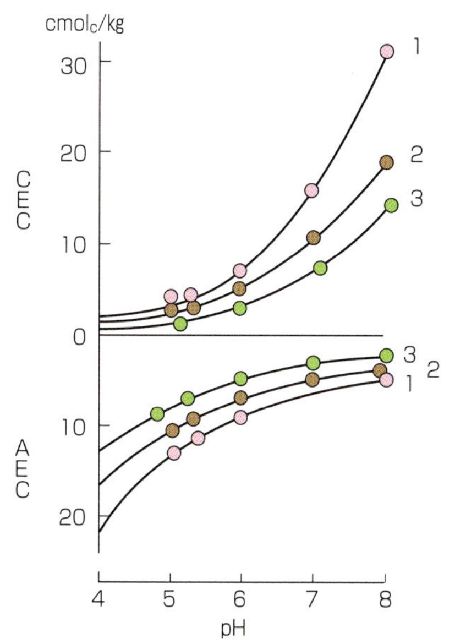

図8-16　供試する溶液濃度のちがいと黒ボク土の荷電特性　（和田，1981）
1：0.1mol/ℓ NH_4Cl，2：0.02mol/ℓ NH_4Cl，3：0.005mol/ℓ NH_4Cl，NH_4Cl：塩化アンモニウム，CEC：陽イオン交換容量，AEC：陰イオン交換容量

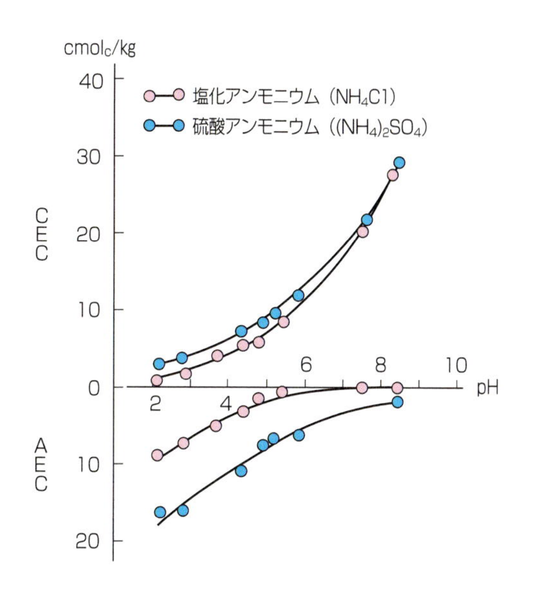

図8-17
塩化アンモニウムと硫酸アンモニウムで測定したときのpH荷電曲線の変化　（今井・岡島，1979を改変）
供試土壌は淡色黒ボク土，CECとAECは図8-16に同じ

まり下がらない場合が出てくる。

7　陰イオン交換容量（AEC）

土壌の陽イオン交換容量（CEC）と同じく，土壌1kg当たりの正荷電の量を陰イオン交換容量（Anion Exchange Capacity, 略してAEC）という。CECと同じく，AECも実験によって決定される。しかし，CECの測定は，前述したように一定の方法でおこなわれるのに対して，AECの測定には定まった方法がない。それはAECが土壌の正荷電に由来し，正荷電は荷電のまわりのpHに依存する変異荷電で，低pHの酸性条件でより多く発現する荷電なので，CEC測定のようにpH7.0と比較的高pH条件で固定した溶液だけで測定してもあまり意味がないからである。

通常用いられる方法は，pHと濃度のちがう溶液を用いて土壌をくり返し洗浄し，溶液と土壌を平衡状態にする。そのときのpHと土壌に保持された陽イオンと陰イオンの荷電量から土壌の負荷電と正荷電を求めるという，かなり複雑な操作を要する（亀和田，1997）。

AECは測定に用いる溶液のpHによって大きく変化するだけでなく，用いる溶液の濃度が濃いほど大きくなる（図8-16，（注10））。さらに，土壌の正荷電に交換させる陰イオンの種類によっても変化する（図8-17）。したがって，AECの測定自体が手数がかかりむずかしい。しかし，AECの測定によって，対象となる土壌のpHとそれに対応する正と負の荷電量を調べ，土壌の荷電特性を理解することの意味は大きい。土壌の荷電特性がわかると，その土壌の養分保持能をさらに詳しく把握できる。

〈注10〉
このことはAECに限らず，CECでも負荷電が変異荷電を主体にしていれば，図8-16，17に示すように，測定のために用いられる溶液のpHや濃度，種類で大きく変化する。CEC測定に用いる陽イオンを通常のNH_4^+でなく，Ca^{2+}を用いるとCECは大きくなる。同様にAECも，測定に用いる陰イオンがCl^-よりSO_4^{2-}のほうが大きくなる。
これは，変異荷電の負荷電や正荷電が，荷電が1つのイオン（NH_4^+やCl^-など）より荷電数が多いイオン（Ca^{2+}やSO_4^{2-}など）に反応しやすい（親和力が強い）性質があるからである。

8 土壌の養分保持能と土壌水分条件やpHとの関係

土壌の養分保持能はCECやAECから理解できる。しかし，これらの測定値は実験操作から理解できるように，いずれも土壌を完全に水溶液，たとえばCECなら酢酸アンモニウムの水溶液に接触させた条件での値である。すなわちCECやAECは，土壌がもっている負荷電や正荷電の機能がすべて発揮できる状態で測定されている。

しかしよく考えてみると，現実の土壌では土壌中の水（土壌溶液）が完全に土壌粒子を覆いつくしている場合はほとんどない。水田といえども，土壌中で発生するガスがあるので，完全に土壌粒子を水が包み込んでいるとはいえない。土壌の荷電は土壌中の水をとおして発揮されるので，実際に機能する荷電量は，土壌の水分条件によって変化することを考慮しなければならない（図8-18）。

また，土壌の荷電が変異荷電を主体とする場合，土壌のpHによってCECやAECが大きく変化する（図8-16，17）。たとえば，CEC測定に用いる酢酸アンモニウム溶液のpHは7.0に調整されている。このpH条件では，変異荷電の負荷電に引きつけられている水素イオン（H^+）は，アンモニウムイオン（NH_4^+）とのイオン交換によって引き離され，土壌溶液中に放出される。その結果，負荷電が発現し，CECを構成する有効な負荷電になる。

しかし，現実の土壌溶液でpHが7.0近くなることはわが国ではあまりなく，むしろ酸性であることが多い。酸性条件では，負荷電に引きつけられているH^+は，負荷電をふさいだままで負荷電を発現させない。それゆえ，通常のpH7.0の酢酸アンモニウム溶液を用いる方法で測定されたCECは，現実の圃場の土壌，とくに負荷電が変異荷電であるような有機物に富む黒ボク土などのCECを過大評価している可能性がある。

したがって，測定されたCECやAECからその土壌の養分保持能を理解し，実際の圃場で機能するCECやAECがどのくらいになるかは，上述した土壌の水分条件だけでなく，pH，土壌溶液中の陽イオンや陰イオンの種類など多くの条件でちがってくる。測定されたCECやAECは，あくまでもその土壌の潜在的な養分保持能を示すものと理解しておく必要がある。

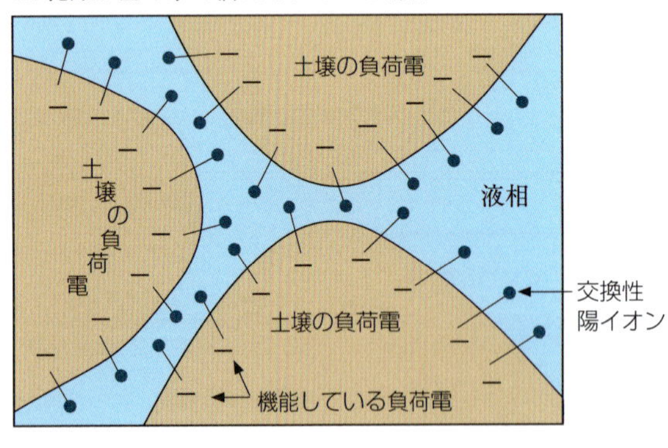

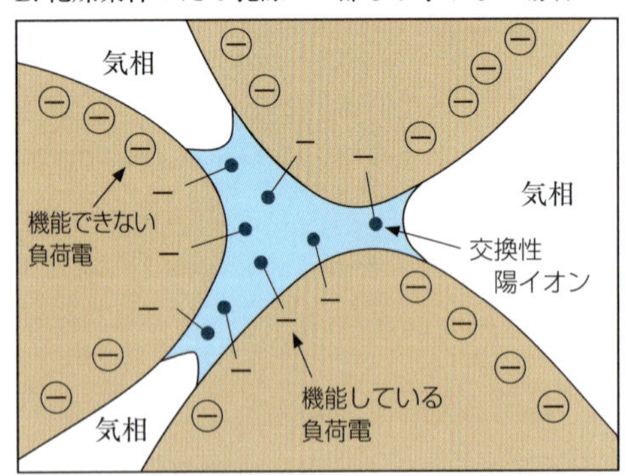

図8-18　土壌の水分条件のちがいと養分保持能の関係
A：湿潤条件で孔隙が全て水で満たされているため，全ての負荷電（−）に交換性陽イオン（●—）が保持される場合
B；乾燥条件で孔隙の一部しか水がないため，機能できない負荷電（⊖）がある場合

土壌の酸性化と作物生育

1 水素イオン濃度—pH

酸性やアルカリ性の強さは pH (注1) で示される。土壌の pH を測定すると，土壌中の化学反応，微生物の活性，作物への養分供給の情報がある程度理解できるほど，これらと土壌 pH には密接な関係がある。土壌 pH がしばしば測定されるのは，このような情報を得るためである。この章の本題にはいる前に pH について復習しておこう。

1 pH の意味

pH とは，水素イオン（H^+）の濃度（mol/ℓ，(注2)）を式（1）のように負の常用対数で示した値である (注3)。

$$pH = -\log_{10}(H^+) \qquad (1)$$

図9-1に示したように，水溶液中の H^+ 濃度が1ℓ当たり 0.000001 mol（10^{-6} mol/ℓ）であれば，$pH = -\log_{10}10^{-6} = 6$ であるから，この溶液の pH は6になる。水の H^+ 濃度と水酸イオン（OH^-）濃度の積は

$$(H^+) \times (OH^-) = 10^{-14} \qquad (2)$$

と一定であるから，この pH 6のときの OH^- 濃度は1ℓ当たり 0.00000001 mol，すなわち 10^{-8} mol/ℓになる。

H^+ 濃度が1ℓ当たり 0.0000001 mol（10^{-7} mol/ℓ）と薄くなると，pH は7になり値が大きくなる。この pH 7のとき，上の式（2）から，OH^- 濃度は 0.0000001 mol/ℓ，すなわち 10^{-7} mol/ℓとなって H^+ 濃度と等しい。この H^+ 濃度と OH^- 濃度が等しい pH 7が中性である。H^+ 濃度が極端に薄くなって，1ℓ当たり 0.0000000001 mol（10^{-10} mol/ℓ）になると pH は10となり，値がさらに大きくなる。

〈注1〉
最近はピーエイチと読むことが多い。かつて読まれたペーハーは，ドイツ語読みである。

〈注2〉
厳密には H^+ の濃度ではなく，イオン相互の静電気的な影響を含めた，実際に有効な濃度として定義される活動度である。しかし，非常に希薄な溶液では，濃度と活動度はほぼ等しいと考えられるので，ここでは濃度としてあつかう。
なお，pH を式（1）のように提案したのは，デンマークの生化学者セーレンセン（Sørensen, S. P. L.）で，1909年のことである。

〈注3〉
ここで水素イオンを H^+ と表記した。しかし，厳密には H^+ が単独で自由に存在することはない。通常は水（H_2O）と結びついて H_3O^+（ヒドロニウムイオン）として存在している。これを慣行的に H^+ と表記し，水素イオンとよんでいる。

2 常識的感覚とちがう－pH で1のちがいは濃度で10倍のちがい

上に示した例からもわかるように，pH が低いということは H^+ 濃度が濃いことになる。

この H^+ 濃度が濃い，低 pH の状態を

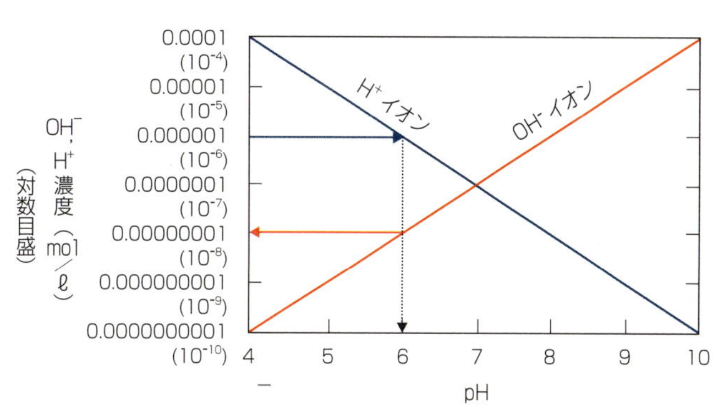

図9-1 水溶液での pH と水素イオン（H^+），水酸イオン（OH^-）の各濃度との相互関係 (Brady and Weil, 2008a)

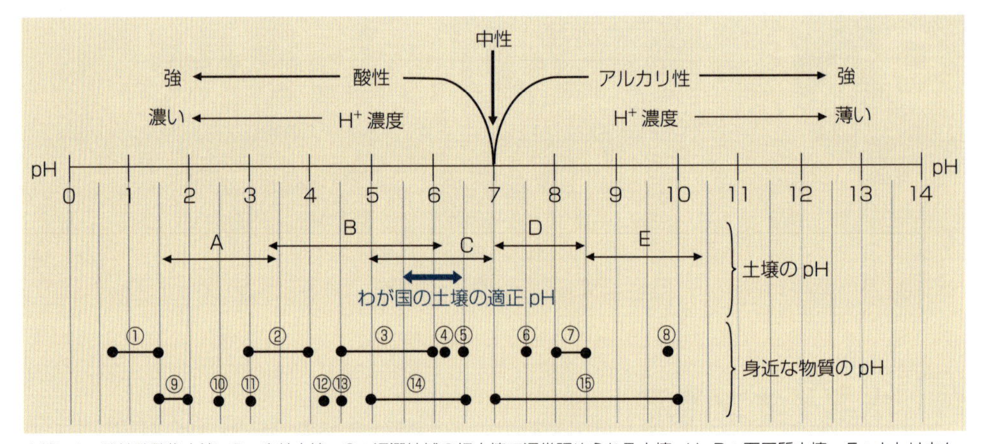

土壌　A：酸性硫酸塩土壌，B：森林土壌，C：湿潤地域の畑土壌で通常認められる土壌 pH，D：石灰質土壌，E：ナトリウム土壌（交換性ナトリウムを多量に含む土壌）
身近な物質：①青インク，②スポーツ飲料，③日本茶・皮膚，④牛乳，⑤水道水，⑥血液，⑦海水，⑧セメント，⑨胃液，⑩レモン，⑪リンゴ，⑫日本酒，⑬ビール，⑭コーヒー，⑮石けん液

図9-2　酸性，アルカリ性と pH，および一般にみられる土壌と身近な物質の pH
（Brady and Weil，2008a：村野，1993 に一部加筆）

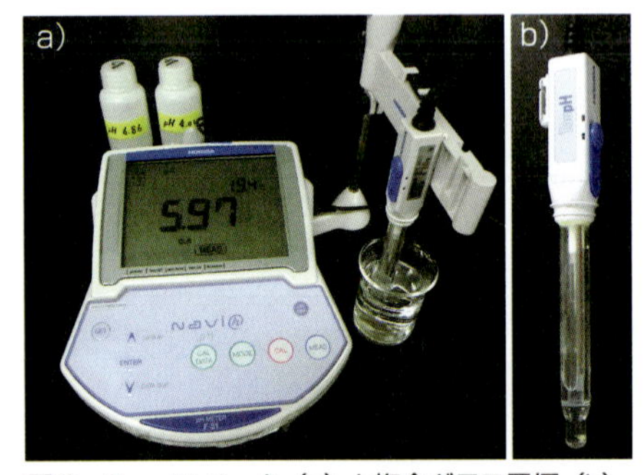

図9-3　pH メータ（a）と複合ガラス電極（b）

酸性が強いという（図 9 - 2）。逆に，pH が高いと H^+ 濃度は薄く，OH^- 濃度が濃い。つまり，高 pH だと酸性が弱い（アルカリ性が強い）ことになる。このように，pH の高低と酸性の強弱の関係は常識感覚と逆である。しかも，pH で 1 のちがいはわずかにみえても H^+ 濃度では 10 倍のちがいであり，2 のちがいは 100 倍のちがいと，10 倍ずつのちがいになる。pH 値のちがいと H^+ 濃度のちがいにはかなり大きな差があるので注意する必要がある。

2　土壌の pH

1　水で測定する土壌 pH － pH(H_2O)

土壌の pH は，土壌 1 に対して純水（H_2O）を 2.5 の重量割合になるように加えて懸濁液をつくり，ガラス棒でときどき撹拌して 1 時間以上放置してから，ガラス電極をもつ pH メータ（図 9 - 3）で測定する。

ガラス電極には，水素イオン（H^+）に対して特別な親和力をもつ特殊なガラス膜があり，H^+ の濃度と電位の発生が一定の関係になるように設定されたセンサが内蔵されている。pH メータはこれを利用して pH を測定している。通常，土壌の pH は上記の方法で測定し，pH(H_2O) と表記する。土壌の酸性やアルカリ性の程度は，その pH 値から表 9 - 1 のように評価する。

表9-1
土壌の pH(H_2O) とその評価
（吉田，1984）

pH	評価
4.9 以下	きわめて強酸性
5.0 － 5.4	強酸性
5.5 － 5.9	弱酸性
6.0 － 6.5	微酸性
6.6 － 7.2	中性
7.3 － 7.5	微アルカリ性
7.6 － 7.9	弱アルカリ性
8.0 以上	強アルカリ性

2　土壌 pH のもう 1 つの表示法－ pH(KCl)

土壌の pH の測定にはもう 1 つの方法がある。それは，pH(H_2O) の測定に用いた H_2O のかわりに，濃度が 1 mol/ ℓ の塩化カリウム（KCl）溶液を用いる方法である。この方法で測定したときは pH(KCl) と表記する。

一般に，pH(H_2O) より pH(KCl) のほうが低 pH になり，酸性が強くなる（例外については後述）。つまり，測定方法によって同じ土壌でも酸性の強さがちがってくる。

3 土壌の pH が測定法でちがう理由

pH(H_2O) と pH(KCl) で値がちがうのは，測定している水素イオン（H^+）にちがいがあるからである。なぜそのようなちがいがあるのか，以下，順を追って考えてみよう。

❶土壌の負荷電に保持される水素の２つの型

土壌中の H^+ は，他の陽イオンと同じように土壌の負荷電に引きつけられ保持されている。しかし，その引きつけられ方には次の a）と b）に示した２つのちがった型があり，負荷電をもつ交換基を R とすれば，下記のように表現できる（吉田，1984）。

a）$R^-\cdots H^+$　および　b）R－H

a）の型の H^+ は，陽イオンとして静電気的に交換基 R の負荷電に引きつけられながらも，図 9 - 4 a）に示したようにたえず振動し，ほかの陽イオンが負荷電に引きつけられてくると，それといつでもイオン交換することで交換基 R から放出される（これを解離という）。いわば交換性陽イオンとみなすことができる型である。

b）の型の H^+ は，酸性条件では交換基 R から a）の型のように解離することはなく，R に保持されて R－H として安定している。つまりこの型の H^+ は，酸性条件では他の陽イオンとのイオン交換を自由におこなわないだけでなく，交換基 R の負荷電をふさいでいるので，交換基 R には負荷電が発現しない（図 9 - 4 b））。

では，なぜ，土壌中の H^+ に上記のような a）と b）の２つの型ができるのだろうか。その原因は土壌の負荷電の性格にある。

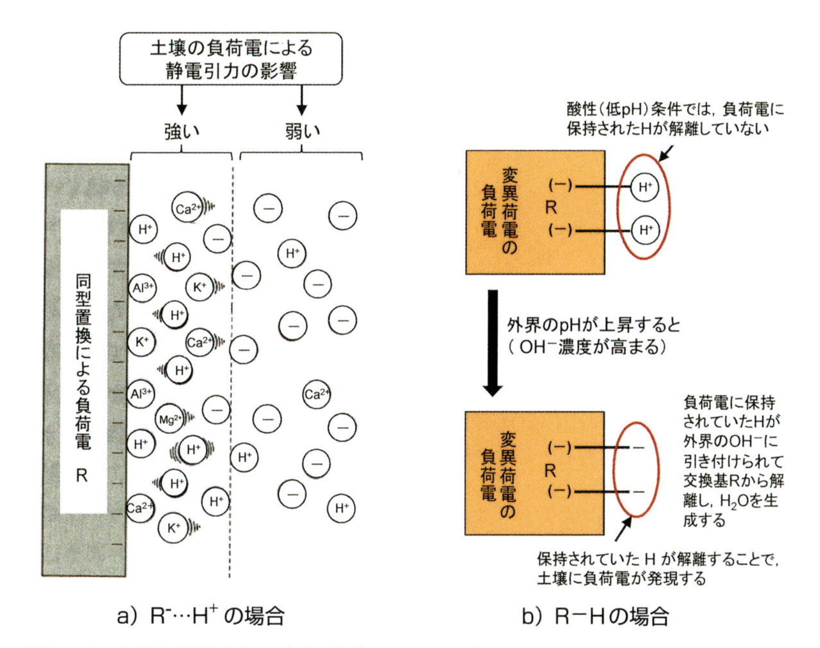

図9-4　土壌に保持される水素（H）の２つの型

a) 同型置換による負荷電に引きつけられている H はたえず振動しており，いつでも他の陽イオンとイオン交換して水素イオン（H^+）として解離する。このように，この負荷電は H^+ をただちに放出できるので，強酸的性格（本文参照）を示す

b) 変異荷電の負荷電に引きつけられている H は，酸性（低 pH）条件では解離せず，土壌の負荷電をふさいでいる。したがって，酸性条件では土壌に負荷電が発現していない。この負荷電は H の一部しか H^+ として放出しないので，弱酸的性格（本文参照）を示す

図 a）の ㊀ は陰イオンを示している

❷負荷電に保持される水素に２つの型ができる原因－負荷電の性格

すでに第８章５項で学んだように，土壌の負荷電の種類には，まわりの pH に影響されずいつも負荷電を発現させている永久荷電と，まわりの pH によって負荷電の発現量が変化する変異荷電（pH 依存荷電ともいう）の２種類がある（注４）。

永久荷電は粘土鉱物の構造変化，すなわち同型置換によってできた負荷電で，まわりの状況に関係なく安定してマイナスに帯電している。したがって，この同型置換による負荷電が引きつけている水素（H）は交換性陽イオンとみなせるため，いつでも陽イオン交換によって負荷電から H^+ として解離できる。つまり，図９‐４a）の型の H である。

変異荷電の負荷電は，粘土鉱物の結晶端末や土壌の有機物（腐植）の端末にある H が，比較的高い pH 条件で溶液中に多く含まれている水酸イオン（OH^-）に引きつけられ，それぞれの端末から解離して発現する負荷電である。したがって，この変異荷電の負荷電と結合している H は，酸性条件では交換基 R から H^+ として解離することがないので，図９‐４b）の型の H である（注５）。

❸同型置換による負荷電は強酸的性格

同型置換によってできた負荷電が静電気的に引きつけている H は，イオン交換によって，いつでも他の陽イオンと交換して溶液に H^+ として放出される。これは，塩酸などの強酸が水溶液でイオンに分かれるとき（電離），ただちに一方的に H^+ を放出するのと同じことである（注６）。したがって，同型置換による負荷電は強酸的性格を示すといえる。

このような強酸的性格を示す同型置換による負荷電を多くもつのは，２：１型粘土鉱物のモンモリロナイトや，１：１型粘土鉱物のハロイサイトな

表９‐２　粘土鉱物などの負荷電の酸的性格＊（吉田，1979 に一部加筆）

	CEC ($cmol_c$/kg)	負荷電の酸的性格の区分		強酸的な部分の割合（%）
		強酸的 ($cmol_c$/kg)	弱酸的 ($cmol_c$/kg)	
２：１型粘土鉱物				
モンモリロナイト	73.0	63.0	10.0	86
１：１型粘土鉱物				
ハロイサイト	24.0	18.0	6.0	75
カオリナイト	4.9	3.0	1.9	61
準晶質粘土鉱物				
アロフェン	60.8	0.0	60.8	0
イモゴライト	15.4	0.0	15.4	0
土壌有機物由来				
腐植酸	465.3	201.1	264.2	43

＊：塩化アルミニウム（$AlCl_3$）溶液（溶液の pH ＜３で，きわめて強酸性）で土壌を洗浄したとき，アルミニウムイオン（Al^{3+}）を吸着した負荷電は，この強酸性溶液の条件でも水素イオン（H^+）を解離させて，Al^{3+} とイオン交換できる負荷電として働いている。すなわち，酸として機能していることから，強酸的な性格を示すといえる。逆に Al^{3+} を吸着できなかった負荷電は，H^+ を解離していなかったと判断できるので，弱酸的性格といえる。溶液の Al^{3+} が土壌の負荷電に吸着されたかどうかは，土壌を洗浄する前と後の溶液中の Al^{3+} 濃度の比較でわかる。負荷電が Al^{3+} を吸着すると，洗浄後の溶液中 Al^{3+} 濃度は洗浄前よりも低下する

〈注４〉
永久荷電，変異荷電，同型置換などの詳細は第８章５項，表８‐１参照。

〈注５〉
端末の H が酸性条件（低 pH で）解離せず，高 pH で解離するという仕組みは，
交換基 R‐H ⇄ 交換基 R^-＋ H^+
の平衡反応として考えると理解しやすい。この反応で pH が低い（H^+ 濃度が高まる）ときは右辺の H^+ が多い状態になっているので，平衡を維持するには H^+ を抑制する方向，すなわち左辺方向に反応が動く。このため，交換基 R‐H の H は解離せずに安定している。
しかし pH が高まる（H^+ 濃度が低下し，OH^-濃度が高まる）と右辺の H^+ が少なくなるので，平衡を維持するために，反応は H^+ を補う方向，つまり右辺方向に動き，H が解離して交換基 R に負荷電が発生する。

〈注６〉
塩酸（HCl）で例示すると，
$HCl \rightarrow H^+ + Cl^-$
と一方的に右へいく反応である。この場合のように，もとの物質に対して電離している物質量の割合（これを電離度という）の大きい酸（電離度が大きい）が強酸である。

〈注７〉
この反応は，
$CH_3COOH \rightleftarrows CH_3COO^- + H^+$
と表現される平衡反応である。この水溶液には，酢酸イオン（CH_3COO^-）と H^+ それに酢酸分子（CH_3COOH）の３種類が共存し，酢酸は完全に電離しない。このように電離する物質量の割合が低く電離度の低い酸を弱酸という。

どである（表9-2）。

❹変異荷電の負荷電は弱酸的性格

変異荷電の負荷電に引きつけられているHは，酸性条件（低pH条件）では解離しないで土壌に強く引きつけられている（図9-4b)）。このとき，土壌から解離できるHはごく一部である。これは，酢酸（CH_3COOH）などの弱酸が水溶液中で完全に電離せず，わずかにH^+を放出するのと同じことである（注7）。したがって，変異荷電の負荷電は弱酸的性格を示している。このような性格の変異荷電を多くもつ土壌の代表がわが国の黒ボク土である。黒ボク土の主要な粘土鉱物であるアロフェンやイモゴライトは，その負荷電の全てが弱酸的性格を示すからである（表9-2）。

なお，1：1型粘土鉱物のカオリナイトや，土壌有機物に由来する腐植酸がもつ負荷電には，強酸的性格と弱酸的性格をもつ負荷電が共存している(表9-2)。

したがって実際の土壌で，負荷電がどのような酸としての性格（酸的性格）を示すかは，負荷電の担い手である粘土鉱物や有機物などがもつ負荷電の酸的性格を強く反映する。しかし，土壌の負荷電のすべてが強酸的か弱酸的かどちらか一方の性格だけということはない。

❺ $pH(H_2O)$ と pH(KCl) の測定値のちがいと土壌間差異

①～④項の論議をふまえると，3項の設問「土壌のpHが測定法でちがう理由」は以下のように理解できる。

通常測定される$pH(H_2O)$は，土壌の負荷電によって引きつけられる（静電引力）影響の弱い部分にあるH^+を測定している（図9-5a，b)）。これに対してpH(KCl)が何を測定しているのかは，話が複雑になる。土壌の負荷電の酸としての性格（酸的性格）のちがいが大きく影響するからである。

a）同型置換による負荷電の場合

強酸的性格の荷電にはH^+だけでなく，Al^{3+}なども土壌に引きつけられている。これらは，KCl溶液のK^+とほぼ完全にイオン交換して，KCl溶液に放出される。その結果，溶液のH^+濃度が高まり酸性度も強くなって，pH(KCl)が大きく低下する

土壌の負荷電による静電引力の影響
強い　弱い
同型置換による負荷電（強酸的性格の負荷電）
KCl溶液を加えると
$pH(H_2O)$で測定している部分
pH(KCl)で測定している部分
●：H^+（水素イオン），●：Al^{3+}（アルミニウムイオン），
■：K^+（カリウムイオン），KCl：塩化カリウム

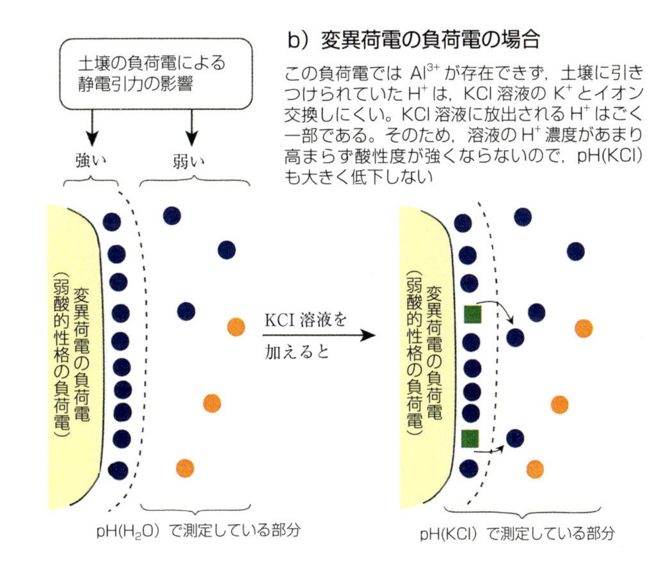

図9-5
土壌の負荷電別にみた$pH(H_2O)$とpH(KCl)のちがいの概念図
a）同型置換による負荷電（強酸的性格）の場合，b）変異荷電の負荷電（弱酸的性格）の場合
この図では，KCl溶液の塩素イオン（Cl^-）や，Al^{3+}から放出されるH^+と，a）でのAl^{3+}とイオン交換したK^+の一部を省略している

○同型置換による負荷電の場合

すでに述べたように，同型置換による負荷電は強酸的性格をもつ。そのため，この負荷電に引きつけられているHは，pH測定のために添加されたKCl溶液のカリウムイオン（K^+）と，たやすく陽イオン交換して外液にH^+として放出される（図9-5a）。それだけでなく，この強酸的性格をもつ負荷電は，後述するように，強酸性条件（pH＜5.0）で交換性アルミニウム（Al）を保持することが多い。

この交換性Alも，KCl溶液のK^+によって陽イオン交換されて溶液に放出されてアルミニウムイオン（Al^{3+}）になり，土壌溶液中でH^+をつぎつぎと放出していく（詳細は後述）（図9-5a）。

このため，強酸的性格の負荷電を多くもつ土壌のpHは，H_2Oで測定するよりもKClで測定するほうがH^+濃度が高く，より強い酸性を示す。H^+濃度が高いほどpHの値は低くなるため，この土壌ではpH(KCl)のほうがpH（H_2O）より大きく低下する。したがって，

$$\overset{デルタ}{\Delta}\ \mathrm{pH} = \mathrm{pH}(H_2O) - \mathrm{pH(KCl)}$$

とすると，このような土壌のΔ pHの値は大きな正の値になる。

○変異荷電による負荷電の場合

これに対して，変異荷電の負荷電に引きつけられているHは，わが国で通常みられる土壌pHである酸性条件では，大部分が負荷電と安定して結合しており，K^+とのイオン交換で外液に放出されるH^+はごく一部にすぎない（図9-5b）。しかも，この負荷電には交換性Alが存在できないので（詳細は後述），もともと溶液中にAl^{3+}が放出されていない。このため，pH(KCl)はpH(H_2O)よりもわずかに低下するにすぎない。したがって，弱酸的性格の負荷電を主体とする土壌ではΔ pHが小さい。

このように，pH(H_2O)とpH(KCl)の差（Δ pH）の土壌間差は，土壌中でHを引きつけている負荷電の酸的性格のちがいに起因している。

4 pH(KCl)のほうがpH(H_2O)より例外的に高まる土壌

一般的にいえば，土壌で主体になる負荷電の種類にかかわらずpH（H_2O）＞pH(KCl)となり，Δ pHは正の値（Δ pH＞0）になる。しかし何事にも例外がある。有機物に富む黒ボク土などではpH(H_2O)＜pH(KCl)となって，Δ pHが負の値（Δ pH＜0）になることがある。

有機物に富み，負荷電の主体が変異荷電である黒ボク土では，酸性（低pH）条件で正荷電が発生する（図8-11参照）。正荷電が発現するほどの低pH条件でpH(KCl)を測定すると，土壌の正荷電に引きつけられていたOH^-が，KCl溶液中の塩素イオン（Cl^-）と陰イオン交換によって土壌から解離して放出される。その結果，KCl溶液のOH^-濃度が高まってpHが上がる（注8）。

pH(H_2O)による測定では上記のような陰イオン交換がないので，結果的にpH(H_2O)＜pH(KCl)となり，例外的にΔ pHが負の値になる。

〈注8〉
これを交換アルカリ性という。アルカリ性の度合いが強まることを意味する。

3 交換性アルミニウムと土壌の酸性

pH(KCl) のところでしばしば登場した交換性アルミニウム（Al）は，すべての土壌で例外なく安定して存在するわけではない。交換性 Al が土壌で発生し，安定して存在するためには，土壌の負荷電の主体が強酸的性格であることが必須条件である。それについて以下で考えてみよう。

1 交換性 Al の発生の仕組み

土壌の負荷電の主体が変異荷電で弱酸的性格であれば，酸性条件でこの負荷電に静電気的に引きつけられている水素イオン（H^+）は，ほとんど解離しないで安定して存在している。そのため，この荷電ではもともと交換性 Al が発生する余地はあまりない。

ところが，土壌の負荷電の主体が強酸的性格であれば，この負荷電に静電気的に引きつけられている H^+ は，いつでも陽イオン交換できる状態にある。逆にいうと，この H^+ はほかの陽イオンがあらわれるとすぐイオン交換して溶液に解離していくため，土壌の負荷電に安定して存在しにくい。

さらに酸性化がすすみ強酸性条件（pH < 5.0）になると，負荷電に多く引きつけられた H^+ は，しだいに粘土鉱物の結晶構造に侵入し，その構造を破壊していく（図 9 - 6）。

それにともない，結晶構造を構成していた Al が交換性 Al となって露出する（Mitra and Kapoor, 1969）。こうして交換性 Al が発生する。

このため，土壌に交換性 Al が安定して存在するためには，土壌の負荷電の主体が強酸的性格である必要がある。

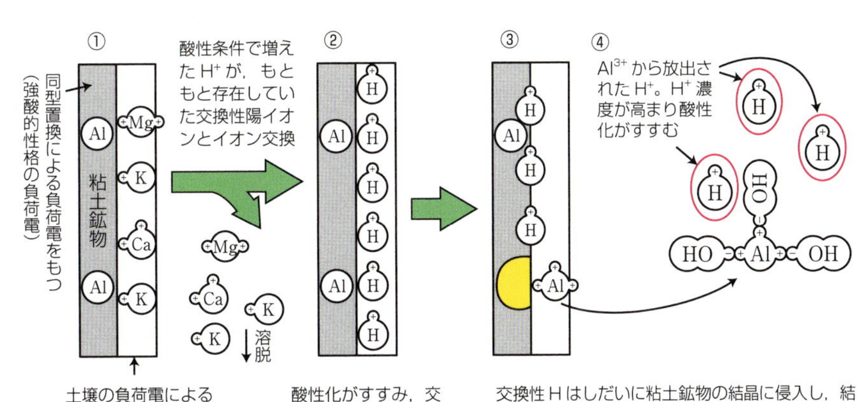

図 9 - 6　交換性アルミニウムの発生とそれによる土壌の酸性化（西尾，2000 を改変）
Ⓐl：粘土鉱物の結晶を構成するアルミニウム（Al），◖：侵入してきた交換性水素（H）によって破壊された粘土鉱物結晶，Mg^{2+}：マグネシウムイオン，K^+：カリウムイオン，Ca^{2+}：カルシウムイオン，H^+：水素イオン，OH^-：水酸イオン

2 交換性 Al による酸性化

酸性条件で，この交換性 Al が H^+ やその他の陽イオンとイオン交換すると，アルミニウムイオン（Al^{3+}）として土壌溶液に放出される。

放出された Al^{3+} は H_2O とつぎつぎに反応して H^+ を生成し，土壌溶液中の H^+ 濃度を高めて酸性化を促進しつつ，最終的には難溶性物質である水酸化アルミニウム（$Al(OH)_3$）に変化する。

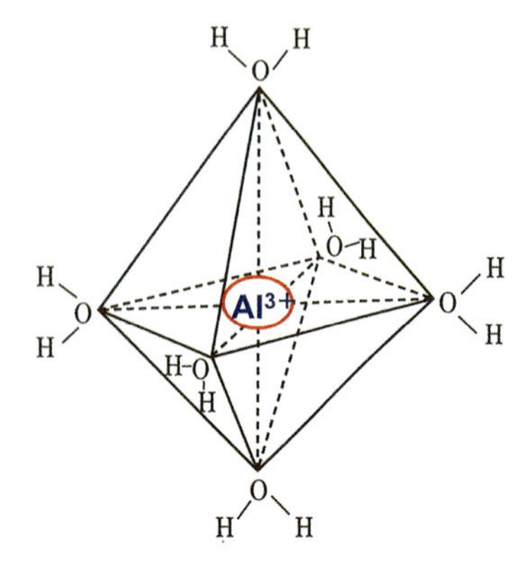

図9-7　アルミノヘキサヒドロニウム

その化学変化は，

$$Al^{3+} + H_2O \rightleftarrows [Al(OH)]^{2+} + H^+ \quad (1)$$

$$[Al(OH)]^{2+} + H_2O \rightleftarrows [Al(OH)_2]^+ + H^+ \quad (2)$$

$$[Al(OH)_2]^+ + H_2O \rightleftarrows Al(OH)_3 + H^+ \quad (3)$$

となる（注9）。これが交換性AlによるH^+のでき方である（図9-6）。

ここで重要なことは，上記の化学反応式が「 ⇄ 」でつなげられている平衡反応であることである。たとえば式（1）のAl^{3+}とH_2Oとの反応（加水分解）は，一方的に右側にすすんでH^+が放出されつづけて終わるのではなく，反応物であるAl^{3+}と生成物である一水酸アルミニウムイオン（$[Al(OH)]^{2+}$）（注10）とH^+が共存しており，酢酸のような弱酸的反応である。このことは，後述するように，土壌のpHの急激な変化を抑制する働き（緩衝能）にかかわっている。

〈注9〉
ここで示しているAl^{3+}の正体は，アルミノヘキサヒドロニウム$[Al(H_2O)_6]^{3+}$という6つのH_2Oが酸素（O）を仲立ちにしてAlと結合（配位結合という）したもので（図9-7），結合しているH_2Oが省略された表記である。これは一般にH^+と記載される水素イオンが，じつはヒドロニウムイオン（$H_3O^+ = [H(H_2O)]^+$）のH_2Oを省略した表記であることと同じである。したがって，反応式（1），（2），（3）は，アルミノヘキサヒドロニウムの6つのH_2Oが1つずつ　H^+を放出して水酸基（－OH）に変化し，最終的にH_2Oが3つとOHが3つで構成される水酸化アルミニウム$[Al(OH)_3] = [Al(H_2O)_3(OH)_3]$になる過程を示している。

〈注10〉
式（1）の$[Al(OH)]^{2+}$は，一水酸アルミニウムイオン，式（2）の$[Al(OH)_2]^+$は，二水酸アルミニウムイオンと読む。

4 交換酸度（y_1）と全酸度―大工原酸度

1 アルミニウムに由来する水素イオン（H^+）と交換酸度

上で述べたように，土壌の酸性の強さは，土壌の負荷電に引きつけられているH^+だけでなく，交換性アルミニウム（Al）の影響も受ける。このようにAlが土壌の酸性に大きくかかわっていることを世界に先がけて1910年に発表したのが，わが国の大工原（だいくばら）銀太郎（1868～1934）である。pHがデンマークのセーレンセン（Sørensen, S. P. L.）によって定義されたのが1909年のことであるから，まだpHという概念が浸透していない時代のことで，わが国が世界に誇る酸性土壌研究のはじまりでもある。

大工原らは土壌のpHを，酸性の強さを示すH^+濃度だけでなく，土壌にひそんでいるH^+，とくにAlに由来するH^+を含めて評価しようとした（大工原・阪本，1910）。土壌に交換性Alが存在しているなら，KCl溶液で土壌を処理すると，塩化カリウム（KCl）溶液のカリウムイオン（K^+）と交換性Alとが陽イオン交換で溶液中に放出されてくると考えた。

具体的には，土壌100gに1 mol/ℓのKCl溶液を250 mℓ加え，ときどき撹拌して5日間放置したのち，ろ過してろ液125 mℓをとりだし，そのろ液を少し煮沸して溶け込んでいる二酸化炭素（CO_2）を追いだし，そこにフェノールフタレインを指示薬にして，濃度0.1 mol/ℓの水酸化ナトリウム（NaOH）で中和滴定をおこなった。この1回目にとりだしたろ液125 mℓの中和滴定に消費したNaOHの量（mℓ）を交換酸度（置換酸度，あるいは大工原酸度ともいう）と定義し，y_1と表示することとした。

さらに，同じ土壌にKCl溶液125 mℓを加え，同様の操作を数回くり返しおこない，消費したNaOHの滴定値の合計値を求めた。多くの場合，この合計値は最終的に1回目の滴定値，すなわちy_1を3倍した値に近似した。そこで，y_1の3倍を全酸度とした（注11）。

土壌のpHは現時点での酸性の強さをあらわしているのに対して，交換

〈注11〉
全酸度（S）を交換酸度（y_1）の3倍，すなわち，

$$S = 3y_1$$

と決めたのは，大工原本人ではなく，当時の全国農事試験場長会議の申し合わせであった（大工原・坂本，1910）。なお，y_1はワイワンと読む。

酸度 y_1 や全酸度は，土壌を将来にわたって酸性にする材料の量の大きさを表現している。そのため，大工原らはこの全酸度を土壌酸性の原因物質の総量と考えたのである。

2 土壌の酸性改良の指標としての全酸度

酸性で低 pH の土壌を適正な pH に改良するには，酸性土壌に適正量のアルカリ性資材を施与すればよい。通常用いられるのは炭酸カルシウム（炭カル，$CaCO_3$）である。酸性土壌を適正な pH に改良するのに必要な炭カル量を具体的に決めるには，たんに現在の土壌 pH からだけでなく，将来酸性になる原因物質も考慮する必要がある。

そこで，全酸度（$= 3y_1$）を用いて酸性改良のための炭カル必要量（中和石灰量）を算出するようになった。これによってわが国の酸性土壌の改良が大きく前進した。

ただし，実際に全酸度から中和石灰量を求めると，酸性改良が成功する土壌（有機物（腐植）含量の少ない鉱質酸性土壌）と，成功しない土壌（有機物（腐植）の多い腐植質酸性土壌）がでてきた（注 12）。そこで，最近は全酸度による方法で中和石灰量を求めず，のちほど述べる炭カル添加・通気法（千葉・新毛，1977）で求めるようになっている（本章 10 項参照）。

〈注 12〉
有機物の多い腐植質土壌の負荷電は，変異荷電の負荷電が主体なので，交換性 Al が安定して存在しにくい。そのため，交換性 Al の影響を考慮した全酸度（$3y_1$）から中和石灰量を求めると，必要な石灰量が多くなり，適正な酸性改良ができない。

3 黒ボク土の分類基準としての交換酸度（y_1）とその重要性

❶ 2タイプの黒ボク土と y_1

わが国の黒ボク土の粘土鉱物は，アロフェンやイモゴライトが主体だというのがこれまでの一般的な認識であった。ところがそれとはちがう 2：1 型粘土鉱物を主体とする黒ボク土が，東北地方などに分布することが明らかにされている（庄子，1983）。

従来の黒ボク土はアロフェンやイモゴライトが主要な粘土鉱物なので，負荷電は弱酸的性格を示す（表 9 - 2 参照）。このため，こうした黒ボク土では交換性 Al が安定して存在できない。これに対して，2：1 型粘土鉱物を主体とする黒ボク土の負荷電は強酸的性格を示すため（表 9 - 2 参照），交換性 Al が安定して存在できる。したがって，この両者は黒ボク土としては同じでも y_1 に大きなちがいがある。

そこで，わが国の農耕地を対象にした土壌分類（農耕地土壌分類第 3 次案）では，従来から考えられてきた黒ボク土のなかから，y_1 が大きく（$y_1 \geqq 5$），交換性 Al の影響を受けて強酸性になりやすい黒ボク土を，非アロフェン質黒ボク土として区別するようになった（注 13）。

〈注 13〉
わが国の「農耕地土壌分類 第 3 次改訂版」（農耕地土壌分類委員会，1995）には，非アロフェン質黒ボク土は分類上の名称として記載されている。しかし，従来のアロフェンやイモゴライトを主体とする黒ボク土をアロフェン質黒ボク土という名称で区分していない。
2011 年にまとめられた「包括的土壌分類 第 1 次試案」（小原ら，2011）は，農耕地や林野を含めた国土全体の土壌を対象にした分類体系である。この分類では，非アロフェン質黒ボク土（識別基準として $y_1 \geqq 5$ が採用されている）とアロフェン質黒ボク土が定義，区分されている。
また，世界共通の土壌分類になりつつあるアメリカのソイルタクソノミーでも，Al 過剰害の分類基準に y_1 が実質的に採用され，$y_1 > 6$ に相当する交換性 Al $> 2\,cmol_c/kg$ が分類基準として採用されている。

❷ y_1 のちがいと作物の生育

農耕地土壌の y_1 のちがいは，作物生育に大きく影響する。もともと y_1 は，塩化カリウム（KCl）溶液中のカリウムイオン（K^+）とイオン交換によって放出されたアルミニウムイオン（Al^{3+}）が，KCl 溶液の塩素イオン（Cl^-）とで生成した塩化アルミニウム（$AlCl_3$，強酸性）を中和するために使われた水酸化ナトリウム（NaOH）の消費量と理解できる。つまり y_1 の測定は，

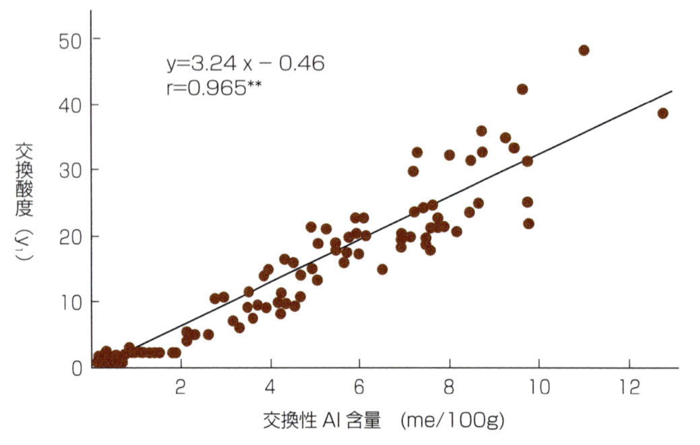

図9-8
黒ボク土での交換性アルミニウム（Al）と交換酸度（y_1）の関係
（三枝ら，1992）
交換性 Al の単位は 1 me = 9.0㎎に相当し，me/100g = $cmol_c$/kg。回帰式の r は相関関係で，** は危険率 1％水準で有意を示す。試料数は，アロフェン質黒ボク土と非アロフェン質黒ボク土の両方を含めて 179 点

実質的に土壌の交換性 Al を測定しているといえ，両者には密接な関係がある（図 9 - 8）。

このため，y_1 の大きい非アロフェン質黒ボク土は，y_1 の小さいアロフェン質黒ボク土よりも，作物に Al 過剰による酸性障害（Al 過剰害）が発生しやすい（Saigusa et al., 1980）。

y_1 の測定が重要であるのは，黒ボク土だけでなくそれ以外の土壌でも，酸性条件での Al 過剰害の有無を実用的に判定することが可能だからである。このことは，本章 9 項で改めて述べる。

5 酸やアルカリに対する土壌の反応 —pH 緩衝能

1 土壌は緩衝能をもっている

全国各地の降水の pH を測定した調査結果（注 14）によると，全地点の 5 カ年平均の pH の値は，4.60 から 5.22 の範囲にはいる強酸性だった（環境省，2017）。

〈注 14〉
2011 ～ 2015 年度，全国 26 地点（うち 3 地点は 2013 年度まで）でおこなわれた。

ところが，こうした強酸性物質が降下しているにもかかわらず，土壌がいきなり酸性化することはあまりない。ためしに酸性物質として塩酸（HCl），アルカリ性物質として水酸化ナトリウム（NaOH）を，純水（H_2O）と 2 つの土壌に添加してみた（図 9 - 9）。すると，添加量がほんのわずかでも純水の pH は大きく変化する。しかし，土壌では純水ほど大きく変化しない。このことは，土壌が外から加わる影響に対して，それをやわらげる能力（緩衝能）をもっていることを示している。

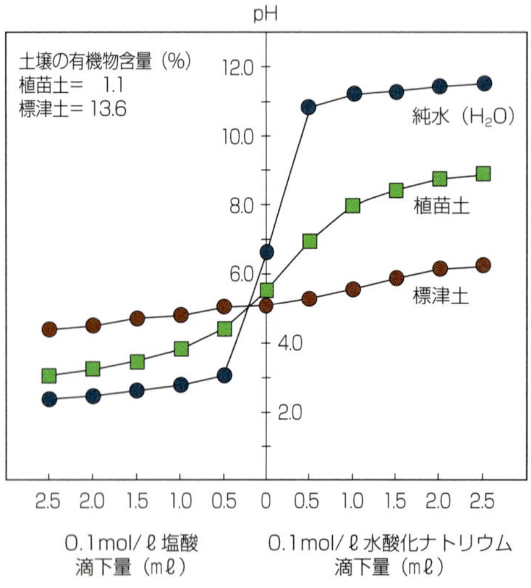

図9-9　純水（H_2O）と各種土壌の pH 緩衝曲線
用いた土壌については，本文参照

2 pH 緩衝能の土壌間差異

ところで図 9 - 9 をよくみると，実験に用いた 2 つの土壌で pH 緩衝能が大きくちがっていることに気づく。酸やアルカリの添加に対して，標津土（しべつど）（中粒質で有機物に富む多腐植質黒ボク土）のほうが，植苗土（うえなえど）（粗粒質で土壌有機物に乏しい火山放出物未熟土）より pH の変化が小さく，緩衝能が大きい。なぜ，土壌の pH 緩衝能にちがいがあるのか，pH 緩衝能が発現する仕組みからその理由を考えてみよう。

3 土壌の pH 緩衝能の仕組み

土壌の pH 緩衝能が発現するのには，①陽イオン交換，②変異荷電，③アルミニウム（Al）などの要因がかかわっている。

❶陽イオン交換による pH 緩衝能

土壌の負荷電には，土壌中のカルシウム（Ca^{2+}），マグネシウム（Mg^{2+}），カリウム（K^{+}），ナトリウム（Na^{+}）といった交換性陽イオンが静電気的に引きつけられている。酸性化する過程で増えていく水素イオン（H^{+}）は，この交換性陽イオンとイオン交換して土壌に引きつけられ，土壌のまわりの土壌溶液からみかけ上消失する。このため土壌溶液中の H^{+} 濃度が高まらず，pH の低下が抑制される。

❷変異荷電による pH 緩衝能

変異荷電とは，土壌のまわりの pH によって負荷電だけでなく正荷電を発生させ，さまざまに変化する荷電のことである。この変異荷電が土壌の pH 緩衝能に大きくかかわっている。

○水素イオン（H^{+}）が増えた場合

粘土鉱物の骨格であるアルミナ 8 面体シートの Al に結合した水酸基（$-OH$, アルミノール基）は，土壌中で酸性化がすすみ H^{+} が増えると（pH の低下），その増えた H^{+} を引きつけて正荷電が過剰の状態（$-OH_2^{+}$）をつくる（図 9 - 10）。

これによって正荷電が発生すると同時に H^{+} が溶液から消失し，極端な酸性化を防ぐ。また，土壌の有機物（腐植）は Al と結合して Al－腐植複合体をつくることが多い。この腐植に結合した Al がもつ水酸基（$-OH$）も，上述した場合と同様に，酸性化によって増える H^{+} を引きつけ，正荷電が過剰の状態（$-OH_2^{+}$）を発生させ，溶液から H^{+} を消失させて pH の低下を抑制している（図 9 - 10）。

○水酸イオン（OH^{-}）が増えた場合

一方，なにかの理由で土壌の pH が上がり，アルカリ性のもとである水酸イオン（OH^{-}）が土壌中で増えた場合も，変異荷電の働きで pH の大きな変化を抑止している（図 9 - 10）。この場合は，シリカ 4 面体シート端末でケイ素（Si）と結合している水酸基（$-OH$）や，有機物端末のカルボキシル基（$-COOH$），フェノール水酸基（$R-OH$）などから，それぞれの末端にある H^{+} が増えた OH^{-} に引きつけられて外へ放出され，水（H_2O）をつくるとともに，土壌に負荷電を発生させる。

これによって増えた OH^{-} が消失し，濃度上昇が抑制されて pH 上昇が防がれる（図 9 - 10）。

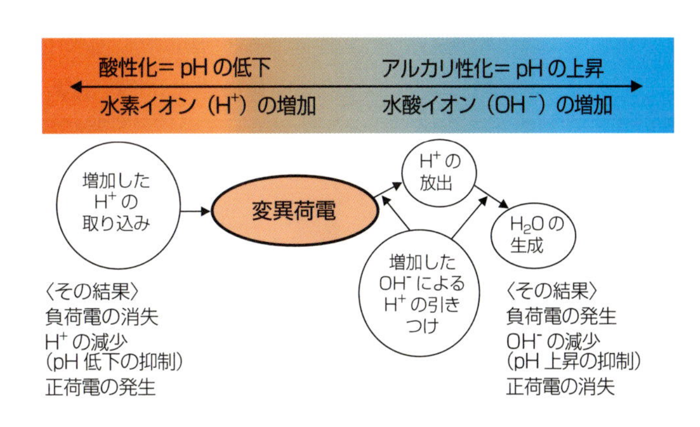

図 9 - 10　変異荷電による pH 緩衝能の発現の仕組み

○変異荷電の pH による変化自体が緩衝能

もともと，変異荷電が外部の pH によって正荷電や負荷電を発生させるのは，荷電のまわりの H^+ を吸着したり，あるいは取り込んだ H^+ を放出したりすることの結果である。したがって，変異荷電が pH によって変化すること，それ自体が土壌の pH 緩衝能とみなせる。

図 9 - 9 で標津土のほうが植苗土よりも pH 緩衝能が大きかったのは，標津土が有機物による変異荷電を多くもっていたからである。

❸アルミニウム（Al）の反応による pH 緩衝能

酸性条件で強酸的性格の負荷電に吸着されている交換性 Al は，陽イオン交換によって土壌溶液中に放出されてアルミニウムイオン（Al^{3+}）になると，H_2O と反応して（加水分解）水酸化物の陽イオンと H^+ を放出し，最終的に水酸化アルミニウム〔$Al(OH)_3$〕として沈殿する。この反応は本章 3 項で述べたように，

$$Al^{3+} + H_2O \rightleftarrows [Al(OH)]^{2+} + H^+ \quad (1)$$

$$[Al(OH)]^{2+} + H_2O \rightleftarrows [Al(OH)_2]^{+} + H^+ \quad (2)$$

$$[Al(OH)_2]^{+} + H_2O \rightleftarrows Al(OH)_3 + H^+ \quad (3)$$

で示される。この反応式（1）～（3）は，いずれも「 $\rightleftarrows$ 」でつながれていることからもわかるように，たとえば式（1）では Al^{3+}，一水酸アルミニウムイオン（$[Al(OH)]^{2+}$），それに H^+ が溶液中に共存している。式（2）や（3）でも同様である。

このとき外部から酸性物質による H^+ が加えられると，$[Al(OH)]^{2+}$ は加えられた H^+ を取り込み，再び Al^{3+} と H_2O を生成して H^+ の増加を抑制するように，反応は左へすすむ。式（2）や（3）でも同様である。このため H^+ 濃度が大きく変化しない。逆に，外部からアルカリ性物質による水酸イオン（OH^-）が加わると，共存していた H^+ が OH^- を中和する。そうなると，右辺 H^+ 濃度が低下するため，それをおぎなうように反応が右側にすすみ，再び H^+ を生成して OH^- 濃度の極端な上昇を防ぐ。

このように，Al の反応によって土壌が pH 緩衝能を示す。なかでも，pH4 から pH5.4 くらいまで，pH の上昇とともに式（1）から式（2）の反応として機能する緩衝能がとくに大きい（吉田，1984）。交換性 Al は酸性条件で存在し，酸性化をすすめる原因であった。しかし一方で，Al は pH 緩衝能を示し，急激な酸性化を防ぐ働きもあわせもつ不思議な物質である。

6 土壌の酸性化の原因

土壌には外界からの影響をやわらげる緩衝能があるので，土壌の pH は極端に変化しない。しかし，それにもかかわらず，わが国の土壌は基本的に酸性化する。それはどうしてだろうか。これには，大きく，①通常の雨水，②酸性雨（雪），③作物栽培に必要な化学肥料，そして④特殊な事情，の 4 つの原因がある。

1 雨による影響

❶雨は天然の炭酸水

雪博士で有名な中谷宇吉郎の言葉「雪の結晶は天から送られた手紙である」（中谷，1994）にならうと，「雨は天からの贈り物」とでもいえるだろう。もし雨がなければ，いうまでもなく全ての生物が息絶えてしまう。ところが，この天からの贈り物である雨水は，大気中の二酸化炭素（CO_2）を吸収しながら降下してくるため，天然の炭酸水になっている。

このときの反応は，

$$H_2O + CO_2 \rightleftarrows H_2CO_3$$

$$H_2CO_3 \rightleftarrows H^+ + HCO_3^-$$

$$HCO_3^- \rightleftarrows H^+ + CO_3^{2-}$$

となり，この天然の炭酸水には炭酸水素イオン（HCO_3^-）や炭酸イオン（CO_3^{2-}），そして同時に水素イオン（H^+）も溶存している。このため pH は 5.6 程度の弱酸性である。つまり，雨はもともと酸性溶液である。

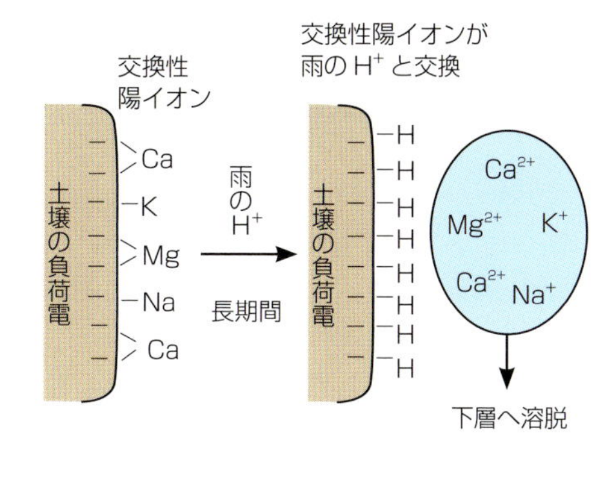

図９-11　雨水による土壌の酸性化（模式図）

❷雨による酸性化の仕組み

わが国では稀薄な酸性溶液の雨が，毎年 1,000㎜程度も土壌に降り注ぐ。そうすると緩衝能をもつ土壌であっても，長期的には，雨の H^+ が土壌の負荷電に吸着されているカルシウム（Ca^{2+}），マグネシウム（Mg^{2+}），カリウム（K^+），ナトリウム（Na^+）などの交換性陽イオンを，イオン交換によって土壌から確実に洗い流し（注 15），自身は土壌の負荷電に吸着される。その結果，土壌の負荷電が H^+ で満たされて，酸性に傾いていく（図 9-11）。わが国の土壌が酸性化しやすいのは豊かな降雨量による。

〈注 15〉
このように洗い流される現象を溶脱という。

逆に雨量の少ない乾燥地帯では，土壌の水の動きが蒸発方向，すなわち地下から地表面に向かう。このため，塩類が表面に集積してアルカリ性の土壌になりやすい。世界中どこでも自動的に土壌が酸性化するということではない。土壌中での水の動きが，土壌を酸性化するかアルカリ性にするかを決める大きな要因である。

2 酸性雨（雪）の影響

上述した雨は，大気汚染のないきれいな空気のなかを雨水が降下してくる場合である。しかし，大気汚染が深刻な地域，たとえば新興４カ国（ブラジル，ロシア，インド，中国）などでは，イオウ（硫黄）酸化物や窒素酸化物，それに海洋から巻き上がる塩化物など，さまざまな汚染物質が大気中に放出されている。これらの物質も雨水に溶け込み，化学変化して硫酸，硝酸，塩酸などの強酸性物質に変化する。このため，大気汚染されていない雨水（炭酸水）の pH5.6 よりさらに低い pH の酸性化した雨が降ってくる。これが「酸性雨」（雪も雨と同じ仕組みで酸性になる）である。

通常の雨水でさえ，長期にわたって降り注ぐと土壌の酸性化をもたらす。まして，酸性雨（雪）が土壌の酸性化をより促進するのはいうまでもない。このことについては，第 17 章６項で詳しく述べる。

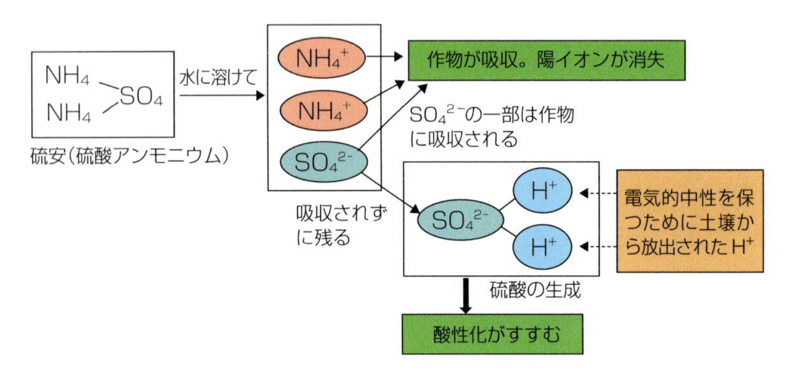

図9-12　生理的酸性肥料（硫安）による土壌の酸性化の仕組み
NH_4^+：アンモニウムイオン，SO_4^{2-}：硫酸イオン，H^+：水素イオン

3 化学肥料の影響

化学肥料は植物の養分を化学的に製造したものである。したがって，それ自身が植物の栄養分になることがあっても，特別な害作用をもっていない。しかし，化学肥料を不適切に使うとさまざまな悪影響がでる。

たとえば，硫安（硫酸アンモニウム，$(NH_4)_2SO_4$）や塩安（塩化アンモニウム，NH_4Cl）などの化学肥料を使用すると，次に述べる理由で土壌を酸性化させやすい。このような肥料を生理的酸性肥料とよぶ（表9-3）。

硫安を与えた場合を考えてみよう（図9-12）。硫安は，硫酸イオン（SO_4^{2-}）1個とアンモニウムイオン（NH_4^+）2個が結合した白色の結晶である。土壌に施与すると，土壌中の水分に溶解し，NH_4^+ と SO_4^{2-} に姿をかえる(図9-12)。これらのイオンはいずれも植物の必須栄養素なので，植物はこれらの養分を吸収する。しかし，NH_4^+ にくらべると，SO_4^{2-} の吸収量は少ない。このため，土壌中に SO_4^{2-} が残る。SO_4^{2-} は陰イオンなので，土壌溶液中の電気的中性を維持するために，陽イオンとしての H^+ が土壌から溶液中に放出される。すると，土壌溶液中で硫酸（H_2SO_4）という酸性物質ができ（図9-12），これが土壌の酸性化を促進する。

化学肥料でも，たとえば尿素は，土壌中でウレアーゼという酵素で二酸化炭素（CO_2）とアンモニア（NH_3）に分解されたのち，植物に利用されるため土壌を酸性化させない。このような肥料は生理的中性肥料とよばれる。硝安（硝酸アンモニウム）やリン安（リン酸アンモニウム）なども，この肥料の仲間である。化学肥料の全てが土壌を酸性化させるのではない（表9-3）。

4 特殊な事情による酸性化

❶有機酸による酸性化

北海道のように湿潤寒冷な気象条件では，植物が枯れて遺体になって地表面に蓄積しても，微生物などで分解されるには時間がかかる。このゆっ

表9-3　化学肥料の種類

	生理的酸性肥料	生理的中性肥料	生理的アルカリ肥料
特　徴	植物が肥料成分を吸収したのち，土壌が酸性化しやすい肥料	施与量が適正なら，植物が肥料成分を吸収したのちも，土壌pHに大きな影響を与えない肥料	植物が肥料成分を吸収したのち，土壌がアルカリ性化しやすい肥料
肥料名	硫安，塩安，硫酸カリ，塩化カリなど	尿素*，硝安，リン安，過リン酸石灰など	石灰窒素，熔成リン肥，硝酸ソーダなど

*：尿素を与えることが土壌のpHにおよぼす影響は，尿素が与えられたときの土壌のpHや与えられた量などによって変化するので，尿素をいちがいに生理的中性肥料といえないとの指摘もある（橋本，1981）

くりとした分解の過程で，酸性を示す有機化合物が生成される。これが有機酸である。有機酸は泥炭や森林地帯のような植物の遺体が蓄積したところで生成しやすく，泥炭土や森林土の酸性化の原因になる。

❷酸性硫酸塩土壌

かつて海や湖，沼などの底であったところが地殻変動によって隆起した場所で，特異な酸性土壌が生成されることがある。海や湖，沼などの底には空気中の酸素が届かないため，酸化的条件にならず還元的条件におかれる。還元的条件で蓄積した汚泥のなかに，硫化水素（H_2S），硫化鉄（FeS），二硫化鉄（FeS_2，パイライト）などが多量に生成し，蓄積することがある。

こうした物質を含んだまま地殻変動で隆起しても，それらが土壌で覆われて空気中の酸素に触れないかぎり，酸化されないのでとくに問題はない。しかし，なにかの理由で（たとえば，道路をつくるために土壌を掘削する場合など）それらの物質を覆っていた土壌がはぎとられると，土壌中に埋まっていた硫化水素，硫化鉄，二硫化鉄などが空気中の酸素にさらされて急速に酸化され，硫酸を生成し強酸性を示す。こういう土壌は酸性硫酸塩土壌（図9-13）とよばれ，ほとんど手の施しようのない酸性土壌になってしまう。この例は，土壌の酸性化でもきわめて特殊な事例である。

図9-13
タイ，ナコーンナヨクの酸性硫酸塩土壌
断面の下層土に二硫化鉄（パイライト）による難溶性の硫酸塩ジャロサイト（$KFe_3(SO_4)_2(OH)_6$）がみえる（○でかこまれた部分）。この土壌のpHは表層で4.6，下層だと3.2にもなる超強酸性である

7 土壌の酸性と作物生育

わが国では基本的に土壌が酸性化する傾向にある。これは作物生育に悪影響を与える。盛岡高等農林学校（現，岩手大学農学部）で土壌学を専攻した詩人で作家でもある宮澤賢治は，岩手の農家の人たちに土壌の酸性改良を熱っぽく訴えたという（注16）。土壌の酸性化が作物生育に与える問題点は表9-4のように整理できる。

以下，詳しくみてみよう。

〈注16〉
宮澤賢治が酸性改良を訴えた岩手県の花巻など，県南部一帯には，非アロフェン質黒ボク土が分布している（三枝ら，1993）。この土壌は，同じ岩手県の盛岡周辺に分布するアロフェン質黒ボク土とはちがい，酸性によるアルミニウム過剰害が発生しやすい。もちろん，賢治の時代にはそのような事実は知られていなかった。しかし，彼は現場で土壌の酸性化が作物生産に悪影響を与えることに気づいたのだろう。土壌と作物をみる彼の眼の確かさを痛感する。

表9-4　土壌の酸性化が作物生育に与える問題点

酸性化による問題点	問題点の特徴
水素イオン濃度	水素イオン濃度が，作物生育に直接悪影響を与えることは少ない
アルミニウム，鉄，マンガンの害作用	土壌の酸性化（pHの低下）によって，土壌中に含まれるアルミニウム，鉄，マンガンなどが有効化して土壌溶液に放出され，作物に有害となったり，過剰吸収されることによって作物に悪影響があらわれる
リンの吸収低下	土壌の酸性化によって有効化したアルミニウムや鉄がリンと結合し，難溶性化合物を生成する。このため，作物がリンを吸収しにくくなる
カルシウムやマグネシウムの不足	土壌の酸性化の過程で，主要な交換性陽イオンであるカルシウムやマグネシウムが，水素イオンと陽イオン交換して土壌から溶脱する。結果的にこれらの養分が不足して，作物生育が抑制される
微量要素（ホウ素，亜鉛，モリブデン）の欠乏	酸性化によってホウ素の溶解度が低下し，作物への有効性が小さくなる。亜鉛は，逆に酸性化によって溶解度が増して溶脱しやすくなる。モリブデンは，酸性化によって有効化した鉄と結合して難溶性化合物となり，作物が吸収利用しにくくなる
微生物活性の変化	土壌中で有機物分解に関与する細菌の活性は，土壌が酸性化することで低下する。逆に，糸状菌は酸性化しても活性がおとろえない。その結果，糸状菌が優先し，微生物の多様性が失われる。細菌の活性低下は，有機物分解による養分の放出を衰退させる

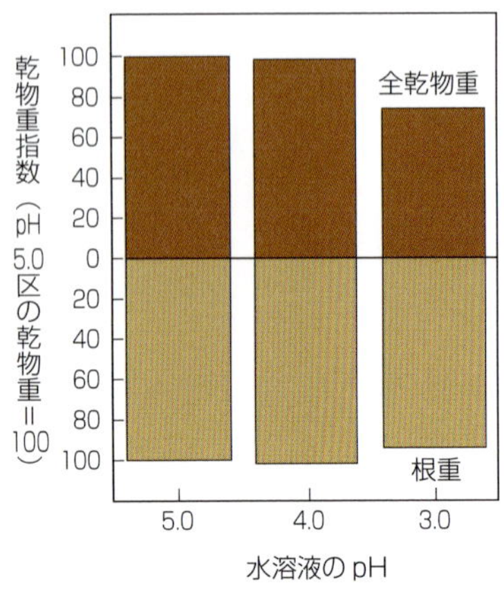

図9-14
水耕栽培の培地 pH と作物の乾物生産
（田中・早川，1974 のデータから作図）
水耕栽培は，連続自動 pH 制御装置使用，供試作物 49 種を平均した結果

1 水素イオン（H^+）濃度と作物生育

酸性化がすすむということは，H^+ 濃度が高まり pH が低下することにほかならない。しかし，水耕栽培で作物の必須養分を適当な濃度に維持したうえで，H^+ 濃度を高めて（pH を低下させて）作物を育てると，pH が 4 ときわめて強酸性であっても生育に悪影響があらわれない（図 9 - 14）。

この結果は，H^+ 濃度（pH）そのものが作物の生育阻害要因ではなく，H^+ 濃度が高まること（pH の低下）によって変化する，以下に述べるようなことが作物の生育に悪影響を与えていることを示している。

2 アルミニウム，鉄，マンガンなどの過剰害

土壌の pH は，土壌中の養分の作物への有効性（注 17）に大きな影響を与える。作物の養分の多くは，酸性条件（低 pH）で有効性が低下する（図 9 - 15）。しかし，鉄（Fe）やマンガン（Mn）は酸性側で溶解しやすくなり，土壌溶液中の濃度が高まって作物に過剰害を与える。

作物の必須養分でないアルミニウム（Al）も，pH の低下で悪影響の程度が高まる。土壌中の交換性 Al 含量は，土壌 pH(KCl) が 4.5 以下で急激に高まり，土壌溶液 pH が 5.0 より下がると，アルミニウムイオン（Al^{3+}）濃度が急激に高まる（図 9 - 16）。この Al^{3+} は作物にきわめて有害で，作物の根の細胞に直接害を与えて生育を悪くする（松本，1994）。水耕栽培では，耐酸性の弱い作物（たとえば，トマト，レタス，オオムギなど。後述する表 9 - 5 参照）なら，Al^{3+} 濃度が 1 mg / ℓ 以下とわずかに含まれているだけでも大きな障害があらわれる（但野・安藤，1984）。

Al 過剰害を防ぐには，土壌溶液中の Al^{3+} 濃度を低くおえておく必要がある。そのためには，土壌の pH(H_2O) を 5 以上に維持しなければならない（今井ら，1984）（注 18）。

〈注 17〉
ここでいう養分の作物への有効性とは，養分が土壌溶液中に溶け出して作物に吸収利用されやすくなることであり，吸収利用されやすくなるほど有効性が高いと表現する。

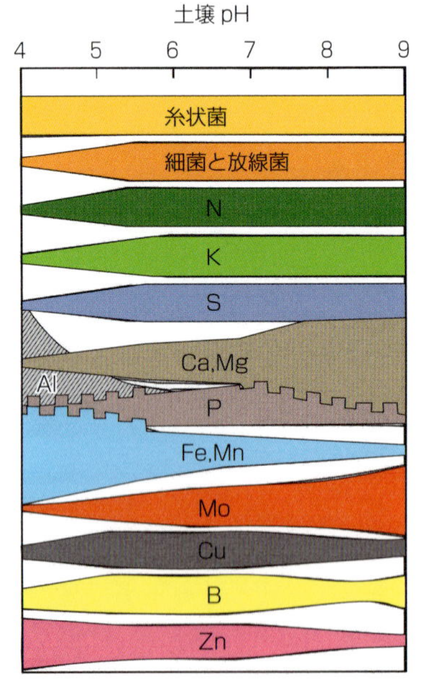

図9-15
土壌 pH と養分の作物への有効性および微生物活性との関係（模式図）
（Brady and Weil，2008b）
図中の帯幅が広いほど，養分の作物への有効性や微生物活性が高まることを示す。また，図中の P に関連した帯でギザギザになっているのは，Ca，Al，Fe などが P の有効性に制限を加えていることを示す
N：窒素，P：リン，K：カリウム，Ca：カルシウム，Mg：マグネシウム，S；イオウ，Al；アルミニウム，Fe：鉄，Mn：マンガン，Mo：モリブデン，Cu：銅，B：ホウ素，Zn：亜鉛

〈注 18〉
土壌の pH(H_2O) は，通常，土壌溶液 pH より低いため，土壌の pH(H_2O) が 5 以上であれば，土壌溶液 pH も 5 以上と想定でき，Al 障害をほぼ防ぐことができる。なお，土壌が酸性化すればすべての土壌で自動的に Al 過剰害が発生するわけではない。土壌に交換性 Al が存在していることが，Al 過剰害発生の必須条件である。作物に Al 過剰害が発生しやすい土壌としにくい土壌については，あとで述べる 9 項参照。

3 リンの吸収低下

リン（P）は，土壌溶液中ではリン酸二水素イオン（$H_2PO_4^-$）などの形で存在している。このイオンはAlやFeと強く結合しやすい性質がある。

一方，pHが5以下になると，AlやFeの溶解性が高まり，土壌溶液中での濃度が高まる。そうすると，溶存していた$H_2PO_4^-$はAlやFeと結合して，きわめて水に溶けにくい（難溶性）化合物になる（注19）。このため，作物はリンを吸収しにくくなり，リン欠乏をおこしやすい。

〈注19〉
リン酸二水素イオン（$H_2PO_4^-$）は，Alと結合するとバリスサイト（$Al(OH)_2H_2PO_4$），Feと結合するとストレンジャイト（$Fe(OH)_2H_2PO_4$）になる（第12章3項参照）。いずれも難溶性物質である。

4 カルシウムやマグネシウムなどの不足

土壌の酸性化は，土壌の負荷電に吸着されている陽イオン（交換性陽イオン）が，雨によって洗い流される（溶脱）ことによってすすむ。土壌中の交換性陽イオンの多くはカルシウム（Ca）やマグネシウム（Mg）でしめられている。したがって，酸性化で陽イオンが溶脱するというのは，これらの養分が不足することを意味している。

5 微量必須元素の欠乏

ホウ素（B），銅（Cu），亜鉛（Zn），モリブデン（Mo）なども，作物の必須養分である。しかし，窒素，リン，カリウムとちがい，作物が要求する量は非常にわずかなので，微量必須元素とよばれる。

土壌が酸性化（pHの低下）すると，Bの作物への有効性が小さくなり（図9-15），欠乏しやすい。ただし，BはpHが高まってアルカリ性（pH 8付近）になると，こんどは土壌に強く吸着されて作物に吸収されにくくなり，作物にB欠乏が発生する。Cuも土壌pHが7以上になると徐々に作物への有効性が悪くなって欠乏しやすい。作物へのBやCuの有効性は，pHが5.5～7.0のあいだが最も大きい。

Znは低pHになると溶解性が大きくなり，土壌から溶けだす。長年この状態がつづくと，無視できない溶脱量になり，作物に欠乏症が発生しやすくなる。Znとは逆に，Moは酸性（低pH）でとくにFeと結合して難溶性物質になり，作物に吸収されにくくなる。

以上のように，酸性化による作物生育への悪影響は，土壌中での複雑な化学反応の総合的な結果にほかならない。

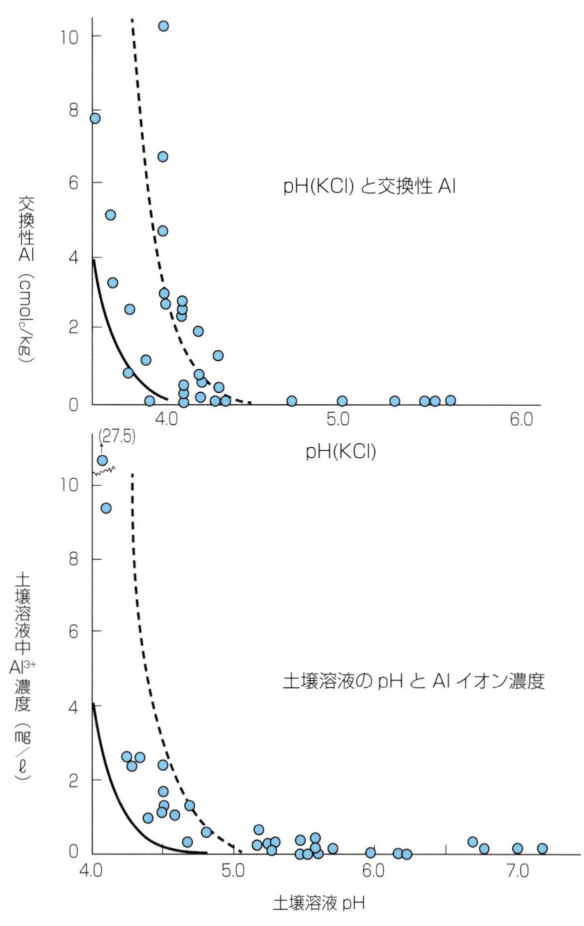

図9-16 pH(KCl)，交換性アルミニウム（Al），土壌溶液のpHとAlイオン（Al^{3+}）濃度の関係（櫃田・田中，1983）
図中の---- は，水酸化アルミニウム（$Al(OH)_3$）の溶解曲線，—— は鉱物ギブサイト（主成分＝$Al(OH)_3$，強い風化溶脱条件でアルミニウムが結晶化した物質）の溶解曲線を示す
供試土壌は，わが国から12点，東南アジアから14点，南米から7点の合計33点で，耕地だけでなく未耕地も含む多様な土壌である

表9-5　作物の耐酸性による分類　(田中・早川, 1975)

耐酸性	科名	作物名	備考
弱	ウリ科	キュウリ, ヘチマ ** など	** : 最弱
	ナス科	ナス, トマト, トウガラシなど	
	キク科	ゴボウ, シュンギク **, レタス ** など	
	セリ科	ニンジンなど	
	アカザ科	テンサイ, ホウレンソウ ** など	
弱～中	マメ科	アルファルファ *, ホワイトクローバ *, レッドクローバ, ショウズ *, ダイズ, サイトウ, エンドウ, ソラマメなど	* : 弱
中～強	イネ科	コムギ, トウモロコシ, エンバク *, ライムギ *, イネ **, チモシー, オーチャードグラス **, メドウフェスクなど	** : 最強 * : 強
	イネ科の例外 : ソルガムは最弱, オオムギは弱		
弱～強	アブラナ科	アブラナ科の作物は弱から強まで多様 弱 : キャベツ, ミズナ, カラシナ, コマツナ 中 : ハクサイ, タイナ, ルタバカ 強 : ダイコン, カブ	

6 微生物活性の低下

土壌が酸性に傾き, pHが低くなると, 土壌中の細菌の活性が低下する（図9-15）。しかし, 糸状菌（カビ）の活性はあまり土壌のpHに影響されない（図9-15）。このため, 相対的に糸状菌が増える。細菌は, おもに土壌中の有機物の分解を担っているため, 働きが鈍れば土壌中の有機物の分解が遅れ, それによって放出される窒素やリンの量が減る。その結果, 作物の生育が抑制される。

8 作物の好適土壌 pH と耐酸性

わが国で, 作物生育にとっての好適土壌 pH は一般に 5.5 ～ 6.5 くらいの範囲である。土壌が弱酸性程度なら, 作物生育が抑制されることはあまりない。それは, 養分の有効性がその付近で最も高いからである（図9-15）。しかし, 作物の酸性（低 pH）への抵抗力には大きな差がある。作物の酸性への抵抗力を耐酸性といい, 野菜類でも生で食べることが多い種類の耐酸性は比較的弱く, イネ科作物は中程度のものが多い（表9-5）。

耐酸性が中程度以上の作物では, 耐酸性の強弱は耐アルミニウム（Al）性（注20）の強弱と基本的に一致する（田中・早川, 1975）。つまり, 作物の耐酸性の強弱は, おもに Al への抵抗性によって決定される。

それに対して, キュウリ, ナス, トマト, シュンギク, レタス, ニンジン, ホウレンソウなど耐酸性が弱から最弱の作物は, 耐 Al 性だけでなく耐マンガン（Mn）性や, 耐低 pH 性（注21）も弱い（田中・早川, 1975）。これらの作物は, 酸性化によって生育が抑制されると考えられる要因のいずれにも敏感に反応するため, 耐酸性が弱から最弱になる。耐酸性の弱い作物の好適土壌 pH は 6.5 くらいを目標にするのがよい。

〈注20〉
水耕栽培の培養液の Al を低濃度から高濃度まで変化させ, 高濃度でも生育が抑制されにくい作物を耐 Al 性が強い, 低濃度の Al でも生育が抑制される作物を耐 Al 性が弱いという。

〈注21〉
土壌中の H^+ が低濃度であっても生育不良になる, すなわち, H^+ そのものよる害作用への耐性のこと。

9 作物にアルミニウム過剰障害が発生しやすい土壌

上述したように作物の耐酸性は, 土壌中のアルミニウム（Al）への耐性で決まる。では, 土壌中のどんな形態の Al が作物に有害なのだろうか。

有害な Al の形態は土壌溶液中のアルミニウムイオン（Al^{3+}）であり (Saigusa et al., 1995), その供給源は交換性 Al である。したがって, 作物に有害な Al の形態は交換性 Al といえる。土壌中に多量に含まれている全ての Al が酸性障害に関与しているわけではない（注 22）。

しかも，交換性 Al が土壌に安定して存在するには，土壌の負荷電が同型置換による負荷電（強酸的性格）が主体になっている必要がある（本章 3，4 項参照）。土壌の負荷電がこの条件を満たしているかどうかは，交換酸度（y_1）を測定することで判別できる。$y_1 \geqq 6$ の土壌は，負荷電の主体が強酸的性格なので，交換性 Al が土壌に安定して存在できる。このような土壌は，作物に Al 過剰障害を発生させやすい（三枝ら，1992）（注 23）。

酸性改良ありのポットには，土壌の pH(H_2O) を 6.0 とするのに必要な量の炭酸カルシウムを施与し，いずれのポットにもリン資材として過リン酸石灰（過石）を用いてポット当たりリン（P）として，1.5 g 施与した場合の結果である。窒素（N）とカリウム（K）は，共通にポット当たり N，K として 1.0 g 施与

＊1：アロフェン質黒ボク土の原土の pH(H_2O) = 4.8，pH(KCl) = 4.5，y_1=4.4，リン酸吸収係数= 2060，交換性 Al = 0.8cmol$_c$/kg

＊2：非アロフェン質黒ボク土の原土の pH(H_2O) = 4.5，pH(KCl) = 3.9，y_1 = 28.0，リン酸吸収係数= 2120，交換性 Al = 6.5cmol$_c$/kg

図 9 - 17　酸性によるアルミニウム（Al）過剰害の土壌間差異（松中ら，2017）

いいかえると，$y_1 < 6$ の土壌，すなわち土壌の負荷電の主体が変異荷電による負荷電で弱酸的性格を示す土壌では，もともと交換性 Al が安定して存在しにくいため，酸性化しても作物に Al 過剰害が発生しにくい。

図 9 - 17 は，きわめて強酸性であるアロフェン質黒ボク土（y_1 = 4.4）と非アロフェン質黒ボク土（y_1 = 28.0）に，リン資材として過リン酸石灰を十分に施与してトウモロコシを栽培した結果である。アロフェン質黒ボク土では，pH(H_2O) が 4.8 ときわめて強酸性であったにもかかわらず，交換性 Al 含量が少ないため，酸性改良をしない場合のトウモロコシの生育は，酸性改良した場合と大差ない。しかし，非アロフェン質黒ボク土では交換性 Al 含量が多く，酸性改良しないとトウモロコシの根に Al 過剰害が発生し，酸性改良した場合よりも生育が大きく劣った。

図 9 - 17 の例は，土壌の酸性化がすすめば全ての土壌で作物に Al 過剰害が発生するというわけでなく，土壌条件，とくに y_1 の条件（交換性 Al 含量）によって，発生する場合としない場合があることを示している。

〈注 22〉
Al は土壌の粘土鉱物の結晶構造を構成するアルミナ 8 面体シートの主要構成成分でもあり，土壌に多量に含まれている。土壌がリンを強く吸着して作物に利用できなくする性質（リン酸吸収係数という。詳細は第 12 章 3 項）に関与する活性 Al（アロフェンやイモゴライトのような準晶質粘土鉱物の構成成分である Al や，土壌有機物と結合した Al，交換性 Al などを含む。詳細は第 12 章 3 項）は，植物に直接害を与えるというより，土壌中でリン（P）と結合して，P を難溶性物質に変化（不可給化）させて吸収利用されにくくすることで，生育に悪影響を与える。作物に酸性障害を与える要因である交換性 Al は，活性 Al の一部である。しかし，活性 Al 全体のわずか数%にすぎない（三枝，1991）。

〈注 23〉
作物に Al 過剰害が問題になる国際分類の識別基準は，交換性 Al 含量 > 2cmol$_c$/kg = 180mg/kg であり，これに相当する y_1 が 6 である（三枝ら，1992）。なお，Al 濃度に対する耐性（耐 Al 性）は作物によってちがう。耐 Al 性の弱いゴボウ，オオムギは $y_1 \geqq 3$ で，中程度のトウモロコシは $y_1 \geqq 6$ で障害がでやすい（三枝ら，1992）。ここでは，トウモロコシのように，耐 Al 性が中程度の作物の場合にもとづいて記述している。

10　酸性土壌の改良方法

酸性化した土壌を改良して，作物生育を旺盛にするにはどのようにすればよいのか。具体的な改良方法を以下で考えよう。

1　改良目標の pH をどこに設定するのか

わが国の適正な土壌 pH (H_2O) は 5.5 〜 6.5 で，酸性改良の目標 pH (H_2O) を 6.5 とするのが一般的である。しかし，その理論的根拠は必ずしも明確ではない（今井ら，1984）。土壌の酸性化は，表 9 - 4 に示したさまざまな要因を通して作物生育に悪影響を与える。したがって，それぞれの要因によって改良目標になる pH はちがってくるだろう。

たとえば，交換酸度（y_1）が 6 より大きく，交換性 Al が安定して存在できる土壌では，作物の酸性障害はAl過剰害になる可能性が大きい。この場合，交換性Alを中和することが改良目的となる。そのためだけであれば，改良目標の$pH(H_2O)$は5.0以上，安全性を考慮しても5.5で十分である。

これに対して，y_1が6より小さい土壌では，耐Al性が弱い作物を栽培しないかぎり，作物の酸性障害としてのAl障害が発生する可能性は低い。そのため，こうした土壌での酸性改良の目的は$pH(H_2O)$を6.5にすることではなく，交換性陽イオンであるカルシウム（Ca）やマグネシウム（Mg）などが適正含量になるように，炭酸カルシウム（炭カル）や苦土炭酸カルシウム（苦土炭カル）などの改良資材を補給する。

酸性改良の目標$pH(H_2O)$をどこに設定するかは，土壌の酸性化による作物の生育阻害要因を明らかにし，それをとり除くのに必要なpHとすべきである。このように，目的に対応して改良資材の必要量を決定すれば，一律に改良目標を$pH(H_2O)$で6.5とするより大幅に節減できる。

2 カルシウム資材などの施与

酸性土壌を改良目標のpHへ改良するための炭カル施与量は，炭酸カルシウム添加・通気法によって決定する（千葉・新毛，1977）。具体的には，図9-18に示したように，一定量の土壌に炭カル添加量を6段階程度にかえて$pH(H_2O)$を測定する。ただし，pH測定前に土壌と純水（H_2O）の懸濁液に空気を通す。その結果から，炭カルの添加量と土壌のpHの関係を

1．炭酸カルシウム添加

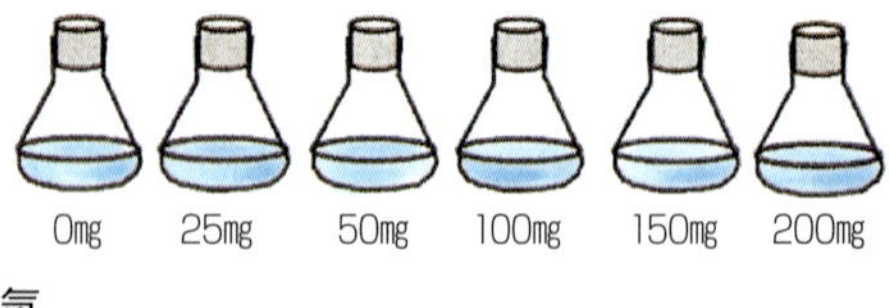

2．通気

3．pH測定

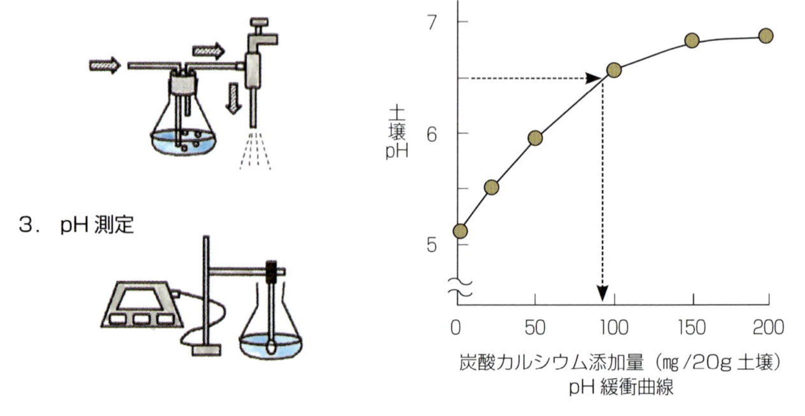

図9-18　炭酸カルシウム添加・通気法の手順と土壌のpH緩衝曲線

（道総研農業研究本部，2012から作図）

上記の手順2で通気するのは，土壌とH_2Oの懸濁液中に過剰に溶存している二酸化炭素（CO_2）を追い出すためである。これによってCO_2の過剰な溶存によるpHの低下を防ぐ

調べ，pH 緩衝曲線をつくる。緩衝曲線から，その土壌の改良目標値，たとえば，pH6.5 であればそれに必要な炭カルの施与量を求める。

3 リン資材の施与

土壌の pH(H_2O) が 5より低い強酸性土壌では，y_1 が6より大きい場合はもちろん，y_1 が6より小さくても，土壌溶液中にはアルミニウムイオン（Al^{3+}）が多少なりとも溶存する。こうした土壌では，施与したリン（P）が作物に吸収されにくい形態になりやすい。土壌溶液中に溶存する Al^{3+} が，P と強く結合して，難溶性のリン酸アルミニウムになるためである。酸性土壌で，しばしばPが作物生育の阻害要因になるのはこのことによる。

したがって，このような酸性土壌では，まず酸性改良（適量の炭カルの施与）をして Al^{3+} を中和するとともに，P を十分に施与する必要がある。ただし，この場合の適正な P の施与量は，土壌中の作物に利用可能な形態（可給態）の P を測定し，それにもとづいて決定する（注 24）。

〈注 24〉
酸性土壌で施与したPの肥効低下が強調されるあまり，Pが過剰施与されることが多い。そのため，わが国の耕地土壌の可給態 P 含量が過剰になるほどの蓄積傾向にある。
土壌中の可給態P含量にもとづいて適正なP施与量を決める方法は，第 13 章4項の「土壌診断にもとづく養分の補給方法」を参照。

4 有機物の補給

土壌の有機物含量が少ないと pH 緩衝能が小さい。土壌有機物が，pH 緩衝能の大きい変異荷電の負荷電を多くもっているためである。そのため，堆肥などの有機物を積極的に補給することは，土壌の pH 緩衝能を高めるのに有効である。堆肥そのものがアルカリ性であるだけでなく，肥料養分も含んでいるので，酸性改良効果と養分的効果の両方が期待できる。

5 アルカリ性資材の過剰施与の害

酸性改良に熱心なあまり，炭カルなどのアルカリ性資材を必要量以上に施与する場合がある。ところが，こうした資材の過剰施与は土壌の pH を適正 pH 以上に高め，作物に必要な多くの微量要素の溶解性を低下させてしまう。その結果，逆に微量要素の欠乏症が発生する。ホウ素（B）や鉄（Fe），マンガン（Mn），亜鉛（Zn）などで出やすい（図 9 - 15）。これでは，「過ぎたるは猶(なお)及ばざるがごとし」である。

第10章 土壌肥沃度と作物生産

1 耕地の作物生産力と土壌

耕地は作物を耕作する土地であり，耕作する作物によって水田，畑，草地，樹園地などとよばれる。土壌は土地の構成物である。人類が農耕を開始し，大地で作物を栽培して以来，作物の根を受け入れて，作物を支持し，作物の養水分要求にこたえ，耕地での作物生産を支えてきた。

しかし，耕地の作物生産を支えているのは土壌だけではない。ここに，土壌の作物生産能力がすぐれたコムギ畑があったとする。しかし，土壌の作物生産力がどんなにすぐれていても，たとえば，夏に気温が上がらなければ，冷害になってコムギ畑という耕地の収量は激減する。このことは，少なくとも，「土壌の作物生産力」と「耕地の作物生産力」はちがう次元にあることを示している。

ある耕地が高い作物生産力をもつためには，土壌が作物生育に良好な状態でなければならない。しかし，作物生育に良好な土壌をもつ耕地が，常に作物生産力が高いとはいえない。つまり，土壌が作物生育に良好であるかどうかは，耕地の作物生産力を決定づける数多い要因（規制要因）の1つにしかすぎない（図10-1）。

2 土壌肥沃度とは

わが国ではこれまで土壌の作物生産力を，しばしば地力という語で表現してきた。しかし，地力は対象とする耕地での作物の収量で評価される用語である。したがって，地力は耕地の作物生産力を示している。

土壌肥沃度（ひよくど）は地力に類似した用語である（柴原，2010）。しかし本書では，土壌肥沃度を地力と同義語として考えていない。地力のように耕地の作物生産力を示す用語ではなく，耕地の作物生産力規制要因の1つと位置づけている。つまり，土壌肥沃度とは「作物の根を支える条件を備え，その根を通して作物の生育に伴って必要となる量の水分と養分を作物に供給する土壌の能力」（岡島，1976）である。

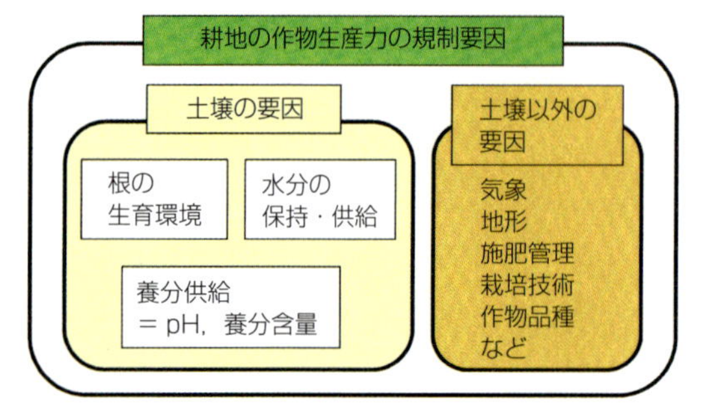

図10-1　耕地の作物生産力規制要因を構成する土壌と土壌以外の要因

したがって土壌肥沃度は，①根の生育環境にかかわる要因，②作物への水分供給にかかわる要因，③作物への養分供給にかかわる要因，の３つの要因によって規定される。

3 土壌肥沃度維持の歴史的経過

1 土壌肥沃度の維持は養分補給からはじまる

化学肥料が商品として世に出たのは，1843年７月１日土曜日のことである（注１）。したがって，土壌の養分補給に化学肥料が使われた期間は，まだ175年程度にしかすぎない。人類の農耕開始が旧石器時代の終幕で，およそ１万年前とされているから（タッジ，2002），農耕の歴史の大部分は化学肥料に依存せず土壌肥沃度を維持してきたことになる。

土壌の作物への養分供給にかかわる要因は，土壌肥沃度を構成する３つの要因の１つである。この要因が土壌肥沃度を維持するうえでとくに重要であることを，人類は早くから気づいていた。作物を栽培し収穫することは，耕地の土壌から養分を収奪することになり，なんらかの方法で土壌に収奪された養分を還元しないかぎり，土壌肥沃度が低下することを経験していたのである。だからこそ，人類は身近なものに養分源を求め，養分補給によって土壌肥沃度の維持に努めてきた。

化学肥料が世に出るまでは，森の腐葉土（ふようど），河川や湖沼の泥土，落葉，山林の下草，野草，草木灰，人や家畜のふん尿，さらに海藻なども耕地へもち込まれた。ありとあらゆるものが，耕地系外から耕地への養分移転材料として利用された。これらの作業には大変な労力と時間を要した。

そこで土壌肥沃度を維持しつつ，耕地の作物生産力を高めるための方法が求められた。そして考えだされた耕作方法，それがヨーロッパを中心に発達した輪作であった。

THE GARDENERS' CHRONICLE.
A STAMPED NEWSPAPER OF RURAL ECONOMY AND GENERAL NEWS.
THE HORTICULTURAL PART EDITED BY PROFESSOR LINDLEY.
No. 26—1843. SATURDAY, JULY 1. Price 6d.

GUANO ON SALE, as Imported, of first quality, and in any quantity, direct from the bonded stores, either in Liverpool or London. Also, NITRATE of SODA, Apply to H. ROUNTHWAITE & Co., Merchants, 6, Cable-street, Liverpool.

J. B. LAWES'S PATENT MANURES, composed of Super Phosphate of Lime, Phosphate of Ammonia, Silicate of Potass, &c., are now for sale at his Factory, Deptford-creek, London, price 4s. 6d. per bushel. These substances can be had separately; the Super Phosphate of Lime alone is recommended for fixing the Ammonia of Dung-heaps, Cesspools, Gas Liquor, &c. Price 4s. 6d. per bushel.

M'Intosh's New Edition of the
PRACTICAL GARDENER, in ONE VOLUME, containing the latest and most approved modes of Management of KITCHEN, FRUIT, and FLOWER-GARDENS, GREEN-HOUSE,

図 10-2
世界で最初の化学肥料の宣伝記事（中央の欄）
「過リン酸石灰とリン酸アンモニア，そしてケイ酸カリウムからなるローズの特許肥料がロンドン郊外デトフォード・クリークで売り出される」と書いてある（1843年７月１日のガーデナーズ・クロニクル誌，p442の一部）

〈注１〉
イギリスのローズ（Sir J. B. Lawes）がテムズ河畔デトフォード（Deptford Creek）の工場で過リン酸石灰，リン酸アンモニウム，ケイ酸カリウムからなる特許肥料を製造し，ガーデナーズ・クロニクル（Gardeners' Chronicle）誌にその販売広告を出したのがまさにこの日であった（図10-2）。これが，その後の化学工業の始まりでもある。

2 輪作による土壌肥沃度の維持

❶二圃式農法

輪作の初期は，きわめて単純に耕地を二分し，一方は作物栽培に用い，他方は作物栽培を休む（休閑という）ことで，土壌肥沃度の回復を自然にまかせた。休閑中も，ときどき耕起して雑草の防除もおこなった。

この農法を二圃式という。休閑は最も消極的な肥沃度維持対策であった。しかし，休閑だけで肥沃度を回復させるのはむずかしい。そのうえ作物生産も安定しない。そこで，しだいに次の三圃式へ移っていった。

❷三圃式農法

耕地を三区分し，その１つには秋播きコムギやライムギなどの越冬作物（冬穀）を作付けし，もう１つには夏作物のオオムギやエンバク，場合によってはソラマメ，エンドウなどの豆類（夏穀）を栽培し，残りの１つは休閑して輪作する農法である（図10-3）。播種期が秋と春の2回に分散しているため，農作業の均平化と凶作の危険分散が可能になった。

この農法のもう1つの大きな特徴は，耕地のまわりにある広大な共同放牧地を利用して，家畜が飼養されたことである。耕地系外の共有地や共同利用の永久放牧地で放牧される家畜は，夜になると畜舎にもどり，畜舎で排泄されたふん尿は，堆肥として休閑地に還元された。こうして，耕地系外の放牧地の土壌にあった植物の養分が，家畜ふん尿にかわり耕地に補給され，耕地の土壌肥沃度が維持された。

ただし，この時代には，家畜の冬期用飼料を耕地から十分に生産することができなかった。晩秋には共同放牧地の牧草生産量が減るため，放牧家畜を十分に飼養できず，多くは食用などへ淘汰され，飼養頭数が制限された。したがって，家畜ふん尿による堆肥生産量はわずかで，耕地の土壌肥沃度を十分に維持することがむずかしかった。結果的に，この農法で耕地から生産される穀物では，人口の増加にともなう穀物需要に対応しきれなくなった。

〈注2〉
イギリスの産業革命は都市人口を急激に増加させた。その結果，農村は都市への食料供給のための穀物増産が迫られた。こうした事情が，囲い込みの進行や，地主から広大な土地を借りた資本家が，農民を賃金労働者として雇い，利益をあげるための穀物生産をおこなう農場経営を生みだし，拡大させた。これによって，イギリスの農村から共同体的自給自足経営が姿を消していった。こうした，18世紀後半に，イギリスの産業革命とともにおこった農村社会の変革を「農業革命」という。

❸穀草式農法

この農法では，三圃式農法での飼料不足を解消するために，共同放牧地の一部を囲い込んで（囲い込み＝エンクロージャー）自己所有の牧草地に転換した（注2）。それによって，家畜の飼料確保に努めた（図10-3）。牧草の耕地への導入は，牧草の豊富な根による，土壌の構造を改善する効果とともに飼料増産をもたらした。

その結果，家畜の飼養頭数が増え，堆肥の生産量が増えた。牧草地には放牧中の家畜からのふん尿も直接還元された。増えた堆肥は草地以外の耕地へ施与された。こうして，草地から耕地への養分移転がすすみ，土壌肥沃度の低下はゆるやかになり，耕地の穀物生産力が改善された。しかしこの農法は，広く普及する前に次の輪栽式農法に切り替わっていった。

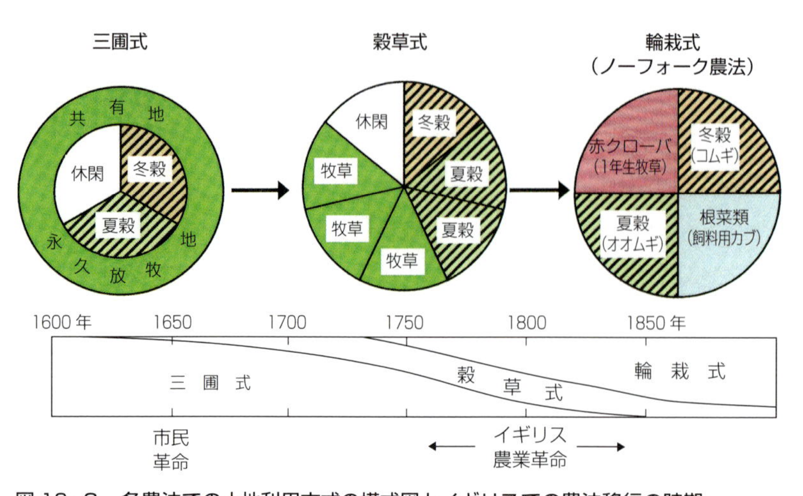

図10-3　各農法での土地利用方式の模式図とイギリスでの農法移行の時期
（加用，1975の2つの原図を1つにまとめた）
耕地の作付け順序は，時計回りで毎年移行していく。冬穀（秋播き穀物）はコムギ，ライムギ。夏穀（春播き穀物）はオオムギ，エンバクまたはところによりソラマメ，エンドウなどを含む。穀草式での牧草は，おもに多年生のイネ科牧草，一部シロクローバなどのマメ科牧草を含む

❹輪栽式農法（ノーフォーク農法）

18世紀の半ばころになると，イギリスのノーフォーク地方（図10-4）を中心に，当時としては最も集約的な4年輪作農法が確立された。これが輪栽式農法，あるいはノーフォーク農法といわれるものである。

この農法の特徴は，共同放牧地と休閑を全て廃止して耕地化し，そこへ飼料作物の根菜類（家畜用カブ）とマメ科牧草のアカクローバを導入して（図 10-3），飼料生産量を増やしたことである。これによって飼料不足が解消され，家畜の多頭飼養と冬季舎飼いが可能になり，堆肥生産量が飛躍的に増えた。そのため耕地への堆肥施与量が多くなり，土壌肥沃度が維持向上した。また，アカクローバに共生する根粒菌によって窒素固定がおこなわれ，それが土壌の窒素供給力を高めた。

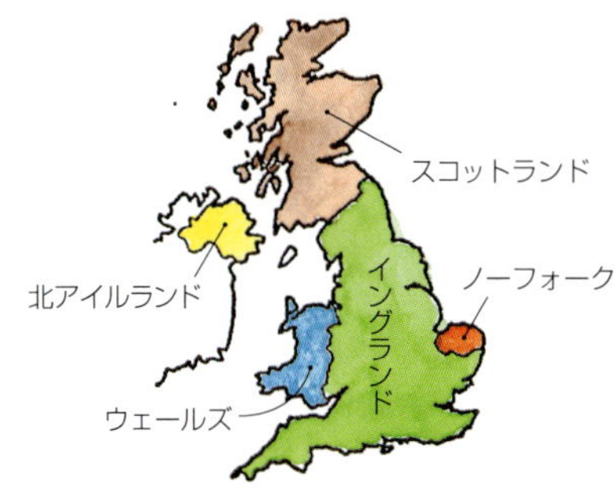

図 10-4　ノーフォークの位置
現在のイギリスは，イングランド，スコットランド，ウェールズそして北アイルランドの連合王国である。ノーフォークはイングランドの一部である

浅根性のムギ類と深根性の根菜やアカクローバの栽培は，土壌中の養分吸収領域を拡大させた。さらに，根菜類は土壌にすき間（孔隙）をつくり，土壌の堅密化を防いで物理性改善効果をもたらした。飼料畑の土壌中にあった養分は飼料作物によって吸収され，それが家畜のふん尿を通して堆肥に姿をかえ，飼料畑から耕地へ移動した。堆肥が養分移転材料として，とくに重要な役割をはたした。

こうして耕地の土壌肥沃度が改善された結果，この農法が導入されはじめた 1750 年代には 1.0t/ha 程度しかなかったコムギ子実収量が，この農法が広く普及した 1850 年代には 1.7t/ha 程度にまで増えた（Bingham et al., 1991）。この増産によって，ノーフォーク地方だけで全イングランドの穀物生産量の 90%をまかなうほどの生産量をあげるようになった（飯沼，1967）。当時，この農法がいかに画期的であったかがうかがえる。

❺ノーフォーク農法のその後と化学肥料の登場

19 世紀，イギリスの農業はノーフォーク農法の絶頂期に黄金時代をむかえた。しかし，この黄金時代は長続きしなかった。アメリカやカナダから安価なコムギが大量に輸入されるようになったからである。これによってイギリスのコムギ栽培は大打撃を受け，農業不況におちいった。この不況は 1875 年ころからはじまり，第一次世界大戦中に一時中断したものの，およそ 60 年間もつづいた（McClean, 1991）。

農業不況はノーフォーク地方でも深刻だった。ノーフォーク農法では，堆肥生産のために家畜を必要とし，耕地の 2 分の 1 が家畜の飼料生産のために割り当てられている。しかし，飼料生産からは収益が直接上がらない。そこで飼料生産をやめ，換金作物を栽培して収益増をめざし，不況を脱出したいという要求が高まった。ただし，飼料生産をやめると家畜を飼養できなくなり，同時に堆肥生産ができなくなって作物生産そのものが減収する（注 3）。したがって，問題は堆肥の代用になる養分源をなにに求めるかであった。その解決策が当時販売されはじめた化学肥料であった。

当時の農業者の大部分は化学肥料の使用経験がなかった。したがって，化学肥料を堆肥の代用として本当に利用できるのかという不安があった。この不安を解消するには科学的裏付けが必要だった。そこで，ノーフォークの農業者は，自分たちで出資してノーフォーク農業試験場（現 The Morley Agricultural Foundation）を 1908 年に設立した。これは，化学肥料を世に送り出したローズが，化学肥料の肥効確認のために，ローザム

〈注 3〉
ノーフォーク地方の対岸，ヨーロッパ本土のフランドル地方には，「飼料なければ家畜なし，家畜なければ肥料なし，肥料なければ収穫なし」との格言がある。ノーフォーク農法はまさにこのフランドル地方の格言を実行したものであり，養分循環型農業そのものである。

〈注4〉
現在でもノーフォーク地方では，伝統的農法を受け継ぎ，4年輪作体系が根付いている。基本的な輪作体系は，コムギーテンサイーコムギーバレイショまたは豆類（ソラマメ，エンドウ，インゲンマメなど）である。
畑が立地する土壌によって，輪作体系が上記の基本輪作から多少変化する（松中，1996）。たとえば，土壌の窒素供給力が劣る砂質土の地域では，コムギではなくオオムギが栽培される。粘質土壌の地域では，バレイショのかわりにナタネが加わる。粘質がより強い土壌の地域では，テンサイにかえて，アマニ油の原料生産のためにアマが栽培される。

ステッド農業試験場を1843年に設立したことを見習ってのことである。

ノーフォーク農業試験場での12年間にわたる長期輪作試験結果は，作物の収穫残渣（麦稈（ばっかん）＝ムギワラや，テンサイ地上部）の土壌へのすき込みに化学肥料を併用すれば，堆肥無施与でもオオムギやコムギの子実収量を堆肥施与区とほぼ同じに維持できることを明らかにした（Rayns and Culpin，1948）。この結果にもとづき，化学肥料の併用を条件に，飼料用カブのかわりに同じ根菜類のテンサイを，アカクローバのかわりにバレイショの栽培が推奨されるようになった（McClean, 1991）。こうして化学肥料の不安が少しずつ解消され，ノーフォーク農法の養分源が堆肥から化学肥料へ徐々に移行し，世のなかに化学肥料が受け入れられていった（注4）。

4 わが国の水田での土壌肥沃度の維持

わが国の主要作物であるイネは水田で栽培される。イネはもともと連作が可能だったため，わが国ではヨーロッパのような輪作を考える必然性に乏しかった。しかも，水田にはかんがい水に溶け込んだ養分が自然に補給されるため，畑にくらべ土壌肥沃度の低下がゆるやかである。それだけでなく，わが国では耕地内外からの養分が，勤勉な労働を背景に積極的に水田にもち込まれた。たとえば，林地の下草や野草などからつくられる堆肥，イネのわら類を燃やした草木灰などである。そのためイネの子実収量は，太閤検地がおこなわれた16世紀末ですでに1.8t/haと，絶頂期のノーフォーク農法によるコムギ収量と同等の生産量を上げていた（高橋，1991a）。

さらに江戸時代の17世紀以降には，人のふん尿であるし尿が商品化し，その農地還元の経路がしっかりと確立されていた（高橋，1991b）。こうしたわが国の完全な養分循環システムが，土壌肥沃度の維持に大きく寄与していた。

無機栄養説（第11章2項参照）を普及させたリービヒでさえ「日本の農業の基本は，土壌から収穫物にもち出した全植物養分を完全に償還することにある。日本の農民は輪作の強制についてはなにも知らず，ただ最も有利と思われるものをつくるだけである。彼の土地の収穫物は地力の利子なのであって，この利子を引き出すべき資本に手をつけることは，決してない」（リービヒ，2007）と驚嘆した。

しかし残念なことに，20世紀にはいって下水道がわが国にも普及するにともない，し尿の耕地還元システムはほぼ完全に姿を消し，養分循環経路が断ち切られてしまった。

5 堆肥の施与効果

洋の東西を問わず土壌肥沃度を支えてきたのは，堆肥を中心とする有機物であった。それは，化学肥料がこの世にあらわれて約175年経過した現在もかわらない。堆肥にどんな効果が期待できるのか，以下で考えたい。

1 そもそも堆肥とはなんであったのか

化学肥料のない時代，作物養分はどこにでもあるのではなく，土壌中にだけ存在するものだった。したがって，作物栽培によって土壌から収奪された作物の養分を補給するには，なんらかの方法で土壌中の作物の養分を回収し，それを別の場所に移動させる養分移転材料を必要とした。ヨーロッパの輪作による土壌肥沃度維持の歴史は，農業者が養分回収に家畜を利用し，家畜のふん尿によって土壌中の養分を堆肥という姿に変化させ，養分移転材料に用いてきた歴史でもある（注５）。

堆肥などの有機物資源は，19世紀に化学肥料が世にあらわれるよりはるか以前から，ずっと養分移転材料として利用されてきた。だからこそ堆肥への信頼感が，私たちの体にしみ込んでいるのだろう。それが有機農業や有機農産物への安全意識や安心感につながっているのかもしれない。

〈注５〉
堆肥生産のための養分回収方法には２つある。１つはヨーロッパの輪作の歴史でみたように，家畜を利用し，家畜のふん尿の形で土壌中の養分を回収する方法である。もう１つは，人の労働によって耕地の外で育つ植物（たとえば，野草や雑草，水田のあぜ（畦）草，落葉や落枝，山林の下草など）を収集し，堆肥化して回収する方法である。かつて，前者の家畜のふん尿を含む堆肥を「きゅう肥」，後者の家畜のふん尿を含まないものを「堆肥」と表現し，区別することがあった。しかし最近は，家畜のふん尿を含む堆肥生産がほとんどで，含まない堆肥生産はきわめてまれである。したがって，本書では，「きゅう肥」と「堆肥」を区別することなく，すべて堆肥という用語を使っている。

2 堆肥の施与効果に対する考え方

後述するように，有機物としての堆肥にはさまざまな施与効果が期待できる。しかし，期待できる効果と，効果が作物の増収につながるかどうかは別問題である。たとえば，堆肥を施与すると土壌の保水性が改善されることが多い。このとき，保水性が作物生育の制限因子になっていた土壌であれば，施与効果は増収をもたらす。しかし，たとえば有機物の多い黒ボク土のように，もともと保水性に優れた土壌では，堆肥の施与によって保水性が多少改善されたとしても，それが作物生育の制限因子になっていないため，増収につながらないことがある。このように，堆肥を施与すれば，作物の種類や土壌条件にかかわらず，期待される効果の全てがいつも自動的にあらわれ，作物の収量を増加させるとは必ずしもいえない。

そこで，ここでは，堆肥が施与後に土壌中へすき込まれるのが一般的な畑と水田を対象に，土壌条件によって堆肥の施与効果がどのようにちがうかを考えてみる（注６）。

〈注６〉
草地では堆肥を施与しても，造成時を除き，土壌にすき込むのは不可能である。堆肥は草地表面に施与されるのが一般的である。そのため，期待される施与効果が畑や水田とは大きくちがってくる（詳細は第14章５項参照）。

3 堆肥の施与によって期待される効果

堆肥を施与し土壌と混和されることによって，おおまかに，①養分としての効果，②安定した有機物としての効果，③生物の給源としての効果，の３つが期待できる（表10-1）。

❶養分としての効果

堆肥の施与で直接的に期待できるのは，養分としての効果である。養分としての効果には，①多量要素，とりわけ三要素（窒素，リン，カリウム）の給源，②微量要素の給源，③緩効性（かんこうせい）肥料（肥効がゆっくりあらわれる肥料），④植物ホルモンの給源などが含まれる。

これらの効果で，土壌条件にかかわらず，堆肥の施与によって増収効果が期待できるのは，①の三要素肥料としての効果である。畑や水田の土壌で，窒素，リン，カリウムのいずれもが制限因子にならないという土壌は考えにくいからである。また，③の緩効性肥料としての効果も土壌条件に

表 10-1　堆肥の施与効果（山根，1981）

期待される効果	効果の内容	造成地	畑		水田	
		有機物少＊	有機物少	有機物多＊	有機物少	有機物多
①養分として	三要素肥料として	○	○	○	○	○
	微量要素肥料として	○	○	○	×	×
	緩効性肥料として	○	○	○	○	○
	植物ホルモンとして	○	×	×	×	×
②安定した有機物として	物理的な性質の改造者として	○	○	×	○	×
	陽イオンの保持者として	○	○	×	○	×
	有害物の阻止者として	○	○	×	○	×
	微量要素の溶解者として	○	○	×	○	×
	変化をやわらげる物質として	○	○	×	○	×
③生物の給源として	微生物，土壌動物の給源として	○	×	×	×	×

○：効果が期待できる　×：効果が期待できない
＊：土壌の有機物含量の多少の判定基準＝有機物（腐植）の含量が２～5%のあいだで基準が決まる。たとえば，砂質土壌なら１～2%程度を，また細粒で粘土質の土壌なら５～6%程度を判定基準とする。実際には，土壌の有機物含量は分析しなければわからないので，上記の基準を見た目で判断するとすれば，土色が黒～黒褐色で黒みを帯びていれば有機物が多いと判断し，黒みを帯びていない場合は有機物が少ないと判断してよいだろう

かかわらず確実であろう。堆肥が施与されると，土壌中の生物が堆肥を分解し，それにともなって徐々に養分としての効果が発揮されるからである。堆肥を連用すれば，さらに累積的で持続的な養分効果が期待できる。

ところが，②の微量要素肥料としての効果は，水田ではあまり期待できない。かんがい水中に微量要素がかなり含まれており，イネ栽培期間に多量に更新されるかんがい水から供給される微量要素量が多いからである（第 14 章１項参照）。また，④の植物ホルモンも，栽培履歴のある水田や畑で実際にどれほどの効果が期待できるかは，まだよく知られていない。ただし，造成地のように作物栽培の履歴が短く，有機物を含む表土が完全に除去され，有機物をほとんど含まない下層土が作土になっているような場合には，効果が期待できそうである。

❷安定した有機物としての効果

ここでいう安定した有機物とは，土壌中の生物による分解を受けたあとに残った有機物そのものや，それが土壌中の無機物である粘土（注７）と結合した有機無機複合体などのことである。

堆肥が土壌にすき込まれると，堆肥中の分解されやすい有機物（易分解性有機物）は分解にともなって養分的効果を発揮していく。一方，分解しにくく土壌に残った有機物は安定した有機物へと変化し，土壌中にもともとあった安定した有機物とともに，次のような効果を発揮する。①土壌のすき間の大きさやその割合（孔隙分布），透水性，保水性，通気性，耕しやすさ（易耕性）など土壌の物理性の改善，②陽イオン保持能の増加，③有害物を抑制する効果（注８），④微量要素の溶解者としての働き，⑤有機物のもつ環境変化をやわらげる作用（緩衝力）などである。

しかし安定した有機物としての効果が，作物の収量増加に寄与できるのは，施与された土壌の有機物含量がある基準（土壌によってちがい，２～５％の範囲）より少ない場合であり，それ以上の場合は効果が期待できな

〈注７〉
土壌から有機物を取り除いた，無機物の土壌粒子のうち，粒径が 0.002㎜より小さい粒子画分である。ここでいう粘土とは，粘土鉱物だけでなく，この粘土画分に含まれる無機成分を含んでいる。第５章６項を参照。

〈注８〉
たとえば，リンと結合しやすいアルミニウムなどと結合し（キレート作用という），その活性を低下させる効果。

い（山根，1981）。有機物含量が多い土壌では，その有機物の作用があるので，土壌の物理的な性質が作物生産の制限因子になりにくいからである。

❸生物の給源としての効果

堆肥中には多くの土壌生物（土壌動物，微生物など）が生息している。したがって堆肥の施与は，土壌中にこれらの生物を供給することになるので，その給源としての効果が期待できる。しかし，この効果も施与する土壌が通常の土壌であれば，その土壌に生息している生物数のほうが圧倒的に多く，堆肥に土壌生物の給源としての直接的な効果は期待しにくい。この効果も，造成地のような，極度に有機物が少ない土壌が作土となった場合に限定すべきであろう。

堆肥の施与が土壌生物に与える影響は，むしろ，1年間の効果としてとらえるよりも，連用による累積的な効果のほうが期待できる。ただし，その場合でも，生物数の多様化や増加が作物収量の増加に対応するかどうかは，多くの条件によって変化する可能性がある。

6 堆肥と化学肥料

1 化学肥料への不安と堆肥への期待

化学肥料の出現以降，養分源として化学肥料に依存する割合が高まった。苦労して堆肥を生産しなくても，化学肥料が手軽に養分を提供してくれるからである。

しかし，実際に世界で化学肥料の施与量が増加したのは，1960年代後半からのいわゆる「緑の革命」（注9）以降である（図10-5）。

化学肥料への依存度が高まるにともない，最近では化学肥料の多量施与が，土壌肥沃度をむしろ低下させるのではないかとの不安さえ広まっている。このため化学肥料を全く用いず，堆肥などの有機物資材だけを利用するいわゆる有機農業に大きな期待が寄せられている。こうした，有機物利用を中心とする農業では，堆肥に含まれる植物遺体やふん尿に由来する養分には，同じ養分でも化学肥料のような無機質形態にはない，特別な活力があるとの考え方がある（ロデール，1993）。

2 化学肥料だけしか使わない畑でのコムギの生育

❶化学肥料が世に出た年から170年以上つづいている試験

実際に，堆肥と化学肥料の養分的効果になにか特別なちがいがあるのだろうか。この問題に1つの回答を与える有名な試験がある。イギリスのローザムステッド農業試験場（図10-6）でおこなわれているブロードボーク・コムギ試験がそれである（図

〈注9〉
緑の革命とは高収量品種（多肥条件でも倒伏しないように草丈が低く，かつ光合成に有利なように，葉が直立する性質をもつように改良された品種）の導入，適切な病害虫の防除管理，十分な水と肥料の供給という3条件を満たすことで，穀物（トウモロコシ，コムギ，イネなど）の大量増産を実現させたことをいう。コムギでこれを推進したボーローグ（Norman E. Borlaug, 1914～2009）は，緑の革命によって世界の食料不安を改善したとして，1970年にノーベル平和賞を受賞した。
しかし，この技術を導入するには，肥料や農薬，さらに水供給の施設などのために資本を必要とする。このため，途上国でこの技術を自力で導入するのはむずかしく，むしろ，「緑の革命の科学と技術は，貧しい地域や貧しい人々，そして伝統的に培われた持続可能な技術を排除した」との厳しい批判（シヴァ，1997）があるのも事実である。

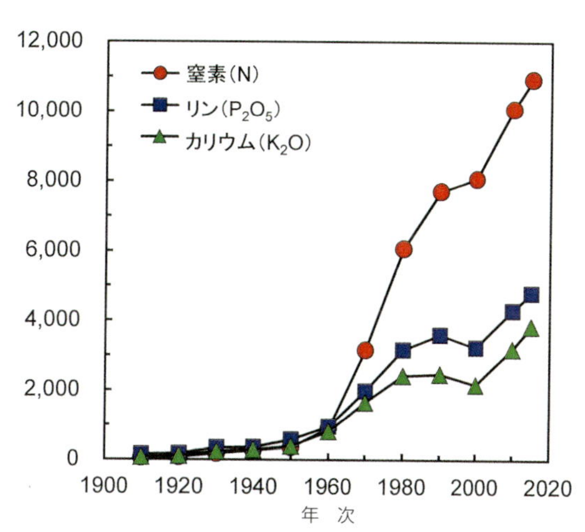

図10-5 20世紀以降の世界の化学肥料使用量の推移
1910～2000年は髙橋（2004）による。それ以降はFAOデータ（FAO，2017a，b）である

図 10-6
イギリス・ローザムステッド農業試験場（現, Rothamsted Research）の旧本館（ラッセル館）
ローザムステッド農業試験場は，化学肥料の生みの親であるローズ自身が設立した，世界最古の農業試験場である

図 10-7　ブロードボーク・コムギ試験圃場全景
1843 年から試験開始。この圃場の大きさ＝ 320m × 150m
(Copyright Rothamsted Research Ltd)

10 - 7）。

この試験は，化学肥料を世に送り出したローズが，リービヒのもとで化学を学んだギルバート（Sir J. H. Gilbert）を自分の生地ローザムステッドに招き（図 10 - 8），化学肥料を販売しはじめた 1843 年から開始した試験で，現在も継続されている。

この試験の目的は，化学肥料の肥効を堆肥と比較することであった。化学肥料を世に出したその年に試験を開始しているので，この試験圃場の化学肥料区以上に長く化学肥料だけで作物を栽培しつづけた場所は，世界に存在しない。

図 10-8
ローズ（左），Sir John Bennet Lawes，1814 ～ 1900）とギルバート（右），Sir Joseph Henry Gilbert，1817 ～ 1901）
(Copyright Rothmasted Research Ltd and courtesy of Paul Poulton)

❷化学肥料区と堆肥区の差はない

この試験の結果を示したのが図 10 - 9 である。連作コムギ試験の化学肥料（N 144kg /ha）区のコムギの子実（しじつ）（穂についた実の部分）収量は堆肥区と大差がない。化学肥料だけであっても与える量が適量であれば，堆肥だけでコムギを生産した場合とかわらず，ほぼ同等の子実生産が可能であることがわかる。また興味深いことに，いずれの処理区も連作が 60 年ほど経過した 1902 年以降に収量が低下している。

ただし，これらの処理区に休閑を導入すると再び収量が回復している。これはコムギの連作障害が化学肥料区だけでなく堆肥区でも発生し，回復には，堆肥や化学肥料の与え方といった養分的な処理ではなく，休閑処理のほうが有効であったことをも示している。

❸高収量品種，堆肥＋化学肥料の増収効果

さらに重要なこととして，1968 年以降に高収量品種（注 9）がこの試験に導入されたことがある。堆肥や化学肥料の施与量がそれまでと同じであるにもかかわらず，品種を変更しただけで連作コムギの収量が 2 倍近く増えている。高収量品種の高い生産能力が確認できる。

しかも，1968 年以降に設けられた 5 年輪作区では，堆肥に化学肥料の

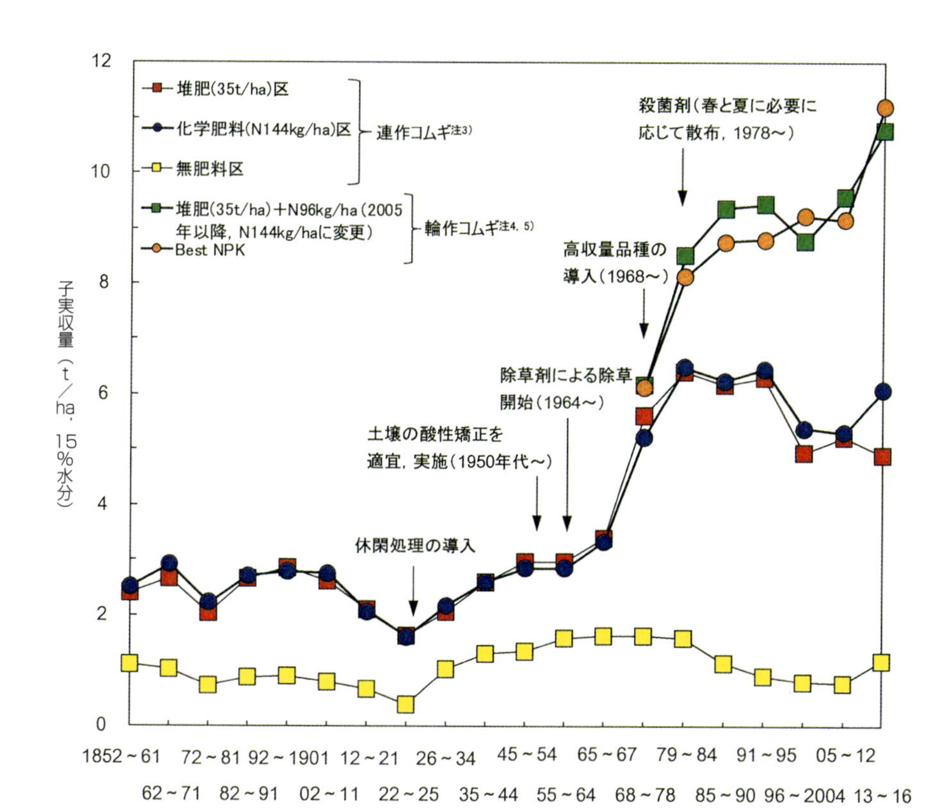

図 10-9　堆肥と化学肥料だけで育てたコムギの子実収量の変化

注）1. 子実収量のデータ：下記 URL で詳細な説明とともに公開されている
http://www.era.rothamsted.ac.uk/Broadbalk/bbk_open_access#SEC1
1967 年までの収量は原則として各 10 年間の平均値。1968 年以降，高収量品種を導入し，同一品種の栽培期間での収量の平均値
2. 各処理区の養分施与量：堆肥区＝堆肥 35t/ha，化学肥料区（N3-P-K-Mg）＝ 144-35-90-35kg /ha，Mg は 3 年に 1 度施与。Pの施与は現在休止。土壌の可給態P含量が蓄積して高含量となったため。適正含量にもどればP施与を再開
3. 連作コムギの栽培：試験開始から 1925 年まで連作。連作障害があらわれてきたため，1926 年に休閑処理を導入。その後，原則として 1 年休閑 4 年連作で栽培
4. 輪作コムギ栽培：1968 年から導入。エンバク－トウモロコシ－コムギ－コムギ－コムギの5年輪作。収量データは，トウモロコシの次の最初の作付けコムギの子実収量
5. 輪作コムギの「Best NPK」：N 施与量が異なる化学肥料区のうちで，最も多収だった処理区の収量を各期間で平均した値

窒素分を加えて全窒素施与量を多くした結果，収量が ha 当たり 9 t（日本のコムギの平均的収量およそ 4 t/ha の 2 倍以上）をこえる水準に増えた。この収量は，1967 年までの古い品種時代の堆肥区の収量のおよそ 3 倍にもなっている。堆肥に化学肥料の養分を追加したことによる増収効果は明らかで，高収量品種の肥料養分への反応のよさが理解できる。

3 化学肥料だけしか使わない畑での土壌生物

化学肥料を使いつづけると土壌中の生物が死に絶える，だから「土が死ぬ」と考える人がいる（ロデール，1993）。もし，化学肥料を使いつづけることで土壌生物が絶滅するのであれば，もちろんコムギの収量や生育に影響するはずである。

しかし実際には，そのような現象はブロードボーク・コムギ試験ではま

ⓐ写真中央の点線の左側が，1843 年以来，堆肥（35t/ha）だけ与えつづけてきた区。右側は，1968 年以降，堆肥に化学肥料の窒素を上積み施与した区。窒素施与量は，1968 ～ 2004 年は 96kg /ha，2005 年以降は 144kg /ha に変更された
ⓑ 1843 年以来，堆肥も化学肥料も全く与えていない区。葉が窒素欠乏症状を示し，黄色みが強い
ⓒ堆肥だけの区とほぼ同等の収量を維持している化学肥料だけの区（化学肥料の窒素施与量は 144kg /ha）
ⓓ堆肥区よりも多収になっている化学肥料区（化学肥料の窒素施与量は 192kg /ha）
写真ⓒとⓓは，いずれも，1843 年から養分として化学肥料以外なにも与えていない。しかし，コムギは健全に育っている

図 10-10　1843 年から堆肥だけ，あるいは化学肥料だけでコムギを栽培しつづけている ローザムステッド農試・ブロードボーク圃場　（撮影：2005 年 6 月 22 日）

ったく認められていない（図 10 - 10）。

化学肥料区と堆肥区の土壌生物数を調査した結果によると（Russell, 1973），堆肥区でわずかに多かった程度である（表 10 - 2）。化学肥料だけを施与しつづけたために，土壌生物が生息しなくなったという事実はない。

また，長年ローザムステッド農試の場長をつとめたラッセル（Russell, E. J.）は，「化学肥料がミミズに有害だから使用すべきでないという懸念がもたれている。しかし，ブロードボーク・コムギ試験圃場において，100 年以上も連続して慣行量以上の化学肥料を施与してもそういう兆候はない」と明確に指摘している（Russell, 1957）。

有機農業に深い理解をもつブロムフィールド（注 10）も，化学肥料を適切に使えば土壌中の生物に害を与えることはなく，また，ミミズを有機物のない不毛の土壌に与えるだけで，その土壌が生きかえるというのは「変わりものの熱意のほどをあらわした途方もない主張である」といましめている（ブロムフィールド，1973）。

では，なぜ「化学肥料を使いつづけると土が死ぬ」といわれるようになったのか。化学肥料は手軽に養分を補給できる。それだけに，注意深くおこなわないと，「施与適量」の範囲をこえて施与しやすい。その結果，養分過剰で土壌の塩類化を発生させたり，土壌の急速な酸性化を助長したりする悪影響がでる。

こうした誤った使用例が，一般的な話として化学肥料への評価になったのかもしれない。

〈注 10〉
Louis Bromfield（1896 ～ 1956）。アメリカの小説家でエッセイスト。第 1 次大戦後，フランスに長く滞在し，多くの作品を世に出した。新聞報道や，文学，音楽などで卓越した活動をした人に贈られるピューリッツァー賞を小説部門で受賞している。1939 年に郷里オハイオにもどり，広大な農場（マラバー農場）の経営に専念した。このあいだに，土地や農業について愛情に満ちた数々のエッセイを発表している。

表 10-2　堆肥，化学肥料の長期連用とコムギ畑の土壌生物数（Russell, 1973）

計測方法	無肥料区	化学肥料区	堆肥区
細菌数			
全細胞数 (10^9/g)	1.6	1.6	2.9
平板法 (10^6/g)	50	47	67
糸状菌数			
菌糸片数 (10^6/g)	0.85	0.94	1.01
菌糸長 (m/g)	38	41	47
平板法 (10^6/g)	0.16	0.26	0.23
原生動物数			
全動物数 (10^3/g)	17	48	72
活性動物数 (10^3/g)	10	40	52

注）1.　このデータは，ブロードボーク・コムギ圃場で，堆肥あるいは化学肥料を 105 年間連用した 1948 年の 1 月 20 日から 6 月 23 日まで，月に 1 度ずつ計測した 6 回のデータの平均値である。この表の堆肥区の堆肥施与量は 35 t/ha，化学肥料区の窒素施与量は 96kg /ha で，リン（P），カリウム（K），マグネシウム（Mg）の施与量は他の化学肥料区と共通
2.　細菌数と糸状菌数のデータは，P.C.T. Jones, J.E. Mollison および F.A. Skinner らによる。原生動物数のデータは，B.N. Singh による

4 わが国での堆肥連用試験

わが国でも堆肥連用試験が，全国で数カ所，畑や水田で30年間以上実施された（注11）。それらの結果でも，堆肥が化学肥料とはちがう特別な肥料的効果を示したことは認められていない（山根，1974）。

5 堆肥と化学肥料の共通点とちがい

これまで述べてきたことによれば，現段階では堆肥などの有機質肥料であろうと化学肥料であろうと，施与量が適切な範囲であれば，作物生産に対する養分としての効果に特別なちがいはないと指摘できる。

ではいったい，両者でなにが同じでなにがちがうのか。それを整理したのが表10-3である。両者のちがいで重要なことは，化学肥料には養分的効果以外の効果はないこと，堆肥とはちがって過剰に与えすぎる危険性が大きいということである。

6 有機栽培と慣行栽培による作物の品質や栄養価のちがい

作物生産におよぼす養分的効果は，堆肥と化学肥料に特別なちがいはなかった。しかし，化学肥料や農薬を用いる慣行栽培でつくられた作物より，化学肥料や農薬を使わず，堆肥などの有機物資材だけで栽培した有機農産物のほうが栄養的にすぐれ，おいしく，健康にもよいといわれることがある（有吉，1975）。しかし，科学的な検証は必ずしも十分でなかった。

そこで，イギリスの食品基準庁（FSA: Food Standards Agency，各省庁とは独立した政府組織）は，科学的にこの問題を検証するように，ロンドン大学衛生熱帯医学大学院の栄養公衆衛生研究ユニットへ委託した。その結果は（注12），有機栽培で生産された食品と慣行栽培で生産された食品には，栄養面からみて大差がなく（Dangour ら，2009），健康への影響は検討可能な論文数が少ないため，明確な結論をだせなかった（Dangour ら，2010）。この結果を受けて食品基準庁は消費者に対して，正確な情報を得たうえで食品を選ぶべきであると指摘している（FSA，2009）。

〈注11〉
実施された場所は，畑では青森県農試藤阪支場の1カ所，水田では青森県農試（黒石市），栃木県農試（宇都宮），香川県農試（仏生山町），岩手県農試（盛岡市）の4カ所である。

〈注12〉
1958年から2008年までの51年間で，有機栽培と慣行栽培の食品の内部品質に関する論文数は世界で52,471本あり，健康への効果に関しては91,898本あった。これらの論文の中から，①審査を受けたうえで科学雑誌に掲載された論文であること，②科学的根拠の明白なデータにもとづく結論が記載されていること，といった基準を満たす論文が厳選された。
また，ロンドン大学の研究ユニットが，有機食品と慣行食品のどちらかを推奨する立場に立つと，検討結果にひずみがでる可能性がある。それをさけるため，外部評価委員がこのユニットの論文選抜法やその検討過程，さらには報告書案などを厳しく点検した。こうして十分に検討に値する論文をしぼり込むと，最終的に内部品質については162本，健康については11本になった。
これらの論文を対象に，統計的解析をおこなった結論である。

表10-3　堆肥（有機物資材）と化学肥料の共通点とちがう点

比較点	堆肥（有機物資材）	化学肥料
期待できる効果	養分効果のほかに，土壌の物理的性質や化学的性質の改善，さらに，微生物の給源としての効果が期待できる。ただし，これらの効果が全ての土壌で自動的に発現するというものではない	養分的な効果だけで，それ以外の効果は期待しにくい
養分的効果の特徴	原則的には，土壌に与えられた後，土壌の微生物などによる分解を受けた後に，作物の養分としての効果が期待できるので，肥料的な効果はゆっくりである（緩効性）。したがって，追肥として利用しにくい	土壌に与えられるとすぐに水に溶け，作物に吸収可能になる（速効性）。したがって，作物が必要とするときに必要な量を追肥として与えることができる
含まれている養分量	一定の重さ当たりに含まれている養分量は，化学肥料に比較して格段に少ない。基本的に1㎡当たり㎏単位（ha当たり数十t単位）で与える	一定の重さ当たりでは，堆肥より100倍ほど多く養分が含まれている。基本的に1㎡当たりg単位（ha当たり数十㎏）で与える
与えすぎの危険性	1㎡当たり㎏単位で与えるので，適正に利用するかぎり，与えすぎということはあまり発生しない。ただし，最近は適正施与量を無視して堆肥を与えすぎるために，土壌が養分過剰になってしまうという問題も指摘されている	1㎡当たりg単位（ha当たり数十㎏）で与えるので，正確に分量をはかって土壌に与えなければ，過剰施与の危険性がある

Dangour ら（2009，2010）と同様の手法で，アメリカ・スタンフォード大学のグループが医学的な観点から解析した検討結果でも，有機食品が慣行食品より栄養的に特別にすぐれているということはないと結論づけている（Smith-Spangler ら，2012）。

7 堆肥と化学肥料の利点を生かす

自然界のさまざまな現象全てが，科学的に完全に解明されているとはいえない。それゆえ，堆肥などの有機質資材に現時点で予期できない新しい効能がある可能性がなくはない。しかし，現時点までの知見によれば，食品の原材料になる農産物が有機栽培と慣行栽培のいずれでも，人の栄養や健康への効果は，両者に大きな差がないということである。ただし，有機栽培と慣行栽培というように，もともとちがう栽培法で生産された農産物を比較すること自体が非常にむずかしい。しかも，作物の栄養分などの内部品質は，土壌の水分条件や養分環境などによって大きく変化する（吉田ら，2005）。このため，どちらの栽培法が栄養や健康にすぐれているかといった，単純な比較をすること自体がそもそもむずかしい。

むしろ，たとえば有機栽培によって高品質・高栄養価の生産物が生産されたとしたら，どのような条件でそうなったか，その条件をつくるにはどうすべきか，ということを考えるほうが建設的であろう。堆肥と化学肥料を二者択一的に論議するのではなく，両者の共通点や相違点を十分に理解したうえで，与えられた圃場の土壌条件や栽培作物に照らし合わせ，両者の利点を生かすように工夫するのが私たちの役目である。

7 作物生産にとって「よい土壌」とは

土壌は環境によってつくられる歴史的自然体である（第２章参照）。与えられた環境にある土壌に，もともと良し悪しはない。しかし，日常の農業の現場では，しばしば土壌の良し悪しが話題にのぼり，一定の価値判断がなされている。この価値判断には暗黙の前提がある。その土壌で作物を生産するという前提である。したがってここでいう「よい土壌」とか「悪い土壌」とは，あくまでも作物を生産することを前提とし，作物生産に対してよいか悪いかという判断である。

作物生産にとって「よい土壌」とは，肥沃度の高い土壌のことである。いいかえると，作物生育に対して阻害要因をもたない土壌である。では，肥沃度の高い「よい土壌」とは具体的にどのような土壌なのか。それをこの章の最後に考えてみよう。

1 「よい土壌」であるための４条件

土壌肥沃度は，土壌の物理的性質にかかわる根の生育環境，作物への水分供給，土壌の化学的性質にかかわる作物への養分供給の３つの要因によって規定される。このうち養分供給については，たんに養分含量だけでなく，土壌中の養分が作物に利用しやすい状態であるかどうかに影響する，

pH も含めて考えたほうがよい。したがって，土壌が高い肥沃度にあるためには，以下の４条件を満たす必要がある（松中，2013）。

図 10-11　山中式土壌硬度計
手前のバネは，通常は硬度計本体の中にはいっている。左の先端部を土壌断面に垂直に押しつける。土壌が硬いと大きな力がかかるので，バネが大きく縮む。その縮んだ長さを㎜単位で表示する

図 10-12
下層土に礫層がある土壌断面

高い肥沃度で作物生産にとって「よい土壌」とは，土壌の物理的性質にかかわる２条件，①作物の根を確実に支えるために厚く軟らかな土壌が十分にあること，②適度に水分を保持し，なおかつ適度に排水もよいこと，および土壌の化学的性質にかかわる２条件，③土壌が適正な pH であること，④作物に必要な養分が利用可能な形態で適度に含まれていること，である。

ただし，上記の４条件は「よい土壌」としての概念を表現しているにすぎない。したがって，ある土壌がこの４条件に適合しているかどうかを判断することはできない。判断基準となる具体的な指標が示されていないからである。そこで，これまでの知見を総括し，４条件に適合するかどうか

表 10-4　作物生産にとってよい土壌であるための４条件とその具体的指標（松中，2013）

	条件	条件の内容	具体的指標
土壌の物理的性質にかかわる条件	①厚みと硬さ	作物の根を確実に支えるために，厚く軟らかな土壌が十分にあること	表層土[1]の指標 厚み＝20～30 ㎝ 硬さ＝スコップでらくに掘ることができる（山中式硬度計[2]の値で 20 ㎜ 内外） 下層土[1]の指標 厚み＝表層土と下層土の厚みを合計し，有効土層[3]として 50㎝ 以上 硬さ＝土壌断面に親指を突き立てたとき，爪～第一関節くらいまで土壌にはいる（山中式硬度計の値で 25 ㎜ 以下）
	②水分状態	適度に水分を保持し，なおかつ適度に排水もよいこと	中粒質土壌をめざす 中粒質土壌[4]：適度に排水がよく，有効水分量も多い（図 6-10 参照）少し水分を加えた状態で土壌を指先でコヨリをつくる要領で伸ばしたとき（図 5-5 参照），マッチ棒程度の太さと長さくらいになる 粗粒質土壌[5]：排水がよすぎて，保水性が悪い。上記のように指先で糸状に伸ばしても，糸状にならずにくずれる 細粒質土壌[6]：排水が悪く，有効水分量も少ない。指先で糸状に伸ばすと，マッチ棒以上の長さまで細く長く伸びていく
土壌の化学的性質にかかわる条件	③ pH	土壌が適正な pH であること	適正な $pH(H_2O)$ の範囲＝5.5～6.5 （作物によって，適正範囲 pH の低いほうであったり，高いほうであったりすることがある）
	④養分状態	作物に必要な養分が作物の利用可能な形態で適度に含まれていること	作物が利用可能な形態＝可給態（土壌診断での分析はこの形態の養分を測定している） 適度な可給態養分含量＝土壌診断基準値 土壌診断基準値は，対象となる作物によってちがう（第 13 章参照）

1）表層土とは，土壌の断面をみたときに，上層部にあって黒みがかった土色の層である（A 層。層の名称は，第２章７項を参照）。それよりも下に観察される層で土色が黒みを帯びない層が下層土である（B 層，場合によっては C 層）
2）図 10-11 参照
3）根は硬い岩盤やち密な礫（レキ）層があると（図 10-12），それ以上伸張できなくなる。根が伸張できる土壌の厚みを有効土層という
4）第５章５項の土性による分類（図 5-4）から，中粒質土壌は，壌土，シルト質壌土，砂質埴壌土，埴壌土，シルト質埴壌土，砂質埴土である
5）粗粒質土壌は，砂土，壌質砂土，砂壌土である
6）細粒質土壌は，重埴土，軽埴土，シルト質埴土である

の判断基準となる具体的指標をまとめると，表10-4のとおりである。

2 土壌の物理的性質を改善することのむずかしさ

土壌の物理的性質は土性（注13）に大きく影響される。土性は，土壌の母材や風化期間，生成過程などで決定づけられる。したがって，人為による土性の改変というのはきわめてむずかしい。

堆肥や有機物資材を施与することで，土壌の物理的性質が短期間で本質的に改善されるのであれば，物理的性質の悪い土壌はいずれ姿を消すだろう。しかし，現実には堆肥を数年連用しても，土壌の物理的性質を簡単に改善できるものではない。粗粒質土壌や細粒質土壌が，本質的に中粒質土壌に変化するということも，数年という単位では実現できないだろう。

土壌の物理的性質は自然から与えられた条件であって，それを受け入れて作物栽培をしていかざるをえない。土壌の物理的性質を改善するための努力は，改善効果をただちに期待するのではなく，さまざまな土地改良（注14）を含め，世代をこえて長期間継続していく必要がある。耕地が物理的性質のよい土壌に立地していることは，まさに幸運なことなのである。

3 土壌の化学的性質は改善しやすい

土壌の物理的性質にかかわる条件に比較すると，化学的性質にかかわる２条件は改善しやすい。酸性化した土壌には，アルカリ性資材（炭酸カルシウムなど）を適正量施与すれば，適正な土壌pHに改善できる。土壌の可給態養分含量も，土壌診断にもとづく養分補給（第13章4項参照）を適正におこなえば，不適切な状態から適切な状態に改善できる。

ただし，そのためには土壌の化学的性質を監視する意味でも，定期的な土壌診断が必須である。

4 どのような土壌でも「よい土壌」になる

作物生産にとって「悪い土壌」には，作物生育を阻害する要因が必ずある。その阻害要因をみつけ，その阻害の大きさから優先順位をつけ，優先順位の高い阻害要因から改善する努力を継続すれば，その「悪い土壌」はしだいに「よい土壌」に変化していく。問題は，阻害要因をみつけだし，優先順位をつけられるかどうか，みつけた阻害要因に対して適切な対策を実行できるかどうか，改善効果がすぐに認められなくても，倦（う）まずたゆまず改善対策を実践し続けることができるかどうかである（注15）。そうした努力の継続があれば，どのような土壌でも「よい土壌」になるにちがいない。

〈注13〉
土壌の粒径組成のことである（第５章6，7項参照）。

〈注14〉
暗渠（排水を促進するため，土壌に排水できるすき間をつけたうえで，土壌中に排水管を設置すること），心土破砕（下層土にある硬い盤層を機械的に破砕すること），客土（他から改善目的に見合った性質の土壌を圃場に持ち込むこと），除礫（れき）（土壌中にある礫を取り除くこと），土層改良（上と下の土層を混合したり，それぞれの土層の土壌の物理的性質や化学的性質を改善したりすること）など農業土木的な改良工事を土地改良という。
こうした土地改良を推進するための，さまざまな機械類が開発されている。それらも有効に利用して物理的性質の改善につとめたい。

〈注15〉
短編小説『木を植えた人』（ジオノ，1989）は，人知れず荒野に植樹をつづけるブフィエの物語である。彼は実在の人物ではない。しかし，彼の無私で何の見返りも求めない継続した行為が，乾いた荒野に森と水をとりもどし，人々の生活を豊かに復活させるようすが描かれている。土壌の物理的性質がどんなに劣悪であっても，改善のための努力をブフィエのように忍耐強く継続すれば，必ず「よい土壌」にかわるだろう。この短編小説はそんな希望を与えてくれる。

第11章「作物の養分はなにか」を求めて

1 作物の養分とはなにか

作物の養分がなにか，それを具体的に思い浮かべるのはむずかしい。19世紀のはじめ，植物の緑色部分に光を照射すると，二酸化炭素（CO_2）と水（H_2O）から有機物が合成されることを証明し，植物栄養学の基礎を築いたスイスのソシュール（de Saussure, N. T. 1767 ～ 1845）ですら「もしも草や木が食物をつかんでむしゃむしゃ食べ，あくびをしたりふんをしたりするなら，君は植物が何から，また，どのようにして養分をとっているか，わけなく理解できたであろうに」と述べたくらいである（高橋，1982）。

これまで多くの哲学者や科学者が作物の養分がなんであるかを探求しつづけてきた。その歴史的経過はラッセル（Russell, 1973）の名著『Soil Conditions and Plant Growth（第10版）』や，山根・大向（1972）の『農業にとって土とは何か』に詳しい。その歴史をひもといてみよう（表11-1）。

1 ギリシャ哲学の時代

多くの学問と同じように，作物の養分がなんであるかの探求はギリシャ哲学の時代にさかのぼる。エンペドクレス（Empedocles, BC493ころ～BC433ころ）は，万物の根源が火・土・水・空気の4つからなるという多元素説を唱えた。これに対して，万物の根源はアトム（原子）であるという原子説を主張したのがデモクリトス（Democritus, BC460ころ～BC370ころ）であった。しかし，その後あらわれたアリストテレス（Aristotles, BC384～BC322）は，エンペドクレスの多元素説に乾・冷・湿・温の4性質をあわせた多元素説の立場をとった（図11-1）。

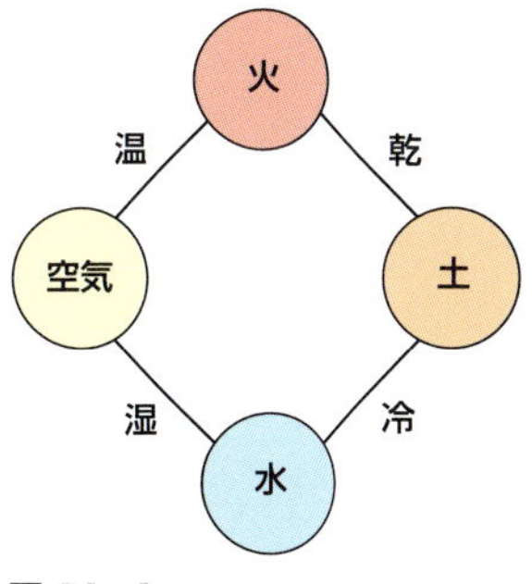

図11-1
アリストテレスの4元素，4性質からなる多元素説
（山根・大向，1972）

アリストテレスはエンペドクレスの4元素が結合して小さな粒子となって土壌に存在し，この粒子を植物が吸収して生長すると考えた。堆肥にはこの4元素，4性質が全て含まれているため，堆肥の施与は土壌の作物生産力を高めると考えた。この考え方は，有機物が植物の養分であるという，のちの「有機栄養説」の先がけとなった。

アリストテレスの影響力は強く，彼の考え方はこの後2,000年間，万物の根源の支配原理として受け入れられていた。ただし，16世紀にスイスで活躍した錬金術師的医化学者パラケルスス（Paracelsus, 1493もしくは1494～1541）は〈注1〉，アリストテレスの説を否定し，物質の根源はイオウ，

〈注1〉
アラビア世界で8世紀末から9世紀初頭にかけて，全ての金属は水銀とイオウの混合物で，両者の混合とバランスを容易にする物質がエリクシルであると考えられていた。エリクシルを発見すれば，貴金属でない金属（卑金属）でも，貴金属である金にかえられると信じ，そうしたことに従事する人を錬金術師といった。エリクシルは不老長生薬でもあり，人間の肉体や魂にまで影響をおよぼして，より完全なものにする効能があるともされていた。

表 11-1　無機栄養説登場のころまでの人物でみた作物養分の探求史 *

人　物	生年～没年	国	内　容
タレス（Thales）	BC624 ?－546 ?	ギリシャ	万物の根元は水
エンペドクレス（Empedocles）	BC493 ?～433 ?	ギリシャ	万物の根元は４元素＝土・水・空気・火
デモクリトス（Democritus）	BC460 ?～370 ?	ギリシャ	万物の根元は１つ＝原子説
アリストテレス（Aristotle）	BC384～322	ギリシャ	多元素説＝４元素＋４性質（温・冷・乾・湿），堆肥は４元素，４性質の全てを含むため，堆肥の施与は土壌の作物生産力を高めるという思想。有機栄養説の先駆。リービヒ登場までの約 2,000 年間の考え方の基本的な枠組み（パラダイム）
パラケルスス（Paracelsus, R.T.）	1493(4)～1541	スイス	３成分説＝イオウ（現在の有機物），水銀（現在の水），塩（現在の無機物）から物質が成立，４元素説の否定
パリシー（Palissy, B.）	1510 ?～1590 ?	フランス	植物の燃焼灰のアルカリとよばれる無機物が植物養分
ヘルモント（van Helmont, J.B.）	1579～1644	ベルギー	水が植物の養分＝ヤナギを用いた科学的なポット実験
グラウバー（Glauber, J.R.）	1604～1670	ドイツ	無機塩の重要性，グラウバー塩（硫酸ナトリウム）の発見。植物に無機塩の重要性，とくに硝石（硝酸カリウム）が重要と指摘し，牛舎の土壌から硝石を製造
メイヨー（Mayow, J.）	1641～1679	イギリス	無機塩の重要性，植物が土壌中の硝石を吸収することを確認，グラウバーを支持
ウッドワード（Woodward, J.）	1665～1728	イギリス	水ではなく土壌由来の特別な物質が養分（スペアミントの実験，1699），ヘルモントの結果を否定
タル（Tull, J.）	1674～1740	イギリス	土壌粒子が栄養分，『馬力中耕法』（1731）で土壌を細かく砕土することを強調
ワーレリウス（Wallerius, J.G.）	1709～1785	スウェーデン	土壌中の有機物が栄養分，植物の栄養は異質からでなく同質のものから得る（1761），有機栄養説のはじまり
ホーム（Home, F.）	1719～1813	イギリス	土壌中の油が栄養分，しかし硝石，硫酸マグネシウム，硫酸カリウムなどの無機塩の増収効果も認めた
プリーストリー（Priestley, G.）	1733～1804	イギリス	光合成発見の前駆実験（1771），緑色植物からの酸素放出の発見（1774）
インゲンホウス（Ingen-Housz, J.）	1730～1799	オランダ	プリーストリーの実験（酸素の放出）には植物の緑色部と光が必要（1779）
テーヤ（Thaer, A.D.）	1752～1828	ドイツ	有機栄養説を確立，『合理的農業の原理』（1809～1812），土壌の有機物（フムス＝腐植）が植物の栄養分，収量の多少は有機物量による。有機物補給のために堆肥の施与，養分循環の必要性，輪作の推進
ソシュール（de Saussure, N.T.）	1767～1845	スイス	光合成で二酸化炭素の同化量と酸素の排出量が同じであることを実験的に確認（1804）。それ以前に，吸収させた塩類は植物に残存，塩類こそ栄養分と指摘
デービー（Davy, H.）	1778～1829	イギリス	植物は分解した動植物の可溶性有機物を栄養分として利用。有機栄養説の根拠
シュプレンゲル（Sprengel, C.）	1787～1859	ドイツ	土壌有機物の水溶性成分分析から，植物が有機物の水溶性成分を体内で合成するという当時の考え方を否定。有機物中の無機塩類が栄養分。養分の最小律も提唱。リービヒより前に無機栄養説と最小律を指摘
ブッサンゴー（Boussingault, J.B.）	1801～1887	フランス	光合成が作物栽培にきわめて重要と強調，光合成での二酸化炭素同化量と酸素放出量はほぼ等しい（1864）。マメ科植物の窒素固定の確認
リービヒ（von Liebig, J.）	1803～1873	ドイツ	無機栄養説と最小律を確立，『有機化学の農業および生理学への応用』（初版，1840），植物の養分は無機物，有機質肥料は無機物で代用できる
ローズ（Lawes, J.B.）とギルバート（Gilbert, J.H.）	1814～1900 1817～1901	イギリス	ローズ，化学肥料（過リン酸石灰）を製造し，世界初販売（1843），ギルバートとともに化学肥料と堆肥の肥効比較試験開始（1843，ローザムステッド農試のはじまり）
ヘルリーゲル（Helriegel, H.）とウィルファース（Wilfarth, H.）	1831～1895 1853～1904	ドイツ	マメ科植物がおこなう生物的窒素固定は根粒菌の働きであることを推測（1886）。根粒菌の分離（1901）はバイエリンク（M.W. Beijerinck，オランダ，1851～1931）による
ウォーリントン Jr.（Warington, R.）	1838～1907	イギリス	土壌中の有機態窒素の微生物による無機化過程（硝化作用）の解明，有機態窒素は無機化されて植物に利用

＊：Russell (1973)，および山根・大向 (1972) などから作成

水銀，塩の３成分であるとした。ここでいうイオウは現在の有機物，また水銀は水，塩は無機成分に相当する。植物はこれらを土壌と雨から受け取ると彼は考えていた。

アリストテレスの多元素説とパラケルススの３成分説は，16 ～ 17 世紀にベーコン，ボイル，ニュートンらがデモクリトスの原子説に注目するまで，物質の根源に対する当時の人々の基本概念であった。

ヤナギの重量変化
76.74kg－2.27kg＝74.47kg
土壌の重量変化
90.72kg－90.66kg＝0.06kg

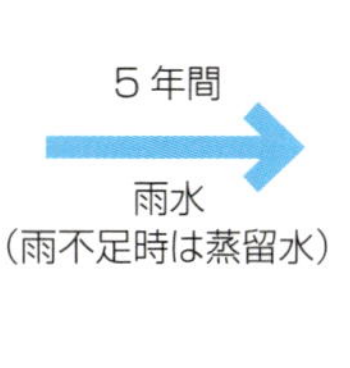

図 11-2　ヘルモントのヤナギのポット試験結果

2 ヘルモントの実験―水が養分

万物の根源は水であるとのタレス（Thales, BC624 ？～ BC546 ？）の説は，エンペドクレスに先立つものであった。この考えに着目し，植物の養分が水であることを説明するために，はじめて科学的ともいえるポット（鉢）実験をおこなったのが，ベルギーの医者ヘルモント（van Helmont, J. B., 1579 ～ 1644）であった（注２）。

ヘルモントは，鉢に挿し木したヤナギの生育を５年間，雨水（雨水が入手できない場合は蒸留水）だけを与えて観察した（図 11 - 2）。その結果，ヤナギの重量が 74.47 kg増えたのに対し，土壌はわずか 0.06kgしか減らなかった。彼はこれを実験上の誤差と考えて無視し，水だけを与えてヤナギが大きく生長したのだから，水が植物の養分であると結論づけた。

しかし，じつは，この土壌の減少量こそ，土壌中の養分の減少量であったことに，彼は気づいていなかった。

〈注２〉
ヘルモントは，物質の燃焼時に発生する気体を「ガス」と命名したことでも有名である。

〈注３〉
現在の化学で広い意味でいう塩とは，酸に由来する陰イオンと，塩基や金属に由来する陽イオンがイオン結合してできる化合物のことである。酸や塩基の強さによって，できる塩の性質がちがってくる。

3 ウッドワードの実験―養分は無機物（灰分）

植物を燃やすと無機物である灰分が残ることは，きわめて古くから知られており，薬学者たちは「アルカリ」とよんでいた。この「アルカリ」とよばれる塩類（注３）や，それと同様の無機物が植物の養分だと主張し，植物の燃焼灰を畑にもどすことをすすめたのがパリシー（Palissy, B., 1510? ～ 1590?）である。これは，のちの「無機栄養説」につながる概念だった。

グラウバー（Glauber, J. R., 1604 ～ 1670），メイヨー（Mayow, J., 1641 ～ 1679）も植物に塩が必要であると，硝石（硝酸カリウム）の肥効を認めた。

同じころ，イギリスのウッドワード（Woodward, J., 1665 ～ 1728）は，ヘルモントがいうように水が植物の栄養分であるなら，どんな水でも植物の生育に同じ効果を与えるはずだと考え，雨水とロンドン・テムズ川の水で効果を比較した。

当時，下水道が未整備であったため，ロンドンのし尿（人のふん尿）はテムズ川に流れ込み，強烈な悪臭が漂っていた（図 11 - 3）。テムズ川の水は，雨水よりも実験に用いた植物（ス

図 11-3　テムズ川とイギリス国会議事堂
ウッドワードの時代，ロンドンのし尿（人のふん尿）はテムズ川に流れ込んだ。このため，テムズ川は強烈な悪臭を発し，国会議事堂ではその悪臭を防ぐために窓を石灰に浸したカーテンで覆ったという（高橋，1996）

表 11-2　ウッドワードの実験結果　(Russell, 1973)

処　理	スペアミントの重量			②期間内の水消費量	単位増加重量当たりの水消費量（②/①）
	開始時	77 日後	①期間内増加量		
雨 水	28.25	45.75	17.5	3,004	171.66
テムズ川の水	28	54	26	2,493	95.88
ハイドパークの暗渠水	110	249	139	13,140	94.53
同上＋庭の肥沃な土壌 1.5 オンス	92	376	284	14,950	52.64

単位：grains, 1grain=0.065g
この実験結果から，スペアミントの生育にともなう水消費量は処理でちがい，水に不純物が混じると一定の重量増加に必要な水の消費量が少ないことがわかった。したがって，どのような水でも植物の生育に同じ効果をもつとはいえないことを明らかにした

ペアミント，和名・ハッカ）の生育を旺盛にした（表 11-2）。彼は実験結果を再確認するため，次にロンドン市民の憩いの場であるハイドパークの水（地下から排水される水＝暗渠(あんきょ)水，図 11-4）と，その水に庭で花がよく育つ場所の土壌を加えた泥水を用いた。その結果も，1 回目と同じく，不純物が多く混じる泥水のほうがスペアミントの生育がよかった。

この結果から，彼は「植物は水だけで育つのではなく，土壌に関連したある特別な物質を栄養分とする」と結論づけた。これは水溶性成分が，植物の養分であることを明らかにした重要な実験であった。しかし，ウッドワード自身はそのことに気づかず，たんに，ヘルモントの結論を否定したにすぎなかった。

図 11-4
ロンドン・ハイドパークのサーペンタイン湖
ハイドパークは，東京・日比谷公園の 10 倍もある広い公園。中央にサーペンタイン湖と名付けられた池がある。ウッドワードが用いたという暗渠水とはどこの暗渠水なのか明らかでない。サーペンタイン湖の水を用いたのだろうか

4 シュプレンゲル—最初に無機栄養説，最小律を提唱

❶無機栄養説の提唱

その後，前出のソシュールは，さまざまな無機物の塩類を含んだ溶液で植物を生育させ，塩類が植物に吸収されると体内にそのままの形でとどまることを認め，無機物の重要性を指摘した。当時の主流であった，植物自身が体内で「アルカリ」をつくるという考え方を，ソシュールの実験は否定したのである。つづいて，ドイツのシュプレンゲル（Sprengel, C., 1787 ～ 1859，図 11-5）も，無機塩類が植物の栄養分であると主張した（注 4）。

彼は，若き時代，後述する有機栄養説をとなえたテーヤが設立した農業専門学校で学び，彼の助手を務めたこともある。テーヤが土壌有機物を栄養分だと主張していたことから土壌有機物（腐植）に関心をもち，その栄養分がなにかを調べるため，土壌有機物の水溶性成分を分析していた。そして，そこに無機物のアルカリ塩類（硝酸塩，硫酸塩，塩化物，リン酸塩などとして）を認め，1826 年に論文発表した（van der Ploeg et al., 1999）。これは当時の一般的な考え方であった，植物が有機物の水溶性成分を根から吸収したのち，植物自身が体内で「アルカリ」をつくる（有機栄養説）ということとちがっていた。

彼は自身でおこなった植物体の分析結果や，ソシュールの指摘を参考にして，有機物が施与された土壌で作物生育が旺盛になるのは，有機物自身による効果でなく，有機物に含まれている上記の無機成分が栄養分として植物に吸収された結果であると指摘した（Jungk, 2009）。これは 1840 年に発表された，リービヒの無機栄養説（詳細は後述）に先立つものであった。

〈注 4〉
シュプレンゲルは 34 歳でゲッチンゲン大学に入学し，博士の学位を取得したのち，1826 年に同大学で講師をつとめ，農芸化学と農学を講義した。その後，1831 年にブラウンシュバイクの農林大学教授に転身した。しかし，そこでは満足な研究はできなかった。

❷「最小律」の概念の提唱

シュプレンゲルはその後も表層土や下層土を対象に，多くの無機成分を分析し，その結果から植物体内の無機成分は作物生育に必須であり，それらは植物体外から栄養分として吸収されたものであると結論づけ，1828年に公表した（Jungk, 2009）。同時に，20の無機成分（窒素，リン，カリウム，イオウ，マグネシウム，カルシウムなどを含む）が植物の養分であると指摘した（van der Ploeg et al., 1999）。

さらに，植物の生育に必要な12の成分のうち1つの成分でも欠けると，他の成分が十分あっても作物は生育しなくなり，その1つの成分の量が植物の要求量に満たなければ生育が衰えるという，いわゆる「最小律」（最少養分律ともいう）の概念を提案した（van der Ploeg et al., 1999; Jungk, 2009）。

図11-5
リービヒに先立って無機栄養説を唱えたシュプレンゲル
（Courtesy of Prof.A.Jungk, Georg August Universität Göttingen）

❸無機栄養説，最小律が検証される

このシュプレンゲルの主張（無機栄養説）は，当時の一般的な植物の栄養分に対する考え方（有機栄養説＝腐植説，詳細は後述）と大きくちがっていたので，すぐには受けいれられず論争が広がった。

そこで，ドイツ・ゲッチンゲンの王立科学学会は，1838年にその真偽をたしかめる実験に懸賞を提供した。審査員には，無機物から有機物である尿素の合成に成功して生気説（注5）の誤りを実証したウェーラー（Wöhler, F.）が含まれていた。1842年に懸賞が授与されたのは，ウィーゲマン（Wiegeman, A.F.）とポルシュトルフ（Polstorff, L.）の実験報文だった（Jungk, 2009）。

彼らの実験は，十分に洗浄された石英砂に外部から無機成分を与えて栽培した植物と，肥沃な土壌で栽培した植物の生育と体内の無機成分を比較し，両者に大きな差がないことを示した。この実験によってシュプレンゲルの理論の正しさが再確認され，新しい無機栄養説が科学的に認められた。

こうした事実から，無機栄養説と最小律はシュプレンゲルが最初に提唱し，後述するリービヒはその普及に貢献したと理解すべきである。

〈注5〉
生気説とは，有機化合物は生きている動植物の体内だけに存在する，特有の生命力の助けによってつくられ，生命をもつ生物を起源とする有機物の効果は，生命をもたない無機物とは本質的にちがうという考え方である。しかし，1828年にドイツのウェーラーが無機物（用いた無機物は，シアン酸鉛とアンモニア，あるいは，シアン酸銀と塩化アンモニウム）から有機物である尿素を合成することに成功した。これによって生気説の論拠がなくなった。

5 土壌中の有機物自身が養分

土壌中の有機物自身が植物の養分であるとの考え方は，古くはアリストテレスにさかのぼる。

この考え方は「植物の栄養は異質のものから得られるのではなく，同質のものから得られる」というスウェーデンのワーレリウス（Wallerius, J. G., 1709～1785）の主張に代表される。彼の1761年の著書『農業の化学的基礎』は上記のように述べ，土壌に含まれる均一な腐植だけが植物養分の給源であると説いた。この考え方は後述する「有機栄養説」に受け継がれ，現代に脈々とつながっている。

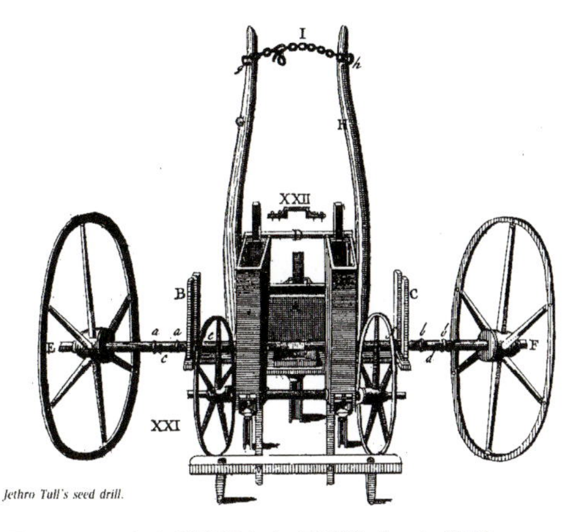

図11-6　タルが発明した条播機（コムギ用）
（Bingham et al.,1991）

6 タルの理論—土壌粒子が養分

18世紀のイギリスの農事改良家タル（Tull, J., 1674～1740）は条播機を発明した（図11-6）（注6）。タルは，条播機の使用によってすじ播きされた作物の中耕除草（注7）を積極的にすすめた。それはいくつかの作物で増収効果が大きく，とくにカブで大きかった（飯沼，1967）。

彼はその結果から自信を得て，土壌粒子こそが植物の養分であり，土壌粒子が根から容易に吸収できるように，土壌粒子を可能なかぎり細かくしなければならないと，彼の著書『馬力中耕法』で主張した。この説は，現在からみれば明らかな誤りである。しかし，現実に彼の馬力による中耕は収量を高めたため，この説は長く支持され高い評価を受けた。

〈注6〉
条播機は種子をすじ状に播いていく機械。タルの条播機はコーク（Coke, T. W., 別名Coke of Norfolk, 1754～1842）によって，ノーフォーク農法の飼料用カブの播種に導入された。それまで，カブはバラ播きされていたため，除草は「やってみる以外にその方法を教えられない」といわれるほど困難をきわめていた（飯沼，1967）。その困難な除草が，条播機の導入によって克服され，これによってノーフォーク農法（第10章3項参照）でのカブ栽培が安定するようになった。

〈注7〉
作物の生育途中で，ウネ（畝）とウネのあいだを浅く耕しながら除草する作業で，土壌の撹拌と除草を兼ねている。

2 有機栄養説と無機栄養説

これまで述べてきたような経過をたどり，植物の養分はなにかをめぐる科学的知識はしだいに集積し，19世紀にはいると，それまでの混乱に決着をつける論争がドイツの2人で交わされた。1人は有機栄養説（腐植栄養説）を唱えるテーヤ（Thaer, A. D., 1752～1828）で（図11-7），もう1人は，シュプレンゲルが提唱した無機栄養説をさらにより強く主張したリービヒ（von Liebig, J., 1803～1873）であった（図11-8）。最終的に，植物の養分は無機物であるという「シュプレンゲル・リービヒの無機栄養説」（注8）が原則的に受け入れられ，現在に至っている。

〈注8〉
本書の旧版でもシュプレンゲルが無機栄養説を確立したと指摘した（本書の旧版，p183）。しかし，旧版での無機栄養説の本文解説ではリービヒだけとりあげていた。2009年にゲッチンゲン大学のユンク（Jungk）教授から，シュプレンゲルの業績を再評価すべきだとの論文をいただき，あらためてシュプレンゲルをリービヒとともに無機栄養説の確立者と位置づけ，本書では「シュプレンゲル・リービヒの無機栄養説」と記した。
同様の意見と関連事項は，すでに西尾（2015）が詳細に紹介している。

1 テーヤの有機栄養説

❶テーヤの理論

有機物が植物の養分であるとの考え方は，アリストテレスを源流とする。その影響を受けた生気説（注5参照）がその根拠として一般に受け入れられていた。この考え方をまとめ，確立したのがテーヤである。

テーヤの有機栄養説は次の4点にまとめられる（テーヤ，2007，2008）。①植物に必要な栄養分は，動物質あるいは植物質に由来する堆肥，または適当に分解された有機物（これらをテーヤはフムス（腐植）とよんだ）だけであり，土壌それ自身は植物の栄養に役立たない。また，②動植物に由来する堆肥は，適度な温度や湿度のもとで腐敗・発酵して水溶性の有機物（フムス）となり，植物の養分になる。③植物の生産量は土壌の有機物（フムス）量に依存する。したがって，④植物の吸収によって減少する土壌の有機物を補うため，あるいはそれを増加させるために，堆肥という形で有機物を与える必要がある，と結論づけた。

彼にとって重要な堆肥は家畜によって生産されるものであるから，耕地での穀類の作付けと家畜の飼料を栽培する作付面積が適当な比率になるように奨励した。いわばノーフォーク農法の先がけであった。

❷テーヤの誤りとその教訓

テーヤの有機栄養説の根本理念，植物の養分が有機物（フムス）であるという点は，現在の科学からみると誤りである。しかし，彼が推奨した堆肥を導入した養分循環を基礎にする農業経営方式は，作物によって収奪された養分を合理的に補給できるため，当時の農業生産をめざましく向上させた。そのため，19 世紀前半のヨーロッパの農業界や農学界は，テーヤの有機栄養説を広く受け入れていた。

しかし，有機栄養説は神秘主義におちいりやすい。『孤立国』で有名なチュウネン（von Thunen, J. H., 1783 ～ 1850）は，「有機栄養説で問題としていることは，堆肥中に含まれている養分の総合作用であって，その中の何が本当の栄養分であるかは問題ではない」と述べたという（山根・大向，1972）。これでは物事の本質を見失ってしまう。

図 11-7　テーヤ
（テーヤ，2007）
テーヤはツェレで生まれ，ゲッチンゲン大学で医学を学び，医師として名声を博した。しかし興味をしだいに農業・農学に移し，農業専門学校を設立し理論と実践を重要視する教育をおこなった。後にベルリン北東，メークリンに学校を移転した。そこでは無機栄養説を唱えることになるシュプレンゲルも彼の助手として働いた。ベルリン大学新設時に農学講座の教授として迎えられた。彼の理論は『合理的農業の原理』（全４巻）に集大成された。この著書は農業経済，土壌・施肥，土地改良，作物栽培，畜産などについてとりあつかい，近代農学をはじめて体系化したと評価されている

図 11-8　リービヒ
（リービヒ，2007a）
リービヒはダルムシュタットで生まれ，17 歳でボン大学でカストナーから化学を学び，19 歳（1822 年）でパリのソルボンヌ大学にはいってゲイ・リュサックのもとで研究した。21 歳でドイツにもどり，ギーセン大学助教授となり，翌年設立された化学薬学研究室の教授になった。1852 年にミュンヘン大学へ移るまで，通算 28 年間ギーセンで過ごした。ギーセンでのリービヒは，教授の指導のもとに多数の学生が実験できるように学生実験室を世界ではじめて設置した。このため，ギーセンには化学に興味をもつ優秀な学生が世界各国から集まった。彼自身は農業の実践経験が全くなく，あくまでも理論家であった

2 シュプレンゲル・リービヒの無機栄養説

シュプレンゲルの無機栄養説については前述した。彼とほぼ同じ理論が，リービヒによって下記のように主張され，その主張は 1840 年に公刊された『有機化学の農業および生理学への応用』に述べられている（注 9）。

❶リービヒの理論

リービヒによると，①植物に必要な養分は，空気に由来する炭酸ガスとアンモニア（あるいは硝酸），土壌から利用できる水，リン，イオウ，ケイ酸，カルシウム，マグネシウム，カリウム（またはナトリウム），および多くの植物では塩化ナトリウムなどの無機物である。また，②動物および人間の排泄物であるふん尿や動植物の遺体からなる堆肥は，土壌中で分解生成する無機物で置き換えることが可能である（リービヒ，2007a）。

さらに，③作物の生育は養分として与えられた無機物の多少に比例して増減する，という観察から④１つの必須養分が不足すると，それによって植物の生育は制限されるという「最小律」（最少養分律）を提案した（リービヒ，2007b）。この最小律の考え方をうまく表現したものが「ドベネックの要素樽」である（図 11-9）。

リービヒが最も強く主張したのは，テーヤのいうように農場として養分循環を完全に守り，生産した堆肥を完全に自分の畑にもどしても，農場から生産物がでていく以上，それに含まれる養分は確実に農場から出ていく。

〈注 9〉
この著書のタイトルは，第５版以後「有機化学」を「化学」に変更し，『化学の農業および生理学への応用』となっている（吉田，2007a）。

したがって，それを無機物で補給しないと土壌の肥沃度は維持されないということだった（リービヒ，2007c）。したがって，リービヒは堆肥の利用そのものを否定していたわけではない。

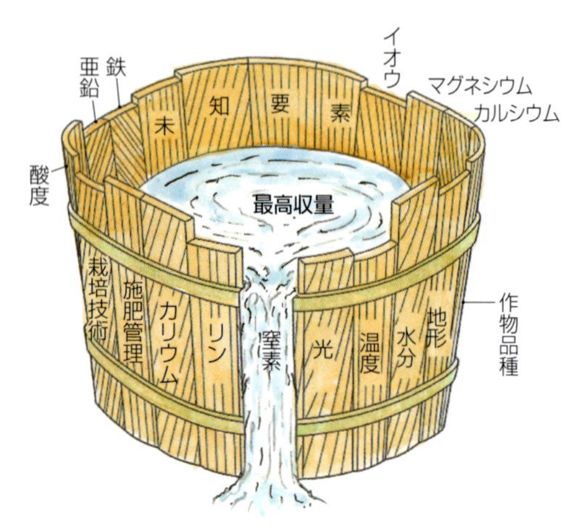

図 11-9 ドベネックの要素樽（奥田，1968）
樽に収容できる水の量は，最も低い高さの側板によって決定されることを示す。この樽に収容できる水の量を作物の収量と考えると，樽の側板の 1 枚 1 枚が収量を規制する要因になり，多くの要因のうち，1 つでも要因が制限されると，収量がそれ以上にならないことを表現している

❷リービヒの誤りとその教訓

リービヒの主張は，有機栄養説全盛期に大きな衝撃を与えた。そのため多くの批判を受けた。リービヒはその批判に論争で応じた。こうした論争が結果的に無機栄養説の普及に役立った。無機栄養説を最初に唱えたのがシュプレンゲルではなくリービヒであるとされるのも，こうした論争の影響と考えられる。しかし，彼の説にも以下のような誤りがあった。

第一に，養分としての窒素（アンモニアや硝酸）を，当初，前記①のように彼の著書で作物に必要であるとしていたにもかかわらず，第 3 版（1843）から不要としたことである（吉田，2007b）。彼が観察した牧草地では，マメ科牧草の根に共生する根粒菌が窒素固定をおこなっており（注 10），窒素を施与しなくても土壌の窒素肥沃度が衰えなかったからである。このリービヒの窒素不要論は，イギリス・ローザムステッドのローズとギルバートに痛烈に批判された。論争は明白にローズの勝利であった。しかし，リービヒは自説を決して曲げなかった（吉田，2007b）。

〈注 10〉
リービヒの時代には，根粒菌による大気中窒素の固定は，まだ理解されていなかった。ヘルリーゲルとウィルファースが，大気中窒素の固定が根粒菌の働きであると推定したのは，リービヒ死後の 1886 年のことである。

第二の誤りは，植物の養分は無機養分であっても水溶性成分ではなく，難溶性成分のものに根が直接接触して吸収すると考えたことである。彼はこれにしたがい，カリウムを主成分とする無機質肥料を水に溶けにくいもの（難溶性）で製造した。しかし，作物への肥効は認められず失敗した。

また，当時よく利用されていた動物の骨粉に濃度の薄い硫酸を作用させて過リン酸石灰をつくり，それが植物の生育を旺盛にしたことを観察していたにもかかわらず，過リン酸石灰の水溶性リンに肥効はないと考え，化学肥料として製造しなかった。このため，彼は化学肥料製造の創始者の名誉をイギリスのローズにあけ渡してしまった。ローズは「リービヒの特許肥料（水に溶けにくい化学肥料）が失敗に終わったのは，農業実践のない化学者の理論倒れの結果である」と批判している（高橋，1996）。

科学で知り得ることには自ずと限界があり，全てを理解できるわけではない。つねに謙虚な態度で異論や批判を受け入れていかなければ，新たな発展は望めない。

3 最近の無機栄養説批判

植物の養分はなにかについては，シュプレンゲル・リービヒの無機栄養説で決着がついた。しかし 20 世紀終盤，日本の研究者たちが植物の養分吸収には無機栄養説だけで説明のつかない現象があると主張しはじめた。

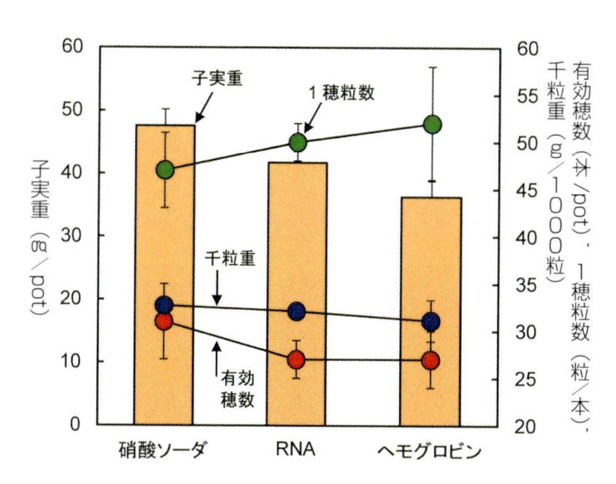

図 11-10
リボ核酸（RNA）を唯一の窒素とリン源にして水耕栽培したオオムギの子実重と収量構成要素
（森，1986のデータから作図）
硝酸ソーダ（$NaNO_3$）区とヘモグロビン区にはリンとカリウムが無機物の形態で添加されている。RNA区では，窒素とリンはRNAだけで，無機物で添加されているのはカリウムだけである。図中の縦棒は標準偏差を示す

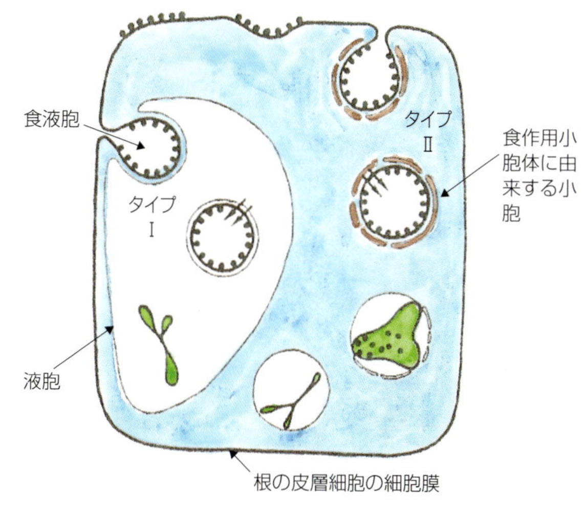

図 11-11
イネの根の細胞による有機物（ヘモグロビン）の取り込み機構（エンドサイトーシスのうちの食作用）の模式図
（Nishizawa and Mori，2001）
ヘモグロビンの取り込み方には2つのタイプがある
タイプⅠ：細胞膜の上に結合したヘモグロビンが，細胞膜のくびれで「食液胞」に取り込まれて，そこで酵素によって分解されイネに利用される
タイプⅡ：ヘモグロビンをもった「食液胞」が食作用によってできた小胞に囲まれ，そこで酵素分解作用を受ける。その後，新しい別の食作用液胞ができ，イネに利用されていく

1 有機態窒素の直接吸収

たとえば，オオムギの栽培で無機態のアンモニア態窒素より，窒素を含む有機物であるアミノ酸を与えたほうが生育は旺盛になり子実重量も多かった（Mori et al., 1977）。また，有機態窒素と無機態窒素の両方を含む培地で栽培したとき，オオムギはアミノ酸のほうを多く吸収した（Mori and Nishizawa, 1979）。ツンドラ地帯では極低温で推移するため，土壌有機物の分解がすすまず，土壌中には無機態窒素がつねに不足し，有機物の分解中間産物であるアミノ酸が豊富に存在することが多い。この環境で生育する植物は，自然条件でもアミノ酸を吸収している（Kieland, 1994）。リボ核酸（RNA）のような分子量が大きい有機化合物でも，それ自身で唯一の窒素源やリン源になることが，オオムギでたしかめられている（図11-10）。

また，アミノ酸やペプチド（アミノ酸がいくつか結合した物質），糖など有機化合物が植物の細胞膜を通り抜けることに関与する輸送タンパク質（トランスポーター）が発見され，その一部は根でも発現していることがわかってきた（Nishizawa and Mori, 2001）。その後も，アミノ酸吸収にかかわるトランスポーターがつぎつぎに発見されている（Wang, et al., 2014）。さらに，ヘモグロビンを植物根の細胞がまさに口を開けて食べる（注11）というイメージで吸収していることもわかってきた（図11-11）。

したがって，植物は無機態窒素だけでなく，アミノ酸やペプチドといっ

〈注11〉
このように，細胞が細胞外の物質を取り込む過程をエンドサイトーシス（endocytosis）という。とくに図11-11のようなエンドサイトーシスは食作用（ファゴサイトーシス：phagocytosis）といわれる。エンドサイトーシスには，食作用のほかに細胞外液を細胞質に取り込む飲作用（ピノサイトーシス：pinocytosis）も含まれる。

〈注 12〉
根から吸収された無機態窒素（アンモニア態窒素）から，アミノ酸であるグルタミンやグルタミン酸が合成される経路をGS-GOGAT システムという。この経路では，アミノ酸の炭素源として，光合成産物を呼吸で分解してできる炭水化物（2オキソグルタール酸）を利用する。そのため，窒素を多く吸収してタンパク質含量が多くなると，炭水化物の消費量が多くなり，植物体内の炭水化物量が減る。

た有機態窒素も吸収利用できることはまちがいない。

イネを用いた実験では，グルタミン，アラニン，バリンなどのアミノ酸を吸収していることもたしかめられた（二弊，2010）。とくに吸収されたグルタミンは，体内での他のアミノ酸合成の窒素源として使われると考えられた。無機態窒素がアミノ酸に合成されるときは光合成産物を必要とするのに対して（注 12），グルタミンで吸収されると，地上部で生産された光合成産物を利用せずタンパク質合成されるため，取り込まれた窒素は根の発達に効率よく利用されることも認められている（二弊，2010）。

2 有機態窒素の吸収能の作物によるちがい

ただし，植物が例外なく有機態窒素を吸収できるとは確認されていない。これまでの報告で，無機態窒素より有機態窒素を多く吸収するとされているは，イネ，ダイズ，バレイショ（Yamagata and Ae，1996），ニンジン，チンゲンサイ，ホウレンソウ（Matsumoto, et al., 1999）などである。

なぜ，こうした作物は有機態窒素を吸収利用できるのか？　この点についても，現時点では十分に解明されていない。こうした作物に吸収される有機態窒素が具体的にどのような形態で土壌中に存在し，どのように作物によって吸収されるのかという研究がすすめられている（阿江・松本，2012）。

4 植物の養分はなにか，その結論と未来

現在は，無機物が植物の養分であるとのシュプレンゲル・リービヒの無機栄養説が一般に受け入れられている。しかし，それだけで説明できない事実がすでに述べたようにいくつもみつかっている。こうした事実と無機栄養説の両方を満足させる，新しい説がいつかみつけだされるだろう。

1962 年，アメリカの科学史家クーン（Kuhn, T. S., 1922 ～ 1996）はパラダイムという概念を提唱した（クーン，1971）。これは，自然科学の分野で広く受け入れられている理論で，一定の期間，科学者の自然への問いかけ方や答え方を支配する枠組みのことである。

多くの自然科学者はこのパラダイムに支配され，同時に安住している。しかし，上記のような，これまでにない新しい理論を展開するには，パラダイム転換が必要となる。パラダイム転換には，それをなしとげる個々人の洞察力と真理にせまる情熱，そしてなにものにもとらわれない自由な発想と，既存のパラダイムをうち破る勇気が必要である。「植物の養分はなにか」をめぐる歴史は，こうした先人たちのパラダイム転換の道のりであったといえる。

第12章 作物養分の土壌中での動き

1 作物の生育になくてはならない養分とその条件

1 必須元素の条件

作物の養分が原則として無機物であることを前章で学んだ。では，具体的にどの無機物が作物の養分なのだろうか。そもそも，ある無機物が植物（作物を含む）にとってなくてはならない養分（必須元素という）であるかどうかを，どのようにして決定すればよいかが問題であった。現在，多くの研究者で了解されている必須元素の条件は，アーノンとスタウト（Arnon and Stout, 1939）が示した次の3条件を満たすことである。

①必要性：その元素がなければ植物の生育が完全には遂行されない。

②非代替性：その元素がなければ特有の欠乏症が認められ，その元素を与えることによってのみ回復する。

③直接性：その元素が植物の栄養において直接的な役割をはたしており，植物体の構成成分の一部になっているか，あるいは，体内での生理化学反応に直接関与している。

2 多量必須元素，微量必須元素，有益元素

必須元素のうち，植物が比較的多量に必要とする元素を多量必須元素といい，必要量が少ないものを微量必須元素という。現時点での多量必須元素は9種類，微量必須元素は8種類で，合計17種類が必須元素である（表12-1）。これらが必須元素として認定されたのは，19世紀後半から20世紀になってからである。最も新しく仲間入りしたニッケルは，30年前にはじめて微量必須元素であると指摘され（Brown et al., 1987），そのことに研究者の多くが合意したのはごく最近のことである（注1）。

さらに，特定の植物や特殊な環境のもとで植物の生育に有利に働く元素を有益元素という。有益元素は，ケイ素（Si），ナトリウム（Na），コバルト（Co），アルミニウム（Al），セレン（Se）などである。

〈注1〉
研究者から必須元素として指摘された元素が，必須元素として広く認定されるための手続きはない。したがって，ニッケルがいつの時点で微量必須元素に認定されたかは明確に指摘できない。現時点でも，ニッケルを微量必須元素に含めることに同意しない研究者もいる。植物栄養学の分野で世界的に広く読まれている教科書の初版（Marschner, 1986）では，ニッケルを必須元素に含めていない。しかし，第2版（Marschner, 1995）と最新刊の第3版（Marschner, 2011）では，ニッケルが微量必須元素に含められている。本書の旧版（2003）ではニッケルを微量必須元素に含めていなかった。

2 窒素

1 窒素の働きと作物への影響

❶生育にとくに重要な養分

窒素（N）は，作物の体をつくるタンパク質，体内のさまざまな反応に

かかわっている酵素のタンパク質，光合成の場である葉緑体タンパク質などの構成成分として，作物の生命維持に重要な役割をはたしている。このため，Nは作物生産にとくに重要な養分であり，作物の要求量が多く，土壌中で最も不足しがちである。そのため，生育の制限因子になりやすい。

表 12-1　必須元素と植物体内でのおもな働き

元素	おもな吸収形態	植物体内でのおもな働き
多量必須元素（炭素，酸素，水素を除く）*1		
窒素（N）	NH_4^+ NO_3^-	タンパク質を構成するアミノ酸，葉緑素，各種補酵素，核酸（DNA*2，RNA*2）など植物体の生命にかかわる成分の構成成分。光合成にも強く関与。作物の生育，収量，品質に大きな影響を与える
リン（P）	$H_2PO_4^-$ HPO_4^{2-}	生物としての遺伝情報を伝達する核酸（DNA*2，RNA*2）のほか，リン脂質の重要な構成成分。アデノシン三リン酸（ATP）として体内のエネルギー移動に関与。多くのタンパク質，補酵素，植物体内での化学的な反応のもとになる物質の構成成分
カリウム（K）	K^+	植物体では，カリウムを構成成分とする生理的に重要な有機化合物は認められていない。細胞内の浸透圧やpHの調節，多くの酵素の活性化にかかわる。気孔の開閉にもかかわり光合成に影響する
カルシウム（Ca）	Ca^{2+}	細胞壁や細胞膜などの構造の維持や膜の透過性に関与。細胞内での刺激などのさまざまな情報を伝達する物質としての働きをもつ
マグネシウム（Mg）	Mg^{2+}	葉緑素の構成成分として重要。光合成の過程で生じる中間産物とリンの結合にかかわる酵素の働きを助けることで，間接的に植物体内のリンの移動にも関与している
イオウ（S）	SO_4^{2-}	イオウを含むアミノ酸（メチオニン，システイン，シスチンなど）としてタンパク質を構成する。光合成などの生体内反応や代謝調節に重要な役割。ビタミンや補酵素の構成成分でもある
微量必須元素		
鉄（Fe）	Fe^{2+} Fe^{3+}	葉緑素の合成に必要な先駆け物質の合成に関与することで，葉緑素合成に密接に関係。タンパク質と結合して電子伝達や酸化還元の触媒反応を増大させる
マンガン（Mn）	Mn^{2+}	植物体内の酸化還元系の制御や，光合成での水の光分解にともなう酸素（O_2）発生に関与。呼吸など体内での有機酸代謝にかかわる酵素の活性化
亜鉛（Zn）*3	Zn^{2+}	タンパク質合成にかかわる酵素の構成成分として重要な働き。RNA*2 分解酵素の活性を調節して，体内でのRNAレベルに影響
銅（Cu）	Cu^{2+}	葉緑体中のプラストシアニンというタンパク質に多く含まれており，光合成での電子伝達や呼吸に重要な働き
ホウ素（B）	$B(OH)_3$	他の元素とちがい，分子の形態（$B(OH)_3 = H_3BO_3$）で吸収されると考えられている*4。カルシウムと同様に細胞壁の構造維持に重要な働きをする。植物体内での糖の移動や生長ホルモンの調節にも関与
モリブデン（Mo）	MoO_4^{2-}	窒素の同化に必要な硝酸還元酵素の構成成分。根粒菌をはじめとする生物的窒素固定で，分子状の窒素（N_2）をアンモニア（NH_3）に還元する酵素（ニトロゲナーゼ）の構成要素であることから，窒素固定に大きく影響する
塩素（Cl）	Cl^-	光合成の明反応で，酸素発生をともなう反応をマンガン（Mn）とともに触媒する働き。細胞内の浸透圧やpHの調節にもかかわる
ニッケル（Ni）*5	Ni^{2+}	植物体内で生じる尿素の分解酵素（ウレアーゼ）の構成成分として重要。ウレアーゼの働きをとおして植物体内の窒素の栄養に関与

＊1：多量必須元素は全部で9元素であり，この表に示した6元素のほかに炭素（C），酸素（O），水素（H）が含まれる。これらの元素のおもな供給源は，Cが大気中の二酸化炭素（CO_2），OはCO_2のほか，大気中の酸素（O_2）や水（H_2O），Hは土壌中の水（H_2O）からである。これらはいずれも，植物体を構成する有機物の最も基本的な構成成分である
＊2：DNA＝デオキシリボ核酸，RNA＝リボ核酸
＊3：かつて，亜鉛は植物成長ホルモン（オーキシン）の活性成分であるインドール酢酸（IAA）の調節に関与するとされていた。しかし，その後の実験で，それとは異なる結果が出されてきて，現段階ではZnとIAAとの関係に明確な結論が得られていない
＊4：ホウ酸（$B(OH)_3 = H_3BO_3$）が水溶液で十分に解離していないと考えられるためである（山内，2002）
＊5：Niを微量必須元素に含めることについては，現時点で必ずしも完全に同意されているとはいえない。詳細は本章8-8項参照

上記の多量必須元素，微量必須元素のほかに，必ずしも必須ではなく，特定の植物に対して有益な働きをする元素（有益元素）として，ケイ素（Si），ナトリウム（Na），コバルト（Co），アルミニウム（Al），セレン（Se）などがある

土壌中で作物が吸収・利用可能な形態（可給態という）のNが不足すると，作物は古い葉（下位葉）のタンパク質を分解し，そのNを新しい葉（上位葉）に移行させて再利用する。そのため，葉が淡緑色から黄色へ老化して枯れていくN欠乏症は，下位葉からしだいに上位葉へ移動していく（図12-1）。逆に，Nが作物の要求量以上に施与されると，過剰障害が発生する。たとえば，葉色が濃緑色になって作物の栄養生長期間が延長し，収穫期が遅くなったり，草丈が高くなって倒れたり（倒伏），糸状菌（カビ）による病害，さらに害虫の被害も受けやすくなる。

図12-1
トウモロコシの窒素欠乏症
a）左が正常生育。葉が黄化した右奥がN欠乏
b）窒素欠乏の症状は，下位葉（古い葉）からはじまり上位葉に移行していく。したがって，最終的に枯れていくのも下位葉からである

❷作物品質への影響

Nは作物の品質にも大きな影響を与える。作物（植物）は吸収したNを利用して，必要なすべてのアミノ酸を体内で合成し（注2），それから必要なタンパク質を体内で合成する。タンパク質合成の原料に，光合成産物の炭水化物（デンプンなど）が利用されるため，Nを多く吸収してタンパク質が多く合成されるほど，体内の炭水化物含量が低下し（建部ら，2010），ビタミンCなど品質にかかわる成分も低下する（目黒ら，1991）。

また，化学肥料や堆肥などからのN施与量が多い条件でイネが栽培されると，生産されたコメ（精白米）のタンパク質含量は高まる。コメのタンパク質含量が高まるとデンプン含量が低下し，食味評価が大きく低下する（図12-2）。さらに過剰なN施与は，作物体内の硝酸態Nを異常に蓄積させる。こうした作物を飼料としてウシが採食すると，硝酸中毒（または亜硝酸中毒）（注3）の被害を受けることがある。

それだけでなく，作物の要求以上にNが施与されると，余剰のNが地下へ浸透して地下水に到達し，河川水質の汚濁原因になったり，温室効果ガスになって大気環境に悪影響を与える。これらについては第15章で論じる。

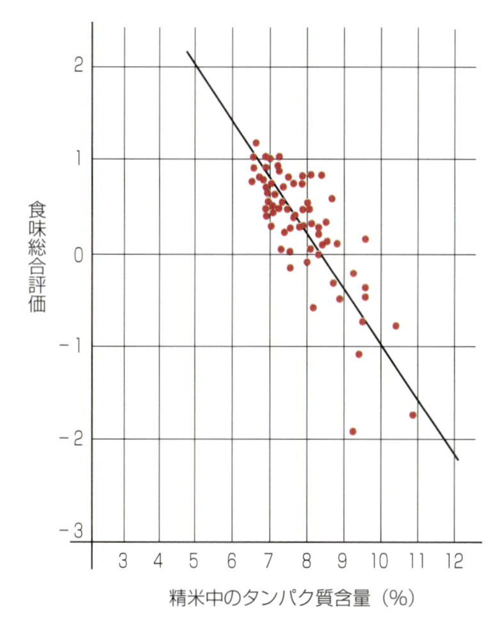

図12-2
精米中のタンパク質含量と食味総合評価の関係
（石間ら，1974）
食味総合評価は人による官能検査で，最も悪いから最もよいまでの11段階評価。図にある評価は以下のとおり
2：すこしよい，1：わずかによい，0：普通，－1：わずかに悪い，－2：すこし悪い，－3：かなり悪い

〈注2〉
吸収された無機態Nからアミノ酸であるグルタミンやグルタミン酸を合成する経路を，GS-GOGATシステム（またはGS/GOGAT回路）という（GSはグルタミン合成酵素，GOGATはグルタミン酸合成酵素の略称）。このシステムで合成されたグルタミン酸を起点に，植物は体内で必要な全てのアミノ酸を各種の酵素の働きでつくりあげていく。したがって，植物が正常生育しているかぎり，アミノ酸を与える必要はあまりない。

〈注3〉
硝酸態Nを多量に含む飼料をウシが採食すると，第一胃内で硝酸態Nが還元されて亜硝酸態Nやヒドロキシルアミンに変化する。それらが吸収されて血液中にはいると，血中ヘモグロビンが酸素運搬能力のないメトヘモグロビンに変化してしまう。その結果，体内各組織が酸素欠乏におちいり，重傷の場合死亡することがある。

2 窒素の給源と形態

❶有機態窒素と無機態窒素

土壌から作物に供給されるNのおもな給源は，もともとの土壌有機物に含まれているNや，堆肥など有機物資材や化学肥料として土壌に施与されたNなどである。一般の耕地土壌には，大まかにいうとNが0.02～0.5％程度含まれ，平均的には0.15％程度である。このうちの大部分は，動植物や微生物などの遺体からなる土壌有機物に含まれる有機化合物としてのN，すなわち，有機態Nである（注4）。

堆肥など有機物資材には有機態Nのほかに，作物がすぐに吸収できる無機態のN，すなわち，アンモニア態N（NH_4－N）や硝酸態N（NO_3－N）なども含まれている。化学肥料のNはほとんどが無機態Nである。

なお，無機態Nが土壌中の全Nの1～2％をこえるようなことはあまりない。

〈注4〉
土壌中の有機態Nにはさまざまな形態がある。生物体のタンパク質として存在するアミノ酸態N，アミノ糖やアミノ酸の加水分解によって生成するアミド態N，さらに微生物の細胞壁の主成分中に存在するアミノ糖態Nなどである。このうち，アミノ酸態Nは分解されて無機化しやすい有機態Nである。

❷大気から供給される窒素

大気から供給されるNには，大気中に存在したアンモニアガス（NH_3）が雨や雪に含まれて降下してくる場合や，根粒菌や特殊な微生物が空気中のNガス（N_2）を取り込んで（共生的窒素固定），最終的に土壌に供給される場合がある。

北海道江別市で，雨や雪などの湿性降下物と，粒子状やガス状の乾性降下物を含めた，酸性降下物によるNの降下量を数年間にわたって観測した。その結果，平均的な年間降下量はNH_4－Nで5.2 kg /ha，NO_3－Nで2.0 kg /ha，合計7.2 kg /haと無視できない量であった（松中ら，2003）。

〈注5〉
もちろん，なにごとにも例外があり，11章で述べたように，無機態でないNを直接吸収利用する作物もある。しかし，基本的には無機態Nがおもな吸収形態である。

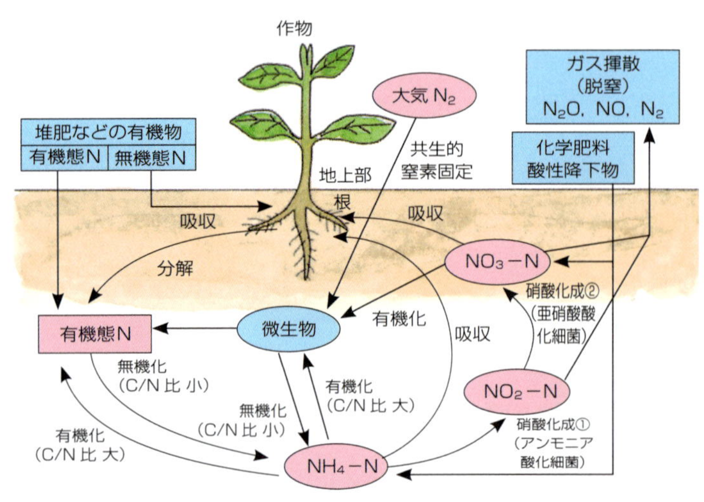

C：炭素，N：窒素，N_2：大気中窒素ガス，NH_4－N：アンモニア態窒素，NO_2－N：亜硝酸態窒素，NO_3－N：硝酸態窒素，N_2O：一酸化二窒素，NO：酸化窒素

図12-3　耕地土壌での窒素の形態変化
高pH土壌の表面に施与されたNH_4－Nがアンモニアガスで揮散したり，家畜ふん尿が土壌表面に施与された場合に，ふん尿からアンモニアガスで揮散する現象は図に含まれていない

3 有機態窒素の無機化

❶有機態窒素からアンモニア態窒素へ—アンモニア化成作用

土壌に施与された堆肥などの有機物資材や，土壌有機物に含まれる有機態窒素は，そのまま作物に吸収利用されるわけではない（注5）。

おもに作物の根が吸収するのは，土壌中の水分に溶けた無機物の形態（水溶性イオン）で，アンモニウムイオン（NH_4^+）と硝酸イオン（NO_3^-）である。

有機物として施与した堆肥や有機質資材に含まれる有機態Nが，どのようにして作物の根に吸収されるようになるのか。これには，土壌中の微生物が重要な働きをしている。施与した有機物だけでなく，もともと土壌に存在した有機物をも含め，それらに含まれている有機態Nは微生物に分解されて無機態Nに変化し，作物の養分として吸収される（図12-3）。

有機態Nが，微生物による分解を受けて無機態Nへ形態変化する第一段階は，好気的条件（畑の土壌ように酸素がある状態）および嫌気的条件（水田の土壌のように酸素が不足した状態）のいずれの条件でも，下記の経路を経てNH_4-Nを生成する（図12-3）。

有機物（タンパク質など）→アミノ酸→アンモニア態N（NH_4-N）

このように，有機態Nが微生物の作用を受けて分解し，NH_4-Nに変化することを，有機態Nの無機化，もしくはアンモニア化成作用という（注6）。この過程には有機物分解にかかわる多くの従属栄養細菌が関与する。

〈注6〉
厳密には，アンモニア態Nではなく，アンモニウム態NでNH_4^+-Nと記載すべきである。本書では慣例にしたがいアンモニア態N，NH_4-Nと表記している。硝酸態Nも同様に，厳密にはNO_3^--Nとすべきところを，NO_3-Nと表記した。

❷アンモニア態窒素から硝酸態窒素へ－硝酸化成作用

Nの形態変化は，水田などの嫌気的条件ではアンモニア化成作用で終了する。還元的条件の土壌中ではNH_4-Nが安定した形態であるからである。しかし，畑のように好気的条件では，有機態Nから無機化したNH_4-Nや化学肥料由来のNH_4-Nが次の2つの段階の変化を経て，最終的に硝酸態N（NO_3-N）に変化する。

① NH_4-N → 亜硝酸態N（NO_2-N），そして

② NO_2-N → NO_3-N

この2段階の反応を硝酸化成作用という（図12-3）。

①の段階にはアンモニア酸化細菌（ニトロソモナス属の細菌），②の段階には亜硝酸酸化細菌（ニトロバクター属の細菌）が関与している（注7）。これらの細菌を一括して硝化菌ということもある。この硝化菌は好気的条件でだけ活動する絶対好気性菌である（服部・宮下，2000）。このため，嫌気的条件にある水田では硝化作用が発現しにくい。

〈注7〉
土壌中での有機態Nが無機化し，畑状態ではアンモニア態Nを経て硝酸態Nに変化し，この硝酸態Nを植物が吸収する過程を発見したのはウォーリントン（Warington, R. Jr., 1838～1907）で，1878年から1891年にかけての業績である。ただし，この無機化に関与する細菌を解明したのは，ヴィノグラドスキー（Winogradsky, S., 1856～1953）で，1890年のことである。

❸無機化促進の条件

有機態Nの無機化は微生物の働きなので，微生物の活性を高める条件を整えることで無機化が促進される。それには以下のような方法がある。

ⓐ土壌を乾燥させたのち水田や畑の状態にもどすと，乾燥による脱水作用によって土壌中の有機物の一部が分解されやすい形（易分解性N）になり，それが無機化してくる。これを乾土効果という。

ⓑ地温が上がると微生物の活動も旺盛になり，有機物の分解が促進されて有機態Nの無機化もすすむ。これを温度上昇効果という。

ⓒ酸性土壌に炭酸カルシウム（炭カル）などを施与し，土壌pHを有機物分解に作用する微生物に好適なpH（6.0～6.5）にすると，その活性が高まり有機態Nの無機化が促進される。

❹無機態窒素の有機化

土壌中の有機態Nの無機化によってできた無機態Nや，化学肥料の無機態Nのいずれも，その一部は無機態のまま存在しつづけることなく，

〈注8〉
微生物の体をつくっているタンパク質のこと。微生物は有機態Nを利用するだけでなく，無機態Nも利用してタンパク質を合成し自身の体をつくる。

微生物の作用を受けて有機態Nに変化する。これを無機態Nの有機化という（図12-3）。無機態Nの有機化は，土壌中の微生物が分解しやすい有機物（炭水化物など）を自己のエネルギー源にして増殖するとき，無機態Nを取り込み菌体タンパク質（注8）に変化させる現象である。

したがって，化学肥料の無機態Nも一部は有機化され，一時的に作物に吸収されにくくなる。このため，化学肥料の無機態Nの作物による利用率は，施与されたその年でおよそ60～80%程度である。残りは，有機化されたNが徐々に無機化して利用される。

Nにかぎり，「有機」であるか「無機」であるかを論争するのはあまり意味がない。Nは土壌中で微生物の働きによって，有機態でも無機態でもその形態が変化するからである。

4 有機化と無機化の調節弁としてのC/N比

❶ C/N比の大小と有機化，無機化

堆肥や緑肥など有機物に含まれる有機態Nが無機化したり，あるいは，化学肥料の無機態Nが有機化するのは，具体的にはどんな条件でおこなわれているのだろうか。これには，施与される有機物の炭素（C）とNの比率である，C/N比（炭素率）が重要な鍵をにぎっている。

たとえば，N量よりC量が多い，すなわちC/N比の大きい有機物が土壌に施与されたとする。微生物の働きで有機物が分解され，それにともなって微生物が増殖する。その結果，菌体タンパク質合成の原料に必要な無機態Nが不足してくる。そこで，微生物は身近にある無機態Nを取り込んで自身のタンパク質を合成する。これが無機態Nの有機化である。

つまり，施与される有機物のC/N比が，土壌中でのNの有機化と無機化の調節弁として働く。C/N比が大きいと無機態Nの有機化がすすみ，C/N比が小さいと有機態Nの無機化がすすむ（図12-3）。

施与される有機物に含まれている有機態Nが無機化される割合（無機化率）は，有機物のC/N比がおよそ20程度までは，C/N比が大きくなるにしたがってほぼ直線的に低下する（図12-4）。しかしC/N比がそれ以上になると，有機態Nの無機化がただちにおこることはない。

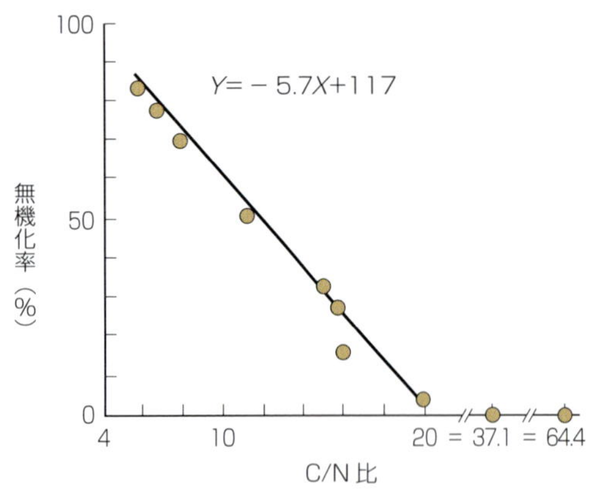

図12-4　有機態窒素（N）の無機化率とC/N比の関係
（広瀬，1973を一部改変）

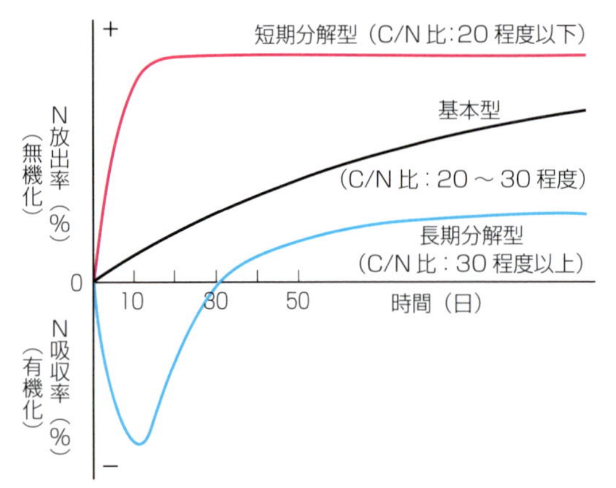

図12-5　有機物の分解による無機態窒素（N）の放出経過からみた有機物のC/N比による類型区分
（藤原，1987に加筆）

❷ C/N比と無機化の3類型

一般に，有機物を土壌に施与したとき，有機物の分解にともなって無機態Nが放出される型は次の3つに分類できる（図12-5）。

①短期分解型（C/N比が20程度以下の有機物）：有機態Nの無機化が短期間で終了する型。とくにC/N比が10程度までの有機物の無機化は，10日間程度で完了する。

②基本型（C/N比が20から30程度までの有機物）：有機態Nの無機化がゆっくりと進行する型。

③長期分解型（C/N比が30程度をこえる有機物）：少なくとも施与後30日間くらいは有機態Nの無機化がおこなわれず，むしろ土壌の無機態Nの有機化がすすみ，その後，徐々に無機化していく型。

とくに，③のようにC/N比の大きい有機物が土壌に施与されると，無機態Nが土壌中に豊富にあっても，その多くが微生物によって有機化されるので，作物が吸収利用できずN欠乏になる。この現象を窒素飢餓という。

とくに長期分解型は，C/N比の幅が大きいので，有機態Nが無機化される期間は有機物や堆肥の種類で大きくかわる。たとえば，コムギわらやおがくずのようにC/N比が100を上回るものを直接土壌にすき込むと，それが分解して無機態Nを放出するようになるまで何年もかかる（表12-2）。

表12-2　各種の有機物や堆肥を施与した最初の年に放出される窒素量　（志賀ら，2001）

C/N比による類型	資材名	C/N比	窒素含有率（乾物中，%）	窒素無機化率*1（%）	窒素の放出量・取り込み量*2（kg/乾物100kg）
短期分解型（C/N比< 20）	魚かす	4.7	9.08	88	8.6
	ダイズかす	4.7	6.95	80	5.6
	鶏ふん	6.0	4.09	75	3.1
	余剰汚泥（食品工場）	6.3	6.97	75	5.2
	豚ふん	9.8	4.24	60	2.5
	クローバ	12.2	3.55	63	2.2
	稲わら完熟堆肥	12.5	2.49	24	0.6
	米ぬか	15.0	2.40	83	2.0
	牛ふん	15.5	1.99	33	0.7
	稲わら中熟堆肥	15.8	2.10	9	0.2
	おがくず牛ふん堆肥	17.1	2.31	20	0.5
	バーク堆肥-1*3	19.3	1.95	13	0.3
基本型（20 ≦ C/N比< 30）	おがくず豚ふん堆肥	22.0	1.92	27	0.5
	稲わら未熟堆肥	24.6	1.60	6	0.1
長期分解型（30 ≦ C/N比）	バーク堆肥-2*3	35.3	1.05	− 2.3	− 0.02
	稲わら	60.3	0.65	− 2.4	− 0.02
	麦わら	126	0.33	− 116	− 0.4
	製紙かす	140	0.29	− 88	− 0.3
	おがくず	242	0.21	− 87	− 0.2

＊1：有機物が分解して有機物中の有機態窒素が無機態に変化する割合

＊2：正の値なら分解にともなう有機物からの無機態窒素の放出（無機化）量，負の値なら土壌から取り込まれる無機態窒素（有機化）量

＊3：バーク堆肥は樹木の皮と家畜ふんなどを混合して堆肥化したもので，用いる樹皮の種類や家畜ふんの種類でC/N比が大きくちがうので注意を要する

❸堆肥を腐熟化させることの意義—目的に応じた堆肥の選択

○わが国で完熟堆肥にこだわる理由

これまで，わが国で堆肥の製造について強く指摘されてきたのは，原料の有機物を十分に切り返し（反転），好気的条件を保って完全に分解させ腐熟させる（この過程を腐熟化という）ことであった。このようにして生産された完熟堆肥を用いるのが，堆肥施与の大原則であった。わが国でこうした考え方が主流になったのは，以下で述べるような養分源の確保についての伝統的な考え方に大きく影響された結果であろう。

化学肥料の利用が一般的でなかった時代，わが国でもおもな養分源は堆肥であった。ただし，水田中心のわが国農業では，ヨーロッパの輪作農業のように，養分源としての家畜ふん尿への意識は薄かった。むしろイネやムギのわら（藁）や，周辺からあつめられた野草や落葉など，C/N 比の大きい原料を堆積して堆肥がつくられていた。その堆肥を養分源として施与するには，腐熟化して有機物中の炭素（C）を二酸化炭素（CO_2）として大気中に放出して，C/N 比を小さくすることが必須条件であった。

腐熟が不十分で C/N 比が大きいままの未熟な堆肥を耕地に施与すると，養分的効果が十分に発現しないだけでなく，作物に窒素飢餓が発生して生育不良になるからである。こうした経験から，「堆肥は完熟堆肥でなければならない」という理解が一般化され，それが脈々と受けつがれてきた。

しかし，たとえば家畜ふん尿を含んだ最近の堆肥は，みかけは未熟堆肥のようでも C/N 比が 20 より小さいことが多い（北海道農政部，2015a）。このような堆肥は，腐熟化で C/N 比を小さくする必要はあまりない。そのままでも C/N 比は十分に小さく，短期分解型の堆肥だからである。こうした家畜ふん尿を含む堆肥は，いわゆる腐熟化の意味を再検討する必要がある（第 14 章 5 項参照）。

○目的によって堆肥を使い分ける

ただし，上で述べた考え方は，堆肥に対して N などの養分としての効果を期待する場合のことである。堆肥のような有機物資材には，期待できる効果が多様なので（第 10 章 5 項参照），期待する効果によってそれに適した堆肥（有機物）がちがう。養分的効果を期待する場合は，C/N 比が 20 より小さい堆肥（有機物）の施与が適している。分解が早く養分的効果が発現しやすいからである。

一方，土壌の物理的な性質（土壌の硬さ，保水性，透水性など）の改良効果を期待する場合には，C/N 比が 30 より大きい堆肥（有機物）を，長期間，継続的に施与することが適している。C/N 比の大きな堆肥（有機物）は分解がゆっくりすすむので，土壌中で安定した有機物として残存できるからである（注 9）。ただしこの場合は，作物に窒素飢餓が発生しないよう，たとえば，化学肥料の併用で無機態 N を供給しておくことが必要になる。

つまり，堆肥（有機物）は無条件でつねに完熟堆肥でなければならないということではない。目的応じて腐熟度や C/N 比を考え，目的にふさわしい堆肥（有機物）を選択する必要がある。

〈注 9〉
土壌中で安定して存在する有機物（腐植）はアルミニウム（Al）と結合して Al－腐植複合体を形成していることが多い。このことをヒントにして，稲わら堆肥調整中にアルミニウム（塩化ヒドロキシアルミニウムの形態）を添加し，微生物によって分解されにくい安定した有機物にするための堆肥化が試みられた（久保田ら，1986）。こうして調製した堆肥を土壌に混和したところ，予測どおり微生物による分解は明らかに抑制され，難分解性が確認された。また，添加したアルミニウムによる作物（ダイズ）への害作用はなかった。したがって，この難分解性堆肥を土壌の物理性改良のための有機物資材として利用できる可能性があると認められた。

5 気体に変化して大気へ逃げる窒素（脱窒作用）

Nは有機態，無機態という形態だけでなく，気体に変化して土壌から大気に逃げだすこともある。このように，Nが気体に変化して大気中に揮散放出される現象を脱窒作用という（図12-3）。

硫安などの化学肥料を水田の土壌表面に施与すると，化学肥料のNH_4−Nの肥効が劣る。水田であっても土壌表面にはわずかに酸素が残る層（酸化層，第14章1項参照）があり，施与されたNH_4−Nはその酸化層で硝酸化成を受ける。生成した陰イオンのNO_3−Nは，土壌の負荷電に反発して土壌に吸着されることなく，酸素不足の下層へ移動する。水田土壌の下層は還元状態であるため，NO_3−Nは還元されて酸素を奪われ，気体のN_2に変化する。そのN_2が脱窒するために，肥料のNH_4−Nの肥効が低下する。それを防ぐため，水田に化学肥料を施与する場合，化学肥料を作土層と十分に混合する（全層施肥という）必要がある。

さらに，土壌がなんらかの理由，たとえば多量の降雨などで酸素不足の状態，すなわちやや還元的で，さらに分解しやすい有機物があると，NO_3−Nが微生物の作用を受けて酸化窒素（NO）や一酸化二窒素（N_2O）に変化して脱窒する。N_2Oの発生は，こうしたやや還元的条件の場合だけでなく，酸素の豊富な好気的条件でNH_4−Nが硝酸化成を受ける過程でも発生することがある。このN_2Oは地球温暖化をすすめる温室効果ガスの1つで，農業による環境汚染の1つである。この発生を抑制することは，地球環境の保全の最重要課題である。アンモニアガス（NH_3）やN_2Oで大気へ揮散損失することについては，第15章で詳細に述べる。

このほか，土壌pHが高くアルカリ性の土壌にNH_4−Nが施与されると，NH_4−Nが気体のNH_3に変化して，大気に揮散損失する。家畜のふん尿に含まれるNH_4−Nも，ふん尿それ自身のpHが高いため，一部はNH_3になって揮散し，大気汚染をもたらす（図12-6）。

また第4章で述べたように，大気中のN_2が共生的窒素固定によって土壌中に取り込まれる現象もある。

こうして，窒素は土壌中でさまざまな形態に変幻自在に変化する。しかし変化そのものは，自然の仕組み，とくに微生物の働きによって制御された自然の営みとして調和のとれた変化である。その自然の営みの仕組みをよく理解し，それらを利用することで土壌の窒素肥沃度を維持し高めていくことが可能である。

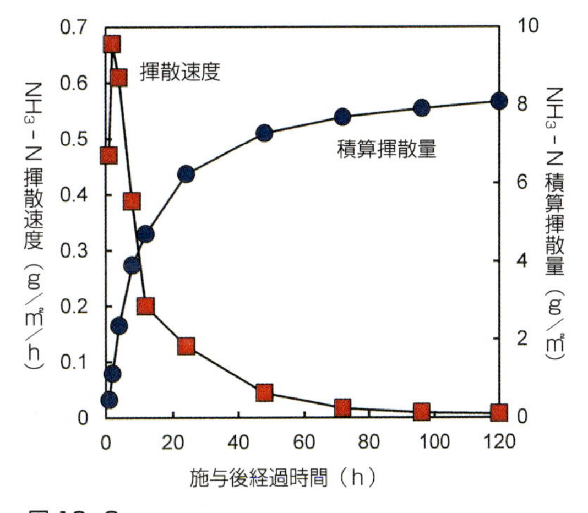

図12-6
土壌表面に施与された乳牛ふん尿混合物（スラリー）**からのアンモニア揮散**　(Matsunaka et al., 2008)
供試したスラリーのpHは7.3で，施与された全Nは45g/㎡，そのうちNH_4−Nは20g/㎡

3 リン

1 リンの働きと作物への影響

リン（P）は，デオキシリボ核酸（DNA）やリボ核酸（RNA）などの構成成分である。これらの核酸は，植物体内でのタンパク質の合成や遺伝情報の伝達などに重要な働きをする。また，アデノシン三リン酸

図 12-7
トウモロコシのリン欠乏症
茎や葉身が紫色を含んだ濃緑色となる。症状は，下位葉からはじまり上位葉に移行していく

（ATP）やアデノシン二リン酸（ADP）などの構成成分でもある。これらは，植物体内のエネルギー変換に大切な役割をはたしている。このため，Pは作物生産にとっても窒素と同様に重要で，とくに，わが国に広く分布する黒ボク土（火山灰に由来する土壌）では，作物生産の制限因子になりやすい。

土壌中に作物に吸収利用されやすい形態（可給態）のPが不足すると，Nと同じように，吸収されて蓄積されていた下位葉のPが新しい組織である上位葉に送り込まれる。Pが植物体内で移動しやすいからで，そのためPの欠乏症状は植物体の下部からあらわれる。特徴は，葉が紫色を含んだ濃緑色になり，茎や葉が細く直立してくることである（図 12-7）。

2 リンの供給と形態

リン（P）のおもな給源は，動植物や微生物の遺体に含まれる有機態のPのほか，リン灰石（アパタイト）などPを含んだ鉱物，肥料として施与されるさまざまなリン酸塩などの無機態のPがある。したがって，土壌中のPは大別すると有機態Pと無機態Pからなる。

有機態Pはイノシトールリン酸（注 10）の形態が最も多く，ついで動植物や微生物に由来する核酸，リン脂質などがある。全有機態Pにしめる割合は，それぞれ，およそ 35%，2%，1%程度である（岡島，1976）。

有機態Nと同じように，有機態Pも微生物の作用で無機態に変化する（注 11）。ただし，有機態Nが比較的容易に無機化するのに対して，有機態Pの無機化は容易ではない。

無機態Pは，カルシウム（Ca），アルミニウム（Al），鉄（Fe）などと結合したものや（表 12-3），土壌の粘土中に閉じ込められたもの，さらに土壌の水分（土壌溶液）に溶けている水溶性のPまで，さまざまな形態

〈注 10〉
イノシトール（$C_6H_{12}O_6$）がもつ水酸基（$-OH$）にリン酸（H_3PO_4）が結合（エステル化）した化合物の総称である。イノシトールリン酸は土壌中でアルミニウム（Al）や鉄（Fe）と結合して難溶性になりやすく，有機Pを分解する酵素（フォスファターゼ）にも比較的分解されにくい。
イノシトールは水酸基を6つもっているので，リン酸が1つ結合したものから6つ結合したものまで6種類のイノシトールリン酸がある。なかでも，最多の6つのリン酸と結合したイノシトールリン酸をフィチン酸といい，この形態で土壌中に存在しているものが多い。

〈注 11〉
有機Pの無機化はC/P比で規制されている（Brady and Weil, 2008）。C/P比≧300の資材が施与されると，無機態Pの有機化がすすみ，C/P比＜200なら有機態Pの無機化がすすむ。無機化に関与する土壌の要因は，Nの場合と同じように，水分，温度，pHなどである。

表 12-3　畑土壌中での無機態リンを含む化合物とその溶解度
（Brady and Weil，2008 に加筆）

化合物	化学式	水への溶解度（20℃，g/ℓ）
鉄，アルミニウムとの化合物		
リン酸鉄（ストレンジャイト）	$FePO_4 \cdot 2H_2O$	冷水に不溶
リン酸アルミニウム（バリスサイト）	$AlPO_4 \cdot 2H_2O$	難溶
カルシウムとの化合物		
フッ素リン灰石 *1	$[3Ca_3(PO_4)_2] \cdot CaF_2$	難溶
炭酸リン灰石	$[3Ca_3(PO_4)_2] \cdot CaCO_3$	難溶
水酸リン灰石	$[3Ca_3(PO_4)_2] \cdot Ca(OH)_2$	難溶
酸化リン灰石	$[3Ca_3(PO_4)_2] \cdot CaO$	難溶
リン酸三カルシウム	$Ca_3(PO_4)_2$	0.02
リン酸八カルシウム	$Ca_8H_2(PO_4)_6 \cdot 5H_2O$	－ *2
リン酸一水素カルシウム	$CaHPO_4 \cdot 2H_2O$	0.043
リン酸二水素カルシウム	$Ca(H_2PO_4)_2 \cdot H_2O$	18

＊1：リン灰石はアパタイトともいわれる。水酸リン灰石は動物の骨や歯の主成分である
＊2：リン酸三カルシウムより水に溶けやすい

がある。耕地土壌での無機態Pと有機態Pの割合は，土壌によって大きくちがい，表層土では全Pにしめる有機態Pの割合は20%から80%の範囲で（Brady and Weil, 2008），下層土になると無機態Pの割合が高まる。これらの無機態Pは水溶性Pを仲介にして，化学的な形態変化をくり返し，土壌中で循環している（図12‑8）。

P：リン，Ca：カルシウム，Al：アルミニウム，Fe：鉄

図12‑8　耕地土壌でのリンの形態変化と循環

3　土壌によるリンの固定—リンの難溶性化

無機態リン（P）は，土壌中でアルミニウム（Al）や鉄（Fe）と結合して水に溶けにくい難溶性になり（表12‑3），作物に利用されにくくなりやすい（これをPの固定という）。これはPととくに結合しやすい性質（吸着活性）をもつAlやFeが，土壌中に存在するからである。Pに対して吸着活性が大きいAlやFeを，活性Alや活性Feという。化学肥料でPを土壌に施与しても，活性Alや活性Feによって固定されると，施肥効果が低下する。このような土壌のP固定能の大きさを示すのが，リン酸吸収係数である（注12）。

比較的水に溶けやすいのは，各種のリン酸カルシウムである（表12‑3）。水溶性Pは溶液のpHによって3種類のイオン形態がある（図12‑9）。通常の土壌pHの範囲では，リン酸二水素イオン（$H_2PO_4^-$）がほとんどで，この形態で作物に吸収利用されるのが一般的である。土壌pHがほぼ中性ではリン酸一水素イオン（HPO_4^{2-}）の形態でも吸収利用される。

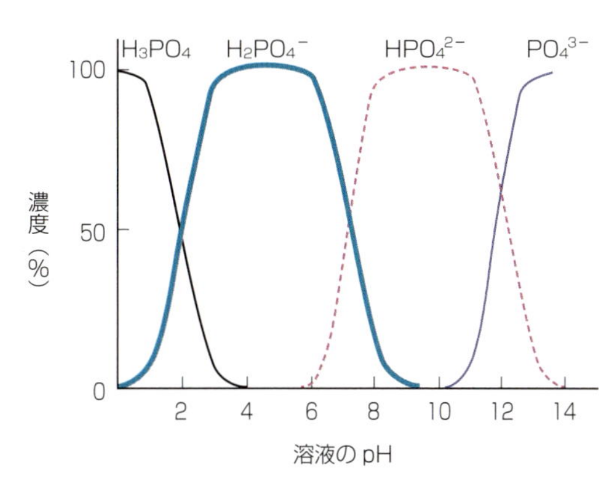

図12‑9
溶液のpHに対応した各種リン酸イオンの相対濃度
（Brady and Weil，2008）
H_3PO_4：リン酸，$H_2PO_4^-$：リン酸二水素イオン，HPO_4^{2-}：リン酸一水素イオン，PO_4^{3-}：リン酸イオン

4　土壌のリン固定能を決めるもの

土壌のリン（P）固定能は，土壌にどんな形態の活性アルミニウム（Al）や活性鉄（Fe）がどのくらいあるかで決まる。その活性Alや活性Feとはどんなものなのか。

おもな活性Alの形態は，①十分に結晶化していない（準晶質）粘土鉱物であるアロフェンやイモゴライト（第5章8項参照）の端末，②土壌有機物（腐植）と結合したAl－腐植複合体，③交換性Al，の3種類である。これらは，それぞれの形態のAlを溶解させる溶液を用いて，土壌から溶出して測定する（図12‑10）。おもな活性Feの形態は，①Feの水酸化物からなる鉱物の端末や，②有機物と結合したFe－腐植複合体として存在

〈注12〉
リン酸吸収係数は以下のようにして測定される。
pH7.0に調整した2.5%リン酸アンモニウム溶液を土壌に加え，24時間で土壌に固定されたPを土壌100g当たりの酸化物として（P_2O_5＝五酸化二リン）表示する。単位をつけない（無名数）のが原則である。しかし，mg/100gとして単位をつける場合もある。

する（注 13）。

一般に活性 Al や活性 Fe による土壌の P の固定は，pH が下がるほど増加し，pH 3～4 で最大になる（南條，1993）。ただし，pH の影響は，アロフェンやイモゴライトに由来する活性 Al で比較的大きく，Al－腐植複合体由来の活性 Al ではあまり影響されない（Gunjigake and Wada, 1981）。なお，黒ボク土の P 固定は活性 Al に大きく影響され，活性 Fe の影響は小さい（伊藤ら，2011）。

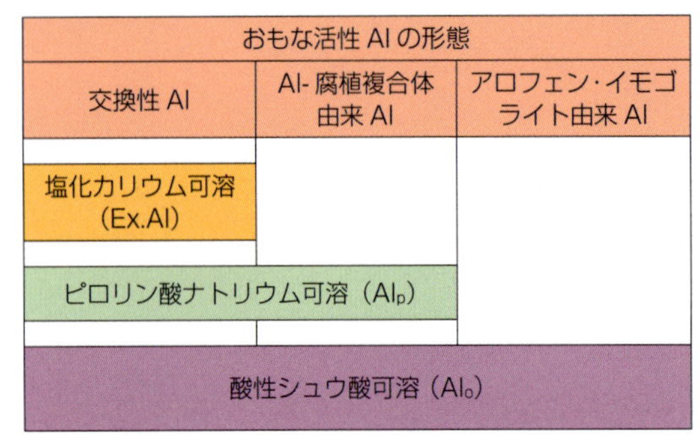

図 12-10
活性アルミニウム（Al）のおもな形態とそれぞれの分別法
（三枝・松山，1996）

上の図から，各形態の活性 Al は以下の計算から求める

アロフェン・イモゴライト由来 Al ＝ Al_o － Al_p

Al- 腐植複合体＝ Al_p － Ex.Al

交換性 Al（Ex.Al）＝塩化カリウム可溶 Al

このうち，Ex.Al が全活性 Al（Al_o）に占める割合はわずかで，多くても全体の数%程度である。Ex.Al は，活性 Al としての働きよりも，作物に Al 過剰障害を与える土壌溶液中のアルミニウムイオン（Al^{3+}）の給源としての働きのほうが重要である

〈注 13〉
Fe の水酸化物からなる鉱物には，フェリハイドライト，ゲータイト，ヘマタイトなどがある。こらの鉱物の端末で水酸基（－OH）と結合した Fe－OH の形態や，この水酸基が低 pH 条件で水素イオン（H^+）を引きつけてできる $Fe-OH_2^+$ となった状態で存在している。活性 Fe も活性 Al と同じように，酸性シュウ酸溶液可溶とジチオナイト溶液可溶で分別している。

〈注 14〉
原著によれば，このときに用いる P 資材は，化学肥料の熔成リン肥（ヨウリン）と過リン酸石灰（過石）の原物重量比で 4：1 の混合物とされている。

5 黒ボク土の種類のちがいとリン固定能

わが国の黒ボク土はリン酸吸収係数が 1,500 以上の土壌で，リン（P）固定能が大きい。黒ボク土で P がしばしば作物生育の規制要因になるのは，この土壌の大きな P 固定能のためである。したがって，黒ボク土の P 肥沃度を改善するためには，リン酸吸収係数の 10 %に相当する P の多量施与が古くから推奨されている（山本・宮里，1971）（注 14）。

しかしすでに述べたように（第 9 章 4 項），わが国の黒ボク土は，アロフェン質黒ボク土と非アロフェン質黒ボク土の 2 種類に大きく区分されている。この 2 種類の黒ボク土は，リン酸吸収係数が同じであっても，P 固定能にちがいがある。

この 2 種類の黒ボク土では，P 固定能に大きく影響する活性アルミニウム（Al）の母体がちがう（Saigusa, et al., 1991）。アロフェン質黒ボク土の活性 Al の母体は，アロフェンとイモゴライト由来の Al であるのに対し，

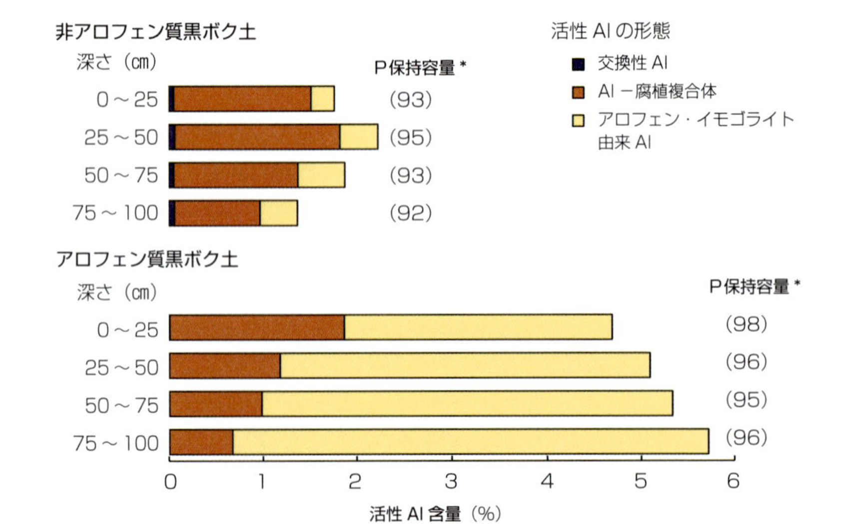

図 12-11　黒ボク土の活性アルミニウム（Al）の存在形態のちがいとリン（P）保持容量 * の土壌間差　（Saigusa, et al., 1991）

＊：図中の（　）内の数字は P 保持容量（土壌に添加した P のうち土壌に固定された P の割合を%で表示した値。詳細は本文の注 15 参照）を示す

非アロフェン質黒ボク土はAl－腐植複合体のAlである（図12-11)。さらに活性Alの総量は，アロフェン質黒ボク土のほうが非アロフェン質黒ボク土よりも多い。ところが，施与されたPの固定能の大きさを示すP保持容量（注15）は，両土壌間の活性Al量ほどのちがいはない（図12-11)。むしろ，活性Al総量が同じなら，非アロフェン質黒ボク土のほうがアロフェン質黒ボク土よりもリン酸吸収係数が大きく，したがってP固定能も大きい（図12-12)。

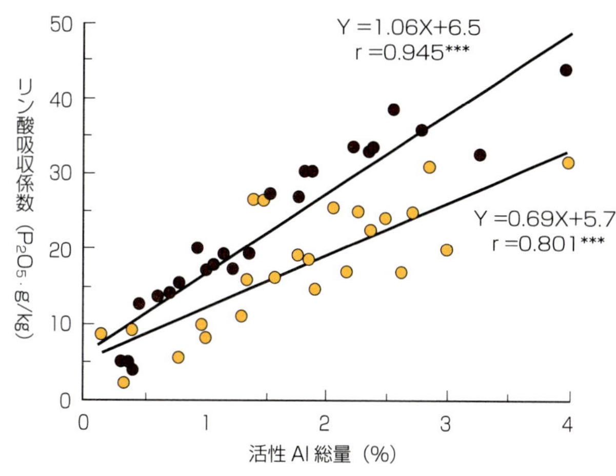

図12-12　活性Al総量と弘法・大羽法によるリン酸吸収係数の関係（三枝・松山，1996）

●：アロフェン質黒ボク土，●：非アロフェン質黒ボク土

この図で，土壌の活性Al総量とは，酸性シュウ酸溶液で溶解するAl。弘法・大羽法によるリン酸吸収係数とは，土壌：リン酸二アンモニウム溶液＝1：10で測定された値で，通常の測定法による土壌と溶液の比率（1：2）よりも溶液の比率が5倍大きく，リンの吸着がより飽和に近い状態で評価できる

アロフェンの構造は中空ボール状で，イモゴライトも中空管状の構造である（第5章8項，図5-11，12参照)。この中空構造の内部に存在するAlはPと反応しにくいため，P固定の働きを十分に機能させにくい(三枝・松山，1996)。このため，アロフェン質黒ボク土では，同じ活性Al量当たりのP固定能が非アロフェン質黒ボク土より劣る。いいかえると，Al－腐植複合体の活性Alは，アロフェン・イモゴライト由来のAlよりも，単位活性Al当たりのP固定能が大きい（三枝・松山，1996)。

〈注15〉
ニュージーランドで開発された測定法による土壌のP吸着量のこと。具体的には，リン酸カリウムと酢酸緩衝液でつくった溶液を土壌に添加し，24時間後に土壌に吸着されたP量を測定する。その量が添加したP量に対する割合を%で示す。わが国のリン酸吸収係数は，吸着されたリン（P_2O_5）量を土壌100g当たりで表示しており，この点がP保持容量とちがう。

6 活性アルミニウムの形態のちがいと土壌の可給態リンの関係

活性アルミニウム（Al）の形態のちがいは，土壌の可給態P（注16）の測定結果にも大きな影響をおよぼす。

わが国での土壌の可給態Pの測定は，土壌に酸性（低pH）の抽出溶液を加え，それに溶出してきた無機態Pを定量するのが一般的である。アロフェン質黒ボク土では，活性Alの母体がアロフェン・イモゴライトに由来するAlで，P固定能は低pHとなるほど高まる（Gunjigake and Wada, 1981)。このため，低pHの抽出溶液では，抽出溶液に一度は可給態として溶出した無機態Pが，抽出中に再び土壌に固定されてしまう（これを再固定という)。したがって，アロフェン質黒ボク土では，可給態P含量の測定値が土壌に再固定された分だけ低くなり，実際の可給態P含量よりも過小評価される。それに対して，非アロフェン質黒ボク土の活性Alの母体はAl－腐植複合体のAlであり，P固定能は溶液のpHに影響されにくい（Gunjigake and Wada, 1981)。したがって，酸性の抽出溶液を用いても，抽出された無機態Pが土壌に再固定されにくい。

このため，両黒ボク土で可給態P含量が同じでも，アロフェン質黒ボク土では，過小評価された分が実際には可給態Pとして機能すると考えられる。そのため可給態P含量が同じであっても，アロフェン質黒ボク土で生育した作物のほうが，非アロフェン質黒ボク土で生育した作物のP吸収量より多くなる（図12-13)。このことは，わが国で広く用いられている，

〈注16〉
可給態Pとは，土壌中の無機態Pのうち作物に吸収・利用されやすい形態のPのことである。可給態Pは，通常，トルオーグ法，あるいはブレイNo.2法で測定される。これらの測定法では，酸性溶液を用いて土壌から可給態Pを溶出させる。これを可給態Pの抽出（ちゅうしゅつ）といい，用いる溶液を抽出溶液という。

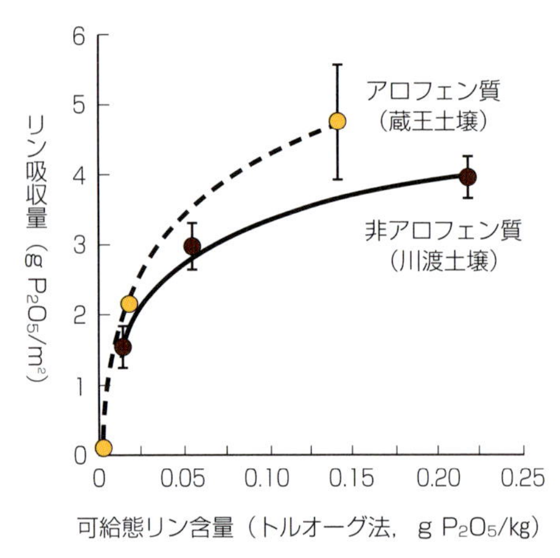

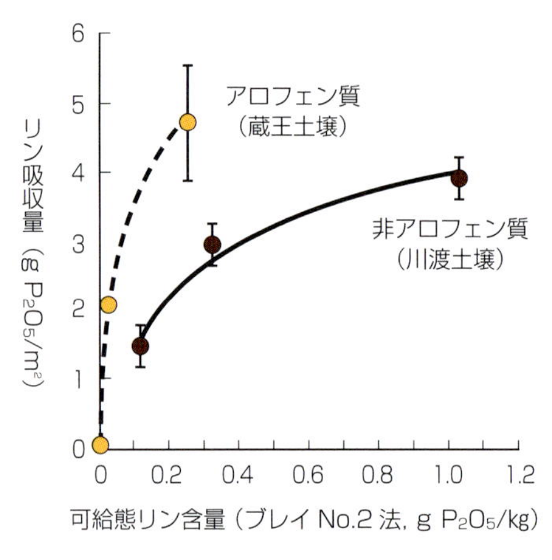

実験に用いたアロフェン質黒ボク土と非アロフェン質黒ボク土のリン酸吸収係数は，それぞれ2050と2130である。図中の誤差棒は標準誤差を示す。トルオーグ法とブレイNo.2法は，いずれもわが国での可給態Pの代表的な測定法である

図 12-13　可給態リン含量とグレインソルガムのリン吸収の関係の黒ボク土壌間差（伊藤ら，2011）

酸性の抽出溶液を用いた可給態Pの測定値は，活性Alの形態がちがう黒ボク土の作物へのP供給能を正しく示していないことを意味する（伊藤ら，2011，松中ら，2017）。

そのため，可給態P含量によって土壌のP供給能を診断する場合，可給態の測定法が現状のままなら，その診断基準値の設定は活性Alの形態を考慮したうえで，再検討する必要がある。

7 酸性黒ボク土の酸性改良と施与リンの肥効改善との関係

これまでは，pHが5.0より低い強酸性の土壌にリン（P）を施与してその肥効を期待する場合，土壌の酸性改良を優先しておこない，そのうえで不足するPを補給するように推奨されてきた（今井ら，1984）。これは，酸性条件で土壌溶液中に溶出するAl^{3+}によって，施与Pがリン酸アルミニウムとして固定されるのをさけ，より溶解度の大きいリン酸カルシウムにすることでPを有効化させるねらいもある（吉田，1984）。

しかしこのことが，全ての土壌で例外なく適用できるとは必ずしもいえない。たとえば図12-14は，酸性黒ボク土の酸性改良によって，施与したPの肥効が改善するかどうかは，黒ボク土がアロフェン質であるか非アロフェン質であるかや，施与するP資材の種類で大きくちがうことを示している。以下，施与されるP資材別に検討してみよう。

❶過リン酸石灰でリンを施与する場合

P資材として過リン酸石灰（過石と略）（注17）を用いて，水溶性のPを十分量施与した場合（この結果は第9章9項でも述べ，図9-17に示した），アロフェン質黒ボク土では酸性改良の有無でトウモロコシの生育に有意な差がない（図12-14，上）。この土壌では交換性Alが安定して存在しにくいため（注18），酸性改良しないで土壌のpHが強酸性であっても，Al過剰害の発生条件（トウモロコシの場合，交換性Al含量＞2 $cmol_c$/kg＝180mg/kg）（Saigusa, et al., 1980）を満たしていない。したがってAl過剰害は発生せず，施与Pの肥効は酸性改良の有無に影響されない。

〈注17〉
過石は，自身のpHが1～3ときわめて強酸性の肥料である。主成分はリン酸二水素カルシウム（$Ca(H_2PO_4)_2 \cdot H_2O$）で，市販の粒状品では可溶性リン（P_2O_5）として17.5%が，水溶性リン（P_2O_5）としては14.5%が保証されている。可溶性とは，中性に近いペーテルマンクエン酸に溶けることを意味する。注19も参照のこと。

〈注18〉
第9章9項で指摘したように，アロフェン質黒ボク土の負荷電は弱酸的性格をもつため，交換性Alが安定して存在しにくい。一方，非アロフェン質黒ボク土の負荷電は強酸的性格をもつため，交換性Alが安定して存在できる。そのちがいは，交換酸度（y_1）に反映されている。

注１：試験に用いた土壌の化学的性質は以下のとおり。データは，それぞれアロフェン質黒ボク土，非アロフェン質黒ボク土の順で，pH（H_2O）＝4.8，4.5，pH（KCl）＝4.5，3.9，交換酸度（y_1）＝4.4，28.0，可給態P（トルオーグ法）＝9.3，4.0mg / kg，リン酸吸収係数＝2,060，2,120

注２：図中の−炭カルは酸性改良をしない処理，＋炭カルは酸性改良をした処理。改良目標は pH6.0

注３：Pの施与量はPとして 1.5 g / ポットで，リン酸吸収係数の 8%相当量。−PはPを施与しない処理。窒素（N）とカリウム（K）は全て共通で 1.0 g / ポット

注４：牛炭化物（低温炭化）は牛遺体を 450℃で４時間炭化，牛炭化物（高温炭化）は同じく 1,000℃で 0.5 時間ののち，450℃で 3.5 時間炭化したもの。炭化物は粉砕し，1mmのフルイを通過した細粒品

注５：各処理の下の（　）の数字は，試験終了時の交換性 Al 含量（mg /kg）。とくに酸性改良した各処理区の下の ND は，交換性 Al 濃度が検出限界以下で検出できなかったことを意味する

図 12 - 14　酸性黒ボク土の酸性改良と施与されたリン（P）の肥効改善（松中ら，2017）

しかし，非アロフェン質黒ボク土では交換性 Al が十分に存在するため，酸性改良しないと Al 過剰害の条件が満たされている。その結果，根に Al 過剰害が発生して P 吸収が抑制され，生育が大きく阻害される（図 12 - 14，下）。

つまり，酸性黒ボク土に過石で水溶性 P を施与する場合，肥効発現に非アロフェン質黒ボク土では酸性改良が必須であり，アロフェン質黒ボク土の場合は必ずしも必要はない。

❷新しいリン資材としての牛炭化物を施与する場合

新しい P 資材として期待される牛遺体の炭化物（牛炭化物）を施与する場合，前項で述べた過石での結果と大きくちがう（図 12 - 14）。牛炭化物は炭化温度がちがっても，いずれも pH が 8 〜 9 とアルカリ性で，それに含まれる P のほとんどは酸性条件で溶出しやすいク溶性 P（注 19）である。したがって，牛炭化物からの P の溶出は酸性条件で促進される（Ma and Matsunaka, 2013）。このため図 12 - 14 のように，両土壌とも，炭化温度にかかわらず，牛炭化物の P は酸性改良するよりもしないほうが肥効は明らかで，酸性改良した過石と同等の効果とみなせた（注 20）。

〈注 19〉
作物の根から分泌される有機酸（根酸）は，土壌中の成分を溶出して作物に吸収できるようにする機能をもつ。根酸の働きをクエン酸で代用し，クエン酸に溶出するPをク溶性Pと定義している。具体的には肥料取締法にもとづく分析法で決められており，2%のクエン酸溶液を用い，これに溶出するリンを測定して成分保証がおこなわれている。

〈注 20〉
市販のP肥料である熔成リン肥（ヨウリン）は，pH が 9 〜 10 で，主成分のPがク溶性であることなど，牛炭化物の化学的性状とよく似ている。ヨウリンでも牛炭化物と同様の結果になるかどうかは，検討されていないので明確ではない。

ただ不思議なことに，非アロフェン質黒ボク土で，酸性改良せず牛炭化物を施与した区の交換性 Al 含量は，酸性改良せず過石を施与し根に Al 過剰害を認めた区と同程度であるにもかかわらず，被害が認められずトウモロコシは正常生育している。この理由は現在のところ不明である。

以上，5～7項で述べたように，アロフェン質黒ボク土と非アロフェン質黒ボク土は，黒ボク土としては同じであっても，Pの固定能や可給態P含量の意味するもの，さらには作物に対する酸性障害の可能性といったことに大きなちがいがある。両者はまさに「似て非なる土壌」である。

8 土壌溶液中のリン濃度の維持

土壌に施与されたリン（P）は，土壌中で難溶性P化合物に変化しやすいため，土壌溶液中のP濃度は通常 0.3㎎／ℓ以下と非常に薄い（岡島，1976）。しかし，難溶性P化合物はわずかではあるが水に溶ける。そして，難溶性P化合物の水への溶け方（溶解度）が，低濃度ではあるものの，土壌溶液中のP濃度を支配する要因にもなっている。それは，次のような土壌中での化学反応による。

土壌中では，Pが難溶性化合物から水に溶出する反応と，水溶性Pのリン酸二水素イオン（$H_2PO_4^-$）が難溶性P化合物に変化する反応がつり合った状態（これを平衡状態という）になっている。このため作物が $H_2PO_4^-$ を吸収し，土壌溶液中の $H_2PO_4^-$ 濃度が低下すると，平衡状態を維持するために難溶性化合物からPが溶出してくる。したがって，最終的に維持される水溶性Pの濃度は，難溶性P化合物の溶解度に依存している。

このため，水溶性Pが，溶解度のきわめて小さい鉄（Fe）と結合するより，ほかの難溶性P化合物より比較的溶解度が大きいカルシウム（Ca）（表 12-3）と結合するほうが，水溶性P濃度が維持しやすくなる。

土壌の酸性化防止のために炭酸カルシウム（炭カル，$CaCO_3$）を施与することは，酸性改良によって土壌溶液中のアルミニウムイオン（Al^{3+}）や鉄イオン（Fe^{3+}）を中和除去するだけでなく，溶解度が比較的大きい Ca と結合したP化合物をつくるので，水溶性P濃度を相対的に高く維持するためにも役立つ。ただし，このことは原則的なことであって，すでに上で述べたとおり，例外なくすべての土壌で，用いるP資材と関係なく一律に適用することはできない。

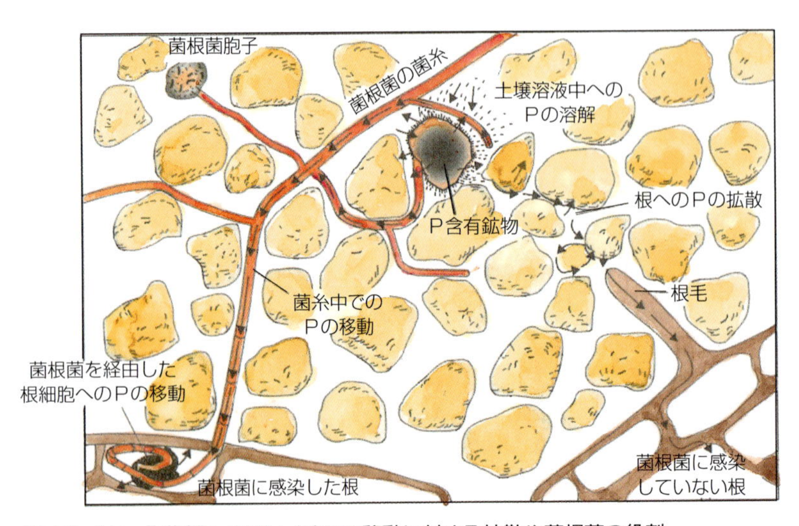

図 12-15　作物根へのリンイオンの移動に対する拡散や菌根菌の役割
(Brady and Weil，2008)

9 作物のリン吸収に対する適応

❶拡散による土壌溶液中リン濃度の維持

作物は，土壌溶液中の非常に低濃度なリン（P）から，必要量を吸収しなければならない。そのために，さまざまな方法を駆使している。作物が根周辺の土壌溶液からPを吸収すると，根のすぐ近くのP濃度とその外側のP濃度とのあいだに濃度差ができる。その結果，P濃度の濃いところから，P濃度の薄いほうへPが移動する。これを拡散という（図12-15）。

しかし，拡散による土壌溶液のP濃度の維持にも限界がある。Pが拡散する距離と移動時間の問題である。作物のP要求が旺盛になればなるほど，拡散によるP濃度の補給では作物のP吸収速度に対応しきれなくなる。

❷根張りによる根表面積の拡大

これに対して作物は積極的に根の表面積を増やし，根と土壌溶液中のPとが接触しやすい環境をつくる。つまり，作物は根を十分に張り巡らし，土壌溶液との接触面を増やすことで，低濃度の土壌溶液中のPから要求に見合うPを吸収する。そのため，作物のP吸収には，作物自身の根張りがきわめて重要な要因となる。

❸菌根菌との共生

作物の根張りのほかに，P吸収を助けるものとして注目されているのが糸状菌（カビの仲間）である。糸状菌が根に共生してつくるものを菌根（きんこん）と呼び，菌根をつくる糸状菌を菌根菌（きんこんきん）（注21）という（図12-15）。農業上重要な菌根菌は，ほとんどの陸上植物に共生できるアーバスキュラー菌根菌（AM菌根菌と略）（注22）である。すでに第4章で述べたように，AM菌根菌は根に共生し，そこから菌糸を出して土壌中のPを吸収し，作物に与えている。いわば，菌糸をとおして，植物根の表面積を拡大する効果をもたらしている。

ただし，AM菌根菌が土壌中から収集するのは可給態Pで，難溶性Pを直接利用するわけではない。また，可給態Pが過剰に蓄積した土壌では，AM菌根菌の働きが抑制される。したがって，AM菌根菌が共生する植物のP吸収に寄与できるのは，土壌の可給態P含量が少ない場合である。

❹難溶性リンを溶かす根からの分泌物

難溶性のPを溶かす物質を根から分泌し，その働きで土壌からPを吸収する作物がある。たとえば，キマメ（注23）は（図12-16），土壌中で最も難溶性であるリン酸鉄を溶かす物質（ピシジン酸など）を根から分泌し，自身のP吸収を満足させるだけでなく（図12-17），間作（かんさく）（注24）されている穀類の生産性にもよい影響を与えている。

インドのデカン高原に広く分布する土壌（アルフィソル）では，土壌中のPが難溶性のリン酸鉄で存在するため，通常の作物はいちじるしいP欠

図12-16 難溶性リン（P）を溶解してPを吸収する作物の例

キマメ（上）：難溶性P溶解物質（ピシジン酸など）を根から分泌してPを吸収する

ラッカセイ（下）：根の細胞壁で難溶性Pを接触溶解反応によって吸収可能なPに変化させて利用する

いずれも，インド，デカン高原・ハイデラバードのICRISATにて。土壌はアルフィソル

〈注21〉
詳細は，第4章5-4項，図4-7を参照。

〈注22〉
AM菌根菌が共生できない植物は，アブラナ科（ダイコン，ハクサイ，カラシナ，キャベツなど），タデ科（ソバ，イタドリ，ギシギシ，ルバーブなど），アカザ科（新しい分類体系では，ヒユ科アカザ亜科のテンサイ，ホウレンソウなど）である。

〈注23〉
熱帯で栽培されるマメ科の小低木。

〈注24〉
主要農作物の畝間（うねま）や株間（かぶま）にほかの作物を同時に栽培すること。

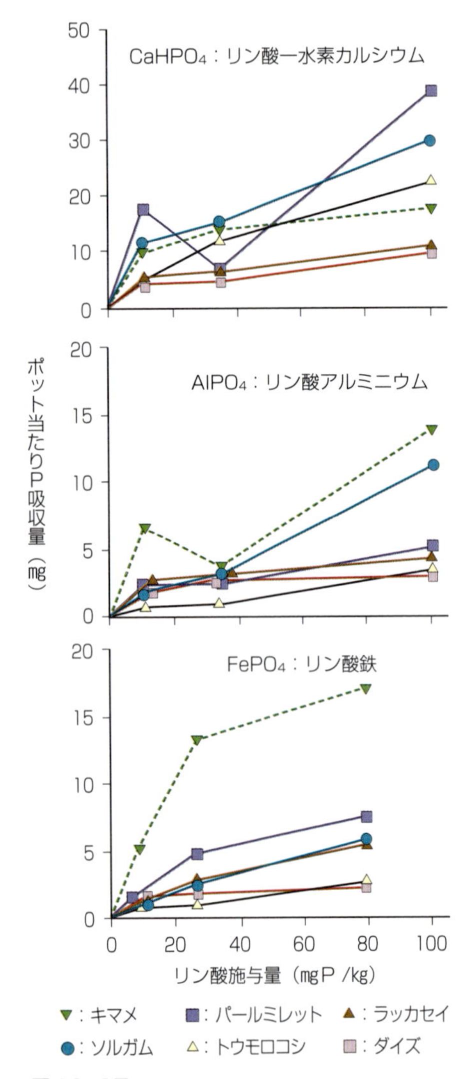

図 12-17
各種形態リン（P）からのP吸収の作物間差異
（Ae et al., 1990）

乏になる。しかし，キマメを間作すれば，穀類の生育が抑制されないことが知られている。この伝統は1,000年以上も受け継がれてきた。最近の研究で，この伝統農法の合理性が，キマメ根からのリン酸鉄溶解物質による土壌Pの有効利用であることが明らかになった（Ae et al., 1990；2010）。

また，ラッカセイ（図12-16）の根の細胞壁は難溶性Pを可溶化させる能力をもち，その働きで通常の作物が生育できないP欠乏の土壌での生育も可能にしている（Ae et al., 1996；Ae and Otani, 1997）。この事実は，根自身が養分に接触して吸収するという，これまで否定的に考えられてきた説（ジェニーが唱えた接触吸収説）を肯定的に支持している点でも注目される（注25）。

こうした作物自身の根張りを旺盛にすることや，菌根菌，さらには根のP溶解物質の分泌，根細胞壁の働きという事例は，土壌溶液に溶けている水溶性P濃度が低いという，厳しい環境で生きぬくための作物のみごとな適応例である。

10 土壌中のリン過剰蓄積問題

リン（P）は酸性土壌や黒ボク土で不足しやすいことなどが強調されるあまり，多量に施与されることが多い。とくに野菜畑では施与効果が大きいため，Pの多肥が一般的になってきた。ところが土壌中でのPは，これまで述べたように難溶性物質になって蓄積しやすい。そのためPの多量施与をくり返すうちに土壌に過剰蓄積し，それによって作物に障害が発生する懸念がでてきた。たとえば，Pの多施与によって安定多収が得られるようになった北海道のタマネギでは，P過剰によって球が軟弱化し，それが乾腐病などの病害発生原因になっている（渡辺，2002）。

土壌診断の結果，Pが過剰に蓄積している土壌では，土壌の可給態P含量に対応してPの施与量を減らさなければならない。また，Pは土壌中でアルミニウム（Al）だけでなく，植物の必須元素である鉄（Fe）や亜鉛（Zn）などとも結合して難溶性物質をつくりやすい。このためP過剰土壌では，結果的にFeやZnが欠乏する可能性もある。とくにFeやZnが不足した土壌でのP過剰施肥は，FeやZnの欠乏を助長するので注意が必要である。

〈注25〉
ラッカセイの根表面の細胞壁にアルミニウム（Al）や鉄（Fe）と強く結合する部位（官能基）が複数あり，そこにリン酸アルミニウムやリン酸鉄のような難溶性Pが接触すると，AlやFeが細胞壁の複数の結合部位に挟み込まれ（このような結合をキレート結合という），その結果としてPが遊離し，リン酸イオンになる。これをラッカセイが吸収利用する。このような反応をAe and Otani（1997）は，接触溶解反応とよんでいる。

4 カリウム

1 カリウムの働きと作物への影響

カリウム（K）は作物の要求量が多く，作物中のK含有率は窒素（N）と同程度かそれ以上である。これほど多くの量を作物が吸収するにもかかわらず，作物の生育にはたすKの役割は，いまだ十分に明らかにされていない。作物にとって重要な有機態の化合物で，Kを構成元素とする物質がみつかっていないからである。

しかし，Kが作物に必須元素であることにまちがいはなく，Kが欠乏すると作物のタンパク代謝が乱れたり，光合成にかかわる炭水化物の代謝が異常になる現象が認められている。こうしたさまざまな現象から，おそらく作物体内でのKは，カリウムイオン（K^+）として細胞内の物質変化に深くかかわっているものと考えられている。

Kも窒素やリンと同じく植物体内で移動しやすいため，K欠乏症は植物の下位葉からあらわれる。特徴は，葉色がやや暗緑色になり葉の先端や周辺から褐変するか，褐色の斑点があらわれ，しだいに枯れていく（図12-18）。

図12-18
トウモロコシのカリウム（K）欠乏症
葉の先端や周辺から褐変し，しだいに枯れていく。症状は，下位葉からはじまり上位葉に移行していく

2 カリウムの給源と形態

❶カリウムの形態変化

土壌に含まれる全カリウム（K）は，ほんのわずかから4%くらいまでの範囲である。この全Kの90%以上は，土壌中の鉱物（たとえば，長石や雲母など）や粘土鉱物の結晶格子中に含まれている。このような形態のKを，非交換性Kという（図12-19）。非交換性とは，次に述べる交換性Kではないということで，このままでは作物に吸収利用されにくい。非交換性Kは，土壌の風化によって鉱物や粘土の結晶格子から徐々に放出される。

徐々に放出されたKは，土壌の負荷電に引きつけられて保持される形態のK（交換性K）になる。交換性Kは土壌中の全Kの1～2%程度である。

交換性Kは，土壌溶液に溶けている陽イオン（たとえば，カルシウムやマグネシウムなど）との交換反応によって土壌溶液中へ放出され，カリウムイオン（K^+）として水に溶けた状態で存在する。この形態のKを水溶性K（または，土壌溶液K）という（図12-19）。水溶性Kは，土壌中の全Kの1%未満である。作物はこの水溶性Kを直接吸収する。

❷作物に吸収されたカリウムの補給の仕組み

以上述べた非交換性，交換性，水溶性のKは，それぞれが化学反応としては平衡状態にある（図12-19）。作物が水溶性であるK^+を養分として吸収すると，土壌溶液中のK^+濃度が低下する。このとき，もとのK^+濃度を維持しようとして，交換性Kから土壌溶液中にK^+が放出される。その結果，交換性Kが減少する。今度はその減少分を補って互いに平衡状態を維持しようとして，非交換性KからKが放出される。

したがって，土壌中の全Kからみればわずかに1%にも満たない水溶性Kであっても，化学的な平衡が維持される範囲であれば，作物へのKの供給にこまることはない。

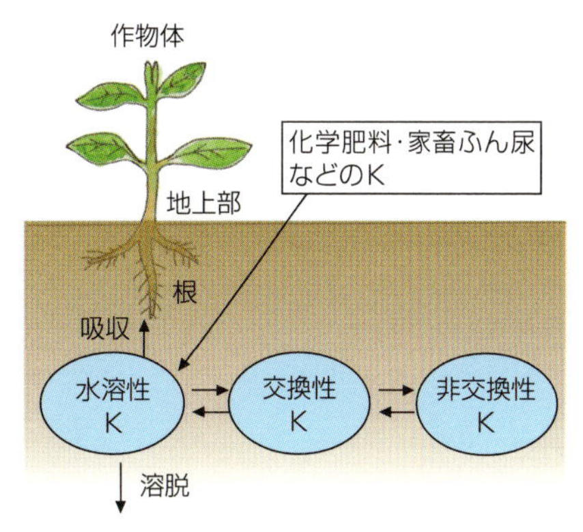

図12-19
土壌中のカリウム（K）の形態変化とその循環

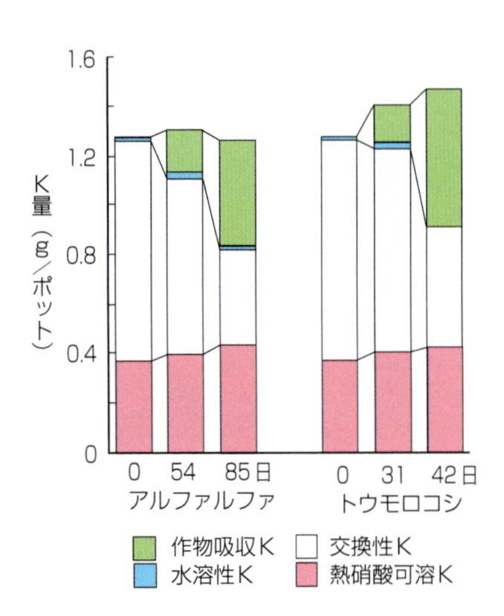

図 12-20
アルファルファとトウモロコシのカリウム（K）吸収とポット当たりのK収支
（岡島・松中，1973）

ただし，これは供給源からの放出速度が，作物のK吸収速度より十分に大きい場合である。現実には，肥料や堆肥などの形態でKを適切に施与しなければ，供給源としての交換性Kが枯渇し，作物のK吸収速度に補給が追いつかず，K欠乏におちいることが多い。

3 作物のカリウム吸収を支えるカリウムの形態

作物のカリウム（K）吸収を支えているKの形態を，具体的に考えてみてみよう。アルファルファとトウモロコシをポットで栽培し，生育にともなうKの収支を測定した結果によれば，アルファルファが吸収したK量と，交換性Kの減少量がほぼ等しく，非交換性Kの一部と考えた熱硝酸に溶けだしたK（熱硝酸可溶K）には大きな変化がなかった（図12-20）。

したがって，見かけ上アルファルファは土壌溶液からカリウムイオン（K^+）を吸収し，その吸収分を補ったのは交換性Kで，この交換性Kがアルファルファへの K 供給源となっていたことになる。ところが，トウモロコシはアルファルファよりK吸収量が多く，収支も一致しない（図12-20）。

このようにKの吸収能力には作物間差がある。K吸収能力の高い作物（注26）は，根の作用でKを含む鉱物（雲母（うんも）や長石など）を溶解してKを吸収することが報告されている（杉山・阿江，2000；杉山ら，2002）。トウモロコシのK吸収を交換性Kや非交換性Kだけで説明できないのは，根が鉱物に働きかけてKの可溶化を促進した結果かもしれない。

〈注26〉
杉山・阿江（2000），杉山ら（2002）によると，K吸収能力の高い作物は，イネ（陸稲），トウモロコシ，ヒマワリ，テンサイ，ダイズなどである。逆に低い作物は，ラッカセイ，バレイショなどである。

4 カリウム供給源としての家畜ふん尿

カリウム（K）は，窒素と同じように作物に多量に吸収される。したがって，作物を栽培する耕地ではKを施与しなければ，土壌中のKが生育の制限因子になってしまう。とくに家畜を飼養していれば，Kの供給源として，家畜のふん尿を利用した堆肥を施与することが理にかなっている。それは，飼料として生産された作物の吸収によって耕地からもちだされたKに対して，家畜のふん尿として排泄される割合が80%以上にもなっているので（表12-4），それを回収してもとの耕地にもどせば養分循環が成立するからである。

ふん尿による養分回収率（注27）は，Kだけでなくその他の養分も60～90%の範囲にはいる（表12-4）。しかし，家畜ふん尿に由来するKは窒素（N）やリン（P）とちがい，ほとんどが化学肥料に相当する養分量とみなせる（表12-5）。このため，ふん尿中に含まれるKの作物による利用効率はNやPより大きい。

このように，ふん尿に含まれるKは養分的効果が大きく，耕地に適切に還元すれば土壌のK含量の維持に寄与できる。

〈注27〉
飼料として家畜が摂取した養分量に対して，家畜による生産物と家畜の排泄物に含まれている養分量の割合。

表 12-4　乳牛が摂取した各種養分の牛乳とふん尿からの回収率（%）*　（赤塚ら，1964）

	N	P	K	Ca	Mg
牛乳	29.4 ± 3.7	22.7 ± 2.3	17.4 ± 4.6	12.8 ± 2.0	4.2 ± 0.9
尿	22.9 ± 2.9	−	57.5 ± 7.6	1.0 ± 1.0	15.2 ± 5.0
ふん	41.1 ± 2.5	84.0 ± 11.4	28.1 ± 4.9	93.0 ± 11.3	79.6 ± 17.9
合計	93.4 ± 3.7	106.7 ± 9.87	103.0 ± 8.9	106.8 ± 3.6	99.0 ± 12.8

*：原著では養分を酸化物で表示している。しかし，回収率は元素表示でも同じなので，元素表示に変更した。表示は平均値±標準偏差
N：窒素，P：リン，K：カリウム，Ca：カルシウム，Mg：マグネシウム

表 12-5　飼料用トウモロコシに対する堆肥・スラリー*[1] の肥料換算係数 *[2]
（北海道農政部，2015b）

種　類	肥料養分	施与時期	単年〜連用４年目まで	連用５年目以上
堆　肥	窒素（N）	前年秋	0.12	0.22
		当年春	0.20	0.30
	リン（P）	前年秋・当年春	0.6	0.6
	カリウム（K）	前年秋・当年春	1.0	1.0
スラリー*[1]	窒素（N）	当年春	0.4	0.5
	リン（P）	当年春	0.6	0.6
	カリウム（K）	当年春	1.0	1.0

＊１：フリーストール牛舎などで生産される家畜のふんと尿の混合物，液状きゅう肥ともいう
＊２：堆肥やスラリーに含まれる養分量のうち化学肥料の養分に相当する量に換算するための係数
堆肥・スラリーなどに含まれる養分量にこの係数を乗じて減肥可能量を求める。対象作物がちがうと，肥料換算係数も変化するので注意する。ふん尿由来の有機物に含まれる養分の化学肥料換算についての具体的方法は，第 13 章４項を参照

表 12-6　家畜ふん尿由来の有機物の平均的な養分含有率 *（原物中，%）（倉島，1983）

有機物の種類	水分	窒素 (N)	リン (P)	カリウム (K)	カルシウム (Ca)	マグネシウム (Mg)
牛堆肥	73	0.57	0.23	0.53	0.44	0.14
牛スラリー	91	0.38	0.09	0.35	0.19	0.07
豚堆肥	62	1.00	0.58	0.54	0.66	0.23
鶏乾燥ふん	17	3.20	2.31	2.23	7.27	0.72

*：養分含有率は家畜の種類，ふん尿の処理方法，敷きわらの種類などで大きくちがう。原著のＮ以外のデータは酸化物で表示されていたため，元素表示に変換している

5 ふん尿の多量施与による土壌のカリウム蓄積

家畜ふん尿を利用した堆肥や，ふん尿混合物のスラリーなどの有機物には当然ながら，カリウム（K）以外に窒素（N）やリン（P）も含まれている。牛のふん尿から生産される堆肥やスラリーのＫ含有率はＮとほぼ同じで，Ｐ含有率はＮやＫより低い（表 12-6）。したがって，ふん尿由来の有機物を施与すると，Ｋだけでなく N もかなりの量が同時に施与される。

これらの有機物の施与量が適正であれば重大な問題は発生しない。しかし，たとえば施与量が年間 100 t/ha を上回るほど過剰になり，しかも毎年施与されつづける（連用）と，表層土壌にＫが異常に蓄積するだけでなく，下層への溶脱も著しい（図 12-21）。

その結果，以下のような問題が発生する。

❶低マグネシウム問題

堆肥大量連用畑の青刈りトウモロコシの N，P，K の含有率は，堆肥の施与量の増加とともに明らかに高まり，とくにＫで著しい（図 12-22）。

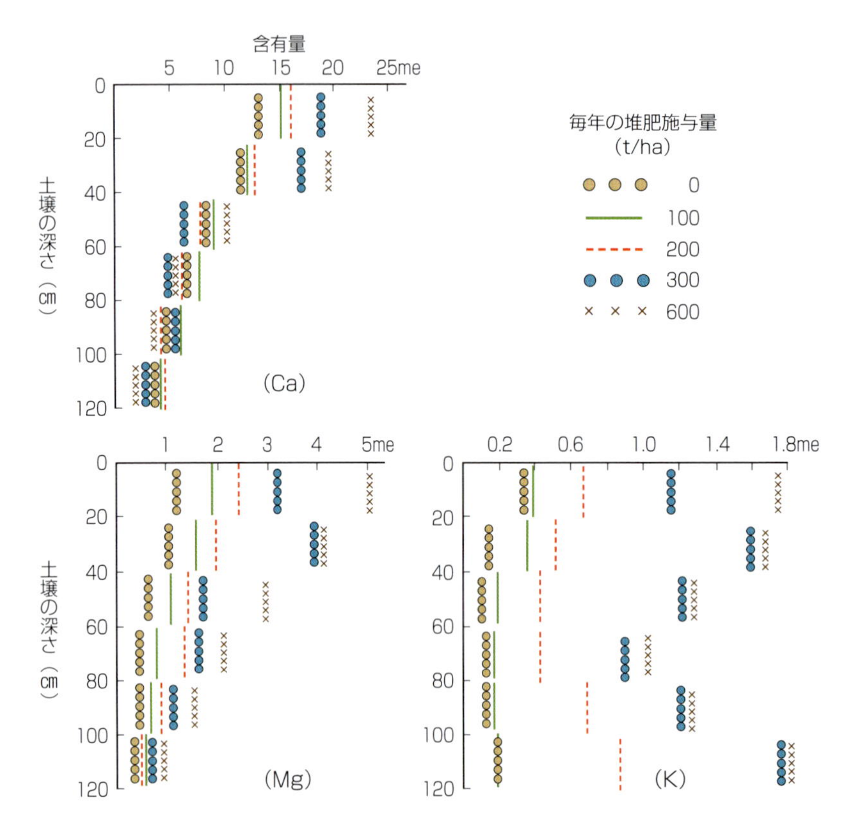

図 12-21　堆肥連用 5 年跡地土壌の土層内交換性陽イオンの分布（伊東ら，1982）
単位：乾土 100g 当たりの me（ミリグラム当量）で，カルシウム（Ca），マグネシウム（Mg），カリウム（K）の1me は，それぞれ，20.04mg，12.16mg，39.10mgである

これに対して，土壌中に交換性のカルシウム（Ca）やマグネシウム（Mg）が多量にあっても（図 12-21），トウモロコシの Ca や Mg の含有率は堆肥の施与量増加にともなって低下傾向を示す（図 12-22）。これは，作物による Ca や Mg の吸収が K の吸収と拮抗関係（注 28）にあるためである。

堆肥だけでなく化学肥料によっても，K の多施与は作物に Mg 欠乏をもたらしやすい。そのような低 Mg 含有率の飼料を採食する牛は，グラステタニー（注 29）を発症するおそれがある。

〈注 28〉
一方が増加すると他方が減少するというような関係をいう。

〈注 29〉
血液中の Mg 欠乏によってもたらされる家畜疾病。体が硬直してけいれんをおこし，場合によっては急死することもある。

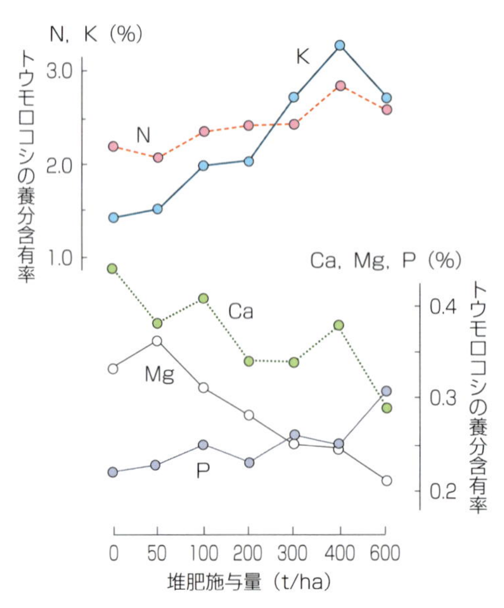

図 12-22　施肥の大量連用と青刈りトウモロコシの養分含有率（伊東ら，1982）
K 含有率の上昇にともなって Ca や Mg の含有率が低下し，両者に拮抗関係が認められることに注意
N：窒素，P：リン，K：カリウム，Ca：カルシウム，Mg：マグネシウム

❷高カリウム，高窒素含有率の問題

堆肥の大量施与は，K と同時に N も多量施与になるため，作物の K 含有率だけでなく N 含有率も同時に高まる（図 12-22）。

また，本章 2 項で述べたように，作物の N 含有率が高まると炭水化物含有率は逆に低下する。作物中の粗タンパク質含有率は N 含有率 × 6.25 なので，結局，堆肥の大量施与によって生産される飼料は，高 K 含有率で低 Mg 含有率だけでなく，高タンパク質含有率で低炭水化物含有率という特徴もあわせもつ。

このような飼料を牛が採食すると，低炭水化物含有率のために第一胃内での揮発性脂肪酸の生成が不十分になり，第一胃内の pH が十分に低下しない。こうなると，飼料中のタンパク質が牛の第一胃内で分解してできるアンモニアが，Mg と結合して難溶性物質をつくりやすい（図 12 - 23）。

したがって，ただでさえ低 Mg 含有率の飼料で Mg 摂取量が不足ぎみなうえに，摂取した Mg も第一胃内で難溶性に変化するため，牛にグラステタニーが発症しやすくなる（図 12 - 23）。

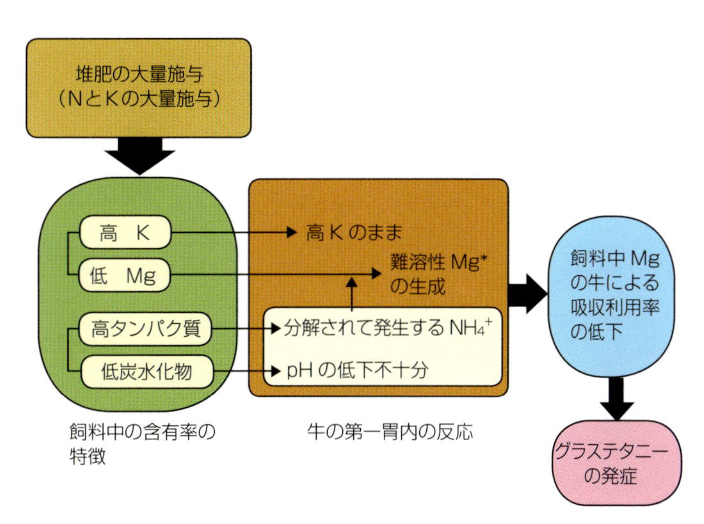

図 12 - 23　堆肥の大量施与とグラステタニー発症との因果関係の概念図
＊：生成するおもな難溶性 Mg は，リン酸アンモニウムマグネシウム
N：窒素，K：カリウム，Mg：マグネシウム，NH_4^+：アンモニウムイオン

これまで，飼料の K と Ca+Mg の不均衡がグラステタニーと関連があり，これらの比率（K/(Ca+Mg)，当量比）が高いと発症率が高まるとされてきた（Kemp and ‘T Hart, 1957）（注30）。しかし，この比率は，牛の体内での Mg 吸収阻害要因として最も重要な粗タンパク質を考慮していないこと，また K と Ca を過大評価していることなどの欠点があるとして，この比率を提案したケンプ自身が批判している（Kemp, 1971）。そのため，現在は飼料のこの比率を用いてグラステタニーの危険性を評価しなくなった。

〈注 30〉
K と Ca+Mg の当量比を提案したオランダのケンプらは，全ての飼料ではなく，基本的に放牧草を対象にこの比率を適用している。グラステタニーについても，泌乳中の放牧牛についての検討である。サイレージや乾草などは対象にしていない。したがって，この比率を安直に利用して飼料の品質を論じることは原著者らの意図に反しており，つつしまなければならない。

現在は，これにかわるものとして，粗タンパク質×K と飼料の Mg 含有率から牛の血清中の Mg 濃度を推定する方法が定図化され（図 12 - 24），これによって放牧草のグラステタニーの危険性を判断するようになっている（Committee of mineral nutrition，1973）。

❸その他の問題

堆肥の大量施与は，飼料の硝酸態 N（NO_3-N）含有率にも大きく影響する。前出の青刈りトウモロコシの試験（図 12 - 22）では，200t/ha 以上の施与量になると，家畜に硝酸中毒を発症させる危険性があるとされる，飼料中の NO_3-N 含有率の基準値 0.2%（Adams and Guss, 1965）を上回った。

このように，家畜ふん尿の大量連用は土壌に K を異常蓄積させるだけでなく，作物の品質を大きく低下させてしまう。

家畜のふん尿が重要な自給肥料であるだけに，その施与量や施与法については，作物の養分含有率からにみた品質を悪化させず，かつ肥料的効果と土壌の肥沃度向上のための施与基準を守らなければならない。

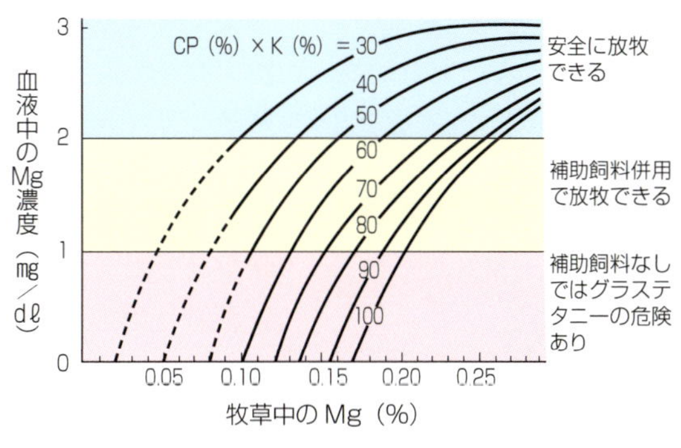

図 12 - 24
牧草のマグネシウム（Mg），粗タンパク質（CP），カリウム（K）含有率から牛血清中 Mg 濃度の推定図
（Committee of mineral nutrition，1973）

図 12-25
トウモロコシのカルシウム(Ca) 欠乏症
Ca は植物体内で移動しにくいため, 欠乏症は新たに発生する上位葉からあらわれ, 葉の周辺に切れ込みのような症状がみられる

5 カルシウム

1 カルシウムの特徴

カルシウム (Ca) は植物体内でおもに有機酸と結合し, 細胞壁や原形質などの膜構造維持に重要な働きをしている。植物体内では移動しにくいため, Ca が欠乏すると最も新しい新葉から生長点の組織がこわれ, 奇形になって切れ込みのような症状をみせる (図 12-25)。

わが国のように, 土壌が基本的に酸性化しやすいところでは, 土壌の負荷電に引きつけられている交換性 Ca が溶脱しやすい。そのため, 酸性改良を目的に炭酸カルシウム (炭カル) を施与する。この炭カルは酸性改良と同時に Ca も補給しているので, 土壌の酸性化を防止していれば, Ca の不足が作物生育の制限因子になりにくい。

2 植物による吸収とカリウムとの拮抗

土壌中での Ca の形態は, カリウム (K) と同じで, 植物が直接吸収し利用しているのは水溶性 Ca である。水溶性 Ca の減少を補うのが交換性 Ca である。難溶性の炭カル, 水溶性 Ca, 交換性 Ca は化学的平衡を維持することで, 互いに土壌中での濃度を維持する。

すでに本章 4 項で述べたように, ふん尿などの大量施与によって K が土壌に異常に蓄積すると, 土壌中の交換性 Ca が多量にあっても, 植物の Ca 吸収は抑制される。これは植物の Ca 吸収が K 吸収と拮抗関係にあるからである (たとえば, 図 12-21 と図 12-22 の関係)。したがって, ふん尿だけにかかわらず, 化学肥料の K が多量に施与されて土壌に K が蓄積した条件, たとえば施設栽培などでは, 土壌中に交換性 Ca が多く含まれていても作物に Ca 欠乏が発症することがある。

図 12-26
トウモロコシのマグネシウム(Mg) 欠乏症
Mg は植物体内で移動しやすいため, 欠乏症は古い下位葉から発生する。葉緑素の合成が不調になるので, 葉脈が緑色であっても, 葉脈のあいだは黄変したり, 黄緑色の斑点が数珠状につながる

6 マグネシウム

1 マグネシウムの特徴

マグネシウム (Mg) は, 葉緑素の構成要素として植物には欠かせない重要な養分である。また, 光合成の過程でできる中間産物とリンの結合にかかわる酵素の働きを助けることで, 間接的に植物体内のリンの移動にも関与している。

Mg は植物体内で移動しやすいので, 土壌に Mg が欠乏すると, 古い下位葉から新しい上位葉へ移動する。このため, 植物体の下位葉から欠乏症状が発生する。特徴的な欠乏症状は, 葉緑素が合成されなくなるので, 葉脈が緑色でも葉脈のあいだが黄変したり, 黄緑色の斑点が数珠(じゅず)状につながる (図 12-26)。

2 植物による吸収とカリウムとの拮抗, 補給

土壌中での存在形態は, K や Ca とほぼ同じで, 植物が直接的に吸収するのは水溶性 Mg である。しかし, 水溶性 Mg の濃度低下を補うのは, 交

換性 Mg なので，基本的に交換性 Mg が植物の Mg 要求を支える。ただし，交換性 Mg が十分に存在しても，交換性 K が異常に蓄積したところでは，Ca と同じように，植物の K 吸収との拮抗関係により，Mg 吸収が低下する。したがって，交換性 Mg と交換性 K の比率（Mg/K，当量比）は 2 以上が適当である。

土壌の交換性 Mg を補給する資材として，硫酸マグネシウムや熔成リン肥（ヨウリン）が用いられる。ヨウリンには，およそ 15％（MgO として）のク溶性 Mg（注 31）が含まれている。黒ボク土では土壌の Mg 供給力が低いので作物の Mg 欠乏症に注意を要する。一方，蛇紋岩地帯の土壌は高 Mg 含量なので，作物に Mg 過剰症が発生することがある。

〈注 31〉
ク溶性の詳細は注 19 参照。2 %のクエン酸溶液に溶出する Mg。

7 イオウ

イオウ（S）はタンパク質の構成成分で，N と非常によく似た働きを植物体内でおこなっている。したがって，その欠乏症状も N と区別がつきにくい。N 欠乏とのちがいは，植物が比較的大きいにもかかわらず，葉色が淡くなるという点である。

わが国の多くの土壌では，S が欠乏しにくい。しかし，風化がすすんでいない新規火山灰に由来する，粗粒質黒ボク土では S が欠乏しやすい（辻，1980）。ただし，化学肥料，たとえば硫安（硫酸アンモニウム），硫加（硫酸カリウム），過石（過リン酸石灰）には硫酸根（SO_4^{2-}）として S が含まれているので，これらの肥料をよく用いるところでは，S 不足になることは少ない。一方，水田，とくに砂質土の老朽化水田（第 14 章 1 項参照）ではイネの生育不振（秋落ち，第 14 章 1 項参照）を防ぐため，硫酸根肥料の使用を控えるようになったので，S 欠乏が出やすくなっている。

8 微量必須元素

1 鉄

鉄（Fe）は植物の葉緑素の前駆物質であるポルフィリンの合成にかかわっている。また，光合成の化学反応にかかわる酵素の構成成分でもある。このため，Fe が欠乏すると葉緑素の合成が順調にすすまない。したがって，欠乏症状は Mg ときわめてよく似ている。ただし Fe は植物体内で移動しにくいため，上位葉から葉脈の黄白化（クロロシスという）がすすむ（図 12-27）。Mg のクロロシスは下位葉からはじまるので，この点が大きくちがう。

図 12-27
トウモロコシの鉄（Fe）欠乏症
Fe は植物体内で移動しにくいため，欠乏症は新たに発生する上位葉からあらわれる。葉脈が黄白化（クロロシス）する

土壌中には Fe が大量に含まれているため，作物が Fe 不足になることはあまりない。しかし，乾燥地帯のアルカリ性土壌や，石灰質土壌，さらに酸性改良のための炭カルを過剰に施与したりと，土壌 pH が高まってアルカリ性になると，Fe は難溶性の沈殿をつくるため，作物は Fe 欠乏をおこしやすい。このような場合は，弱酸性まで土壌 pH を下げることが効果的である。しかし，pH を下げすぎて酸性が強くなると，逆に Fe が溶

出しやすくなり，作物にFe過剰害が発生する。

2 マンガン

マンガン（Mn）はFeとともに，植物の細胞内の酸化還元反応を調節したり，光合成での酸素生成にかかわっている。

土壌には多量に含まれているので欠乏しにくい。ただし，Feと同じように土壌pHがアルカリ性側に傾くと難溶性になり，Mn欠乏の発生要因になる。土壌pHが弱酸性や，水田のように土壌が水で覆われて酸素不足の還元状態であれば，Mnの可溶化がすすむので，作物がMn欠乏になることはない。むしろ酸性条件では土壌からMnの溶出がすすみ，場合によっては過剰障害が発生することがある。

3 亜鉛

亜鉛（Zn）は，植物のタンパク質合成にかかわる酵素の構成成分として重要な働きをし，リボ核酸（RNA）分解酵素の活性を調節して，体内のRNAレベルに影響する養分である。かつて，亜鉛は植物生長ホルモン（オーキシン）の活性成分であるインドール酢酸（IAA）の調節に関与するとされていた。しかし，その後の実験で，それとは異なる結果が出てきて，現段階ではZnとIAAの関係に明確な結論が得られていない（小畑，2002）。

FeやMnと同じように，Znは土壌のアルカリ化で不溶化するため作物にZn欠乏が出やすい。また，土壌中のリン（P）が過剰なほど多くなると，不溶性のリン酸亜鉛をつくるので，作物によるZnの利用性が低下する。

4 銅

銅（Cu）は，葉緑体中のプラストシアニンというタンパク質に多く含まれており，光合成での電子伝達や呼吸に重要な働きをしている。

植物体内では，Znや後述するモリブデン（Mo）と強い拮抗作用を示す。Cuもこれまでの微量元素と同じように，土壌がアルカリ性化すると不溶化し，作物がCuを吸収利用できなくなる。また，Cuは土壌の腐植と強く結合しやすく，結合すると作物が吸収できなくなる。このため，多腐植質黒ボク土や泥炭土ではCu欠乏が発生しやすい。

欠乏とは逆に，銅山の鉱害で土壌にCuが過剰に蓄積し，作物に害作用が出ることもある。また豚の飼料にCuが多く添加されており，それがふん尿になって排泄されるため（磯部・関本，1999），豚ぷん由来の堆肥を耕地に施与する場合，Cuが多くなりすぎないよう施与量に注意すべきである。

5 ホウ素

ホウ素（B）は細胞壁ペクチンの構成成分の1つで，Caと同じように細胞壁の構造維持に重要な働きをする。このため，BとCaは互いに支え合っており，どちらかが欠乏すると，片方も生理機能が低下する。植物体内での糖の移動や生長ホルモンの調節にも関与している。

Bも高pHで不溶化するため，作物にB欠乏が出やすい。酸性改良で炭カルを過剰に施与しすぎて土壌pHが高くなりすぎると，B欠乏が容易に観察される。

6 モリブデン

モリブデン（Mo）は植物体内の硝酸還元酵素の構成成分であり，根から吸収された硝酸態窒素からアミノ酸を合成する過程で重要な働きをする。また，根粒菌などの生物的窒素固定にはMoを必要とする。

微量必須元素のなかでも植物の要求量が最も少ない元素で，植物乾物1kgに1mg以下で十分である。ところが，植物体内での許容量が大きいため，乾物1kgに100mgものMoが含まれていても過剰害を認めにくい。このため，Mo過剰になった牧草などを牛が採食すると，牛にMo過剰害が発症することがある。

Moはほかの微量元素とちがい，土壌pHが低下することで鉄（Fe）やアルミニウム（Al）と結合して不溶化し，作物に吸収利用できなくなってしまう。したがって，Mo過剰が出るような場合には，土壌の酸性化が過剰防止対策として有効である。

7 塩素

塩素（Cl）は光合成の明反応で酸素発生をともなう反応をMnとともに触媒する働きをもつ。細胞液のpH調節や，アミラーゼの活性剤にもなっている。通常用いる化学肥料の塩安（塩化アンモニウム）や塩加（塩化カリウム）などに含まれているので，このような塩素系の肥料を用いる場合は不足することはほとんどない。また，雨や雪にも多く含まれ，とくに冬に北西の季節風によって日本海で発生する雪には，海水を起源とする塩素が多量に含まれている（松中ら，2003）。

8 ニッケル

ニッケル（Ni）は，最も新しく微量必須元素の仲間入りした元素である。植物体内で生じる尿素の分解酵素（ウレアーゼ）の構成成分として重要で，ウレアーゼの働きをとおして植物体内の窒素の栄養に関与する。

ただし，Niを微量必須元素に含めることについては，現時点でも必ずしも完全に同意されているとはいえない。たとえば，①ウレアーゼへのNiの作用はコバルトで代用できるという報告（Watanabe et al., 1994）や，②Niを欠除した条件で，窒素源が尿素だけの場合は植物体内に尿素の異常蓄積による生育障害が発生する。しかし，窒素源を硝酸態やアンモニア態の窒素にすると生育障害が発生しないことなど，必須元素であるための条件が満たされていないとの指摘がある（塚本，2010）。

第13章 作物生産に生かす土壌診断

1 土壌診断の重要性

一般にいう土壌診断は，対象になる圃場で，作物の生産性向上のための適正な養分管理を提示することを目的に，おもに化学分析によって土壌のpHや養分状態などを測定することである。本書でも，土壌診断とはこの意味で用いる。

作物生産にはさまざまな要因が関係している。対象になる圃場で作物の生産性を規制する要因が，土壌診断によって得た結果のなかだけにあるとはかぎらない。作物生産の場としての「よい土壌」であるためには，土壌の硬さ（ち密度）や水持ち（保水性），水はけ（透水性）といった土壌の物理的な性質も理解しておく必要がある（注1）。ただし，土壌の物理的性質の良否は，経験をつめば観察や手触りなど五感で判断できる。

〈注1〉
作物生産の場としての「よい土壌」であるための条件は第10章7項で述べた。
具体的には，土壌の物理的性質に関する2条件として，①作物の根を確実に支えるために，厚く軟らかな土壌が十分にあること，②適度に水分を保持し，なおかつ適度に排水もよいことである。土壌の化学的性質に関する2条件としては，③土壌が適正なpHであること，④作物に必要な養分が作物の利用可能な形態で適度に含まれていることである。それぞれの具体的な判断基準は第10章の表10-4に示している。

しかし経験をつんだ人であっても，土壌のpHや作物が吸収・利用可能な形態（可給態。有効態ともいう）の養分含量がどの程度なのか五感で判断することはできない。そのため土壌診断は，作物生産からみた「よい土壌」であるかどうかを判断する重要な2条件（pHと可給態養分含量）を知るうえできわめて重要な作業である。

2 正しい土壌診断のための留意点

土壌診断で正しい結果を得て，その結果を正しく判断し，活用するために留意すべきことを以下で考えてみよう。

1 土壌の採取方法

❶分析用の土壌採取は適正に

土壌診断の分析に用いる土壌の量は多くて20g，少ない場合は1g以下のこともある。このように少量の土壌で分析するため，対象圃場のpHや養分状態が分析結果に正しく反映されるには，分析用に採取した土壌がその圃場を代表する平均的な試料（サンプル）になるよう，細心の注意をはらって採取する必要があ

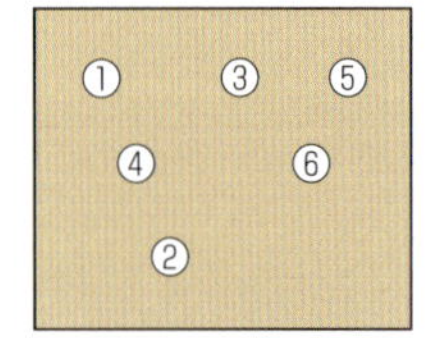

無作為採土法
（ランダムに数地点から採取する

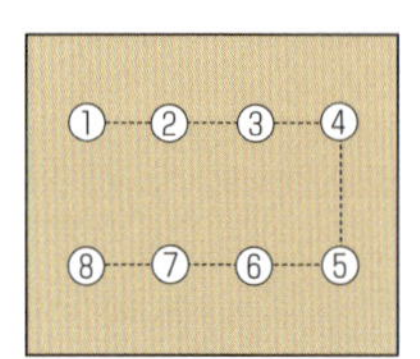

等間隔採土法
（一定の間隔で数地点から採取する）

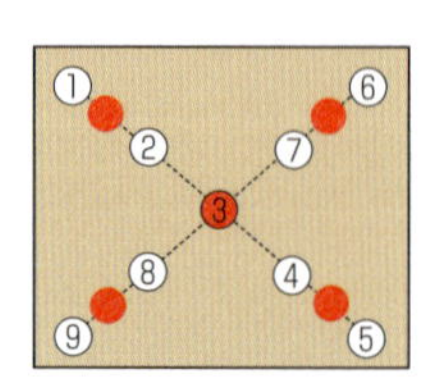

対角線採土法
（対角線上に数地点から一定の間隔で採取する）

図13-1　土壌診断のための採土法
対角線採土法の5カ所の赤丸は，北海道で現実的対応として実施されている採土地点を示す。少なくともこの5カ所から採土し，それを十分に混合してその圃場での分析用の試料として分析センターへもち込む

る。これをおろそかにした試料では，どんなに立派な分析者が，最新の分析機器で分析しても全てが無意味である。

❷正しい土壌採取方法と採取時期

では，試料の正しい採取方法とはどんなものか。圃場面積が数 ha もあるところで土壌診断用の試料を正しく採取すること，これがじつはむずかしい。土壌の可給態養分含量の圃場内でのバラツキは，圃場によって変動する。このため，厳密な意味で「正確な分析値」を得るために採取すべき試料点数はそれぞれの圃場でちがう。試料の採取方法（採土法）もいくつかある（図 13-1）。このように，対象圃場の養分環境を厳密な意味で正しく反映した土壌診断用の試料採取は，事実上，不可能にちかい。

そこで，現実的な対応として，北海道での土壌診断では，図 13-1 の対角線採土法で赤丸表示した少なくとも 5 カ所から採土し，十分に混合して 1 つの試料にすることを基本にしている（北海道立総合研究機構農業研究本部，2012）。もちろん，採取点数は多いほうがよい。また，土壌採取地点はなるべく固定しておくとよい。診断結果の年次推移などの比較がしやすくなるからである。スマートフォンの GPS 機能（注 2）を利用すると，場所の固定に便利である。なお，圃場の隅や，圃場への取り付け道の近くなどでは採取してはならない。肥料が多く落ちたりしていて，分析結果が異常値を示すことが多いからである。

面積が 5 ha をこえるような大きな圃場は，数種類の異なる土壌を含むことがある。このような場合，圃場は 1 つであっても，それぞれの土壌ごとに肥培管理するのが理想である。そのため，試料採取と分析もそれぞれの土壌ごとに実施するのが望ましい。

採取時期も，土壌診断を正しくおこなうために重要である。施肥直後や堆肥を施与したあとの採取は推奨できない。一般作物の場合，作物の収穫後の秋に採取するのが原則である。

❸障害診断での土壌採取法

土壌採取法は，土壌診断の目的に応じて変化する（注 3）。たとえば畑の一部に作物の生育異常が発生し，その原因を知ることを目的に土壌診断をおこなう場合，まず，生育異常が発生している場所から土壌を採取する。さらに，その近くで正常に生育しているところからも採取する。両者を比較して，生育異常が土壌に原因があるかどうかを検討する。

2 土壌の採取位置と下層土の観察

どの深さまでの土壌を採取するのかも重要である。作物の養分環境を判断するという目的からすると，根が多く分布するところまでの深さ，すなわち

〈注 2〉
GPS とは，グローバル・ポジショニング・システム（全地球測位システム）の略で，地球上の現在置を測定するためのシステムである。ほとんどのスマートフォンには，このシステムの実行可能なアプリケーションが登載されている。

〈注 3〉
作物の生育異常は，土壌の養分欠乏や過剰のほか，病虫害の被害などでも発生する。一般に，養分の欠乏や過剰が原因の場合は，圃場の広い範囲で認められる（図 13-2）。これに対して，病虫害による生育異常は，圃場にスポット的にあらわれ，しだいに被害が拡大する（図 13-2）。この被害のあらわれ方のちがいは，生育異常の原因を診断するうえで大きなヒントを与えてくれる。

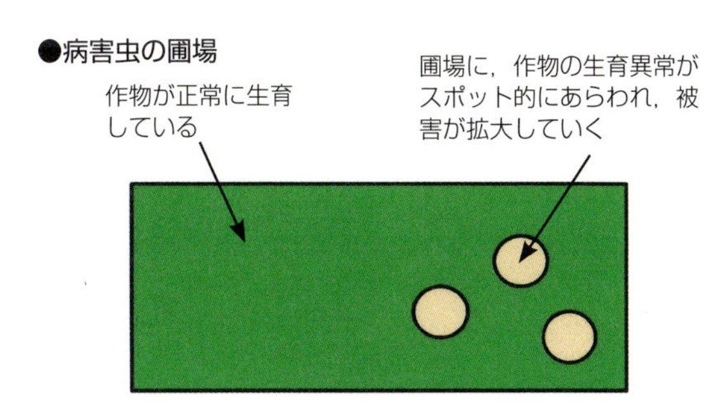

図 13-2　圃場での作物の養分欠乏（過剰）と病害虫のあらわれ方のちがい

【草地造成・更新時：完全更新法の場合】

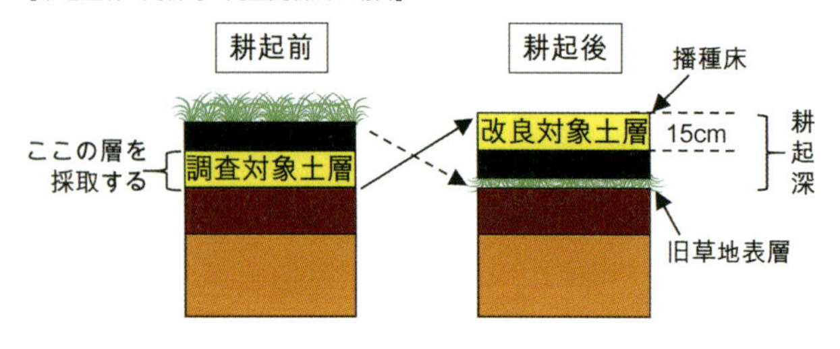

【草地の維持管理時の場合】

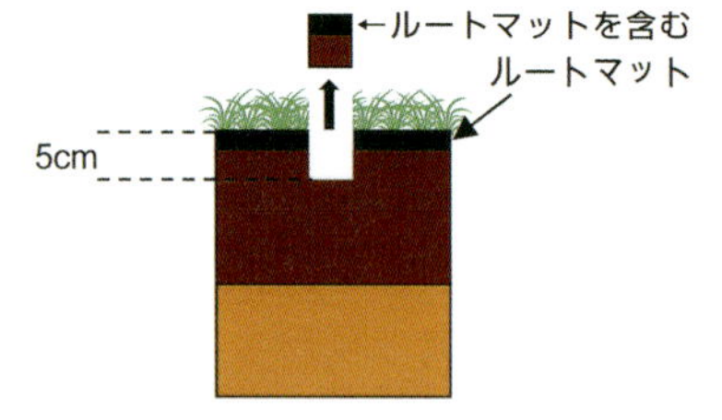

図 13-3　土壌の採取位置は目的によってちがう
（松中・三枝，2016）

作土層までが適当である。しかし，これも目的に応じて変化する。

たとえば，草地の維持管理段階での土壌診断では，土壌表面から5cmの深さで採取する（図13-3）。しかし，草地更新時（注4）の土壌改良資材の施与量を決めるための土壌診断では，更新後に草地の表層を構成するであろう部分から土壌を採取しなければ無意味になる。プラウで耕起するのであれば，30cm程度までの深さの土層が反転されて，造成後の表層になる。草地造成時の土壌改良の対象は深さ15cmまでであるから，反転前の土層の深さ15cmから30cmの土壌を採取することになる（図13-3）。

分析用土壌を採取するとき，各圃場の中央部の1カ所で作土層より下の土層（下層土）を観察するとよい。作土層の下に石や礫（れき）を多く含む土層や，水はけの悪い硬い粘土層などを発見できるかもしれない。これは，「よい土壌」であるための土壌の物理的性質にかかわる情報で，土壌診断結果とともに作物生産の制限因子を考えるうえで有益である。

〈注4〉
草地更新とは既存の草地を耕起し，新しく牧草種子を播種して草地をつくりなおすことである。

3 分析値だけではわからない

土壌診断結果は数値で表現される。しかし，この分析値だけで作物の生育や収量を推定するとまちがった結果をもたらすことがある。

具体的な例を表13-1に示した。草地Aと草地Bでは，施肥量や土壌診断結果に大きなちがいがない。

しかし，牧草収量で約2倍の差がある。土壌診断結果だけでは，なぜこのような結果になったか理解できない。そこには次のようなことが隠されている。

両草地の草種構成が大きくちがう（表13-2）。施肥による増収効果があらわれにくい草種（ケンタッキーブルーグラス，レッドトップなど）や裸地の合計割合（不良草種・裸地割合）は，草地Aのほうが草地Bより明らかに高い。逆に，施肥による増収効果の大きいチモシーの割合は，草地Bのほうが高い。

表 13-1　草地の収量，施肥量と土壌診断結果　（松中，1984）

草地	年間生草収量 (t/ha)	施肥量（kg/ha）			土壌診断結果（pH以外の単位＝mg/100g）				
							交換性陽イオン		
		N	P_2O_5	K_2O	pH (H_2O)	可給態* P_2O_5	K_2O	CaO	MgO
草地A	25	70	80	110	6.1	11	16	264	46
草地B	54	70	90	120	6.2	16	18	255	48

＊：ブレイNo.2法による測定値
表中のP_2O_5やK_2O，CaO，MgOなどは，それぞれリン（P），カリウム（K），カルシウム（Ca），マグネシウム（Mg）の酸化物としての表示である。元素表示と酸化物表示のちがいは本文参照
施肥量とは化学肥料としての施与養分量のことである。以下の図表でも同じ意味で用いる

このため，化学肥料の施与養分量（以下，施肥量という）がほぼ同じでも，草地Bのほうが草地Aより施肥による増収効果がすぐれる。その結果，草地Bのほうが草地Aより高収になったと考えられる。

草地の土壌診断結果と牧草収量が一致しなかったのは，土壌の養分とはちがう要因が収量規制要因であったためである。このように，診断対象の圃場の観察を含めた，さまざまな情報を総合的に判断せず，土壌診断の数字だけで作物生産力を判断すると，誤る可能性がある。

表 13-2　草地Aと草地Bの草種構成割合（%）（松中，1984）

草地	草種		
	チモシー	マメ科牧草	不良草種・裸地割合 *
草地A	38	13	39
草地B	56	26	11

＊ ケンタッキーブルーグラス，レッドトップ，広葉雑草の冠部被度と裸地の合計割合

	土壌A	土壌B
	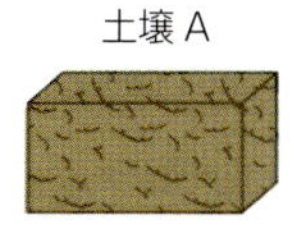	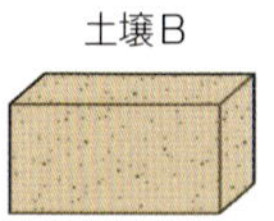
土壌の容積重	1.0g/㎤	0.5g/㎤
1㎡ 深さ 10 ㎝ の土壌重量	100,000 g	50,000 g
カリウム（K_2O）の土壌重量当たり分析値	25㎎/100g	30㎎/100g
1 ㎡深さ 10㎝の土壌に含まれるカリウム（K_2O）の量	25g/㎡	15g/㎡

図 13-4
土壌診断の分析値の結果と面積当たりの養分量のちがい
g/㎡の値はkg /10a と等しい

4 分析値の表示方法

❶土壌重量と分析値の表示法

土壌養分の分析結果は，土壌 100g 当たりの可給態養分量を㎎で表示した㎎/100g という単位で表示される。

この単位は，体積 1 ㎤の土壌の重さ（容積重という（注5））が 1 g なら，面積 10a 当たり深さ 10㎝に含まれる養分の㎏数に相当し，便利だからである。

〈注5〉
厳密には 1㎤当たりの乾土重である。乾土重とは，水分を除いた乾物としての土壌重量である。

ところが，実際の圃場土壌の容積重が常に 1 g/㎤とはかぎらない。たとえば，容積重が 1 g/㎤の土壌 A と，0.5 g/㎤の土壌 B でカリウムを分析した結果，土壌 A は 25㎎/100g，土壌 B は 30㎎/100g だったとする。この数字だけなら土壌のカリウム含量は，土壌A＜土壌Bである。しかし，これを圃場の面積当たりで考えるとちがってくる（図 13 - 4）。

土壌 A と B では容積重がちがうため，面積 1 ㎡で深さ 10㎝の土壌重量が大きくちがう。このため，面積 1 ㎡で深さ 10㎝当たりに含まれているカリウムの量は，土壌 A（25g/㎡）＞土壌 B（15 g/㎡）となる（図 13 - 4）。現実の圃場の面積当たりで考えると，分析の表示とは逆に土壌 A に含まれるカリウムのほうが土壌Bより多くなる。

つまり，土壌の重量当たりで表示する分析結果を，実際の圃場の面積当たりで考えるときには，体積当たりの土壌重量，すなわち，容積重を考慮しないと分析した養分の含有量を誤ってしまう。

❷元素表示と酸化物表示

土壌診断の分析結果の表示は，リン（P），カリウム（K），カルシウム（Ca），マグネシウム（Mg）であれば，それぞれ酸化物として P_2O_5（五酸化二リン），K_2O（酸化カリウム），CaO（酸化カルシウム），MgO（酸化マグネシウム）という形で表示されるのがわが国の慣例である。しかし，酸化物表示と元素表示の値には，それぞれ次のような関係があるため，元素表示の値のほうが酸化物表示の値より小さい数字になる。

$P = 0.4364 \times P_2O_5$，$P_2O_5 = 2.2914 \times P$

$K = 0.8301 \times K_2O$，$K_2O = 1.2046 \times K$

$Ca = 0.7147 \times CaO$，$CaO = 1.3992 \times Ca$

$Mg = 0.6030 \times MgO$，$MgO = 1.6583 \times Mg$

したがって，分析結果が元素表示か酸化物表示かによって，かなり大きなちがいが生じる。とくにPは，P_2O_5で表示するとPの値の2.3倍にもなる。表示形式がどちらであるかを十分に注意したい。

5 土壌診断の価値を高める圃場管理ファイル

土壌診断結果は，できればパーソナルコンピュータの表計算ソフトウエ

表 13-3 畑の作土を対象とした土壌診断基準値－化学的性質（北海道農政部，2015）

診断基準			留意事項	備考
診断項目	基準値	単位		
pH（H_2O）	5.5～6.5		テンサイは基準値領域内で高pH側，バレイショは低pH側，コムギ・マメ類は両者の中間が望ましい。テンサイ「そう根病」，バレイショ「そうか病」の常発地では5.5とする	
可給態リン酸*（P_2O_5）	10～30	mg/100g	春播きコムギは20～30mg/100gが望ましい	トルオーグ法（30分振とう）
交換性石灰（CaO）	粗粒質土壌：100～170 中粒質土壌：170～350 細粒質土壌・泥炭土：350～490	mg/100g	石灰含量よりpH(H_2O)の状態を優先して対策を講じる CEC（me/100g）の区分 粗粒質土壌：7～12 中粒質土壌：12～25 細粒質土壌・泥炭土：25～35	1mol/ℓ酢酸アンモニウム（pH7.0）抽出
交換性苦土（MgO）	25～45	mg/100g	蛇紋岩土壌では基準値以上の場合が多い	1mol/ℓ酢酸アンモニウム（pH7.0）抽出
交換性カリ（K_2O）	15～30	mg/100g		1mol/ℓ酢酸アンモニウム（pH7.0）抽出
石灰飽和度	40～60	%		
塩基飽和度	60～80	%		
石灰・苦土比（Ca/Mg）	6以下			当量比
苦土・カリ比（Mg/K）	2以上		苦土含量が基準値未満の場合に，とくに重視して対応をはかる	当量比
易還元性マンガン（Mn）	50～500	ppm（mg/kg）	高pH土壌で欠乏しやすく，排水不良地では過剰害が発生しやすい	0.2%ハイドロキノン含有1mol/ℓ酢酸アンモニウム（pH7.0）可溶
交換性マンガン（Mn）	4～10	ppm（mg/kg）	pH5.5～6.5のコムギ圃場を対象とする	1mol/ℓ酢酸アンモニウム（pH7.0）抽出
熱水可溶性ホウ素（B）	0.5～1.0	ppm（mg/kg）	高pH，砂質土壌，泥炭土壌では欠乏しやすい	熱水抽出法
可溶性亜鉛（Zn）	2～40	ppm（mg/kg）	高pH，砂礫質土壌では欠乏しやすい	0.1mol/ℓ塩酸抽出法（1：5）
可溶性銅（Cu）	上限値8.0 下限値は土壌の腐植含量で異なる（留意事項参照）	ppm（mg/kg）	ムギ類では欠乏が，アズキでは過剰害が発生しやすい 下限値（ppm＝mg/kg） 腐植5%未満：0.7 腐植5～10%：0.5 腐植10%以上：0.3	0.1mol/ℓ塩酸抽出法（1：5）
交換性ニッケル（Ni）	5以下	ppm（mg/kg）	過剰害に留意する。蛇紋岩質土壌で高く，とくにpH6.0以下の酸性土壌では過剰害が発生しやすい。耐性は作物間でちがい，キャベツ，カボチャなどは5ppm以下でも過剰害が生じる危険がある	1mol/ℓ酢酸アンモニウム（pH7.0）抽出

＊：出典では有効態リン酸と記載されている。基準値の10～30は，10以上30未満を意味する。以下の表も同じ

アなどを利用し，各圃場ごとに圃場管理ファイルを作成し，保存しておくと有益な情報に生まれかわる。たとえば，この圃場管理ファイルに，土壌診断結果だけでなく，栽培作物の種類，播種や施肥などの期日，作物の生育状況に収量，用いた土壌改良資材や化学肥料，堆肥などの種類や銘柄と施与量，施与時期などの情報もあわせて保存しておく。

そうすると，圃場の経年的な肥培管理がどのように変化し，それが作物生産実績や土壌の養分状態にどんな影響を与えたのかが，このファイルの記録から具体的にみえてくる。

3 土壌診断基準値

1 土壌診断基準値とその例

土壌診断を実施すると，土壌の pH や可給態養分含量が数値で示される。その結果が，作物の良好な生育と収量を得るのに望ましい値であるかどうかを判断するには，判断基準が必要である。それを数値で表示したのが土壌診断基準値である。ただし，現時点で全国共通の診断基準値はない(注6)。なぜなら，土壌診断基準値が，各都道府県の気象や土壌など環境条件を考慮したうえで，それぞれの地域で設定されているからである。

そこで，土壌診断基準値の一例として，北海道の畑作物を対象にした土壌の化学的性質と物理的性質にかかわる基準値を表13-3と4に示した。

〈注6〉
全国的には，地力増進法にもとづいて農林水産省が地力増進基本指針を定め，その中で水田，普通畑，樹園地について土壌の種類別に，土壌の性質の基本的な「改善目標値」が示されている（農林水産省，2008）。しかし上記以外の農耕地，たとえば草地の「改善目標値」は提示されていない。

表 13-4　畑の土壌診断基準値－物理的性質（北海道農政部，2015）

診断基準			留意事項	備考
診断項目	基準値	単位		
作土の深さ	20～30	cm		耕起前または収穫期ころ
有効土層の深さ	50以上	cm		層厚10cm以上の石礫，盤層，ち密層（山中式硬度計で25mm以上）までの深さ
心土のち密度	16～20	mm	過湿，過乾状態での測定はさける	山中式硬度計による測定値
作土の固相率	火山性土：25～30 低地土・台地土：40以下	体積，%		耕起前または収穫期ころに測定。採取位置は地表下10cm前後とする
容積重	火山性土：70～90 低地土・台地土：90～110	g/100mℓ		耕起前または収穫期ころに測定。採取位置は地表下10cm前後とする
作土の粗孔隙率	15～25	体積，%	必要気相率の作物間差 最も多い（24%以上）：菜豆 比較的多い（20%以上）：オオムギ，コムギ，テンサイ，ダイズ 比較的少ない（15%程度）：エンバク	pF1.5における気相率。多雨（50mm以上）24時間後の気相率で示してもよい
作土の易有効水容量	10以上	体積，%		pF1.5～3.0領域の孔隙量
作土の砕土率	70以上	%	耕うん砕土後の砕土層から試料を採取する	20mm以下の土塊の乾土重%
飽和透水係数	10^{-3}～10^{-4}	cm/秒		有効土層を対象
地下水位	60以下	cm		常時地下水位
耕盤層の判定	20以上	mm		耕起層直下10cm程度の山中式硬度計の読み。貫入式硬度計の場合は1.5 Mpaを判定基準とする

2 窒素の基準値について

ところで，表13-3には，作物生育に最も大きな影響をあたえる窒素（N）の診断基準値が示されていない。土壌中でNが大きく形態変化するため，作物がただちに吸収利用できる無機態Nだけの測定では，土壌のN供給能を正しく評価できないからである。

土壌中の有機態Nのうち，微生物によって分解されやすい形態のN（易分解性Nという）は，分解されることによって無機態Nに変化する（無機化という）。したがって，土壌のN供給能を正しく評価するには，こうした易分解性Nも含めて考える必要がある。

地力増進基本指針（農林水産省，2008）では，土壌中で有機態Nを分解する微生物が活動しやすい温度（30℃）と，水田や畑の状態の水分条件で4週間保温静置し，易分解性Nから無機化したNを可給態Nと定義している（注7）。そのうえで，可給態Nの改善目標値を，水田土壌では乾土100g当たり無機態Nで8mg以上20mg以下，普通畑土壌では乾土100g当たり無機態Nで5mg以上としている（農林水産省，2008）。

〈注7〉
可給態Nのこのような分析法を保温静置法，あるいはインキュベーション法という。この方法は4週間の時間が必要で，簡便さに難点がある。簡便法として北海道で開発された分析法が，熱水抽出法である。これは，土壌に純水を加え，オートクレーブ（高圧蒸気滅菌器）中で105℃，1時間加熱後にろ過し，そのろ液中の全Nを測定して可給態Nとする方法である。土壌中の易分解性Nの多くは，土壌有機物に由来するタンパク質などである。これをオートクレーブ処理で可溶化させ，簡便に易分解性Nを測定できるようにした分析法である（今野，2001）。

4 土壌診断にもとづく養分の補給方法

土壌診断のおもな目的は，対象圃場のpHや可給態養分含量を把握し，適正な化学肥料としての養分施与量，すなわち適正な施肥量を決定することである。堆肥などの有機物を施与した場合は，それに含まれる養分量を肥料に換算して評価し，換算量を適正な施肥量から減らす必要がある。

土壌診断結果にもとづく適正な施肥量の決定方法も，全国的に統一した方式がない。これは，土壌診断基準値そのものが各地でちがうことや，診断基準値の範囲にある土壌からの養分供給量の推定値がちがうこと，さらに作物の収量水準が各地の気象条件などの影響を受けるため，収量水準を達成するのに必要な養分量がちがってくるからである。

以下，土壌診断結果にもとづく適正な施肥を，わが国で先進的に推進してきた北海道の例で解説する。「北海道施肥ガイド2015」（北海道農政部，2015）には，土壌診断結果にもとづく適正な施肥量決定の手順が，図13-5のように示されており，その手順に沿って解説する。

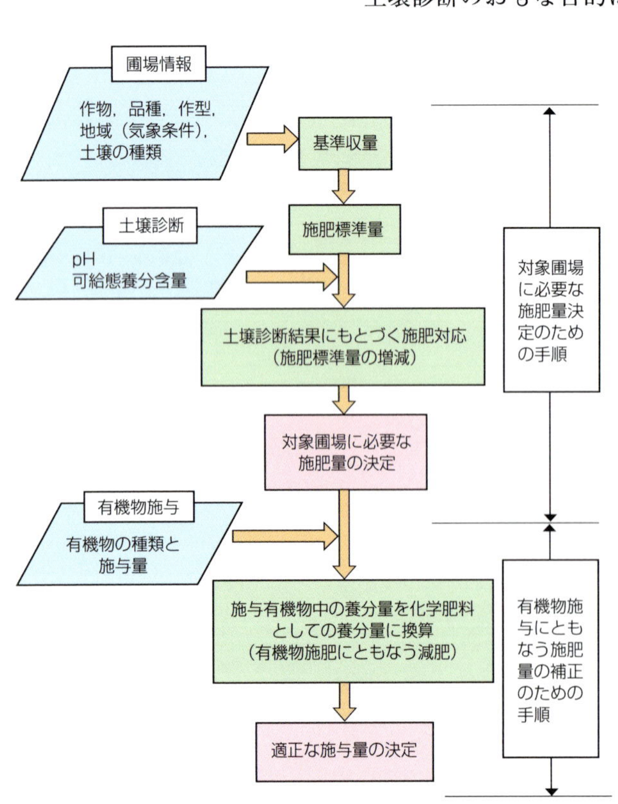

図13-5 「北海道施肥ガイド2015」による土壌診断結果にもとづく適正な施肥量決定の流れ図
基準収量，施肥標準量，土壌診断結果にもとづく施肥対応といった用語は，本文参照

1 基準収量と施肥標準量

土壌診断結果にもとづく施肥は，基準収量

と施肥標準量の2つの要素からなる。基準収量は，対象作物が比較的良好な気象条件で，かつ土壌のpHや養分含量が土壌診断基準値の範囲にある圃場で，適切な栽培管理によって達成できる収量水準のことである。基準収量は各作物について，地域と土壌別に設定されている。

施肥標準量は，上記の条件で基準収量を達成するのに必要な施肥量のことで，これも地域と土壌ごとに決められている。注意すべきことは，土壌の養分含量が土壌診断基準値の範囲内にあり，適正な土壌養分含量であったとしても，基準収量を達成するには施肥標準量に相当する施肥が必要だということである（図13-6）。

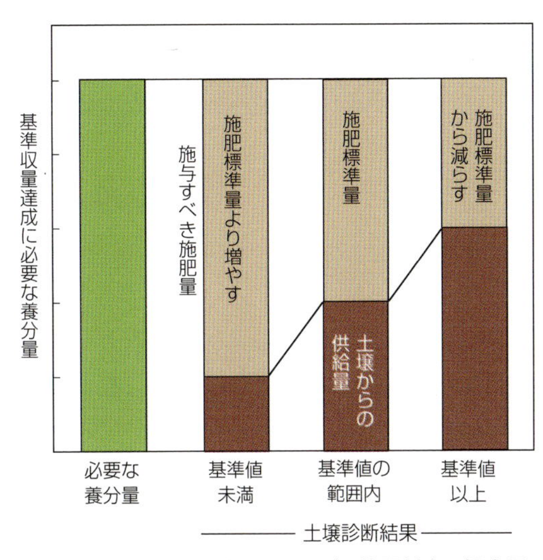

図13-6　土壌診断結果にもとづく施肥対応の概念図

基準収量達成に必要な養分量は，土壌からの養分供給量と施与すべき施肥量の合計量で決定される（図13-6）。土壌診断結果が基準値未満の場合は，土壌からの養分供給量が診断基準値の範囲内にある場合より少なくなるため，施肥量は施肥標準量よりも増やさなければならない。逆に，基準値以上の場合は，土壌からの養分供給量が多くなるため，施与すべき施肥量は施肥標準量より減らさなければならない。

2 土壌診断にもとづく施肥対応

上述したように，土壌診断結果が診断基準値未満や以上の場合は，それにあわせて施肥量を増減しなければならない。このように，土壌診断結果から推定した土壌の養分供給量にもとづいて施肥量を補正することを，「北海道施肥ガイド2015」では，「土壌診断にもとづく施肥対応」と定義している。施肥対応による施肥量の補正は，具体的には施肥標準量に対する増減の割合を％表示した施肥率でおこなう。したがって，基準収量達成に施与すべき施肥量は，以下の式で求める。

基準収量達成に施与すべき施肥量

＝施肥標準量×施肥率（％）÷100……式1

施肥率は，原則としてリン，カリウム，マグネシウムについて提示されている（注8）。その一例として，秋播きコムギ圃場の場合を表13-5に示した。

〈注8〉
北海道の場合，基準収量を達成するための窒素（N）施肥量は以下の要領で決められている（北海道農政部，2015）。
たとえば畑土壌のN供給能は，多くの場合，熱水抽出法（注7参照）で判定されている。このほか，土壌の硝酸態Nが採用される場合もある。いずれの方法でも，判定された土壌のN供給能にもとづいて，適正なN施肥量が提示されている。
水田の場合は，保温静置法（水田状態の水分条件で，40℃，1週間の保温静置）によって可給態N含量を測定し，その結果から，土壌のN肥沃度を区分し，区分ごとに施肥標準量からN施肥量を増減させて適正な施肥量が決定される。

3 適正な施肥量の決定

秋播きコムギ圃場の土壌診断結果が，可給態リン（P_2O_5），交換性カリウム（K_2O），交換性マグネシウム（MgO）含量として，それぞれ8，55，20mg/100gであったとすると，表13-5からそれぞれの施肥標準量に対する施肥率は，130％，30％，130％となる。この圃場のP_2O_5，K_2O，MgOの施肥標準量が，それぞれ14，9，4kg/10aであれば，基準収量達成に必要な施肥量は，前項の式1から次のように計算できる。

必要な P_2O_5 施肥量 = 14 × 130 ÷ 100 = 18.2 kg 10a

必要な K_2O 施肥量 = 9 × 30 ÷ 100 = 2.7 kg /10a

必要な MgO 施肥量 = 4 × 130 ÷ 100 = 5.2 kg /10a

4 有機物施与にともなう減肥量

上記の適正な施肥量は化学肥料としての養分量である。したがって，堆肥などの有機物を施与する場合は，有機物に含まれる養分量を化学肥料としての養分量に換算し，それを上記の計算から求めた値から差し引く。すなわち，減肥することによって必要な施肥量を補正しなければならない。

堆肥を施与した場合の減肥可能量は以下の式で与えられる。

堆肥施与による減肥可能量＝堆肥に含まれる養分量×肥料換算係数

例として，表 13 - 6 に牛ふん麦稈（ばっかん）堆肥（注 9）の各養分に対する肥料換算係数を示した。この換算係数を用いて，減肥可能量を求めると，施与した堆肥原物 1 t 当たりの N，P_2O_5，K_2O は，それぞれ 1.0，3.0，4.0 kgとなる。

有機物の種類は，堆肥だけでなく，秋播きコムギの麦稈，食用トウモロコシやテンサイの茎葉，収穫残渣，さらに緑肥のような有機物もある。それらを土壌に施与した場合も，含まれている養分量を化学肥料換算した量が減肥可能量となる（注 10）。こうした土壌診断結果にもとづく適正な施肥量の決定は，肥料費の削減に大きく寄与する。それだけでなく，過剰施肥を避けて環境への養分流出を防ぎ，環境保全にも役立つ。

〈注 9〉
麦稈とは，ムギの収穫に発生する，いわゆる麦わらのことである。牛ふん麦稈堆肥とは，麦稈を敷きわらに用い，牛のふん尿と混じったものを堆積して腐熟させた堆肥のことである。

〈注 10〉
こうしたさまざまな有機物についても，具体的な肥料換算係数や減肥可能量，さらに有機物中の養分含量の推定法などが「北海道施肥ガイド 2015」には「有機物施用に伴う施肥対応」として記載されている（北海道農政部，2015）。

表 13-5　秋播きコムギ圃場での土壌診断結果にもとづくリン，カリウム，マグネシウムの施肥対応（北海道農政部，2015）

1）リン[注1]

可給態リン[注1]含量による肥沃度判定（トルオーグ法，P_2O_5 mg /100 g）	低い 0～5[注2]	やや低い 5～10	診断基準値 10～30	やや高い 30～60	高い 60～
施肥標準量に対する施肥率（%）	150	130	100	80	50

注 1：出典ではリン酸，有効態リン酸と記載されている
注 2：診断結果の範囲は，0 以上 5 未満と読む。以下の表も全て同じ

2）カリウム[注3]

交換性カリウム[注3]含量による肥沃度判定（K_2O mg /100 g）	低い 0～8	やや低い 8～15	診断基準値 15～30	やや高い 30～50	高い 50～70	極高い 70～
施肥標準量に対する施肥率（%）	150	130	100	60	30	0

注 3：出典ではカリ，交換性カリと記載されている

3）マグネシウム[注4]

交換性マグネシウム[注4]含量による肥沃度判定（MgO mg /100 g）	低い 0～10	やや低い 10～25	診断基準値 25～45	高い 45～
施肥標準量に対する施肥率（%）	150	130	100	0

注 4：出典では苦土，交換性苦土と記載されている

表 13-6　牛ふん麦稈堆肥に含まれる養分の化学肥料換算係数と減肥可能量（北海道農政部，2015）

牛ふん麦稈堆肥の施与年数	乾物率（%）	堆肥に含まれる養分量（A）（kg / 原物 t）			肥料換算係数（B）（化学肥料＝ 1.0）			減肥可能量（＝ A × B）（kg / 原物 t）		
		N	P_2O_5	K_2O	N	P_2O_5	K_2O	N	P_2O_5	K_2O
単年～連用 4 年まで	30	5.0	5.0	4.0	0.2	0.6	1.0	1.0	3.0	4.0

注 1：ここに示した肥料換算係数は，牛ふん麦稈堆肥の場合である。他の有機物では肥料換算係数がちがう
注 2：堆肥の連用年数が 5 年から 9 年までなら，連用にともなってNの肥効が増加するため，Nの減肥可能量が 2.0kg / 原物 t に増加する。さらに連用が 10 年以上になると，減肥可能量が 3.0kg / 原物 t に増加する
注 3：堆肥の連用年数が 5 年をこえている場合でも，熱水抽出法によってN肥沃度を判定し，必要なN施与量が決定された場合には，連用による肥効がN肥沃度の判定に含まれているため，減肥可能量は単年の場合を適用する

第14章 おもな耕地土壌の特徴

1 水田土壌

1 人工土壌としての水田土壌

水田は土壌表面に水をためている。このような状態を湛水（たんすい）という。水田を湛水状態にするため，畦畔（けいはん）をつくり水を囲う。そして代かきによって土壌を練り返し，泥水に混じった細かい土壌粒子（シルトや粘土）で土壌のすき間を埋め，囲った水が水田から漏れ出さないようにする。こうして水田の土壌表面に水をためる。このたまった水を田面水（でんめんすい）という。田面水下の土壌表面に凹凸があると，田面水の深さが一定にそろわないので，ここも均平になるように整える。

こうした人間の働きかけで水田ができあがる。水田ができることによって水田土壌もできる（注1）。したがって，水田土壌は人工的につくりだされた土壌である。耕地の土壌は多かれ少なかれ人工土壌の要素をもっており，とりわけ水田土壌は人工土壌の要素が強い。

〈注 1〉
水田土壌という土壌は，土壌分類の名称ではない。本書では水田が立地する土壌という意味で用いている。「農耕地土壌分類第３次改訂案」（農耕地土壌分類委員会，1995）による分類名でいうと，水田が立地する土壌は，褐色低地土，灰色低地土，グライ低地土などが多い。
本章で以下に述べる畑土壌，露地野菜土壌，施設土壌，草地土壌，樹園地土壌なども全く同じで，それぞれの土地利用が立地する土壌という意味である。

2 湛水することの利点

土壌が湛水されて水田という耕地環境がつくられると，さまざまな利点が出てくる。

❶水がイネの生育の制限因子にならない

畑作物は湛水されると，ただちに湿害を受ける。根の生育に必要な酸素が不足するからである。しかし，イネは根に必要な酸素を地上部から送り込む通気組織をもっているため，湛水された水田で容易に生育できる。イネの地上部から根への酸素の輸送系は，オオムギの約10倍，トウモロコシの4倍も効率的であるという（Jensen et al., 1967）。このような通気組織は，沼や湿地で生育できる植物が共通にもつ性質である。

しかも，湛水条件がイネの生育の場であるから，もともと水がイネの生育の制限因子になりにくい。つまり，畑作物でよくみられる干ばつ害は，イネでは通常発生しない。

❷かんがい水による養分供給

水田に供給されるかんがい水は，上流から流れてくる途中で，さまざまな養分を溶かし込んでくる。カリウム，カルシウム，マグネシウム，ケイ

表 14-1　かんがい水の平均養分濃度　（単位：mg/ℓ）（吉田，1968）

pH	T-N	P	K	Ca	Mg	Na	S	Si	Fe	Cl
7.0	0.51	0.013	1.4	10.9	2.0	8.7	4.3	8.5	0.43	6.3

全国 169 カ所の平均値。酸化物表示であった原データを元素表示に変換した
T-N：全窒素，P：リン，K：カリウム，Ca：カルシウム，Mg：マグネシウム，Na：ナトリウム，S：イオウ，Si：ケイ素，Fe：鉄，Cl：塩素
水田 1ha 当たりに取り込まれる平均的なかんがい水の量は，稲作期間中におよそ 15,000㎥程度と見積もられている。したがって，この期間のかんがい水に由来する養分量（kg/ha）は，養分濃度（mg/ℓ）の 15 倍で推定できる

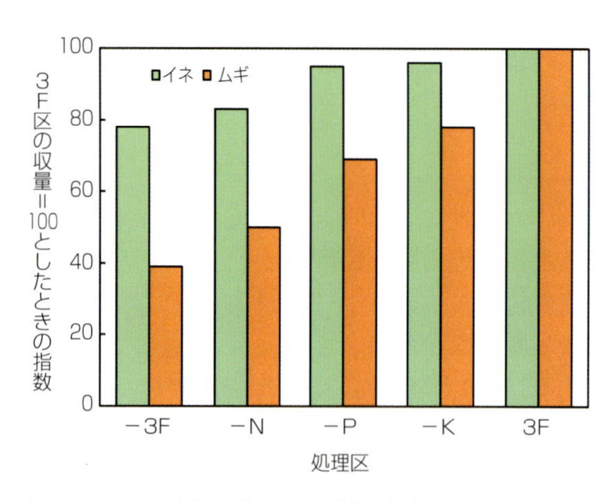

図 14-1　イネとムギの三要素試験成績
（吉田（川崎，1953 による），1968）
－3F：無肥料区，－N：無窒素区，－P：無リン区，－K：無カリウム区，3F：三要素施与区
全国で 10 年間にわたっておこなわれた三要素試験の結果をまとめたもの。調査点数は年次によって多少変動し，イネの場合 1,161 ～ 1,185 カ所，ムギの場合 822 ～ 841 カ所の平均。いずれも，堆肥無施与条件

素などは，かなりな量がかんがい水から供給される（表 14-1）。このため，イネは無肥料でも窒素，リン，カリウムを与えた三要素区の 80％程度の収量であり，カリウムを施与しない無カリウム区では三要素区にほぼ等しい収量を確保できる（図 14-1）。しかも，かんがい水中のリン濃度が低いにもかかわらず，リンを施与しない無リン区でも収量が三要素区にほぼ等しくなる。これは，後述するように湛水で土壌が還元化（酸素が奪われて酸素不足になった状態）することによって，リン酸鉄が水に溶けやすくなる（可溶化という）ためである。

ムギは各要素が施与されないと，三要素区より大きく減収することにくらべると（図 14-1），湛水がいかに有利であるかが理解できる。古くから「イネは地力で，ムギは肥料で」と指摘されるのは，こうした現象による。

このほか，かんがい水による養分の再利用も考えられる。台地の上部にある畑で多量施肥した養分の一部が周辺に流出しても，かんがい水に溶け込めば，下部の低地にある水田のイネが利用できる。

❸塩類障害を受けにくい

とくにハウス栽培では，化学肥料を過剰に施与すると土壌溶液に溶け込んだ肥料成分の濃度が極端に高くなり，作物の根が塩類障害を受ける。しかし，水田には水が十分にあるためイネでは発生しない。

❹地温の調節がある程度できる

第 7 章で述べたように水の比熱は大きい。このため田面水の温度は暖まりにくく冷めにくい。この性質を利用し，田面水の深さや減水深（注 2）を調節することで，水田の地温をある程度調節できる。

〈注 2〉
減水深とは，水田の田面水が 1 日当たり低下する水位のこと。かんがい水量を決定するうえで重要な情報である。イネの生育に適しているとされる減水深は，20 ～ 40mm/日程度である。地下水位が 50cmより下にある水田の減水深がおよそこの程度である（金子，2010）。

❺連作が可能である

連作障害をもたらす土壌病原菌の多くは好気性菌で，酸素を必要とする。しかし，水田は湛水によって還元状態におかれるため，これらの病害菌は死滅したり，増殖が抑制される静菌作用が働く。線虫も湛水によって少な

くなる。イネが連作可能なのは，このような連作障害をもたらす土壌病原菌などが湛水条件で生息しにくいためである（岡，1991）。

水田はたんに湛水しつづけるのではなく，イネの収穫が終わると水田から水を排水して（落水という）畑状態にもどす。

したがって，水田の土壌は湛水による還元状態と落水後の酸化状態（酸素が加わって，酸素が豊富な状態）という，全くちがう環境を経験する。こうした激烈な環境変化を受けることも，土壌病原菌が安定して生息できない条件である。

図 14-2
急斜面を下る水を一時的に止めるダムの効果をもつ棚田とそれを管理する人
（スリランカ，ワラパネ近郊）
棚田の維持管理には大型機械を使用できない。人力による管理が不可欠である

❻貯水池としての機能による土壌侵食の防止

稲作期間に 1 ha の水田に取り込まれるかんがい水の量は，15,000 t（1,500㎜）とみられている（山根，1974）。したがって，全国 242 万 ha（農林水産省，2017a）の水田にとりいれられる水の量は，363 億 t にものぼる莫大な量である。もともとこの水は，川を経由してそのまま海に流れ込むはずであった。それが水田に貯留されることで，かなりの水が水田から地下に浸透し，地下水になって再利用可能な水になる。

一方，傾斜がきついわが国の地形では，降雨で地表に落ちた水は急斜面を流れ，その途中で土壌侵食を引きおこす。しかし水田に水が引き込まれると，急斜面を流れない。「田ごとの月」といわれる棚田は，急斜面を流れる水の一時的なダム効果をもち，土壌保全に大きな役割をはたしている（図 14-2）。それだけでなく地下水の供給源にもなっている。わが国のような急傾斜の多い国土で土壌がよく保全されているのは，水田の貯水機能によるところが大きい。

3 還元状態がつくる水田土壌の特徴

湛水によって空気が遮断され，土壌中の有機物を分解する微生物が酸素を消費していくと，土壌は酸素不足の還元状態におかれる。湛水は水田土壌に独特の特徴をもたせ，イネの生育に好条件を提供してくれる。

❶独特の土層分化

湛水によってつくられた還元状態は，土壌をさまざまに化学変化させ，特徴的な土壌断面をつくる（図 14-3）。

○表面酸化層

水田土壌の最表層（厚さ数㎜から 2 ㎝くらい）は，湛水当初，還元状態

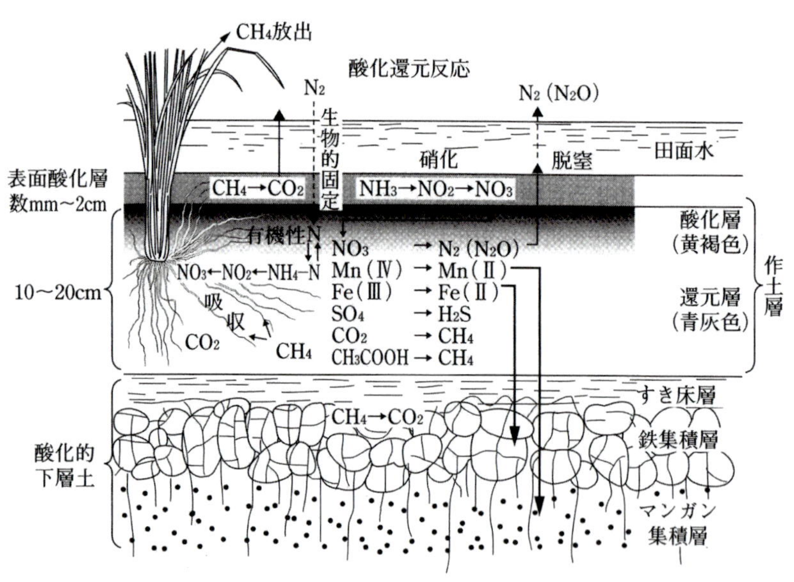

図 14-3　水田土壌の土層分化と酸化還元による物質の変化（若月，1997）
N_2：窒素ガス，N_2O：一酸化二窒素（亜酸化窒素），CH_4：メタン，CO_2：二酸化炭素，NH_3：アンモニア，NO_2：亜硝酸，NO_3：硝酸，NH_4-N：アンモニア態窒素，Mn：マンガン，Fe：鉄，SO_4：硫酸，H_2S：硫化水素，CH_3COOH：酢酸

におかれる。しかし，湛水後１カ月程度経過すると，土壌中の分解されやすい有機物が微生物に分解されて減っていく。すると，分解する有機物が少なくなるため，微生物の分解活動が衰え酸素消費量が減る。

その結果，田面水中にわずかに溶け込んでいる大気中の酸素や，田面水に生育する藻類から発生する酸素が微生物に消費されず，田面水をとおして最表層の土壌と結びつく（注３）。こうして，水田土壌の最表層は黄褐色に変化してくる。これが表面酸化層とよばれる土層である（図 14-3）。

〈注３〉
このように物質が酸素と結びつくことを酸化という。

〈注４〉
表面酸化層の下にあり，耕起の影響を受ける土層で，厚さ 10～20cm程度。

○作土層，すき床層

しかし，湛水状態におかれているため，土壌が酸化されるのは最表層だけである。その下の作土層（注４）まで酸化されることはない。作土層は還元状態におかれた還元層で，おおむね青灰色である。この色は還元状態で安定な鉄（Ⅱ）(Fe^{2+}) に由来する。

作土層直下にはすき床層といわれる，やや締まった硬い土層ができる（図 14-3）。これは，土壌を耕起する機械が圧密することでできる土層で，水田の水漏れ防止に重要である。ただし，すき床層が浅い位置に発達すると作土層が薄くなり，根圏が狭くなって収量低下をもたらすことがある。

○酸化的下層土

すき床層の下の層になると湛水の影響がうすまり，土壌は再び酸化的になる。この層を酸化的下層土という。

すき床層より上の還元層で溶けやすくなった鉄（Ⅱ）(Fe^{2+}) やマンガン（Ⅱ）(Mn^{2+}) は，浸透水とともに酸化的下層土に移動する。こうして，鉄やマンガンが再び酸化的条件におかれると，酸化状態で安定な鉄（Ⅲ）(Fe^{3+}) やマンガン（Ⅳ）(Mn^{4+}) にもどり，それぞれ不溶性の酸化鉄（Ⅲ）(Fe_2O_3) や酸化マンガン（Ⅳ）(MnO_2) に変化して沈殿する。それらは，酸化鉄の斑紋（はんもん）やマンガン結核とよばれる，特徴的な形態で層状に集積する土層（集積層）をつくる（図 14-3）。鉄の斑紋集積層よりマンガン結核の集積層のほうが深い位置にできる。これは，マンガンのほうが鉄より溶けやすく，より下層へ移動しやすいからである。

こうした酸化層―還元層―すき床層―酸化的下層土という土層配列は，湛水という特殊な条件のもとでつくられる水田土壌独特のものである。

❷有機物の蓄積と窒素の有効化

土壌中の有機物を分解する微生物は，呼吸に酸素を必要とする。このため，湛水状態におかれて還元がすすむと酸素が不足し，微生物による有機物の分解が鈍くなる。その結果，イネの収穫後に残された刈株や根などの有機物や，施与された堆肥の一部は分解されず，土壌へ徐々に蓄積していく。この有機物に含まれた窒素（N）も同時に土壌に蓄積する。したがって，水田土壌は畑土壌より有機物やNの蓄積量が多い（第3章参照）。

水田から一時的に水を抜き（中干し），乾燥させたあと再び湛水したり，田面水の水温が上がると，水田に蓄積された有機物が再び微生物によって分解される。それにともなって，無機態のアンモニア態窒素（NH_4-N）が土壌から放出される。この土壌由来の無機態Nは，有機物蓄積量の多い水田のほうが畑より多く，イネの養分になって吸収される。このように水田の土壌を乾燥させることによって，土壌中の有機態Nが無機化して無機態Nが放出されことを乾土効果という（注5）。乾土効果は土壌中の易分解性Nが無機化して発現するので，年次とともに小さくなる（図14-4）。

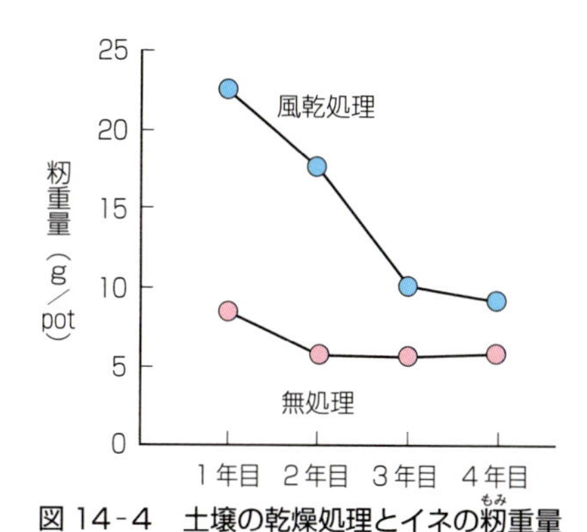

図14-4　土壌の乾燥処理とイネの籾（もみ）重量
（山崎，1968）
湿田の土壌を採取して半量を風乾し，半量は無処理でポット栽培。無肥料条件で，4年間くり返した

〈注5〉
乾土効果がどのくらい期待できるかは，実験で測定できる。まず，水田土壌を室温で乾燥させた（風乾）後，湛水して30℃で4週間，保温静置し（「培養する」という），無機態Nを定量する。同時に，風乾しないで同じように培養した場合の無機態Nを定量する。両者の差が「乾土効果」である。

❸生物的窒素固定

田面水で生育するラン藻類には，マメ科植物に共生する根粒菌のように，大気中に含まれる窒素を取り込む（窒素固定）能力をもっているものがある。これも，水田土壌の窒素肥沃度を畑土壌よりよくする要因である。

❹リンの有効化

一般に，土壌中のリンは，土壌に多く含まれているアルミニウムや鉄と結合している。ところが，水田のような還元状態におかれると，リン酸鉄（Ⅲ）（$FePO_4$，リン酸第2鉄）は，リン酸鉄（Ⅱ）（$Fe_3(PO_4)_2$，リン酸第1鉄）に化学変化する。酸化的な条件で安定していたリン酸鉄（Ⅲ）は水に溶けにくく，作物が吸収しにくい。ところが，還元状態で変化してできたリン酸鉄（Ⅱ）は水に溶けやすく，イネに吸収されやすい。湛水による還元状態は，土壌中のリンを可給化させる。

ただし，土壌の還元化がすすまなければ上記の変化はおこらない。還元がすすむには，地温がある程度上昇して，微生物による有機物の分解にともなう酸素の消費が必要である。したがって，北海道のような寒冷地では，地温が低いイネの生育初期は還元化の進行がゆっくりで，土壌中のリンの可給化がすすみにくい。そのため，寒冷地ではイネの生育初期のリン施肥の効果が大きい。冷害年にリン施肥の肥効が大きいのも同じ理由である。

❺土壌pHの変化

土壌が湛水され還元化がすすむと，土壌のpHは湛水前の値にかかわらず，6.7～7.0付近に落ち着くように変化する（図14-5）。したがって，水田では酸性障害は発生しにくい。これには，土壌中での鉄の形態変化と

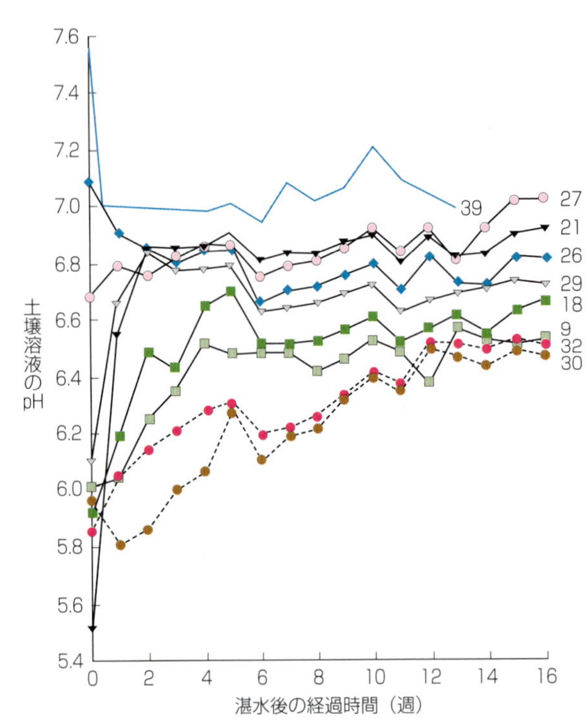

図 14-5　湛水による土壌 pH の変化
(Ponnamperuma, et al.,1966)
図中の番号は土壌試料の番号を示す

有機物が分解して発生する二酸化炭素が関係している（図 14-6）。

湛水前の酸化状態で，土壌中の鉄は水酸化鉄（Ⅲ）（$Fe(OH)_3$，水酸化第２鉄）の状態で安定している。ところが，湛水されて還元化がすすむと，水酸化鉄（Ⅲ）は水酸化鉄（Ⅱ）（$Fe(OH)_2$，水酸化第１鉄）に変化し，この過程で水素イオン（H^+）が消費されるため，酸性が緩和されて pH を上げる方向に働く。また，水田で有機物の分解によって発生した二酸化炭素（炭酸ガス）は水に溶けて弱酸性を示し，pH を下げる方向に働く。

この両者の働きがつりあう pH が，およそ 6.7 ～ 7.0 である。

4 還元化による障害

湛水による還元化は，常にイネの生育に好都合に作用するとはかぎらない。次に，還元化による負の現象について述べる。

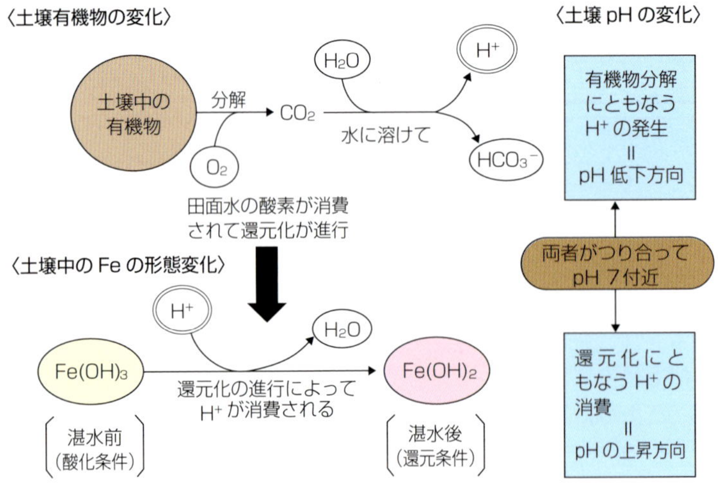

❶脱窒現象

土壌が湛水されしばらくすると，田面水に覆われた土壌の最表層は酸化層として分化してくる。このとき，この最表層に肥料としてアンモニア態窒素（NH_4−N）が施与されたとしよう。すると，かすかな酸化的条件であっても硝化作用（第 12 章２項参照）がすすみ，NH_4−N が硝酸態窒素（NO_3−N）へ変化する（図 14-7）。NO_3−N は陰イオンなので，土壌の負荷電に反発して移動しやすく，浸透水とともに還元層へ移動する。還元層は還元的条件なので，酸化層から移動してきた NO_3−N はここで窒素ガス（N_2）まで還元され，生成した N_2 は大気に逃げだす。

〈土壌有機物の変化〉
土壌中の有機物
分解
O_2
CO_2
H_2O
水に溶けて
H^+
HCO_3^-
田面水の酸素が消費されて還元化が進行
〈土壌中の Fe の形態変化〉
H^+
H_2O
$Fe(OH)_3$
還元化の進行によって H^+ が消費される
$Fe(OH)_2$
湛水前（酸化条件）
湛水後（還元条件）
〈土壌 pH の変化〉
有機物分解にともなう H^+ の発生 ＝ pH 低下方向
両者がつり合って pH 7付近
還元化にともなう H^+ の消費 ＝ pH の上昇方向

図 14-6　湛水による還元化と土壌 pH の変化
O_2：酸素，CO_2：二酸化炭素，H_2O：水，H^+：水素イオン，HCO_3^-：重炭酸イオン，$Fe(OH)_3$：水酸化鉄（Ⅲ）（水酸化第2鉄），$Fe(OH)_2$：水酸化鉄（Ⅱ）（水酸化第1鉄）

このように窒素が損失することを脱窒という。なお，この還元の過程で完全に N_2 に変化する前に，中間産物として一酸化二窒素（N_2O，亜酸化窒素）が放出される。この N_2O は強力な温室効果ガスの１つとしてとくに注目されている。その詳細は第15章で述べる。

脱窒を防ぐには，NH_4－Nを土壌の表面でなく，作土の全層と混合する（全層施肥）か，作土の下層に発達する還元層に施与する（深層施肥）。いずれも，湛水の還元条件でNH_4－Nが安定していることを利用し，NH_4－NをNO_3－Nに変化させないようにする施肥法である（注6）。

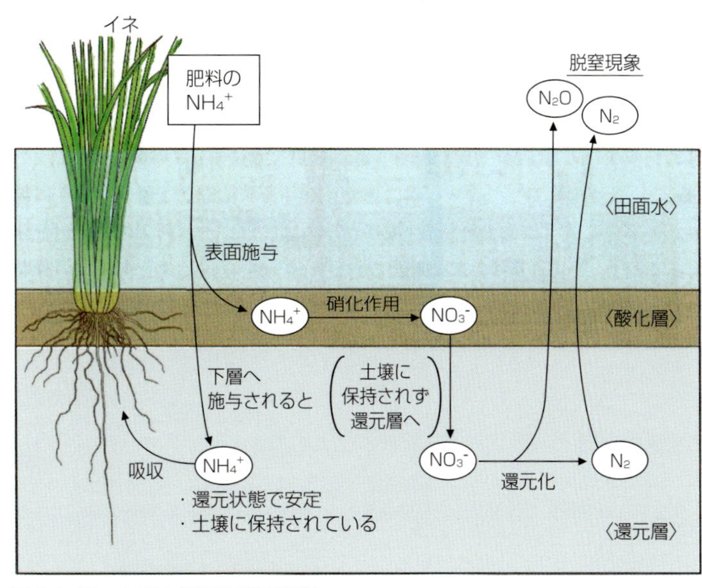

図14-7　水田土壌での脱窒現象
NH_4^+：アンモニウムイオン，NO_3^-：硝酸イオン，N_2O：一酸化二窒素（亜酸化窒素），N_2：窒素ガス

〈注6〉
この脱窒の機作を解明したのは塩入松三郎で，1942年のことである（塩入，1942）。当時，まだ貴重品であった化学肥料の硫安（硫酸アンモニウム）を水田に施与すると，原因不明で肥効が劣り大問題になっていた。塩入は，水田土壌での物質変化の解明に化学的手法をとりいれて上記の現象を解明し，硫安の肥効を安定させた。わが国が世界にほこる水田土壌化学の始まりである。

❷鉄の溶脱と硫化水素の害

○老朽化水田

湛水状態で還元条件がすすむと，酸化状態で安定し水に不溶の物質をつくるFe^{3+}（鉄（Ⅲ），3価鉄イオン）が，水に溶けやすいFe^{2+}（鉄（Ⅱ），2価鉄イオン）に変化する。そのため，田面水が土壌中を浸透して下層へ向かうと，可溶性のFe^{2+}も作土層から下層へ溶脱してくる。通常の土壌は鉄が十分にあるので，それ自身は大きな問題ではない。しかし，鉄含量の少ない花崗岩（かこうがん）や砂岩（さがん）に由来する砂質の土壌では水が浸透しやすく，Fe^{2+}の溶脱がすすみやすい。そのため，これらの土壌の鉄がますます少なくなってくる。

一方，たとえば硫安（$(NH_4)_2SO_4$）のように硫酸イオン（SO_4^{2-}，硫酸根ともいう）を含んだ肥料を用いていると，土壌中にSO_4^{2-}が残留してくる。これが還元状態におかれると，硫酸還元菌によって還元され硫化水素（H_2S）が生成する（図14-8）。このとき，土壌に十分な鉄があれば，生成したH_2SはFe^{2+}と結合して不溶性の硫化鉄（FeS）をつくるので，とくに問題にはならない。しかし鉄が溶脱して不足している土壌では，SO_4^{2-}の還元でできたH_2Sを不溶化するための鉄が不足し，H_2Sが土壌中に残存する。このH_2Sがイネの根に被害を与える。被害は養分吸収阻害になってあらわれ（三井ら，1951），生育抑制をもたらす。このように，土壌の母材が鉄を多く含まず，砂質で透水性が良好なため，湛水条件でFe^{2+}が溶脱しやすく，土壌にH_2Sが発生しやすい水田を老朽化水田という。

○老朽化水田と「秋落ち現象」

上記の現象は瀬戸内や和歌山県などの砂壌土地帯で多発し，「秋落ち現象」といわれた。それは，イネの生育が前期には正常であるにもかかわらず，後期，とくに秋になると生育不良になり，葉にごま葉枯病の斑点ができ，徐々に下葉から枯れ上がって収量が著しく少なくなったからである。

当初，水田に硫安を施与すると，それに含まれる硫酸根が還元されて発生するH_2Sが根を激しく傷め，根腐れを発生させ，イネに被害を与える

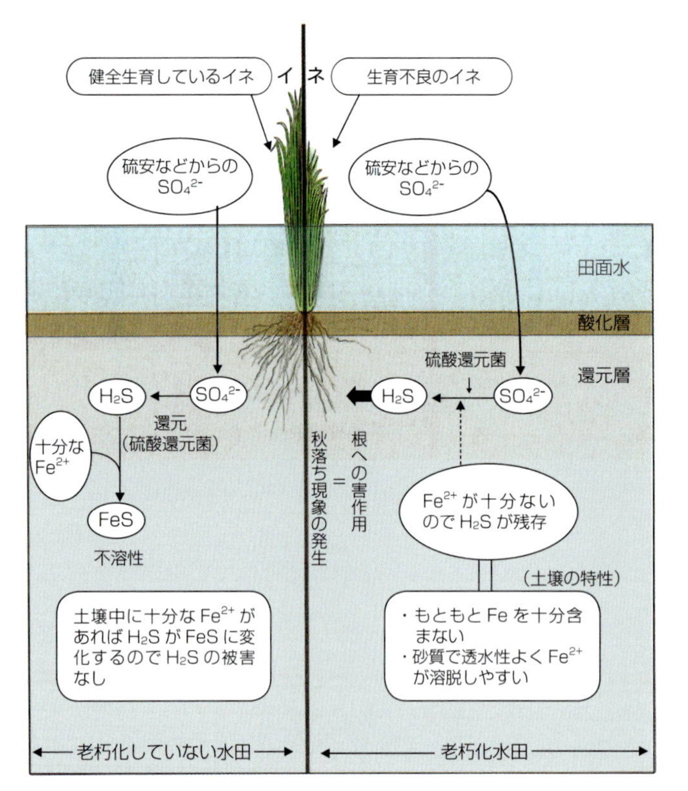

図 14-8　老朽化水田での秋落ち現象
SO_4^{2-}：硫酸イオン，H_2S：硫化水素，FeS：硫化鉄，Fe：鉄，Fe^{2+}：鉄（Ⅱ）（2価鉄イオン）

と考えられていた（大杉・川口，1938；1939）。しかし，この「秋落ち現象」が鉄含量の少ない砂壌土の老朽化水田で発生することと，その機作を化学的に解明したのは，水田土壌化学の研究を推進した塩入・横井（1949）であった。

ただし，水田の「秋落ち現象」が，鉄不足に起因する H_2S の被害だけで単純に説明のできない事実も多い（鈴木，1968）。とくにイネの窒素栄養状態と H_2S の発生は関連が深い。イネが十分に窒素を吸収できる環境におかれると，イネの根がそのまわりを酸化する能力が高まる。このため根のまわりの H_2S の発生がおさえられる（岡島，1960）。逆に，イネが十分に窒素を吸収できなくなると，根の酸化能力が衰えるため H_2S の発生がさかんになり，発生した H_2S が根の生育に害作用を与える。

このことは，発生した H_2S がイネに与える被害も，養分吸収の阻害という間接的な影響（三井ら，1951）だけではなく，H_2S それ自体が直接イネの生育に悪影響を与えていることを示している（岡島，1960）。

かつて，鉄だけを与えて秋落ち現象が解決した例は少なく，陽イオン交換容量の大きい土壌を客土（注7）することによって秋落ち現象が大幅に解消されている。こうした事実は，施与された NH_4-N が土壌に保持されて溶脱せず，イネがそれを十分吸収して窒素栄養を良好に維持できることと関連が深い。いずれにしても，「秋落ち現象」＝「鉄不足に起因する H_2S の被害」と要因を固定してはならない。

〈注7〉
客土とは，ほかの場所からもってきた土壌を圃場に搬入することである。

○「秋落ち現象」の防止対策

秋落ち現象の防止対策は，①老朽化水田に鉄を含む資材や，鉄を多く含み，粘土含量の多い山土を客土する，②下層の鉄集積層を掘り上げて作土層と混和する（深耕），③硫酸根を含む肥料（硫酸根肥料）を使わない（注8），④ケイ酸，マンガン，カルシウム，マグネシウムを総合的に含んだ金属製錬の副産物（ケイカル肥料）の施与，⑤生育の途中で水田を中干しして一時的な酸化状態をつくる，ことなどが提案された。秋落ち水田は，1961年にはわが国の全水田の約24%，69万haにも達していた。しかし，現在では上記の対策がすすめられた結果，多くの水田で問題が解決している。

〈注8〉
硫酸根肥料とは逆に，硫酸根を含まない肥料のことを無硫酸根肥料という。塩安（塩化アンモニウム：NH_4Cl）がその代表例である。

脱窒現象や秋落ち現象を科学的に解明した研究は，一見して不動と思える土壌でも，湛水という人為的条件下におかれることで，微生物による有機物分解にともなう還元の進行，それにともなって発生する土層の分化，土壌中での化学的な変化といった現象が短時間のうちにおこり，土壌自体が動的に変化しているようすを私たちに教えている。

❸さまざまなイネの栄養障害

イネが生育する水田には，湛水とそれにともなって発達する還元という特別な条件が備わっている。これに，有機物が施与されると微生物の分解にともなう還元作用が強くあらわれるし，土壌に鉄やマンガン，カリウムなど交換性陽イオンがどの程度含まれているかなどの要因によって，さまざまなイネの栄養障害が発生する（表14-2）。

表14-2　アジアでのイネの栄養障害の分類
（吉田（Tanaka and Yoshida，1970による），1986）

土壌		土壌条件	障　害	障害の地方名称
極低pH		酸性硫酸塩土壌	鉄過剰	ブロンズィング
低pH	高活性鉄	低有機物	リン欠乏	
		高有機物	リン欠乏と鉄過剰の合併症状	
		高ヨウ素	ヨウ素過剰とリン欠乏の合併症状	赤枯れⅢ型
		高マンガン	マンガン過剰*	
	低活性鉄と低交換性陽イオン	低カリウム	鉄過剰とカリウム欠乏の相互作用	ブロンズィング，赤枯れⅠ型
		低塩基に低ケイ素の条件下での硫酸根の使用	養分の不均衡に硫化水素障害を伴う	秋落ち
高pH		高カルシウム	リン欠乏	カイラ（Khaira）
			鉄欠乏	ハッダ
			亜鉛欠乏	タヤ・タヤ（Taya-Taya），赤枯れⅡ型
		高カルシウムで 低カリウム	高カルシウムによるカリウム欠乏	
		低ナトリウム	塩類障害	
			鉄欠乏	
			ホウ素過剰*	

*：めったにないと思われる

5 良食味と多収をめざす

わが国の主食用コメの自給率は，例外的に100％を満たしている。そのため，最近はイネの子実収量を増やすことより食味向上の関心が高い。しかし，世界で飢餓に直面する人口が8億人（FAO，2017a），世界人口が76億人であるから（FAO，2017b），10人に1人は栄養不足に悩んでいる現状や，わが国におけるコメ以外の食料の極端に低い自給率からみて，コメの増産を忘れてはならない。

かつて北海道では稲作など考えられなかった。しかし今や，北海道のコメ（水陸稲）生産量は58.2万tで，日本一の新潟県に次ぐ第2位（農林水産省，2017b），全国の生産量の7.4％に達している。しかも，困難をのりこえて2008年には‘コシヒカリ’なみの極良食味米品種‘ゆめぴりか’が育成されている。多くの先人のたゆまぬ努力の成果である（注9）。

食味の向上と多収の両者を満足させる条件はたしかに厳しい。しかし，だからこそ，その両方を満足させる技術開発に果敢に挑戦することで未来を切り拓きたい。それが人類に与えられた大きな課題である。

〈注9〉
北海道南部より北の地域で（現在の北広島市島松），はじめてコメつくりに挑戦したのは，中山久蔵で1871年のことである。2年間の試行錯誤の後，寒冷地米品種‘赤毛’を用いてようやく成功したのが1873年。それ以来，北海道のコメつくりはさまざまな困難をのりこえて現在の地位を築きあげた。

2 畑土壌

畑作物（露地野菜を除く）が栽培されるところが畑で，その土壌を本書では畑土壌（普通畑土壌）とよぶ。1項で述べた水田土壌との対比から畑土壌の特徴とその管理を考える。

1 畑の立地条件と生産阻害要因

❶畑土壌の生産阻害要因の特徴

わが国の農業は水田を中心におこなわれてきた。主食をまかなうイネを栽培するからである。このため，耕作に好条件でかんがい水が容易に調達できる平坦な低地は，まず水田として利用される。畑はイネが栽培できないところ，すなわち，台地や丘陵地でかんがい水が調達しにくい場所に立地する。つまり，もともと畑の立地条件は水田より悪い。

それを裏付けるように，かつて全国的に実施された土壌調査（地力保全基本調査，1959 ～ 1978）によると，畑地では土壌が作物生産の大きな阻害因子になり，しかも土壌自身も悪化するおそれがあるという不良土壌が，畑地全体（当時 183 万 ha）のおよそ 70％（127 万 ha）に達していた。畑土壌の生産阻害要因のうち，自然肥沃度（注 10）と養分の豊否（注 11）に問題のある土壌が，畑地全体のおよそ 30％ずつをしめていた（図 14 - 9）。このように，わが国の畑では化学的な性質に問題のある土壌が多かった。

〈注 10〉
地力保全基本調査での自然肥沃度は，陽イオン交換容量，リン酸吸収係数，pH，陽イオン交換容量に対する交換性カルシウムの割合（カルシウム飽和度）などの判定基準にもとづいて決定される。

〈注 11〉
地力保全基本調査での養分の豊否は，窒素，リン，カリウム，カルシウム，マグネシウム，ケイ酸などの可給態養分含量とpH，さらに微量要素の欠乏症の有無などの判定基準にもとづいて決定される。

❷最近の養分過剰問題

上述した事情に加えて，化学肥料や土壌改良資材が相対的に安価になったことを背景に，畑土壌の養分管理への関心が高まった。その結果，地力保全基本調査の時代の初期（1959 ～ 1969）から後期（1975 ～ 1977）へと土壌中の養分（交換性陽イオンのカルシウム，マグネシウム，カリウムや可給態リン）含量の全国平均値はいずれも大きく増加した（図 14 - 10）。その後，地力保全基本調査を引き継いで 1979 年から開始された土壌環境

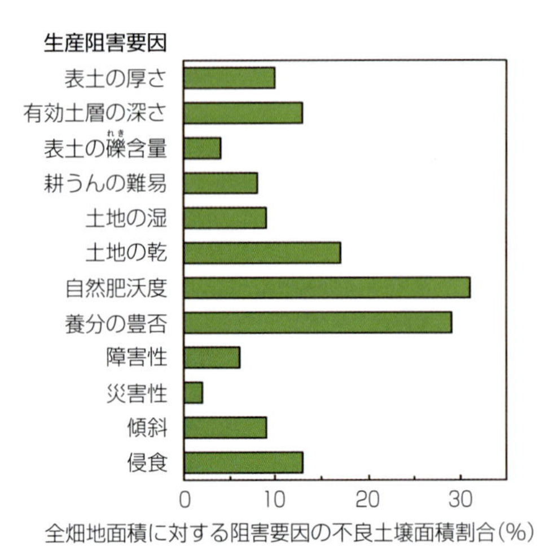

図 14 - 9　不良畑土壌の生産力阻害要因別分布割合
（土壌保全調査事業全国協議会，1991）
ここでいう不良土壌とは，土壌生産力可能性分級で第Ⅲ等級（土壌的にみてかなり大きな制限因子あるいは阻害因子があり，また，土壌悪化の危険性がかなり大きい土地）もしくは，第Ⅳ等級（土壌的にみてきわめて大きな制限因子あるいは阻害因子があり，また土壌悪化の危険性がきわめて大きく，耕地として利用するのはきわめて困難と認められる土地）に属する土壌である

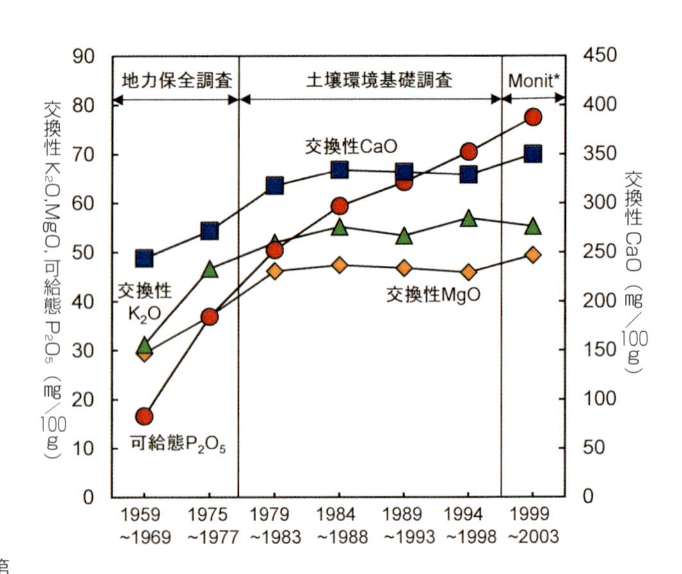

図 14 - 10　普通畑土壌での養分含量（全国平均値）の年次推移
＊：土壌機能モニタリング調査の１巡目
（地力保全基本調査のデータは藤原（1996a）より，土壌環境基礎調査および土壌機能モニタリング調査のデータは，農林水産省（2008a）から引用）
交換性 CaO，MgO，K_2O は，それぞれカルシウム，マグネシウム，カリウムの酸化物表示。可給態 P_2O_5 はリンの酸化物表示

基礎調査の定点観測（注12）結果でも，２巡目（1984～1988年）にかけて交換性陽イオンの養分含量はゆるやかな増加傾向を持続し，３巡目（1989年）以降に増加傾向が鈍くなった。しかし，可給態リンは地力保全基本調査の時代以降，一貫して増加傾向がつづいている（図14-10）。

問題は，こうした養分含量が適正領域をこえて過剰領域になってしまうことにある。たとえば，土壌環境基礎調査の結果では，可給態リン含量が過剰領域にある圃場は，１巡目から４巡目にかけて黒ボク土では対象圃場（１巡目が2,944，４巡目は2,615）の６％から13％に２倍以上に増え，黒ボク土以外の土壌（対象圃場数は，１巡目が2,451，４巡目が2,259）でも35％から44％に増えている（農林水産省，2008b）。さらに４巡目では，交換性マグネシウムが過剰領域になった割合は対象圃場の７％にとどまったものの，交換性カルシウムで57％，交換性カリウムで33％が過剰領域になっており（農林水産省，2008b），養分の過剰が問題になっている。

かつて，地力保全基本調査で重要な阻害要因とされた畑土壌の養分の豊否は，現在ではある程度改善がすすみ，むしろ，土壌診断にもとづく適切な養分管理が（第13章参照）望まれる段階にはいっている。

〈注12〉
全国でおよそ２万圃場を対象とし，５年ごとに同一圃場の同一地点で調査をおこない，これを４回くり返した。このうち畑土壌は，１巡目（1979～1983）は全国で5,395圃場，４巡目（1994～1998）は4,874圃場が対象になった。

2 水田との水分条件のちがい

水田は湛水状態に保たれるため，水がイネの生育の制限因子にならない。しかし，畑は水田のような田面水がないため，水が畑作物の生育の制限因子になりやすい。といっても，畑作物はもともとそういう環境で生育する作物であり，根に必要な水を効率よく取り込む仕組みを備えている。

畑作物の根はイネの根よりも根系全体が広く，側根や根毛をよく発達させた細い根になる。これは，畑土壌の水分供給の不安定さを補うために，土壌中の広い範囲から水分を吸収できるように作物自身が適応したみごとな結果である。

それでもなお水を降雨に依存するかぎり，畑土壌の水分保持容量を大きくすることは，畑作物生産の安定にきわめて重要な課題である。

3 畑土壌での有機物

畑土壌には，土壌中のすき間（孔隙）によって大気中の酸素が供給されるので，酸化的条件におかれる。有機物の分解に関与する微生物は，酸化的条件が好適環境である。このため，畑土壌の有機物は水田土壌のように蓄積するよりも，むしろ分解される方向にある。事実，地力保全基本調査の初期（1959～1969年）の畑土壌の全炭素含量の全国平均は4.04％で（藤原，1996a），これが経年的に徐々に低下し，土壌機能モニタリング調査の１巡目（1999～2003年）には3.59％まで減ってい

表14-3　土壌に施与した堆肥からの有機物の損失量（Russell，1957）

	堆肥からの有機物施与量 (t/ha)	土壌に残存した有機物量（無肥料区との差） (t/ha)	損失量 (t/ha)	施与量に対する損失量の割合 (%)
1) 処理後22年目	153	40	113	74
2) 処理後102年目	715	63	652	91
1) と 2) のあいだの80年間における変化量	562	23	539	96

原著の単位はt/acreであったので，t/haに換算した

る（農水省，2008a）。

畑土壌の有機物含量を維持するには，積極的な作物残渣や堆肥などの有機物の施与が重要である。しかし，第3章でも述べたように，土壌の有機物含量は一方的に増えたり減ったりするものではない。

たとえば，1843年から毎年堆肥だけを35 t/ha施与しつづけた，ローザムステッド農業試験場のブロードボーク・コムギ試験圃場の，102年間にわたる土壌有機物の調査結果によると，処理後22年間に施与された有機物の損失量は74％であった（表14-3）。したがって，土壌有機物の増加量は，施与した堆肥由来有機物の26％だった。ところが，その後の80年間の有機物の増加量は施与した堆肥由来有機物のわずか4％にすぎず，96％は二酸化炭素，水蒸気，窒素ガスなどに分解されて大気へ損失していた。このちがいは，土壌の有機物含量は，与えられた環境で，添加される有機物量と微生物による分解量がつり合うところで安定するからである（図14-11）。

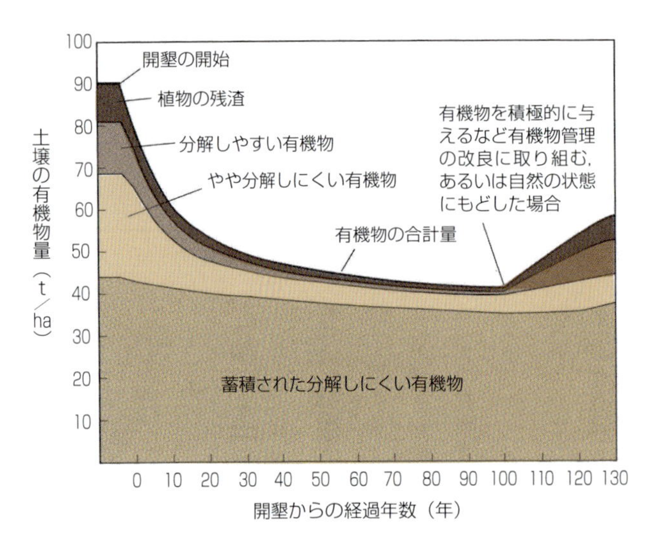

図14-11　未耕地の耕地化による表層25cm土層での土壌有機物含量の経年変化　（Brady and Weil，2008）

未耕地を開墾した後，有機物を施与しないと有機物の分解がつづき，土壌の有機物は分解しにくい有機物量に落ち着いていく。この後，堆肥などの有機物を与えたり，自然状態にもどすと，再び土壌の有機物量が増えていく。しかしその場合でも，ある程度の上限で落ち着き，無制限に増えつづけることはない

有機物含量がある程度以上になると，微生物による分解が活発になり，それ以上増えない上限に達する。また有機物含量がある程度以下になると，微生物の分解も減少して下限値に達する。土壌の有機物含量は，上限値と下限値の範囲におさまっているのが原則である。上限値と下限値の幅は，土壌の母材とおかれている環境に左右される。ラッセルが例示したイギリスでの上限値と下限値は表14-4のとおりである（Russell，1957）。

表14-4　土壌の有機物含量の変動領域　（Russell，1957）

	砂土	壌土	白亜土
上限値	4%	5%	8%
下限値	0.5%	1.8%	2.5%

この現象は，未開の原野を開墾して耕地にしたとき，土壌の全窒素含量がその環境で安定した値に近づいていくという事実と通じるものである（図14-12）。土壌の全窒素のほとんどが有機物に由来しているからである。

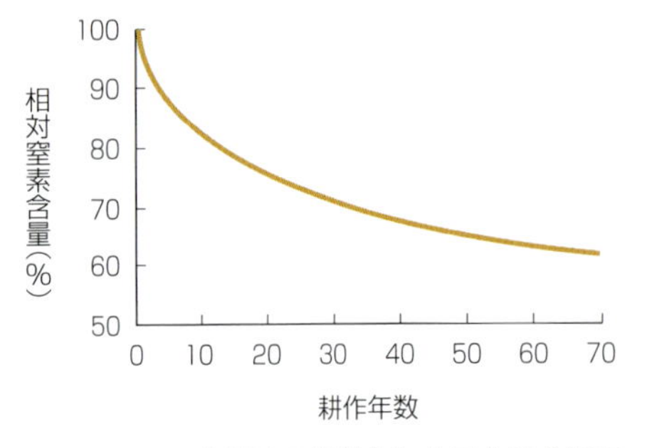

図14-12　未耕地の耕地化による土壌全窒素含量の経年変化（フォス，1983）

結局のところ，土壌の有機物含量や全窒素含量は，おかれている環境に対応したある幅の範囲にあり，それをこえて増減させるには環境条件そのものを変化させることが必要で，土壌条件に限定すれば激烈な変化を必要とする（Russell，1957）。

4 酸性化しやすい畑土壌

畑土壌では，水田土壌のような湛水による土壌pHの維持機構が働かない。とくに，わが国のように雨量の多いところでは，雨水の地下浸透によって，土壌中のカルシウム，マグネシウム，カリウムなどの交換性陽イオ

ン類も下層土へ移動する。その結果，土壌の pH が低下して酸性化していく（第９章参照）。

この陽イオン類の溶脱には，畑土壌での窒素（N）の形態変化が関係している。有機物が分解されて放出される N や，肥料として施与される N は，アンモニア態 N（NH_4－N）が多く，土壌溶液に溶けてアンモニウムイオン（NH_4^+）になっている。しかし，畑土壌ではこの NH_4^+ が微生物の作用を受けて，硝酸イオン（NO_3^-）に変化する（硝化作用，第 12 章２項参照）。土壌はマイナスの電気（負荷電）を帯びているため（第８章参照），陽イオンの NH_4^+ は土壌の負荷電に引きつけられて土壌に吸着されやすい。しかし陰イオンである NO_3^-は，土壌の負荷電と反発して土壌に吸着されにくいので，土壌中を移動しやすい（図 14-13）。

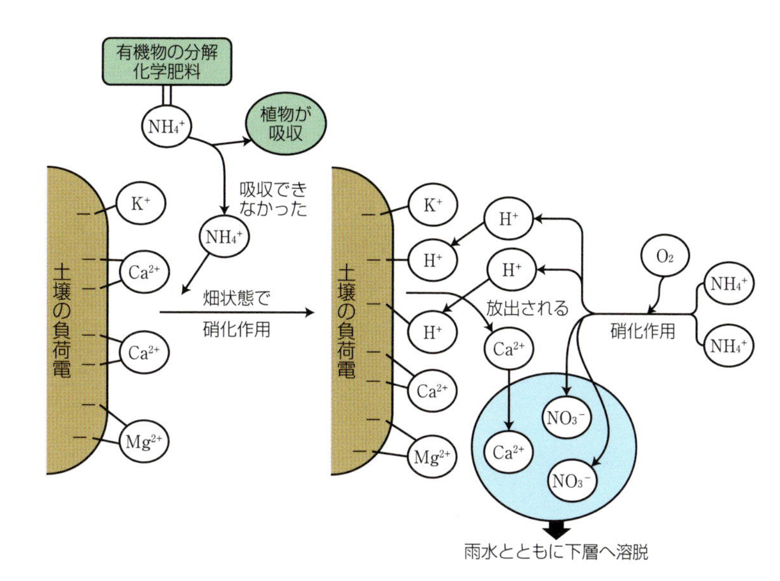

図 14-13　土壌中での硝化作用とそれによる交換性陽イオンの溶脱の模式図
K^+：カリウムイオン，Ca^{2+}：カルシウムイオン，Mg^{2+}：マグネシウムイオン，NH_4^+：アンモニウムイオン，H^+：水素イオン，NO_3^-：硝酸イオン，O_2：酸素
土壌中の NH_4^+ が硝化作用を受けると，NO_3^- と H^+ が生成する。生成した H^+ は，陽イオン交換によって交換性陽イオンを土壌溶液中へ放出させ（上の模式図では Ca^{2+} が放出されている），これが NO_3^- とともに下層に溶脱していく

そのため，NO_3^-は雨水の浸透によって下方に移動していく。このとき，NO_3^-が単独で移動するなら問題はない。しかし電気的中性を維持するために，陽イオンであるカルシウムなどの交換性陽イオン類が，陰イオンの NO_3^-に引きつけられて移動する。これが NO_3^-の移動による交換性陽イオン類の溶脱の原理である。

こうして酸性化した畑土壌では，土壌 pH の低下にともなって，リンと結合しやすい性質をもつアルミニウムや鉄（注 13）の活性度が高まる。それらが肥料として施与されたリンと結合して，水に溶けにくいリン酸アルミニウムやリン酸鉄に変化する。そのため酸性化しやすい畑土壌では，リンの肥効が低下しやすい（第９章７項）。水田土壌では湛水による還元化でリンが有効化しやすいことを考えると，畑土壌でリンの肥沃度を維持することはむずかしい。

〈注 13〉
このようなリンと結合しやすい性質をもつアルミニウムや鉄を，活性アルミニウム，活性鉄という（第 12 章3-4項参照）。

5 自然からの養分補給の少なさ

畑土壌には，かんがいをおこなわないので，水田のようにかんがい水による養分の自然補給がなく，施肥されることが少ない微量要素が不足しやすい。畑土壌への堆肥施与は，微量要素の給源として適している。

6 輪作と畑土壌

畑作物はイネとちがい連作できない（注 14）。連作障害が発生するからで

〈注 14〉
連作とは，毎年同じ圃場に同じ作物をつくりつづけることである。水田は基本的に連作である。畑作物を連作すると，栽培する作物の生育が抑制されたり，病害が発生する。連作による作物の被害を連作障害という。

ある。畑作物の連作障害の多くは，土壌微生物による土壌病害であり（成田，1984），土壌の物理性や化学性などに関連する要因は連作障害の直接的な原因になりにくい。畑では連作障害を回避するため，輪作体系をとる必要がある。たとえば北海道では，ジャガイモ—コムギ—テンサイ—ダイズの組み合わせによる，４年輪作の作付け体系が奨励されている。

輪作では，組み合わせる個々の作物の生育に好適な土壌条件が，それぞれの作物に用意されていなければならない。ジャガイモは比較的低 pH の酸性土壌にすると，そうか病が発生しにくい。しかし，テンサイやダイズは低 pH で生育が抑制される。というように，作物によって好適土壌条件がちがうため，それぞれの作物にあわせた好適な土壌環境を提供することが望まれる。イネだけを考えればよい水田土壌とはちがい，畑土壌では柔軟で多様な土壌管理が求められる。

7 土壌侵食への対応

畑は，春の播種前や秋の収穫後には表土が露出し，水や風によって侵食されやすい（前者を水食，後者を風食という，図 14-14）。水をせき止めることで水の動きを弱めた，水田と大きくちがう点である。水食や風食されると，土壌中に残存していた養分が表土とともに河川などに流出して，養分が損失するだけでなく水質汚濁の原因になる。

ようするに，畑土壌にはさまざまなことが要求されており，畑土壌はそれぞれに対応できる土壌環境を提供しなければならない。それだけに，水田土壌にくらべて畑土壌の管理はむずかしい。水田土壌と畑土壌の特徴を比較すると，表 14-5 のようにまとめることができる。

図 14-14
北海道十勝地方の畑でみられる春の風食害

表 14-5　水田土壌と畑土壌の特徴比較

	水田	畑
おもな土壌	低地土	黒ボク土，褐色森林土
おもな地形	平坦な低地	台地，丘陵地，傾斜地
かんがい水からの養分補給	あり	なし
窒素の有効化	大きい	小さい
リンの有効化	大きい	小さい
酸化還元状態	還元	酸化
土壌 pH	中性付近	低い（酸性化）
土壌構造	単粒	団粒
蓄積有機物	多い	少ない

3 露地野菜畑土壌

1 露地野菜畑土壌とは

畑状態で野菜を作付けることを露地野菜栽培といい，栽培されている土壌が露地野菜畑土壌である。一般の畑土壌と基本的に同じ特徴をもつ。

ただし，露地野菜は畑作物よりも根系の発達が弱いため，根のまわりの養分濃度を高めなければ十分な生育が望めない。したがって，堆肥などの有機物や化学肥料など，畑作物よりはるかに多い養分量が施与される（表 14-6）。また，とくに寒い地域を除くと，野菜栽培は年間数回から多い場合には７〜８回も作付けられることもある。

こうした多肥・多回作付けに畑という条件が加わって，露地野菜畑土壌には一

表 14-6　北海道での数種露地野菜の施肥標準量（北海道農政部，2015）

作物	基準収量 * (t/ha)	窒素 (N，kg /ha)	リン酸 (P_2O_5，kg /ha)	カリウム (K_2O，kg /ha)
ハクサイ（春播き露地）	60	220	180	200
キャベツ（春播き露地）	60	200	140	180
タマネギ（春播き移植）	55	150	150	150
ニンジン（露地）	25〜30	120	150	150
参考：春播きコムギ **	4.5	100	120	80

＊：比較的良好な気象と土壌条件で適切な栽培管理により達成可能な収量水準
＊＊：北海道北見内陸地方の低地土の場合

般の畑土壌とちがう問題点がある（表14-7）。

表14-7　露地野菜畑土壌の問題点と改良対策

原因	問題点	対策
多肥・集約栽培	・酸性化しやすい ・酸性改良のための石灰質資材の過剰施与による土壌のアルカリ性化 ・土壌のアルカリ性化による微量要素（Mn，B，Fe，Znなど）の不溶化 ・養分の過剰蓄積（PやK），および養分のアンバランス（Mg/KとCa/Mgの比率）	・土壌診断を実施 ・診断結果にもとづく適正な酸性改良と施肥設計 ・養分バランスの診断基準値 Mg/K（当量比*）≧2 4≦Ca/Mg（当量比）＜8
多回作付け	・作業機による圧密 ・ロータリ耕による耕盤層（すき床）の形成，排水不良 ・有機物の消耗	・ロータリ耕だけでなくプラウ耕も組み入れる
畑条件	・傾斜地で土壌侵食を受けやすい	・作付け計画，栽培作物の検討

Mn：マンガン，B：ホウ素，Fe：鉄，Zn：亜鉛，P：リン，K：カリウム，Mg：マグネシウム，Ca：カルシウム
*：当量比は次ページのコラムを参照。基準値は「北海道施肥ガイド2015」p89による

2 多肥条件に由来する問題点

❶土壌のアルカリ化

施肥量が多いところに多雨条件が加わると，野菜が吸収しきれない養分は下層へ溶脱する。その結果，土壌が酸性化しやすく，石灰資材（注15）による土壌の酸性改良が不可欠になる。ところが，酸性改良を意識しすぎるあまり石灰質資材を不適切に毎年施与したり，一度に多量施与したりする結果，土壌pHが7以上のアルカリ性を示すことがある。土壌がアルカリ性になると，植物の必須微量元素であるマンガン（Mn）やホウ素（B），鉄（Fe），亜鉛（Zn）などが不溶化し（第9章5，7項参照），作物が吸収できなくなる。

〈注15〉
炭酸カルシウム（略して炭カル）や，マグネシウムを含む苦土炭カルなど

❷養分バランスの乱れ

施肥成分量が多く養分が蓄積傾向になる場合，各養分間のバランスに注意する必要がある。野菜の養分過剰による生理障害は，養分そのものの過不足というより，養分間のアンバランスやpHの変化が原因でおこる養分欠乏，代謝異常による障害が多いからである（土屋，1990）。

とくに露地野菜畑土壌では，施肥量の多いカリウム（K）が蓄積する傾向にある。その場合は，マグネシウム（Mg）やカルシウム（Ca）とのバランス（当量比（次ページのコラム参照））を考慮する必要がある。土壌にKが蓄積すると，MgやCaなどが土壌に多量に含まれていても，野菜はMgやCaを吸収しにくくなるためである。

これは，植物のK吸収とMgやCaの吸収のあいだに拮抗関係があることに起因している（第12章4項参照）。具体的には，交換性Mgと交換性Kの比率（元素としてのMg/K当量比＝重量比（Mg/K）×3.2）を2以上に，また交換性Caと交換性Mgの比率（Ca/Mg当量比＝重量比（Ca/Mg）×0.61）では4～8程度にすることに留意しなければならない。

露地野菜畑土壌では，Kと同じように施肥量の多いリン（P）も過剰蓄積しやすい。Pが過剰になると，FeやZnがPと結合して難溶性物質をつくるため，FeやZn欠乏が発生する（第12章3項参照）。

また，PやKの過剰で作物の病害発生が助長されることがある（注16）。

〈注16〉
たとえば土壌がP過剰になると，キャベツ，ハクサイ，ブロッコリー，チンゲンサイなどアブラナ科野菜の根こぶ病（村上ら，2004a），レタスの根腐病などが増える（渡辺，2009）。Kが過剰になると，ブロッコリーの花蕾（からい）（可食部）内部が黒く変色する（ブロッコリー花蕾黒変症）が発生する（渡辺，2009）。
土壌のP過剰で多発するアブラナ科野菜の根こぶ病の防除対策に，転炉スラグ（製鉄所での製鋼過程で発生する副産物）を施与して$pH(H_2O)$を7.5程度まで高めると，発病が抑制されるとともに，高pHで心配される微量必須元素の欠乏症は認められなかったという（村上ら，2004b）。また，転炉スラグの施与によるホウレンソウ萎凋病，レタス根腐病，イチゴやセルリーの萎黄（いおう）病などの被害軽減効果も報告されている（農研機構東北農業研究センター，2015）。

3 多回作付けによる問題点

露地野菜畑での野菜の作付け回数が多いということは，作業機械が何度

当量比とミリグラム当量の求め方

当量比とは，元素の当量としての比率である。土壌診断でしばしば用いられるミリグラム当量（me）とは，元素の原子量を原子価で除した値のミリグラム数のことである。具体的には，Caの原子量は40.02で，原子価が2であるから，Caの1 me＝40.02mg÷2＝20.01mgである。同様に，Mgの原子量は24.31で，原子価は2であるから，Mgの1 me＝24.31mg÷2＝12.16mg，Kの原子量は39.10で，原子価は1であるから，Kの1 me＝39.10mg÷1＝39.10mgである。

土壌診断では元素が酸化物表示されることが多い。酸化物表示された要素のmeを求めるには，まず酸化物表示を元素表示に変換し（第13章2項に示した変換係数を乗じる），そのうえで，上記のmeで除すとよい。すなわち，Caとしてのme＝CaO×変換係数（0.7147）÷20.01，Mgとしてのme＝MgO×変換係数（0.6030）÷12.16，Kとしてのme＝K_2O×変換係数（0.8301）÷39.10で求める。

図14-15　露地野菜畑での耕盤層の形成

も畑にはいり圧密を加えることになる。とくに土壌の砕土・整地のためのロータリ耕は，回転しているロータリハロの刃がほぼ一定の深さの土壌をたたきつける。それが年間数回くり返されるため，ロータリハロで耕起される作土層と，耕起されない下層土の境界面に非常に硬い土層ができやすい（図14-15）。これを耕盤層（すき床）という（注17）。この耕盤層は非常に硬く，排水をさまたげる不透水層である。さらに，ロータリ耕は高速回転で作業能率がよい反面，作土層の団粒を破壊し，土壌中の有機物の分解を促進するため有機物の消耗が激しい。

〈注17〉
耕盤層の判定には，貫入式土壌硬度計を用いて土壌硬度を測定し，1.5 MPa（メガパスカル）以上（山中式土壌硬度計の場合20mm以上）で，耕盤層が形成していると判断する（道総研十勝農試，2003）。

4 畑条件による問題点

野菜の生育初期段階の露地野菜畑では，一般の畑と同様，土壌が裸地状態に近い。このため，傾斜地の露地野菜畑では雨や風によって土壌侵食（水食・風食）を受け，表土を失いやすい。

5 露地野菜畑土壌の改良対策

露地野菜畑では，土壌診断にもとづく養分管理がきわめて重要である。土壌の養分環境を適切に維持するために，土壌診断結果にもとづいた施肥管理や有機物管理をおこなう必要がある。

過剰養分については積極的に施与量を減らすことも重要である。すでに述べたように，土壌の養分，とくに交換性Mgと交換性Kの比率や，交換性Caと交換性Mgの比率にも留意しなければならない。また，土壌pH（H_2O）を6.0～6.5の適正領域に維持するためにも土壌診断がかかせない。

土壌の耕起はロータリ耕だけでなく，プラウ耕なども組み合わせることで，作土層下部の耕盤層形成を抑制できる。土壌侵食の防止は，裸地状態をつくらず風雨が直接土壌にふれないようにすることが最も重要である。とくに，冬には栽培作物がなく裸地になりやすいので，作付け計画や栽培作物を検討する必要がある。

4 施設土壌

図 14-16　トマトのハウス栽培
（北海道，恵庭市）

1 施設土壌とは

ガラスやプラスチックフィルムなどで覆われた室内で，温度を制御しながら作物を栽培することを施設栽培という（図 14-16）。施設では，自然の風雨とは無関係に環境条件を設定し，高収入が期待できる野菜や花などをほぼ連続して多肥条件で集約的に栽培することが多い。そうしなければ，施設の建設に投じた高い設備投資が回収できないからである。

こうした施設の土壌が施設土壌であり，きわめて人工的な環境におかれており，風雨にさらされる露地土壌とはちがう問題がある（表 14-8）。

表 14-8　施設土壌の問題点と改良対策

原因	問題点	対策
降雨の遮断	・塩類が集積しやすい ・堆肥や化学肥料の多量施与が塩類集積を助長する	・かん水量の検討 ・湛水して除塩
多肥・集約栽培	・かん水の量や方法，さらに石灰資材の施与量などによって土壌が酸性化したり，アルカリ性化したりする ・養分の過剰蓄積（P や K），および養分のアンバランス（Mg/K と Ca/Mg の比率） ・連作による土壌養分のかたよりや連作障害の発生	・土壌診断を実施 ・診断結果にもとづく適正な酸性改良と施肥設計 ・連作を避ける ・緑肥の作付け，すき込み
狭い空間	・ガス障害（アルカリ性土壌での NH_3 障害，酸性土壌での NO_2 障害）	・土壌 pH の監視と適正化

P：リン，K：カリウム，Mg：マグネシウム，Ca：カルシウム，NH_3：アンモニアガス，NO_2：亜硝酸ガス
Mg/K や Ca/Mg の基準値は表 14-7 参照

2 降雨の遮断がつくる問題点

施設栽培では自然の降雨を遮断しており，水は作物に必要量だけかん水されるにすぎない。したがって，施設内の土壌での水の動きは，下層から表層へ向かっている（図 14-17）。下層から表層に移動してくる水は，土壌中のさまざまな水溶性成分を溶かし込んでおり，土壌表面で溶かし込んできた養分を残して，水だけが蒸発する。このため，土壌表面に硝酸態窒素などの陰イオンと，それに対応するカルシウム（Ca）などの陽イオンが集積し，それらが結合して塩類になる（図 14-17）。いわば，人工的に塩類集積作用（第 2 章 6 項）がつくられる。

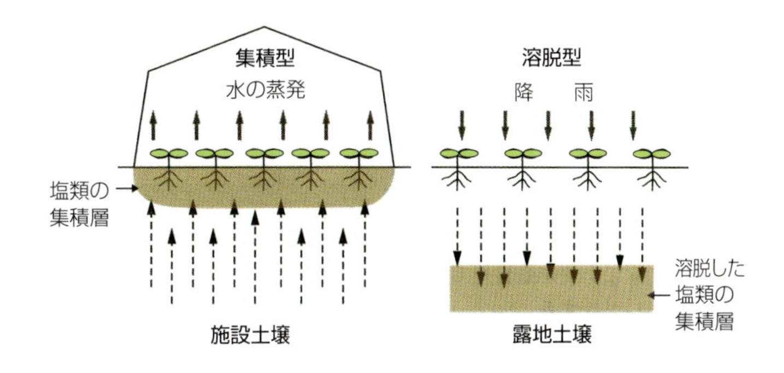

図 14-17　施設土壌での塩類集積の仕組み（模式図）
（山根，1981 に加筆）

都合の悪いことに，施設栽培では露地野菜と同じよう，堆肥などが多量に施与されるうえに多肥条件で栽培することが多いため，塩類集積作用がより一層発生しやすい。塩類集積がすすめば土壌溶液中の塩類濃度が高まり，作物根が濃度障害を受けて作物生育が不良になる。

3 多肥・集約栽培による問題点

すでに露地野菜畑土壌で述べたように，堆肥などの多量施与と多肥条件がつづくと，栽培される野菜や花の吸収可能量以上の養分が土壌に供給されるため，作物が吸収できなかった養分は土壌中に残存する。こうした養分過剰は，土壌の酸性化と養分バランスの乱れをもたらす。

残存養分のうちの窒素（N），とくに化学肥料や，有機物の分解などに

よって供給されるアンモニア態窒素（NH_4－N）は，土壌中で硝化作用（第12章2項）を受けて最終的に硝酸態窒素（NO_3－N）になる。このとき，水素イオン（H^+）が生成してpHが低下し，土壌が酸性化する（図14-13参照）。それだけでなく，生成した陰イオンのNO_3－Nは土壌の負荷電と反発するため土壌中で移動しやすく，少量かん水では表層で塩類化を促進し，多量かん水では，土壌に保持された交換性陽イオン類をともなって下層土に溶脱して，土壌の酸性化を促進する（図14-13参照）。

すなわち，施設土壌のpHは露地野菜畑土壌以上にさまざまに変化する。土壌pHの変化，すなわち酸性化するか，アルカリ性化するかによって，土壌の微量必須元素の溶解性が変化して，土壌溶液中で過剰になったり欠乏したりするので，注意する必要がある。

また残存養分のうち，リン（P）は難溶性化合物をつくることで作土層に蓄積し，カリウム（K），マグネシウム（Mg），カルシウム（Ca）などは，交換性陽イオンとして土壌の負荷電に保持されて蓄積していく。こうした養分の過剰蓄積やバランスの乱れが作物に悪影響を与えることは，すでに露地野菜土壌で述べたとおりである。

施設栽培では，同一作物を栽培しつづける，すなわち，連作することが多い。これは，土壌中の養分のかたよりをもたらすだけでなく，作物にも連作障害による病害を発生させやすい。連作はさけるべきである。

4 狭い空間と多肥栽培がつくる問題点

施設内は，ガラスやプラスチックフィルムなどである程度閉ざされた空間になっている。こうした狭い空間では，普通畑のような広い空間では問題にならなかった，アンモニア（NH_3）や亜硝酸（NO_2）などのガスが，作物生育に悪影響をおよぼすことさえある（図14-18）。

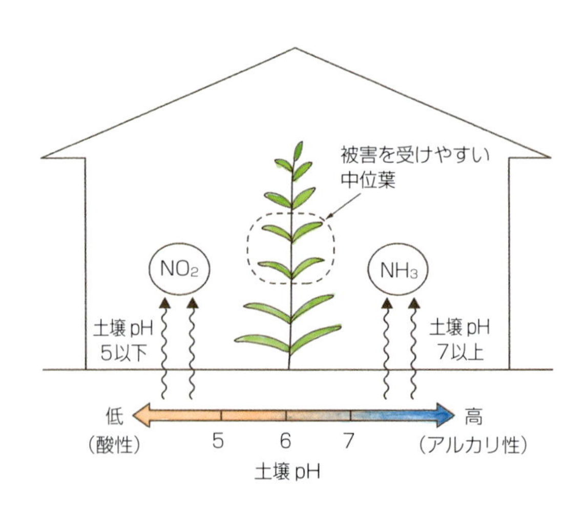

図14-18　施設土壌のpHと発生するガス障害の模式図
NO_2：亜硝酸ガス，NH_3：アンモニアガス

❶アルカリ化（高pH）の問題

露地野菜畑土壌と同じように，施設土壌でも酸性化しやすいことが強調されるあまり，酸性改良の石灰質資材を過剰施与して土壌pHを高めすぎ，pH 7以上のアルカリ性になることがある。こうなると，施与された化学肥料やふん尿に由来する堆肥などのNH_4－Nが，アンモニアガス（NH_3）に変化し，土壌から揮散放出される。

NH_3濃度が大気中1 ℓ当たり10 μℓ（10マイクロリットル＝10ppm）以上になると，被害が作物の葉，とくに中位葉から下位葉にあらわれやすい（渡辺，2002）。症状は，葉脈間または葉の周縁部が白化したり，やや褐色みをおびる。被害のでやすさは作物によってちがい，ナス科やバラ科は弱くウリ科はやや強い（表14-9）。

❷酸性化（低 pH）の問題

これとは逆に，施設土壌の酸性改良をおこたって，土壌 pH が5程度より低い状態で NH_4－N の硝化作用がはじまると，低 pH のために亜硝酸酸化細菌の活性が抑制され，亜硝酸態窒素（NO_2－N）から NO_3－N への酸化が十分にすすまなくなる。結果的に土壌に NO_2－N が蓄積し，その一部は土壌から二酸化窒素ガス（亜硝酸，NO_2）として放出される。

表 14-9　ガス耐性の作物間差異（渡辺，2002）

ガスの種類	強い〜やや強い	中　間	弱　い
アンモニア（NH_3）	ウリ科 *（メロン，キュウリ）		ナス科（トマト，ピーマン，ナス）バラ科（イチゴ）
亜硝酸（NO_2）	イネ科 **（イネ）ブドウ科 **（ブドウ）	アブラナ科（カブ）バラ科（イチゴ）キク科（レタス）	マメ科（ダイズ，ピントビーン）ナス科（トマト，ピーマン，ナス）ウリ科（キュウリ，メロン）

＊：やや強い，＊＊：強い

この NO_2 ガス濃度が大気中 1 ℓ 当たり 3 〜 4 μℓ（3 〜 4 ppm）以上になると，活動の盛んな中位葉に被害があらわれる（渡辺，2002）。症状は NH_3 ガスの場合と類似しており，中位葉の葉脈間，あるいは葉の周縁部が漂白されたように白化する。被害のあらわれやすさも NH_3 ガスと同じように，作物によってちがう（表 14-9）。

5 施設土壌の改良対策

❶土壌診断による養分環境の監視と施肥管理

施設土壌も，露地野菜畑土壌と全く同じで，土壌診断がきわめて重要な役割をはたす。とくに，土壌診断によって十分に土壌の養分環境を監視し，養分が過剰蓄積しないような施肥管理の実行が重要である。

たとえば積極的な減肥，堆肥を中心とした有機物や石灰資材の適正な施与などを考慮する必要がある。また，土壌 pH の変動によっては必須微量元素が過剰になったり欠乏したりするので，微量元素への注意も必要である。

とくに，土壌の pH と導電率（電気伝導度，EC）は比較的簡易に測定できるうえに，その結果から施設土壌の養分状態がある程度理解でき，同時に基本的な対策がわかる（図 14-19）。

NH_3 ガスや NO_2 ガスによる被害も，土壌 pH の監視で十分に防止できる。

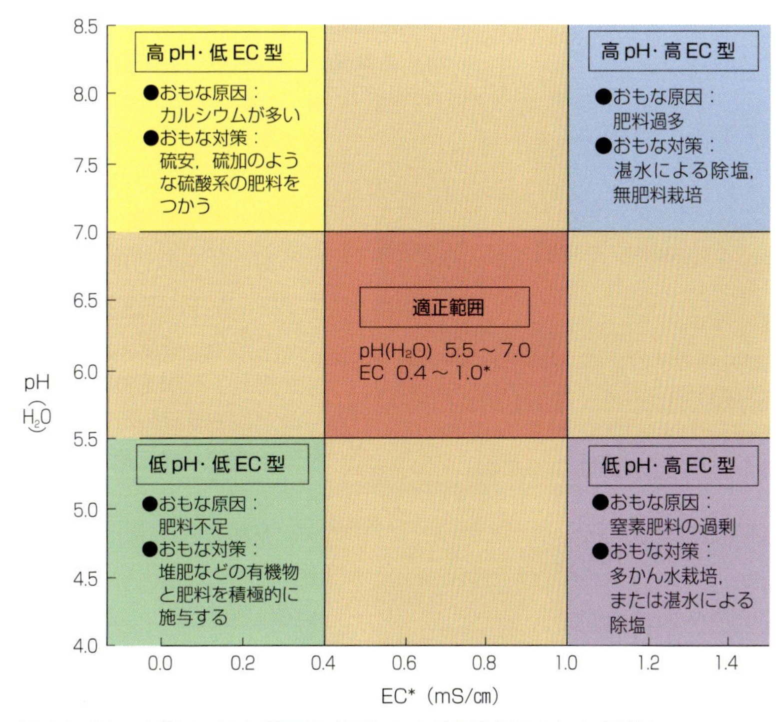

図 14-19　土壌の pH と導電率（EC）による施設土壌のタイプ分類
（藤原，1996 b を一部修正）
＊：EC の基準値は，土壌：水＝1：5 で抽出した黒ボク土の場合である。沖積土の場合は基準値の 3/4，砂土では 1/2 にする

❷塩類障害対策

塩類障害の対策に，かん水量を多くして栽培することなどが試みられている。しかし，かん水によって余剰の養分が人為的に溶脱させられる（除塩）ことは，地下水にそれらの養分が流入し，環境を汚染することになる。しかも，多量かん水しても完全に肥料成分を除去するのはむずかしい。このため，施設栽培を再開すると再び土壌に塩類集積がくり返される。

したがって，かん水によるより，むしろ緑肥として暖地型飼料作物のギニアグラス，クロタラリアなどを１カ月以上栽培し，土壌中の養分を吸収させたうえで，そのまま土壌にすき込む方法のほうが，塩類除去には有効である（後藤，2001）。

緑肥作物の導入は，連作障害を回避するほかに，連作障害の原因になる土壌病害を抑制する作用もある。ただし，緑肥を土壌へすき込んだ後に作物を栽培する場合，有機物や化学肥料を施与しないで栽培することが重要である。

5 草地土壌

ここでいう草地とは牧草種子を播種して造成し，少なくとも数年から数十年にわたって牧草を栽培・利用する，いわゆる人工草地のことである（図14-20）。したがって，耕起や播種を毎年くり返す畑とは根本的にちがっている。

また，北海道以外の地域でよくみられる，狭い面積で１～２年牧草を栽培する草地は，草地土壌の特徴がつくられる前に耕起されるので，草地土壌の特徴が明確でなく，むしろ「牧草を栽培する畑」とみるべきであろう。

図 14-20
a）採草地（北海道，猿払村）と
b）放牧草地（北海道，中標津町）

1 草地の立地条件

草地は牧草の利用目的により，大きく２種類に分類される。１つは，栽培している牧草を刈取り，家畜の飼料であるサイレージや乾草に調製する採草地（図14-20a）。もう１つは，家畜を放牧して利用する放牧草地である（図14-20b）。

わが国の草地のほとんどは，なんらかの要因，たとえば劣悪な気象条件，高冷地，急傾斜地，特殊土壌などで普通作物の栽培不適地に立地している。わが国の草地60万haの83％をしめる北海道の草地（50万ha，農林水産省，2017a）も，多くは東部や北部地方に分布する。気象条件が劣悪で一般作物の冷害凶作頻度が高く，土壌も特殊土壌地帯（東部はいわゆる火山灰土（黒ボク土），北部は重粘土が広く分布する）だからである。

もともと牧草を利用した草地農業は，人間が食料として直接利用できない牧草を，人間の食料になる生乳や肉などに変換するところに存在価値がある。草地が普通作物の栽培不適地に立地することは，そうした不良環境の土地を牧草と家畜を通して人間の食料生産の場，すなわち耕地に変換することをも意味している。

2 草地土壌の特徴—水田，畑とのちがい

草地では一度土壌を耕起し，牧草を播種して造成すると，その後は少なくとも数年から数十年間は耕起されることなく，牧草が栽培されつづける。施肥や家畜のふん尿還元も，草地表面からの施与だけに限定されており，水田や畑のように，土壌と十分に混和することはできない。同時に，草地表面は，家畜やトラクタなどによって踏みつけられる作用（踏圧）が年間に何度もくり返されるため，土壌が常に圧密される条件におかれる。

こうした草地独特の事情が，水田土壌や畑土壌とはちがう，以下に述べる５つの独自な草地土壌の特徴をつくりあげる。

❶表層土壌への有機物蓄積

水田や畑では，収穫後の作物残渣は土壌が耕起されるとき，作土層にすき込まれて混和される。このため，有機物が水田や畑の土壌表面にだけ蓄積することはない。しかし，草地では刈取りや放牧牛の採食などによって牧草が利用されると，茎葉や刈株（茎基部）などの一部は，枯死して土壌表面に堆積する。草地では土壌を耕起して混和しないため，枯死した草地上部の粗大有機物は，土壌生物によって分解され土壌有機物として土壌表層に蓄積する。

牧草は豊かな根量をもち，土壌中のすき間（孔隙）を適度に多くするだけでなく，土壌を団粒化して団粒構造をつくる働きをもっている（北岸，1962）。豊富な牧草根の大部分は，表面から５cm程度の表層土壌に分布する。牧草の根は地上部が枯死すると枯死脱落し，有機物として表層土壌を中心に蓄積していく。こうした草地の表層土壌への有機物蓄積は，草地造成後の経過年数とともに累積していく（三木，1993）。このため，草地が経年化するにともない，表層土壌の有機物含量は増える（図 14-21）。

表層への有機物蓄積量は，添加される有機物量とその分解速度で決定される。草地表層の有機物分解速度は，土壌 pH が低く酸性であるほど遅い。これは，有機物を分解するために大きな役割をはたす，微生物の活動が酸性条件で弱まるためである。そのため，表層土壌の酸性化がすすむと有機物蓄積量も増える。

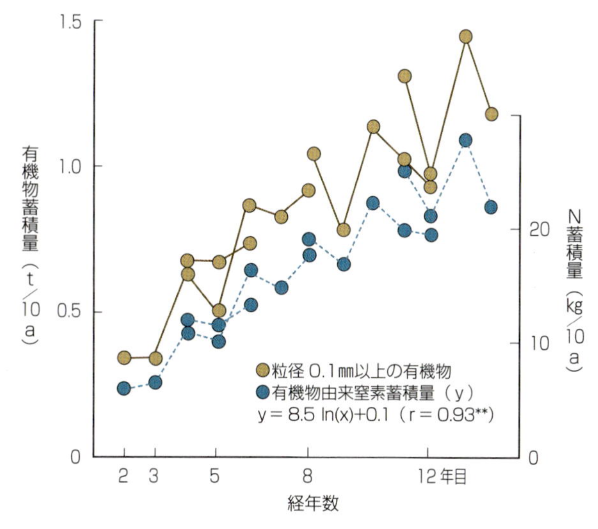

図 14-21　草地表層（0～5㎝）の有機物および窒素（N）蓄積量の経年変化　（三木，1993）
図中の r は経年数（x）と窒素蓄積量（y）の相関係数を示し，＊＊は危険率１%水準で有意であることを示す

❷表層への養分の偏在

採草地では牧草が常に栽培されているため，化学肥料や家畜ふん尿などに由来する養分は，草地の表面から施与する以外に方法がない。放牧草地でも放牧牛のふん尿は，草地表面に排泄されるだけで，水田や畑のように土壌と混和さ

れることはあり得ない。したがって施与される養分は，草地土壌の表層に集積しやすい（図 14-22）。

この傾向は，とくにリン（P）やカリウム（K）で明らかである。Pは肥料としての施与量が牧草の吸収量よりはるかに多いだけでなく，土壌中で移動しにくいため土壌のごく表層に蓄積しやすい。Kが土壌表層に集積しやすいのも施肥の影響が大きい。さらに，草地表面に蓄積する牧草遺体から降雨によってKが溶出することや（小川・草野，1975），放牧草地では放牧牛の排泄ふん尿などに含まれるKが草地表面に添加されることなども影響している。

❸表層土壌の酸性化

草地造成のとき，土壌の酸性改良のために炭酸カルシウム（炭カル）を必要量に応じて施与し，土壌と十分に混和する。しかし，その一度の機会を除けば，草地では炭カルと土壌を混和する機会がない。そのうえ，堆肥や化学肥料などの養分は土壌表面から施与する。このうち，化学肥料の施与は土壌を酸性化しやすい（第9章参照）。

たとえば，硫酸アンモニウム（硫安）のような生理的酸性肥料を草地の表面から施与しつづけると，その影響を強く受ける表層土壌，とくに極表層の0～2cmと2～5cmの土層のpHは，それ以下の土層のpHよりも急速に経年的に低下する（図 14-23）。こうした表層土壌の経年的な酸性化の進行速度は，土壌の種類によって大きくちがう。土壌の有機物（腐植）が多い黒ボク土などは，酸性化をすすみにくくする性質（pH緩衝能という。第9章参照）が大きく，有機物の少ない土壌より酸性化の進行は遅い。なお，尿素のような生理的中性肥料を用いると，酸性化はすすみにくい（図 14-23）。

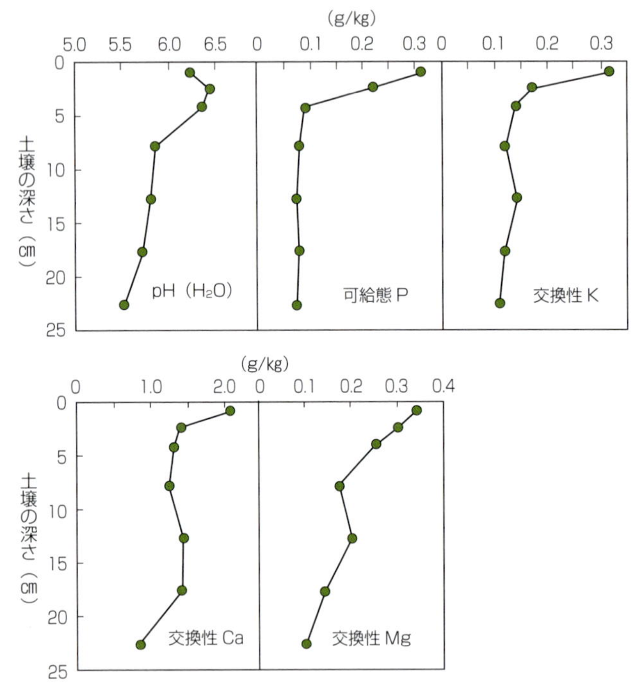

図 14-22　採草地での土壌pHと養分の土層内変化（平林ら，1986）

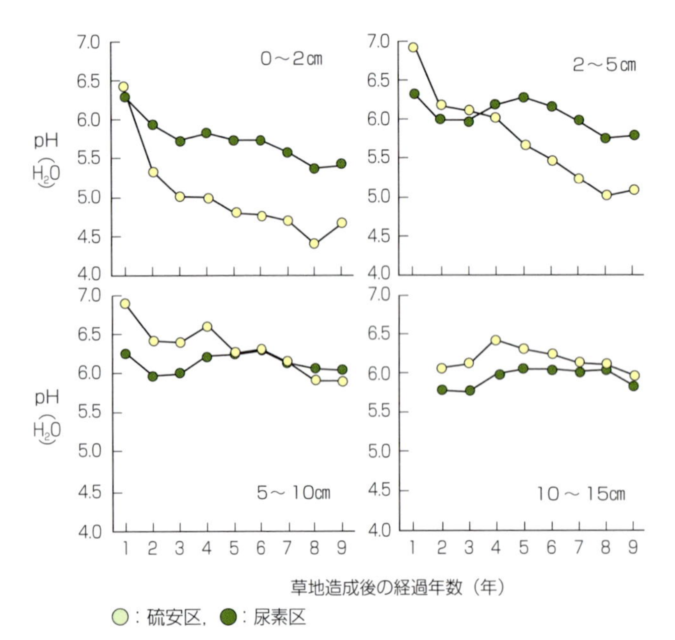

図 14-23　オーチャードグラス採草地の土壌pHの経年変化（寶示戸，1994）

❹土壌微生物の偏在

土壌微生物は土壌有機物を分解して，土壌の窒素肥沃度を高めるために重要な働きをしている。土壌中の微生物数を，草地と畑地で比較すると，草地ではとくに極表層（0～2cm）に微生物が多く，下層に向かって著しく減少するという特徴がある（表14-10）。すなわち，草地では微生物が表層土壌に偏在している（東田，1993）。このことは，草地では微生物によって分解可能な有機物量（易分解性基質量）が，極表層土壌に著しく多いこととよく一致する。さらに，草地の微生物数の季節変化は，牧草から土壌に還元される有機物量の増減と対応している。これらの事実から，微生物が草地表層に偏在するのは，微生物の栄養源としての有機物が草地表層に蓄積するためであると理解できる（東田，1993）。

草地土壌の5～15cmの土層では，添加される有機物が0～5cmの表層土壌にくらべて少ない。このため，5～15cmの土層では微生物の栄養源である有機物（易分解性基質量）が経年的に少なくなる。また，草地の経年化によって表層土壌に牧草根が張り巡らされ，そのため5～15cmの土層への酸素供給が低下する。その結果，この土層の細菌数や糸状菌数は，草地造成後の年数の経過にともない減少する。草地の経年化によって，草地土壌中の微生物はますます表層土壌に偏在する傾向を強める。

表14-10　草地と畑地の微生物数の比較
（東田，1993）

	層位（cm）	草地	畑
全細菌数（10^6/g）	0～2	36.5	41.0
	2～5	19.8	31.7
	5～15	11.7	27.5
グラム陰性菌数（10^6/g）	0～2	5.0	3.9
	2～5	1.6	3.0
	5～15	0.8	2.2
糸状菌数（10^6/g）	0～2	20.5	12.6
	2～5	9.7	9.8
	5～15	6.7	9.2

❺土壌の圧密

草地の維持管理に使用される大型機械が，採草地では，施肥，堆肥などの散布，刈取り，収穫といった作業の機会ごとに草地表面を何度も踏み固める。放牧草地では，機械だけでなく，放牧家畜による踏みつけ（踏圧）も表層土壌に加わる。その結果，草地の表層土壌は硬さ（土壌硬度）を増す。

とくに放牧草地では，採草地にくらべ0～10cmの土層が硬くなり（図14-24），固相率（注18）が高まる。放牧草地では，表層土壌のち密化が採草地以上にすすみやすいという特徴がある。

〈注18〉
一定容積にしめる土壌粒子の体積割合。

3 草地の土壌肥沃度と家畜ふん尿

草地を基盤とする酪農では，乳牛の排泄ふん尿による堆肥や尿液肥，さらにスラリーなどの自給有機質肥料（注19）が必然的に生産される。これらの自給有機質肥料が土壌と混和される機会は，草地の新規造成か，経年劣化した草地を耕起・播種してつくりかえる草地更新のときに限定される。維持管理段階の草地では，自給有機質肥料は草地表面に散布するか，表層土壌に浅く注入するだけで土壌と混和できない。

施与された有機物による土壌の物理性改良効果の発現は，有機物と土壌の混和が前提である。したがって，維持管理段階の草地表面に散布された自給有機質肥料による，土壌の物理性改良効果はあまり期待できない。つまり，草地での自給有機質肥料の施与効果は，養分としての効果が中心になる。これは草地の特殊性である。その特殊性をさらに検討してみよう。

〈注19〉
酪農場などで生産される自給有機質肥料には，堆肥，尿液肥，スラリーの3種類あり，牛舎の構造で決まる。
つなぎ飼い牛舎では，ふんと尿が分離して集められ，ふんは牛床の敷料とともに混合・堆積されて，いわゆる堆肥になる。尿は，ふんと別に尿貯留槽で蓄えられる。このとき，尿にふんの一部が混じることがある。この状態で尿貯留槽に蓄えられたものを尿液肥という。
フリーストール牛舎（牛をつながないで飼育する牛舎）では，ふんと尿が混じり合ったふん尿混合物で貯留される。これがスラリーである。液状きゅう肥といわれることもある。

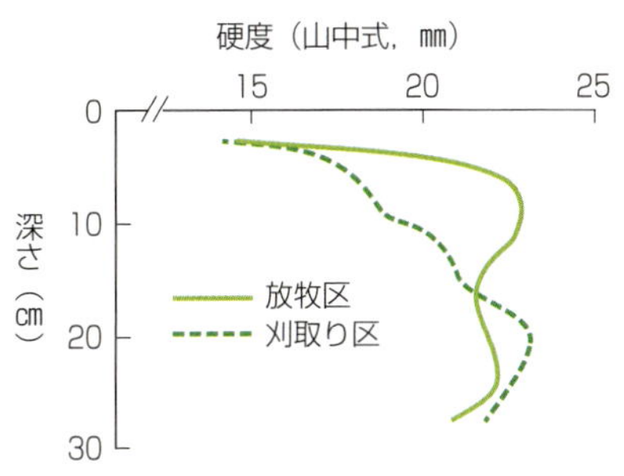

図14-24
草地の放牧利用区と採草利用区での土壌硬度の層位別分布　（関口・奥村，1973）

〈注 20〉
灰色台地土は，いわゆる重粘土を代表する土壌である。土壌の粒径が細粒質なので，ち密で硬く，水はけ（排水）と水持ち（保水）の両方ともよくない，物理的性質が劣悪な土壌である。

❶草地更新時の堆肥の施与効果

1回限定であっても，草地更新時に物理性が劣悪な土壌に十分量の堆肥を混和することで，物理的性質が改良され牧草生産によい影響を与えるのであれば，同量の堆肥を表面に散布しただけより多収になるはずである。ところが，土壌の物理性が制限因子になりやすい灰色台地土（注 20）で，草地更新時に堆肥の全量（最大 200 t/ha）を土壌にすき込み混和した草地と，同量の堆肥を土壌に混和せず5年間に分けて毎年表面施与した草地で，更新後5年間の平均収量を比較したところ，両者に大きな差がなかった（図 14-25）。この結果は，草地更新時に土壌にすき込まれ混和された堆肥は，表面散布された堆肥と同じ養分効果以上の効果がないことを示している。

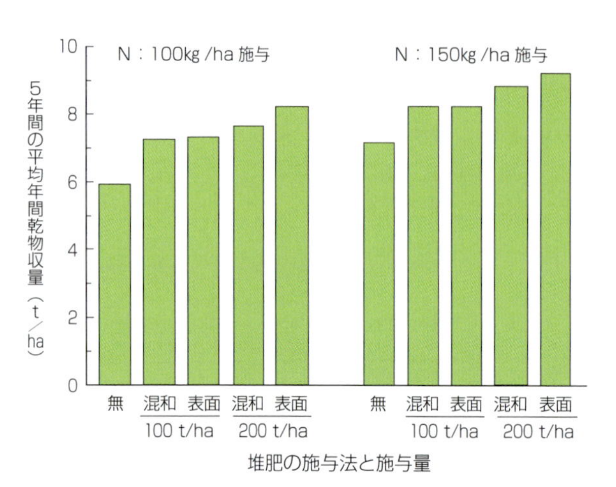

図 14-25　灰色台地土の草地への堆肥の施与法と収量（三木，1993）
混和：堆肥の全量を草地更新時に施与し，土壌と混和，表面：堆肥施与量の 1/5 の量を毎年草地表面に5年間施与
堆肥中の窒素（N）含有率が各年でちがうため，厳密には混和と表面では堆肥からのN施与量がちがう。堆肥施与量が 100t/ha の場合，混和ではNとして 880kg /ha，表面では 820kg /ha だった。堆肥施与量が 200t/ha の場合は，その2倍量である

同じ灰色台地土の経年草地で，草地更新時の堆肥を 200t/ha から 800t/ha までの大量施与とし，加えて 60cmの深耕，暗渠（あんきょ）の埋設，心土破砕など，土壌の物理性改善のための土地改良を施工し，更新後の牧草生産への影響を検討する試験が8年間にわたって実施された。その結果も，草地更新時の土地改良と大量の堆肥の土壌混和に，養分的効果以上の効果は認めにくいとの結論であった（松中ら，2017）。

こうした結果は，灰色台地土のような物理的性質が劣悪である土壌においてさえ，草地更新時の1回限定で土壌と混和された堆肥に土壌の物理性改良効果を期待しにくく，むしろ養分的効果による増収効果を期待すべきであることを示している。

❷草地に施与する堆肥の腐熟度の意味

○完熟より未熟堆肥で多収

堆肥の施与効果には，堆肥の分解程度（腐熟度）によって肥効に差があり，肥効を期待するには十分に有機物が分解した状態（「完熟」状態）が望ましいとされている。しかし，草地表面に施与する場合，堆肥の腐熟度に過敏になる必要はない。

牧草のような茎葉を収穫物とする作物に対しては，未熟堆肥であっても完熟堆肥より多収になることが 80 年も前から指摘されている（今野，1938）。原物施与量が同じなら，完熟堆肥より未熟堆肥のほうが多収になる傾向がある（図 14-26）。この場合，併用する化学肥料の窒素施与量が少ないほど多収効果が明らかである。理由は，未熟堆肥のほうが完熟堆肥より堆

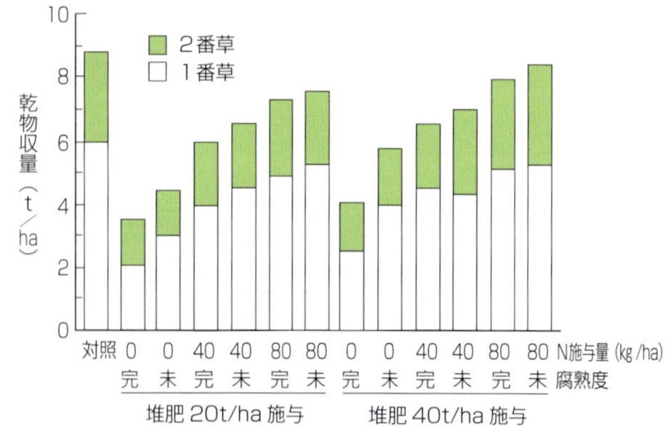

図 14-26　腐熟度のちがう堆肥の施与効果（根釧農試，1993）
対照：堆肥無施与で，化学肥料を施肥標準量与えた
窒素（N）施与量：化学肥料（硫安）による施与量

積期間が短いため，堆積期間中の養分損失が少なく，養分含有率が高いので（表14-11），堆肥の乾物施与量が同じなら未熟堆肥のほうが施与される養分量が多くなるからである。

表14-11　堆肥の堆積期間と養分含有率
(Matsumoto et al., 1997)

堆積期間（月）	水分（%）	養分含有率（乾物中，%）		
		N	P	K
0～6	80.3[a]*	2.24[a]	0.66[a]	1.62[a]
6～12	74.5[ab]	1.87[a]	0.57[a]	1.08[b]
12～24	71.4[b]	1.96[a]	0.61[a]	0.85[c]
24～	62.0[c]	1.52[b]	0.41[b]	0.52[d]

＊：表中の異なる英文字間に有意差あり

○腐熟度にこだわらなくてもよい理由

酪農場で生産される堆肥を草地に表面施与するとき，腐熟度に過敏になる必要がない理由として次の2点が指摘できる。

①酪農場などで生産されるふん尿による堆肥が外見上未熟であっても，そのC/N比（炭素率）は，完熟した堆肥と同等の20程度以下の場合が多く（松中ら，1977），完熟化によってC/N比を低下させる必要がない。

②いわゆる「完熟化」をすすめる過程で堆肥などを切り返し，撹拌，通気などを頻繁におこなうと，堆肥中の養分，とくにアンモニア態窒素がアンモニアガスとして揮散損失する（Matsumoto et al., 1997；松中ら，1998)。これは堆肥中の窒素成分の減少であり，堆肥の肥効低下に直結している。

○腐熟化させることの利点

堆肥を草地に表面施与する場合，その腐熟度を全く考慮しなくてもよいのだろうか。腐熟化をすすめると，①揮発性の悪臭成分が分解できる，②堆肥の取り扱い性状が向上する，③腐熟過程での発熱（60℃程度1日以上）で病原菌や雑草種子の不活性化がはかられるという利点がある。

こうした効果を期待したい場合には，積極的に堆肥を腐熟化すべきである。ただしこれらは，すでに述べた肥効成分の損失や大気環境を汚染することと表裏一体のものである。

❸堆肥などからの養分流出を防ぐ

堆肥などの自給有機質肥料に養分としての効果を期待するなら，それらからの養分損失をできるかぎり防がなければならない。土壌，大気，地下水，河川など周辺環境への養分の流出は，養分そのものの損失であり，同時に環境汚染の原因になってしまう。草地の土壌肥沃度を改善するための自給有機質肥料の施与は，養分としての効果に留意した施与時期，施与量，施与方法を考え，周辺環境へ養分が流出しないようにする必要がある。

1999年には「家畜排せつ物の管理の適正化および利用の促進に関する法律」が施行された。これによって家畜ふん尿などの貯留・堆積中での養分の流出防止が法的に義務づけられた。しかし，この法律では草地や飼料作物畑に施与された自給有機質肥料からの養分流失についての規制がなく，環境への悪影響が完全に防止されているわけではない（注21）。

〈注21〉
家畜ふん尿に由来する環境汚染については，第15章で詳細に論じる。

6 樹園地土壌

樹園地とは果樹，茶など木本性作物を栽培する耕地のことである。わが国の樹園地面積は，全耕地面積444万haの6％に相当する28万haであ

図 14-27　リンゴ園（わい化栽培）
着色促進のシルバーシートが敷いてある
（写真提供：赤松富仁氏）

る（農林水産省，2017a）。果樹や茶は，いずれも一度作付けすると，少なくとも数年から数十年にわたって栽培される永年作物である。したがって，樹園地では不耕起で同じような土壌管理が長期にわたってくり返される。こうした長期の土壌管理がそれぞれの樹種に特徴ある土壌を形成する。

1 果樹園土壌

果樹園での土壌管理は，草地と同様，表面からしか実施できない（図 14-27）。このため果樹園の造成後に，根が十分に分布できる有効土層を深くすることは困難である。したがって，果樹園土壌の作物生産力は，造成時の有効土層の深さに規制されることが多い（高井・三好，1977）。根群が良好に発達できる有効土層が深いということは，根群が発達できるすき間（孔隙）が十分にあり，有効水分量を多量に確保できるということである。ただし，おもな果樹の好適な土壌環境は，種類によってかなりちがう（表 14-12）。

果樹園では，堆肥などの有機物や化学肥料を土壌表面から施与するので，有機物や養分は表層に集積しやすい。とくに有機物や肥料に由来するリン（P）とカリウム（K）の施与量が多くなり，表層にこれらの養分が蓄積して，マグネシウム（Mg）とKのバランス（Mg/K 当量比，本章3項参照）をくずすことが多い。

また果樹園では病虫害の防除に，かつて農薬が多用されたことがある。このため農薬に由来する重金属，とくに銅（Cu）と亜鉛（Zn）の蓄積が

表 14-12　主要果樹のおもな特性

	ミカン	リンゴ	ブドウ	ナシ	モモ	カキ	クリ
耐湿性	弱	中	強	中	弱	強	中
耐干性	強	やや弱	やや強	弱	強	弱	かなり強
土壌の物理性への要求度	空気の要求大	水分・空気の要求大	水分・空気の要求大	水分の要求大	空気の要求大	水分の要求大	水分の要求大
根の深さ	キコク台は浅根性，ユズ台は深根性	深根性	アメリカ系統は浅根性，欧州系統は深根性	中程度	中程度，土性により浅根性になりやすい	深根性	深根性
土壌条件	透水・通気性がよく，粘土分を含んだ土壌が適	有機質に富む埴壌土が適	砂質の軽い土壌が適	有機質に富む深い壌土，あるいは砂壌土が適	砂質壌土が最適，排水不良地は不適	有機質に富む土層の深い土壌が適，地下流水があっても生育可能	有機質に乏しい土壌に不適，土層の深い有機質土壌が適
耐酸性	酸性に対してかなり強い	微酸性～中性を好む	石灰飽和度の高い土壌に適す，栄養生理的にCa要求量がやや多い	微酸性が適（pH6.0）	酸性に強い（pH4.9～5.2）	酸性に強い	酸性に強い，アルカリ性は不適
肥料に対する反応	養分の吸収能力が弱く，肥効が低い	窒素過多の害が出やすい	窒素過多をきらう	多肥を必要とする	養分の吸収能力が強いが，窒素過多をきらう	肥料に対して反応が鈍い	野性的性質が強く，窒素施肥には注意が必要

関谷（1976）の表を高井・三好（1977）が引用したものを一部修正

多く，Cu 含量は水田土壌の約３倍，Zn 含量は約２倍も多い（高井・三好，1977）。果樹園での Cu，Zn の蓄積状況は，現在でも大きな変化はない（増田ら，2001）(注 22)。

〈注 22〉
果樹園の土壌に Cu や Zn が蓄積する状況がつづくのは，農薬として多量に使用されたことに加えて，農薬以外の資材による重金属の持ち込みなどがある。たとえば，肥料の副成分，とくにリン肥料の原料であるリン鉱石に含まれるカドミウム（Cd）や Zn，豚ふん尿堆肥に含まれている Cu や Zn などの施与も関係している。

2 茶園土壌

茶園では旺盛に伸張する新葉を年間２～３回摘み，収穫する作業をくり返すため，茶摘みに好都合な樹形に整える（図 14-28）。そして，茶の生長にともなってうね間（畝間）が徐々に被覆されていくので，土壌管理もうね間のわずかな空間にかぎられていく。うね間の表層土は落葉などの影響を受け，有機物が蓄積しやすい。同時に，作業による踏圧のため，土壌の排水にかかわる大きなすき間（粗孔隙）が減少して透水性が低下する。

茶は窒素（N）の要求が多く，施肥基準は 600kg /ha 程度で実際の施与量も 1,000kg /ha の水準である（梅宮，2001）。こうした過剰なN施与は土壌の酸性化を促進し，pH ４付近の強酸性土壌をつくりだしている。ただし，茶はこうした強酸性条件で多量に可溶化してくるマンガンの要求量が多く，必ずしも低 pH が生育の制限因子にならない。また強酸性条件では，土壌のアルミニウムが可溶化してリンと結合し，難溶性物質のリン酸アルミニウムになる。しかし，茶はリン酸アルミニウムからもリンを吸収利用できるので，強酸性土壌であってもリン欠乏になりにくい。

茶園土壌のような強酸性条件では，硝化作用にかかわる土壌微生物の活性が低下する。そのため，施与されたアンモニア態窒素（NH_4−N）は，硝化作用をわずかしか受けず，多くはそのまま NH_4−N の形態で根圏土壌に残存する。この多量の NH_4−N を茶が吸収すると，茶体内でテアニンというアミノ酸の一種（アミド）を合成し，これが茶葉のうまみ成分にもなっている。テアニンは茶以外の高等植物では発見されていない。つまり茶園土壌の強酸性条件と多 NH_4−N 施与は，茶葉のうまみを引き出すための人為的条件の１つである。

ただし，こうした高 NH_4−N で硝化作用が不十分にしかおこなわれない条件では，温室効果ガスの一種である一酸化二窒素（亜酸化窒素，N_2O）の土壌からの排出量が多く，施肥 N のおよそ５％程度にも達することがある（鶴田，2000）。一般の作物では，一酸化二窒素の排出量が施肥 N の 0.01 ～２％程度なので，茶園土壌からの排出量の多さが理解できる。

図 14-28　福岡県八女市の茶園

第15章 耕地に由来する環境汚染

1 農業と環境問題

「身土不二」という言葉がある。この言葉の本来の意味は「地産地消」。その場で生産された旬(しゅん)の食料を，そこに住む人たちが消費することであるという（山下，1999）。人類が農耕を開始したのは，およそ1万年前の旧石器時代終幕のころ（タッジ，2002）。そのころ農耕が環境を汚染することはなかった。それは，「身土不二」が貫徹され，養分が土壌—作物—人間—土壌の経路を循環していただけだからである。

ところが現代では，多くの先進国で農業による環境汚染が問題になっている。耕地に投入される養分量が土壌の養分保持能力を上回り，余剰になった養分が周辺の地下水や河川，大気に流出して環境汚染が発生している。事実，わが国でも地下水の硝酸態窒素汚染は明確に進行している（熊澤，1998）。これには家畜ふん尿に由来する窒素が大きく関与している（寳示戸ら，2003）。いずれも，耕地をめぐる養分循環が破綻した結果である。

本章ではこうした耕地による環境汚染の問題を，作物生育にも大きな影響をおよぼす窒素を中心に考えてみる。

2 わが国での窒素循環

1 食料自給率の変化

1960年，わが国政府は2つの重大な閣議決定をおこなった。1つは所得倍増計画によって経済成長を加速させること，2つ目が農業基本法の制定であった。その1960年，わが国の供給熱量総合食料自給率（以下，食料自給率と略）と穀物自給率（注1）はいずれも80％程度であった（図15-1）。ところがそれ以降，自給率は低下しつづけ，2010年以降の食料自給率は39％で停滞している。穀物自給率も同じで，1997年以降28％内外で推移している。この自給率は，他の主要先進国にくらべて低い（注2）（農林水産省，2017a）。

過去50年間わが国の食料自給率を低下させたおもな要因は，食料を国内でまかなうという基本姿勢が維持されなかったこと，さらに食料の消費形態が変化したことにある。1965年度と2015年度の50年間で比較すると，1人が1日に食べる量はかぎられているため，1人1日当たりの各品目の供給熱量を合計した総供給熱量は，1965年度が2,459 kcal，2015年度が

〈注1〉
供給熱量総合食料自給率は，食料を熱量換算し，その熱量にもとづいて計算された自給率である。
穀物自給率は，食用と飼料用の穀物の合計を対象にして，重量にもとづいて計算された自給率である。わが国の穀物自給率は173の国と地域のうち125番目，経済協力開発機構（OECD）加盟35カ国中30番目である（農林水産省，2017a）。

〈注2〉
熱量による食料自給率を農林水産省（2017a）が試算したところ，2013年の各国の食料自給率は，カナダの264％が最も高く，ついでオーストラリア223％，アメリカ130％，フランス127％とつづき，ドイツ95％，オランダ69％，イギリスは63％である。わが国の食料自給率に近い国は韓国で，42％である。

2,417 kcal と大差ない（図 15-2）。ところが，この50年間で米の消費が大きく減少し（供給熱量の減少），その減少分は畜産物（肉類，鶏卵，乳製品など）と油脂類（大豆油，菜種油など）の消費拡大（供給熱量の増加）で相殺されている（図 15-2）。また，供給熱量の割合は大きく変化せず，供給熱量の自給率が大きく低下したのが魚介類，野菜，小麦，大豆，果実と「その他」に区分される品目である（図 15-2）。

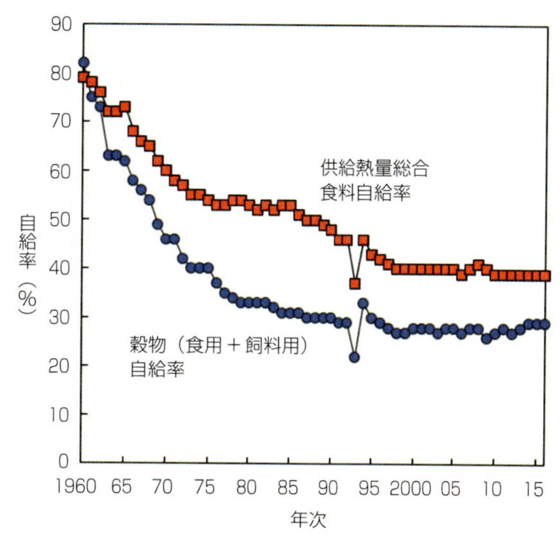

図 15-1　わが国の食料自給率の推移
（農林水産省，2017a）

こうした食料の消費形態の変化や品目別の自給率の低下は，国民の食傾向がごはんと魚という「和風」から，パンやパスタ，乳肉製品という「洋風」へ変化したことによる。さらに，消費者の望む多種多様な食料が輸入されていることも自給率低下に拍車をかけている。つまり，日本の低い食料自給率は，日本人のみかけの「豊かな食生活」を反映したものであり，食料輸入超大国のあかしでもある。

ただし，この食料の消費形態の変化は，たんに国民の嗜好の変化や所得の増加といった「成りゆき」によってもたらされた結果とは考えにくい。むしろ，第二次世界大戦後のアメリカの余剰農産物輸出戦略に呼応した，わが国の政策的誘導の影響を無視できない（柏，2012）。

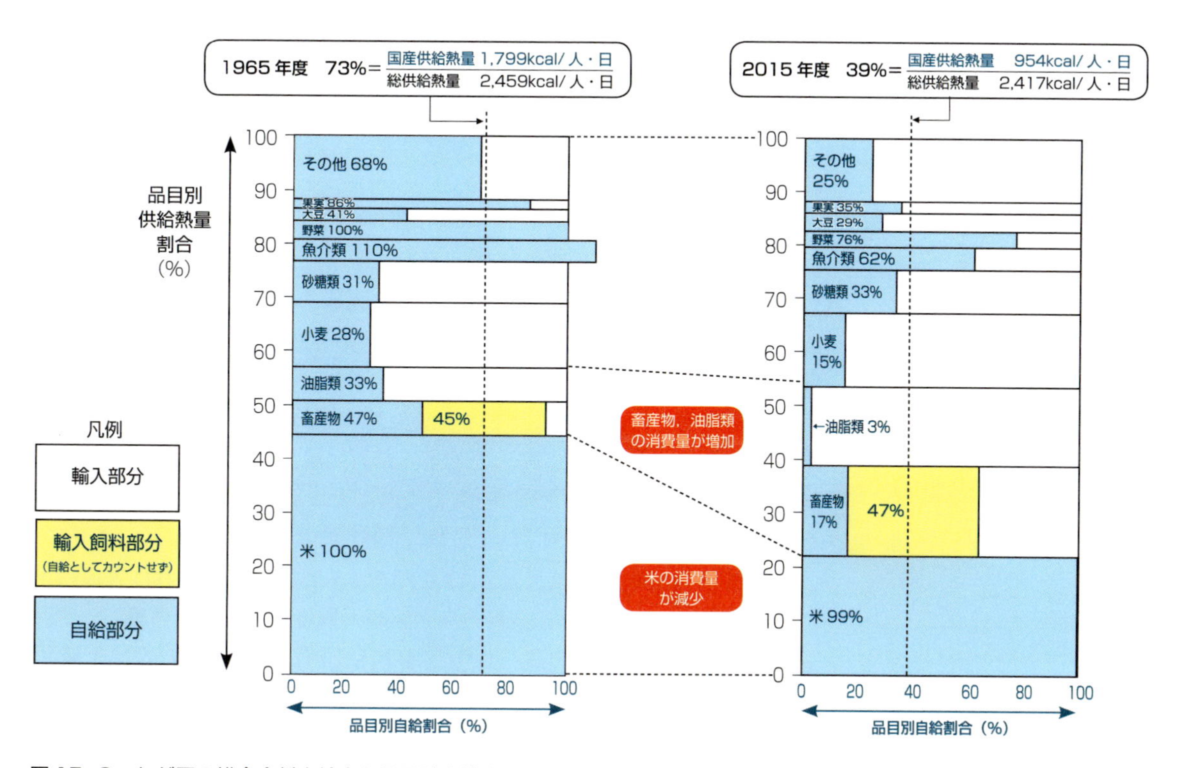

図 15-2　わが国の総合食料自給率と品目別自給率の 50 年間の変化（供給熱量ベース）（農林水産省，2017b）

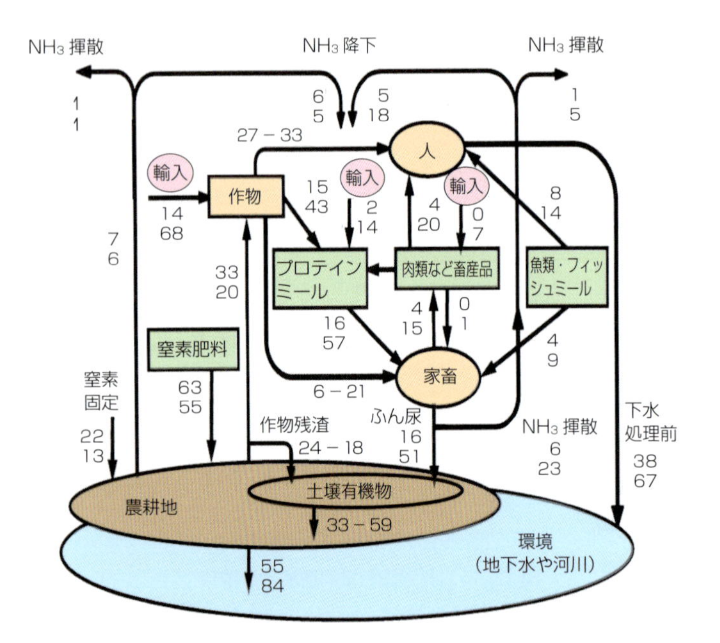

図 15-3　わが国での食料生産・消費による窒素循環量の 1961 年と 2005 年の比較（Shindo ら，2009 の原図を和訳し，一部加筆）

図中の数字は，上から下に，または左から右に 1961 年－ 2005 年を示し，単位は窒素（N）として万 t/ 年。NH_3：アンモニアガス

プロテインミールは，ダイズ，ナタネ，綿実など油脂作物のしぼりカス，肉類の乾燥粉砕物といった動植物由来の高タンパク質飼料。フィッシュミールは，魚から脂と水を分離したのち，乾燥させて粉砕した飼料

2 わが国の食料生産，消費と窒素循環量

食料自給率の低さは，いいかえると外国の土壌にあった作物の養分が，食料に含まれて多量に輸入されていることを意味する。なかでも窒素（N）は，後述するように環境に悪影響を与えやすい。そこでわが国のNの循環量をみよう（図 15-3）。

❶ 1961 年の窒素循環量

食料自給率が 78％だった 1961 年，さまざまな形態で輸入されたNは，わずかに年間 16 万 t だった（注 3）。一方，農耕地に供給されるNは化学肥料由来（年間 63 万 t）が最も多く，家畜のふん尿由来のN（同 16 万 t）は生物的N固定で土壌にはいる量（同 22 万 t）より少なかった。飼養されている家畜の頭数が少なかったからである。

最終的に 1 年間で地下水や河川へ流出したNは，農耕地からの 55 万 t と，人間の排泄物（下水処理前の値）からの 38 万 t の合計 93 万 t であった。このほか大気に揮散（きさん）したN（アンモニアガスとして）は（注 4），化学肥料や家畜ふん尿由来の合計で 2 万 t だった。

〈注 3〉
輸入されたNは，図 15-3 から，1961 年は作物として 14 万 t，プロテインミールとして2万 t の合計で 16 万 t。2005 年は作物として 68 万 t，プロテインミールとして 14 万 t，これに新たに畜産品に含まれている 7 万 t が加わり，合計で 89 万 t に増えた。

〈注 4〉
アンモニアのような揮発性物質が蒸発して大気中に広がっていくことを揮散という。

❷ 2005 年の窒素循環量

それに対して 2005 年，この年の人口は 1961 年より 35％増えて 1 億 2,800 万人になった。食料自給率は 40％に低下し，結果として輸入N量の合計は，1961 年の 5.6 倍，89 万 t（注 3）に大きく増えた。逆に，生物的N固定や化学肥料，作物残渣として農耕地にはいるNは減った。国内の食料生産が減ったためである。

消費量が増えた畜産物は，その生産をささえるために家畜の飼育頭数を増やさなければならない。増えた家畜の飼料は輸入に依存する。このため，輸入された飼料に含まれたNが，家畜のふん尿になって農耕地へ流入する。その流入量は 2005 年に 51 万 t。じつに 1961 年の 3.2 倍に増えた。さらに，人間の排泄物由来の流出N量も 1961 年の 1.8 倍だった。これは人口の増加率（35％）以上であり，食料の高タンパク質化を裏付けている。

結果として，2005 年に農耕地から地下水や河川へ流出したNは年間 84 万 t に増え，これに人間の排泄物由来で環境へ流出する 67 万 t を加えた，年間 151 万 t が地下水や河川へ流出したと推定された。この量は 1961 年の 1.6 倍である。また，肥料や家畜ふん尿由来で大気環境へアンモニアガスとして揮散したN量は6万tで，1961年の3倍になった。

わが国の低い食料自給率と食料消費動向の変化が，海外からもち込まれるN量を増やしている。これがわが国の大気環境を悪化させ，地下水，河川などの水質汚濁をもたらしている可能性は大きい（Shindo et al., 2009）。

3 わが国の伝統的養分循環とその破綻

わが国古来の農業生産システムでは，人間の排泄物（し尿）も利用した養分循環が成立していた。江戸時代にはし尿が商品化され，非農業人口の集中する城下町から農村へ還元されていく流通経路さえあった（高橋，1991）。このシステムは，シュプレンゲルが唱えた「植物の無機栄養説」を社会に広く普及させたリービヒを驚かせた。彼は名著『化学の農業及び生理学への応用』に，「日本の農業の基本は，土壌から収穫物に持ち出した全植物養分を完全に償還することにある。（中略）土地の収穫物は地力の利子なのであって，この利子を引き出すべき資本に手をつけることは，けっしてない」と記している（リービヒ，2007）。リービヒが活躍した19世紀，下水処理が未発達のロンドンでは，テムズ川に大量の都市し尿が流れ込み，そのために強烈な悪臭を発したという（第11章参照）。リービヒが驚いたのは，こうした時代背景があったからである。

その誇るべきわが国の伝統的養分循環システムは，現代に破綻し，世界から集めた養分が狭い国土にあふれかえっている。とりわけ輸入飼料用穀物に依存したわが国の畜産は，環境への排出N量が多く，その悪影響が懸念されている（賓示戸ら，2003）。

3 土壌の窒素環境容量

国土にあふれかえった窒素（N）は，耕地内でのN循環に組み入れて作物生産に有効利用すれば環境汚染物質にはならない。問題は，環境に悪影響を与えないで，どれだけのNが耕地に収容可能かである。耕地での養分の収容可能量を環境容量という。

1 窒素環境容量

環境容量は，「自然の自浄力によって汚染物質による環境への悪影響が生じないような環境の収容力」と定義されている（小川・松丸，2010）。これをNにあてはめたのがN環境容量で，Nによる環境汚染が生じることなく，農耕地土壌が受け入れ可能なN量のことである。

2 許容限界窒素量

N環境容量とは別の考え方で，土壌から地下へ浸透する水の硝酸態N（NO_3−N）濃度を，10㎎/ℓ以下に維持することが可能なN投入量を許容限界N量とし（注5），全国的に検討された（西尾，1993）。その結果，現時点での飼料作物に対する許容限界N量は，およそ200～250 kg/haの範囲である。ただし，この値に法的な拘束力はない。

〈注5〉
地下浸透水のNO_3−N濃度を10㎎/ℓに規制するのは，この濃度以上の地下水を飲むと，人の血液中のヘモグロビンがメトヘモグロビンに変化して酸素運搬能力が低下し，とくに乳幼児が酸素欠乏で死亡する（ブルーベイビー症候群）懸念があるためである。ただし，最近の報告では，たんにNO_3−N濃度の高いことが人に危険であるというのは過大評価だという批判がある（リロンデル，J・リロンデル，J-L，2006）

一方，わが国にくらべて降水量が少なく，飲料水の地下水依存度が高いヨーロッパ連合（EU）各国では，農業による地下水汚染は飲料水汚染につながる深刻な問題である。このため農業に対する環境規制が厳しい。それを反映してEU閣僚理事会は，1991年12月に「硝酸塩指令」を決定し，農地への許容限界N量を段階的に減らすことを加盟各国に命じた。さらに，家畜ふん尿に由来するNの農地への施与限界量を，1998年12月までに210kg/ha，2002年12月以降は170kg/haまで減らしている（松中，2007）。

4 家畜ふん尿による環境汚染

農業に由来する環境汚染は，わが国だけでなく世界的にみても畜産によるものが多い。とくにわが国の畜産は輸入穀物飼料を大量に消費し，それが多量のふん尿になって環境へ排出されている。

1 家畜ふん尿による耕地への窒素負荷量

家畜のふん尿排泄量は，畜種によって大きくちがう（表15-1）。たとえば，搾乳牛は1頭当たり年間105kgの窒素（N）を排出する。そのため，ha当たり2頭で，先に示したわが国のN環境容量や，許容限界N量のほぼ限界量に達する。また，各種の水質にかかわる基準を満たすための適正なha当たり飼養乳牛頭数は，2頭以下である（松中，2002）。

各都道府県の家畜飼養頭数と耕地面積から，家畜ふん尿に由来する単位耕地面積当たりN負荷量（注6）を求めると，全国平均ではEUの規制値170kg/haをこえる202kg/ha，北海道を除く都府県だけでは225kg/haになる（賓示戸ら，2003）。図15-4によると，ふん尿由来のN負荷量が，許容限界の250kg/haをこえているのは全国で13県に達し，このうち300kg/ha以上は群馬，神奈川，愛知，徳島，香川，長崎，宮崎，鹿児島，沖縄の9県であった。これらの県では，地下水に溶脱する水のN濃度の推定値がいずれも10mg/ℓをこえ，なかには20mg/ℓをこえる場合もあったという（賓示戸ら，2003）。

こうした県では，農耕地が周辺水系のN汚濁の原因になることが強く懸念される。事実，南九州のある地域では，家畜ふん尿に起因すると思われる地下水の汚濁がすすみ，地下水の硝酸態窒素（NO_3-N）濃度が飲用基準（10mg/ℓ）をこえているところが，調査741例中13％に達したという報告もある（Sugimoto and Hirata, 2006）。

〈注6〉
人間活動も含め，周辺環境から耕地や森林など生態系に供給されるN量をN負荷量という。図15-4の耕地面積当たりの家畜ふん尿由来N負荷量とは，具体的には，各種の家畜（乳牛，肉牛，豚，採卵鶏，ブロイラー）の排泄ふん尿に含まれるN量と，各都道府県で飼養されている家畜の頭数を掛け合わせて求めた年間のN排泄量を，各都道府県の耕地面積で除した値である。

〈注7〉
家畜の飼料中の可消化養分総量（Total Digestible Nutrients の略でTDNという）に換算した自給率。

表15-1　1日1頭羽当たりの畜種別ふん尿と窒素（N）排泄量

畜種		ふん	尿	合計	排泄N量（g/頭（羽）/日）		
		（kg/頭（羽）/日）			ふん	尿	合計
乳牛	搾乳牛*	51.4	13.0	64.3	179	110	289
	初産牛*	35.8	13.8	49.6	146	78	224
	育成牛	17.9	6.7	24.6	85	73	158
肉牛	2歳未満	17.8	6.5	24.3	68	62	130
	2歳以上	20.0	6.7	26.7	63	83	146
	乳用種	18.0	7.2	25.2	65	76	141
豚	肉豚	2.1	3.8	5.9	8	26	34
	繁殖豚	3.3	7.0	10.3	11	40	51
採卵鶏	雛	0.059**		0.059		1.5	1.5
	成鶏	0.136**		0.136		3.3	3.3
ブロイラー		0.130**		0.130		2.6	2.6

*：扇ら（1999）のデータ。これ以外は全て築城・原田（1997）のデータ
**：採卵鶏，ブロイラーの排泄物は，もともとふん尿混合物である

2 耕地から切り離された畜産

そもそも，こうした事態がなぜわが国の畜産で発生するのだろうか。その原因は，わが国の畜産が土地から切り離されて成立していることにある。

わが国の飼料自給率は（注7），過去30年以上にわたって25〜28％と低い（農林水産省，2017a）。つまり，わが国の畜産は輸入飼料に依存して成立している。飼料は外国から購入するので，畜産農家は所有する耕地面積に関係なく，飼養規模を拡大できる。しかも，単位耕地面積当たりの飼養頭羽数に法的な規制がないため，畜産の盛んな県では家畜ふん尿に由来するN負荷量はかぎりなく増える。こうしたわが国の事情は，家畜ふん尿に由来するNの農地への施与限界量を規制するEU各国と大きくちがう。

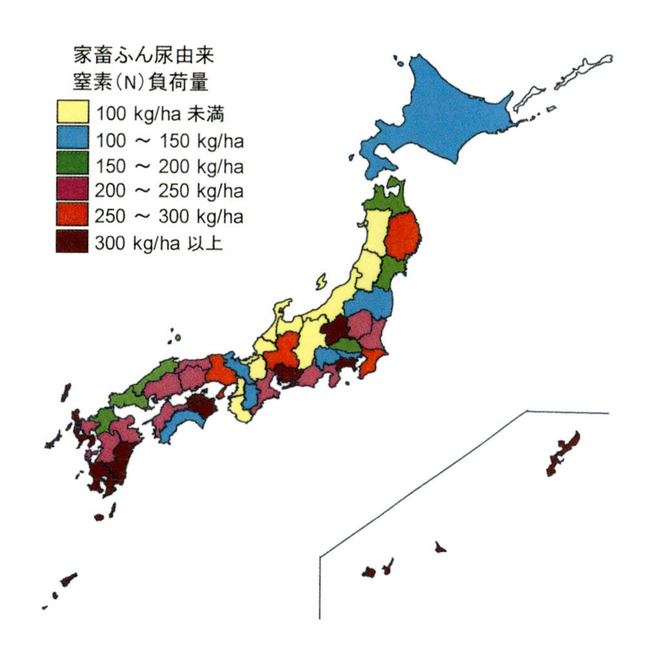

図15-4　わが国の家畜ふん尿由来窒素（N）負荷量
（寳示戸ら，2003のデータから作図）
この図の家畜ふん尿由来N負荷量の原単位は，乳牛では実態に合わせるため給与栄養水準を飼養標準の150%に設定した場合のN排泄量とし，肉牛については現場実測データにもとづいている。このため，この図で計算上用いられた各畜種のN排泄量は，表15-1のデータとは異なる

もともと，家畜ふん尿は貴重な養分源である。しかしその資源を生かす前提条件は，ふん尿を養分源として施与できる耕地が確保されていることである。北海道では，ふん尿を施与できる耕地が十分にあるため，家畜飼養頭数が多いにもかかわらず，単位耕地面積当たりふん尿由来N負荷量が少ない（図15-4）。これはわが国全体としてみればむしろ特殊例である。都府県の畜産のように耕地から切り離された畜産では，ふん尿が養分源というより環境汚染源になる可能性のほうが大きい。

それをさけるには，毎日確実に飼養家畜から排泄されるN量を，N環境容量や許容限界N量の範囲におさまるように，単位耕地面積当たりの家畜飼養頭数（飼養密度という）を規制する必要がある（注8）。そうしないかぎり，排泄されるふん尿由来Nは適切に施与される場所がなく，環境に流出して汚染源になる。

〈注8〉
北海道東部の別海町では，酪農と漁業が主要産業である。この町では，将来にわたって両者が共存共栄できる社会をつくることをめざした画期的な条例「別海町畜産環境に関する条例」が2014年に施行された（別海町，2017）。この条例は，乳牛ふん尿に由来する河川水質のN汚濁を避けるため，わが国ではじめて単位耕地面積当たりの飼養乳牛頭数に上限規制を設けた。町内の酪農場では，2産以上の搾乳牛に換算した飼養頭数としてha当たり2.13頭をこえないことに規制された。家畜ふん尿由来の環境汚染防止を目的とするこのような条例は，わが国ではきわめて例外的である。ただし，上記の規制は3年間の猶予期間をおいた2017年4月から適用され，その直前（2017年3月31日）に規制基準が一部改正され，規制の例外措置が追加された。

3 飼養密度低下のための工夫とその限界

単位面積当たりの飼養家畜頭数（飼養密度）が大きい地域では，畜産農家単独ではなく，畑作農家との連携することで，飼養密度を低下できるとの提案がある。

しかしこの提案には，家畜ふん尿の利用上の具体的な問題が考慮されていない欠点がある。畑地に家畜ふん尿由来の自給有機質肥料（堆肥，尿液肥，スラリーなど）を施与できる機会は，春の播種前か秋の収穫後に限定される。ところが春は繁忙期で，しかも播種までの短期間のうちに自給有機質肥料を施与しなければならず，時間的制約が大きい。そのうえ，畑作農家は自給有機質肥料の散布機を所有していないので，請負業者（コントラクタ）か酪農家に依頼するしかない。酪農家もこの時期は多忙で，畑作農家の畑地へふん尿を散布する時間的余裕はない。また，秋の畑作物収穫後の畑地へふん尿を散布して畑地にすき込んだとすると，ふん尿中のアンモニア態N（NH_4－N）は土壌中で硝酸化成作用（第12章参照）を受けて，硝酸態N（NO_3－N）になる。ところが，秋の収穫後の畑地は裸地状態なので，NO_3－Nは作物に吸収されない。しかもNO_3－Nは陰イオン（マイナスの荷電）なので，土壌の負荷電（マイナスの荷電）と反発しあい，土壌に吸着されることなく越冬期間中に土壌中を浸透し，地下水へ流出して汚染源になる可能性が大きい（松中ら，2013）。

畑と草地の耕地面積を合計して飼養密度を計算上低下させても，具体的にふん尿を利用する時期や場所が設定できなければN負荷量の軽減には結びつかない。

図15-5
成型堆肥製造機と製品
（九州沖縄農業研究センターにて）

4 堆肥の広域利用のための試み

家畜ふん尿をめぐる畑作農家などとの連携で，上述した課題を解決するための試みがある。それは，堆肥をペレット化（円筒状に圧縮成型する）し（図15-5），成型堆肥にすることである（松元，1999；薬師堂ら，2000）。

これによって，堆肥も化学肥料と同じようにあつかえるようになった。しかも輸送が容易で，広域流通させることが十分可能である。また，製造する過程で肥料成分を調整することもできるので，成型堆肥の利用によってその肥効に相当する養分量を減肥できる（山本・土屋，2004）。

こうした試みは，飼養密度が高いため家畜ふん尿が環境汚染源になるおそれのある地域では，汚染防止策の1つになり得る。ただし，堆肥を成型するための費用負担をどうするかが大きな課題である。

5 耕地から流出する窒素による環境汚染

畜産農家に飼料や肥料の形で多量の養分が持ち込まれると，その農場での土壌－飼料－家畜をめぐる養分循環が破綻し，養分が周辺環境へ流出する。とくに窒素（N）は環境への悪影響が大きい。耕種農家でも，外部から農地に持ち込まれるNが環境容量以上になると，同じようにNが環境にあふれ出る。こうして，耕地から流出したNを汚染源とする環境汚染が発生する。このうち，Nが河川や地下水へ流出すると水質への悪影響（水質汚濁）に，大気へ流出すると大気環境への悪影響（大気汚染）になる。

1 水質汚濁

地下水や表面流去水などで河川，湖沼，海域などの水質や水域生態系に影響する負荷の発生源は，2種類に大別される。負荷の排出場所が特定できる点源（特定発生源）と，排出場所が特定できない面源（非特定発生源）である（図15-6）。これらの発生源から流出して水質を汚濁する環境負荷物質には，ここで考えているNのほかに，リン（P）や有機物質などがあり，これらが湖沼や河川に流入して富栄養化が発生する（注9）。

〈注9〉
富栄養化とは，湖沼や河川などが養分（とくにNやP）の乏しい状態から，人間活動の影響などで余剰になったNやPが流入して，しだいに濃度を高めていく現象である。富栄養化がすすむと，しばしばアオコが発生する。アオコとは，富栄養化によって植物プランクトンが異常発生したり，浮遊性らん藻が大発生し，緑のペンキを流したように水面を覆いつくした状態や，その原因になる藻類のことである（図15-7）。

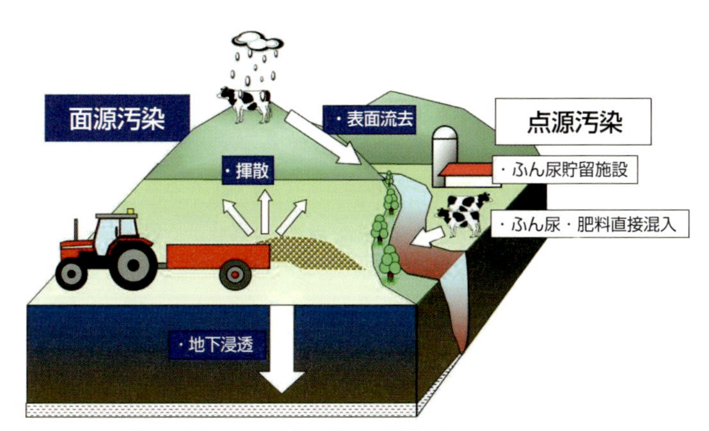

図 15-6　酪農場を例にした環境汚染の発生場所（松中・三枝，2016）

図 15-7
アオコが発生したスリランカ・コロンボのベイラ湖　（2011 年 8 月撮影）

❶点源汚染

牛舎，豚舎，鶏舎などの周辺や工場，下水処理場などの近くを通過した河川のN濃度の上昇，あるいは，素掘りふん尿だめ（ラグーン）に貯留したふん尿混合物由来Nによる地下水の汚濁，さらに，放牧家畜が水飲み場として小河川を利用するとき，河川に直接ふん尿を排泄するなどが点源汚染の例である。畜産関連施設近くの井戸水の硝酸態窒素（NO_3−N）濃度が飲用基準を上回るという事例は，典型的な点源汚染の実例である。

❷面源汚染

農地は，森林や市街地などとともに面源としてあつかわれる。面源による汚染が面源汚染である。この汚染では発生源が特定されないため，環境汚染物質がどこから発生し，地下水や河川，湖沼へどの程度流出しているかを定量しにくい。

しかし，単位集水域面積当たりの家畜飼養頭数が多くなると，それにともなってN負荷量も増加するため，河川水の NO_3−N濃度が高まる（図 15-8）。つまり面源汚染では，環境への負荷量が増加すれば汚染は確実にすすむ。

❸水質汚濁の防止

○点源汚染対策

畜産農家での点源汚染は，ふん尿貯留施設の規模が飼養頭数に対して適正な容量を満たしていないため，ふん尿が貯留施設からあふれ環境へ流出して発生することが多い。これを防ぐために，ふん尿貯留施設は 1999 年から「家畜排せ

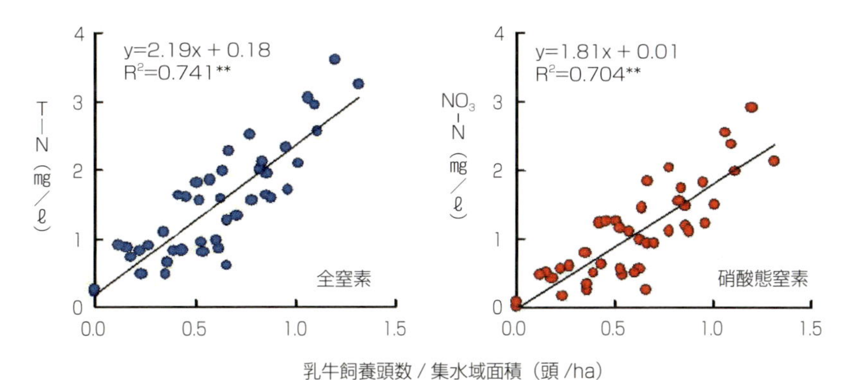

図 15-8　集水域面積当たりの乳牛飼養頭数と河川中の全窒素（T−N），硝酸態窒素（NO_3−N）濃度　（松本，2003）

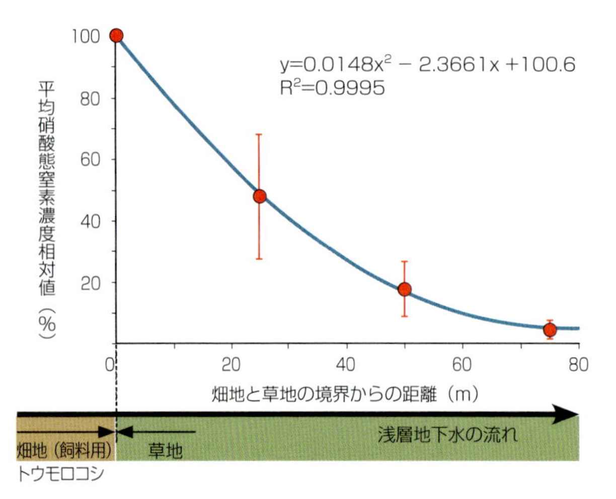

図 15-9　草地内の流入距離と浅層地下水の硝酸態窒素濃度
（早川ら，2002 を改変）

注）1：なだらかな斜面の上方に飼料用トウモロコシを作付けし，下方に草地を配置。浅層地下水はトウモロコシ畑から草地に向かって流れる

2：平均硝酸態窒素（NO_3−N）濃度相対値：トウモロコシ畑と草地の境界（0m地点）での浅層地下水の NO_3−N 濃度を 100 としたとき，その境界から草地内に流入した距離別に測定した浅層地下水の NO_3−N 濃度の割合

3：各観測地点のデータは，トウモロコシ畑への施肥2処理（標準施肥量と2倍量）に観測時期 26 回からなる計 52 の観測値の平均値。縦棒は標準偏差

つ物の管理の適正化及び利用の促進に関する法律」によって規制対象になり，法律に違反する施設には罰則規定が設けられている。

○面源汚染対策

面源汚染を防ぐには，地下浸透水の NO_3−N 濃度の監視が重要である。NO_3−N 濃度は，耕地への投入 N と作物の吸収 N の収支結果と，土壌を浸透する水の量によって決定される。したがって，NO_3−N の地下浸透による水質汚濁を防ぐには，まず農地に投入する N 量を，N 環境容量や許容限界 N 量の範囲内におさめる必要がある。また，作物の N 吸収が旺盛でない時期の N 施与は避けるべきである。

このほかの面源汚染対策として，高位置から低位置へ，たとえば茶園—畑—水田—湿地—河川などの地形連鎖の利用が有効である。高位置の地目から地下浸透した NO_3−N は，低位置の地目の作物で再利用され，最終的に水田や湿地などの還元条件（酸素が不足した状態）で環境に無害な窒素ガス（N_2）になって大気に排出されるため（脱窒），環境汚染の防止につながる。

表面流去によって水域へ流入するような場合は，排出された NO_3−N などの汚染物質が河川や湖沼に到達するまでに，自然浄化を受ける機会を多くすることが重要である。河川のそばに湿地や河畔林（かはんりん）を設けて流入の緩衝帯として利用すると，自然浄化がすすみ NO_3−N 濃度が低下する。また，発生源と河川のあいだが，裸地状態より草地のように作物が栽植された状態のほうが浄化程度は大きい。このような目的で設置される緩衝帯の必要幅は，点源汚染対策で数～数十 m，面源汚染で数十 m とされている（図 15-9）。ただし，この緩衝帯の効果は土地条件で大きくかわるため，緩衝帯の必要幅についての具体的な基準は示されていない。

2 大気汚染

農耕地から大気に排出されて環境汚染を発生させる N のおもな形態は，アンモニアガス（NH_3）と一酸化二窒素（N_2O）である。

❶アンモニアによる汚染

○家畜ふん尿の表面施与がおもな原因

家畜ふん尿に含まれるアンモニア態窒素（NH_4−N）は，草地表面に施与されたときのように，大気にふれることで NH_3 になって大気中に揮散する。NH_3 揮散は，施与した肥料養分としての N の損失だけでなく（松中ら，2003），揮散した NH_3 が大気中の硫黄（いおう）酸化物や窒素酸化物などと結

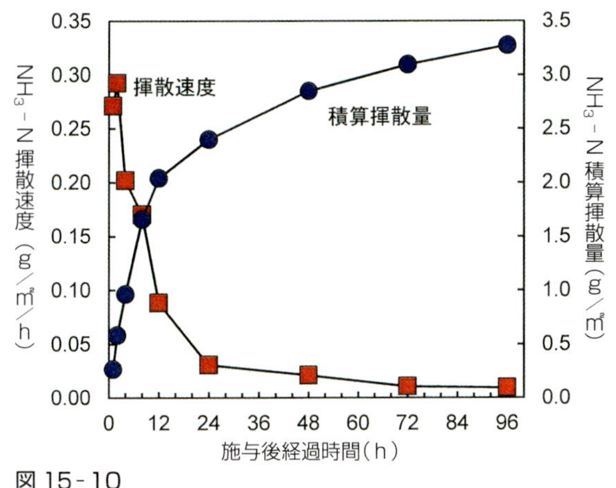

図 15-10
草地表面に施与された乳牛ふん尿混合物（スラリー）からのアンモニアガス態窒素（NH_3－N）の揮散速度と積算揮散量の推移（松中ら，2003）
スラリーの原物施与量：39t/ha（アンモニア態窒素（NH_4－N）として 90kg/ha），スラリーの pH：7.5

表 15-2
草地表面に施与された乳牛スラリー（ふん尿混合物）からのアンモニア揮散率
（Matsunaka ら，2008）

原物施与量（R）(t/ha)	揮散率 * (%)
R ≦ 60	32
60 ＜ R ≦ 120	42
不明	37

＊：アンモニア揮散率（%）
＝((揮散した NH_3－N 量) ÷ (施与された NH_4－N 量)) × 100
NH_3－N：アンモニアガス態窒素，
NH_4－N：アンモニア態窒素

合して，より強い酸性雨の発生源になる。こうして降下した NH_4－N は，樹木や植物などの生育を撹乱したり，土壌中で硝酸化成作用（第 12 章参照）を受けて土壌 pH の低下と，それにともなう土壌養分バランスの悪化をもたらすなど，環境に悪影響を与える。

化学肥料由来の NH_4－N は，特別なアルカリ土壌でないかぎり，表面施与してもアンモニアガス態窒素（NH_3－N）としての揮散は少なく，尿素でごくわずかに検出できる程度である（Matsunaka ら，2008）。また，家畜ふん尿は，2 ㎝程度のわずかな厚みであっても土壌に覆われると，アンモニア揮散はほとんど発生しない（Matsunaka ら，2008）。

○表面施与の家畜ふん尿からの揮散と対策

草地表面に施与された家畜ふん尿からの，単位時間当たり NH_3－N 揮散量（NH_3－N 揮散速度）の最高値は，おおむね施与後数時間以内にあらわれ，数日以内で揮散が終了する（図 15-10）。

施与された NH_4－N 量に対する揮散した NH_3－N 量の割合をアンモニア揮散率（注 10）という。乳牛スラリー（乳牛が排泄したふん尿の混合物）を草地表面に施与した場合，アンモニア揮散率はスラリー原物施与量が 60t/ha までなら 32% という値が示されている（表 15-2）。このアンモニア揮散率は，スラリーの pH や乾物率が高く，また，施与したときの気温が高いほど高まる。しかし土壌が乾燥していると，スラリー中の NH_4－N が土壌中に浸入しやすくなるため揮散率は低下する（Matsunaka ら，2008）。これらの要因のうち，気温がアンモニア揮散に最も大きな影響を与える（Matsunaka and Sentoku，2002）。

〈注 10〉
アンモニア揮散率（%）
＝（(NH_3－N 揮散量）÷（NH_4－N 施与量））× 100
施与された NH_4－N 量ではなく，施与された全 N 量に対する NH_3－N 揮散量の割合をアンモニア揮散率という場合もある。

草地や土壌表面に施与された家畜ふん尿からのアンモニア揮散を完全に防ぐことは，施与後に多量の降雨がないかぎり事実上不可能である。しかし，ふん尿の施与方法を工夫し，施与されたふん尿がなるべく大気にさらされないようにすれば揮散率は低下する。たとえば，わが国で慣行的に利

図 15-11　スラリー（ふん尿混合物）を草地に施与するための機械
わが国は衝突板方式を用いることが多い。しかし，EU 諸国ではこの方式は，アンモニアガス（NH_3）揮散や悪臭発生源になるため規制対象になっており，帯状施与法のバンドスプレッダが主流である。バンドスプレッダや，浅層注入法のシャロウインジェクタは，新しく開発された機械で，NH_3 揮散とともに悪臭も抑制できる

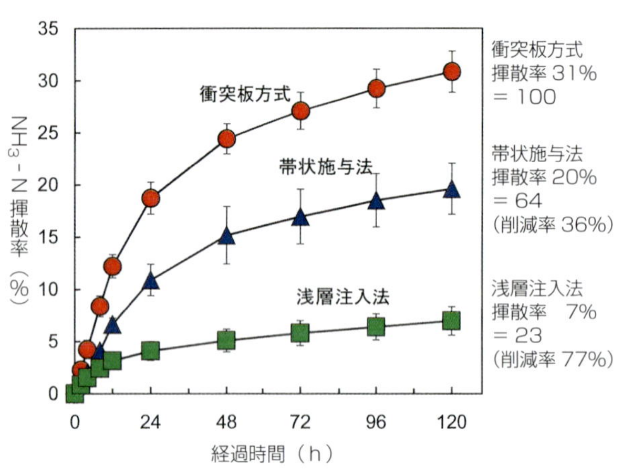

図 15-12
草地へのスラリー施与法とアンモニアガス態窒素（NH_3-N）揮散率のちがい（松中・三枝，2016 を一部改変）
揮散率（%）は本文の注 10 参照。図中の縦棒は標準偏差を示す

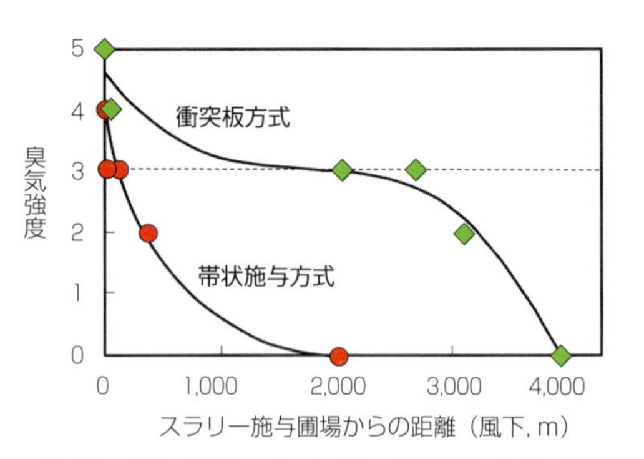

図 15-13　草地へのスラリー施与法による悪臭改善
（関口，2010）
臭気強度　0：無臭，1：やっと感知できるにおい，2：なにのにおいかわかる弱いにおい，3：らくに感知できるにおい，4：強いにおい，5：強烈なにおい

用されている衝突板方式（スプラッシュプレート）による全面施与法にくらべ，帯状施与法（バンドスプレッド），浅層注入法（シャロウインジェクション）による施与のほうが（図 15-11），揮散損失をそれぞれ 36，77% 削減できる（図 15-12）。それだけでなく，ふん尿散布時の悪臭改善効果も大きい（図 15-13）。

❷一酸化二窒素による汚染

一酸化二窒素（N_2O，亜酸化窒素，笑気ガスともいう）は温室効果ガスであるだけでなく，最終的にはオゾン層破壊にも関与する。N_2O はあとで述べるようにメタン（CH_4）と同様，強力な温室効果ガスである。

○一酸化二窒素発生の条件

N_2O の土壌からの排出は，土壌の水分条件で大きく変化する（図 15-14）。土壌水分の体積割合が全孔隙（こうげき）の 40% 程度で，好気的条件（酸素の多い条件）の場合は酸化窒素（NO）がおもに発生する。しかし，土壌水分が全孔隙の 60 ～ 70% 程度（注 11）の適潤からやや湿潤条件になると，NH_4-N が酸化されて NO_3-N に変化する過程（硝酸化成作用）と，NO_3-N が還元されて窒素ガス（N_2）に変化する過程（脱窒（だっちつ）作用）の両過程の途中で N_2O が生成し排出される。水分が全孔隙の 80% を上回ると，やや還元的

〈注 11〉
土壌中の水分の体積が，全てのすき間（全孔隙）の体積に対する割合を水分飽和度（Water filled pore space = WFPS）という。土壌中の水分の体積は液相の体積に等しく，全孔隙は液相と気相の体積を合計した体積なので，WFPS = 液相の体積÷（液相の体積＋気相の体積）となる。

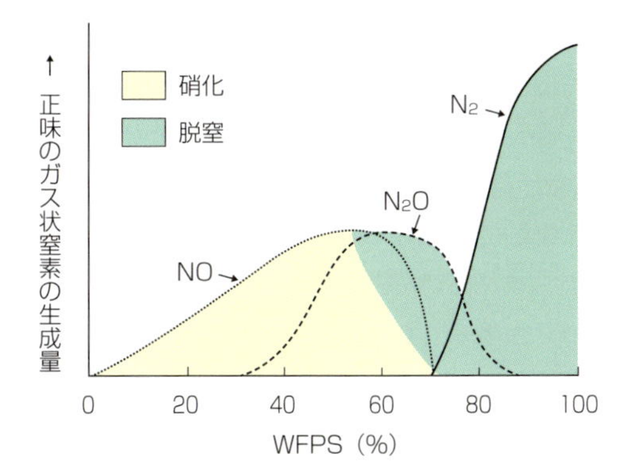

図 15-14
土壌の水分条件とガス状窒素生成量の関係(模式図)
(Davidson, E.A. の模式図を鶴田，2000 が引用)
WFPS：水分飽和度（Water filled pore space），本文の注 11 参照
NO：一酸化窒素，N_2O：一酸化二窒素，N_2：窒素ガス

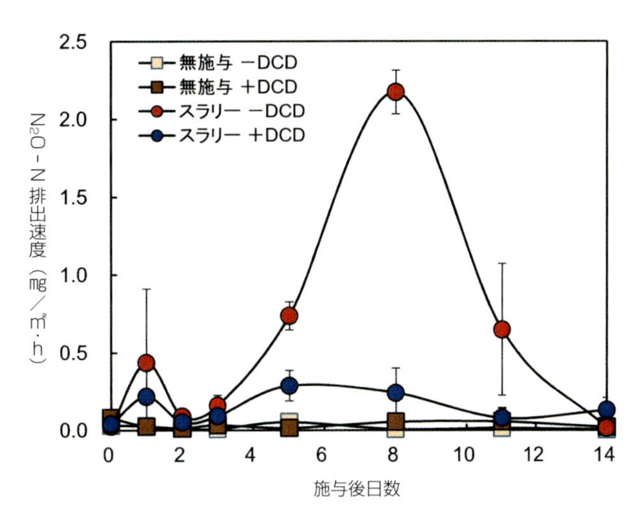

図 15-15
乳牛メタン発酵消化液 [1] の土壌表面施与後の一酸化二窒素態窒素（N_2O－N）排出速度の推移と硝化抑制剤 [2] の効果
（Tao ら，2008）
1）メタン発酵消化液とは，乳牛のスラリーを嫌気的条件でメタン発酵させたふん尿混合物。乾物率が低下し，pH とアンモニア態窒素（NH_4－N）含量が高まる
2）DCD（ジシアンジアミド）を用いた。－ DCD：DCD 無添加，＋DCD：DCD 添加

条件（酸素の少ない条件）になるため，脱窒過程によっておもに N_2 が生成して排出され，N_2O の排出は少ない。

このように，適潤からやや湿潤条件で N_2O が生成し排出されやすいため，耕地に N が施与されるかぎり N_2O の発生を完全に抑止するのは非常にむずかしい。このほか，地温が高まると微生物活性が高まって N_2O の発生量も多くなる。

施与される N の形態でも N_2O 排出のようすはちがう。たとえば，畑地に化学肥料で N を施与すると，N_2O は施与後 1 ～ 2 週間くらいで活発に排出される（鶴田, 2000）。しかし, 土壌表面に乳牛スラリーなどを施与すると，N_2O の排出は施与直後から数日中に最も旺盛となる（図 15-15）。これは，乳牛スラリーに含まれている炭素や水分が土壌中の微生物を活性化し，もともと土壌中に含まれていた NO_3－N の脱窒を促進するためである。

○硝化抑制剤による排出の抑制

畑や草地などは好気的条件にあるため，施与された N からの N_2O 排出は硝酸化成（硝化）作用を受ける過程で発生することが多い。このため，硝酸化成抑制剤（注 12）の添加で硝酸化成を抑制すれば，N_2O－N の排出速度が低下する（図 15-15）。ただし，実際の畑地や草地での硝化抑制剤による N_2O－N 排出抑制効果は，土壌水分や地温など環境条件に影響を受けるため，明らかに認められる場合と認められない場合があって必ずしも安定していない。

〈注 12〉
硝酸化成作用は，第 1 段階の NH_4－N が亜硝酸態 N（NO_2－N）に変化する過程と，それにつづく第2段階の NO_2－N が NO_3－N に変化する過程からなる。いずれも微生物の働きによる変化である。硝酸化成抑制剤は，第 1 段階の NH_4－N から NO_2－N に変化する過程に作用する，アンモニア酸化細菌の活性を抑制して NO_2－N の生成を遅らせ，その結果，硝酸化成作用を抑制する。

6 耕地土壌の地球温暖化へのかかわり

18 世紀末からはじまった産業革命以降，人間の活動は質的にも量的にも大きく変化した。皮肉にもそれが地球温暖化，オゾン層の破壊，砂漠化，酸性雨などさまざまな地球環境問題の要因になってしまった。土壌は環境

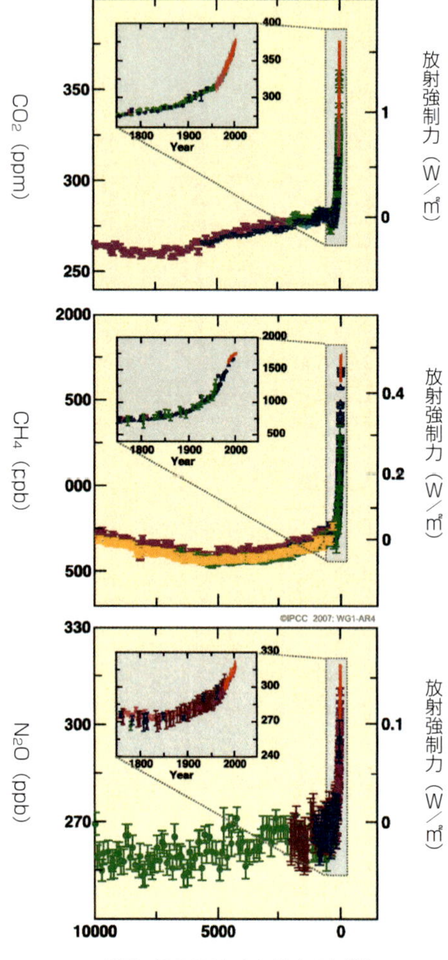

時間（2005 年より過去の年数）

図 15-16

2005 年を起点に過去 1 万年間の大気中の二酸化炭素（CO_2），メタン（CH_4），一酸化二窒素（N_2O）濃度の推移　(IPCC，2007)

注）1：各グラフの拡大図は 1750 年以降の濃度の推移
　2：各グラフでちがう色で示されたデータは，それぞれ異なる研究での結果である。データは氷床コアの分析による。グラフ内の赤線は，大気中の測定値を示す
　3：単位の ppm（100 万分の 1），ppb（10 億分の1）は，乾燥大気の全分子数に対する各温室効果ガスの分子数の割合。たとえば，CO_2 が 300 ppm というのは乾燥大気分子 100 万個中に CO_2 分子が 300 個あることを意味する
　4：放射強制力とは，たとえば，大気中の CO_2 の濃度変化によって地球と大気のあいだで放射エネルギーの収支に変化が生じた場合，その変化量のこと。温室効果ガスなどの地球の気候への影響力の尺度に相当し，正の値は温暖化，負の値は寒冷化への影響の大きさを示す

構成要因の 1 つなので，これらの環境問題と無関係ではいられない。

1 なぜ地球に生命が存在できるのか

地球は太陽系のなかでただ 1 つ，生命をもつ惑星であると考えられている。地球だけが生命をもつことができたのは，太陽系のなかで太陽からの距離が近すぎず，かつ遠すぎない絶妙の位置にあり，このため水が地球に存在できたこと，そして地球を覆っている大気のおかげである。大気は地表面の気温を平均 15℃くらいに維持することに大きく貢献している。大気がなければ，太陽から受けたエネルギーのすべてが宇宙空間に放出されるため，地表面の気温は−18℃程度になると計算されている。これでは水は凍結し，生命が宿らない。

地球を覆う大気には，酸素や窒素のほかに，二酸化炭素（炭酸ガス，CO_2）やメタン（CH_4），一酸化二窒素（N_2O），それに人工の化学物質であるフロンガス類（注 13）などの気体も含まれている。CO_2，CH_4，N_2O，フロンガス類などの気体は，地表に降り注がれた太陽の熱エネルギーの一部を吸収する性質をもっている。この性質を温室効果，温室効果をもつ気体を温室効果ガスという。

気体としての水，すなわち水蒸気も温室効果ガスの 1 つである。地表面の気温が 15℃程度に維持されているのは，厳密にいうと大気に含まれるこうした温室効果ガスのおかげである。

2 地球温暖化と土壌

温室効果ガスの大気中濃度は，1760 年代にイギリスで始まった産業革命以降，急速に高まった（図 15-16）。私たち人間が，石炭，石油，天然ガスなどのいわゆる化石燃料を消費して動力を獲得し，大量生産，大量消費へと突きすすんだ結果である。化石燃料の消費は大気に大量の温室効果ガス，とくに CO_2 を排出し，大気中の濃度を高める。すると，本来なら宇宙空間に放出される熱エネルギーが大気中に吸収蓄積され，地表面気温が高まっていく。これが地球温暖化である。土壌は地球の陸上生物圏を支えている基盤で，動植物の遺体などを土壌中に有機物として蓄えるため，それ自身が地球上の温室効果ガスの原料である炭素（C）や窒素（N）の貯蔵庫（吸収源）になっている。ただし，蓄えられた有機物は，土壌中のさまざまな生物活動によって，CO_2 をはじめ温室効果ガスに分解されて大気へ排出されるため，土壌は温室効果ガスの発生源でもある。

〈注 13〉
冷房や冷蔵など，冷却のための材料や，ヘアスプレーなどに使用されていたガス。一部は製造禁止になっている。

3 土壌による温室効果ガスの発生と吸収

❶二酸化炭素（CO_2）

地球の温暖化によって土壌中の温度（地温）が上がると，土壌生物による土壌中の有機物の分解が促進され，CO_2 排出量が増える。これによって土壌有機物が減少し，土壌肥沃度を低下させる可能性がある。一方，大気中の CO_2 濃度が高まると植物の光合成活動が活発になり，最終的には土壌に添加される有機物量の増加に結びつく。このため，上に述べた有機物分解による土壌からの CO_2 排出が相殺されることも考えられる（注 14）。

森林土壌には，落葉や落枝などによる有機物が多量に蓄積する。森林を伐採したり，ほかに転用すると，土壌に蓄積していた有機物が分解して CO_2 が排出される。同時に，森林は光合成によって CO_2 を取り込み生長する。1995 年時点のわが国では，森林の伐採や転用によって土壌から発生する CO_2 量は，1 年で 13 Mt−C（炭素（C）として 13 メガ t = 1,300 万 t）と推計されている（袴田ら，2000）。これに対して，森林の光合成によって吸収される大気の CO_2 量は 39 Mt−C と推定されており，結局，両者の収支から年間で 26 Mt−C の吸収と見積もられている。最新のわが国の報告でも，2015 年の土地利用，土地利用変化および林業の分野（LULUCF = Land Use, Land-Use Change and Forestry の略）は，年間 16.7 Mt−C（CO_2 として 61.2 Mt）の吸収となっている（日本国，2017）。

〈注 14〉
地球規模での炭素（C）循環については，すでに本書第 3 章 2 項で解説している（図 3-1 参照）。

〈注 15〉
IPCC（気候変動に関する政府間パネル）は，地球温暖化の科学的問題から，温暖化防止のために各国政府がすすめるべき対応戦略まで総合的に検討するため，国連の世界気象機構（WMO）と国連環境計画（UNEP）の共同で 1988 年に設置された組織。2007 年にノーベル平和賞を受賞した。

〈注 16〉
メタン生成古細菌，メタン菌ともいわれる。この菌は古細菌で，いわゆる細菌（バクテリア）とは別の生物分類の系統で，特徴ある細胞膜をもつ。細菌との混同をさけるため Archaea（アーキア）とよぶこともある。

❷メタン（CH_4）

IPCC（注 15）の推計によると，全地球規模での年間の CH_4 総発生量のうち，人為的な要因によるものが 49％に達する（図 15-17）。農業にかかわる要因では，反すう動物からの排出量が最も多く，人為的発生量の 27％をしめる。反すう動物が発生源になるのは，採食された飼料が第 1 胃で嫌気的に消化される過程で，第 1 胃に生息するメタン生成菌（注 16）が CH_4 を生成し，それがあい気（げっぷ）などで体外に排出されるためである。

水田からの CH_4 排出量も多く，人為的発生量の 11％をしめる。水田と反すう動物の両要因で人為的発生量の 38％になり，化石燃料由来よりも多い。水田や自然の湿地などでは，土壌が水で覆われるため酸素が不足した（嫌気的）条件となる。この条件で土壌の有機物分解がすすむと，その最終産物として CH_4 が大気へ排出されていく。

また，シベリアの永久凍土や海底中には，大量の CH_4 がメタンハイドレートなどの形態で蓄積されている。地球温暖化によって凍土の融解がすすむと，この CH_4 が大気に排出され，温暖化が加速されるとの懸念もある。

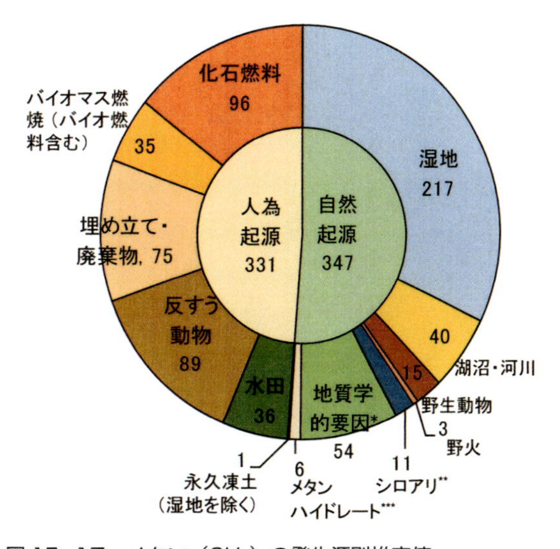

図 15-17　メタン（CH_4）の発生源別推定値
（Ciais et al., 2013）

＊：地質学的要因には，たとえば海底の亀裂からの CH_4 噴出や，海底や地表から泥水が噴出する泥火山（泥水噴出孔）で，泥水とともに噴出する CH_4 などが含まれる

＊＊：シロアリがメタンの排出源になるのは，シロアリの後腸内に共生する原生生物が嫌気的条件で有機物を分解し，その過程で CH_4 を生成するからである

＊＊＊：メタンがわずかに溶けた水溶液が凍結して海底や永久凍土などに共存する

図中の数字の単位：Tg CH_4/年

Tg：テラグラム＝ 10^{12}g=10^9kg＝ 100 万 t

これらに対して，畑や草地，森林などの表層には CH_4 を酸化する細菌が生息し，土壌中に CH_4 を吸収する。その量は，CH_4 発生総量のおよそ10%にもなると推定されている（犬伏，2001）。

CH_4 は地球を温暖化させる能力（地球温暖化指数（GWP = Global warming potential），一般には100年間の単位で考える）が CO_2 の24倍とされるため（Myhre et al., 2013），CH_4 の発生は地球温暖化に大きく影響する。したがって，水田や反すう動物からの CH_4 発生削減は，地球温暖化防止に重要な意味をもつ（注17）。

〈注17〉
反すう動物に給与する飼料で CH_4 排出削減を試みる研究がつづけられている。この研究から，反すう動物の CH_4 生成に関与する酵素（メチルコエンザイムＭレダクターゼ）の活性阻害剤として３－ニトロキシプロパノール（３NOP）という物質が発見された。３NOPを乳牛に給与すると，産乳量に悪影響を与えることなく，CH_4 生成量が30%程度削減されたという結果がある（Hristov et al., 2015）。今後の研究成果に期待したい。

❸一酸化二窒素（N_2O）

このガスは地球温暖化指数（GWP）が CO_2 の298倍あるだけでなく（Myhre et al., 2013），オゾン層の破壊にも関与している。IPCCの推計によれば，人為起源の発生量は全地球での総発生量の39%をしめる（図15-18）。人為起源の発生量のうち60%が農業から排出されている。このため，農業分野での N_2O 排出削減は重要な意味をもつ。

N_2O の発生が農業と深い関係をもつのは，作物の養分であるアンモニア態窒素（NH_4－N）や硝酸態窒素（NO_3－N）が化学肥料や家畜ふん尿由来の自給有機質肥料などによって農耕地に施与されると，土壌中の微生物活動によってNの形態変化がおこり，その変化の途中で N_2O を発生させるからである。このことの詳細は本章５-２-②項で述べたとおりである。

これまでのわが国での調査では，N_2O 排出量は施与されたNの0.01～２%の範囲で，茶園では５%近くも排出されることがある（鶴田，2000）。

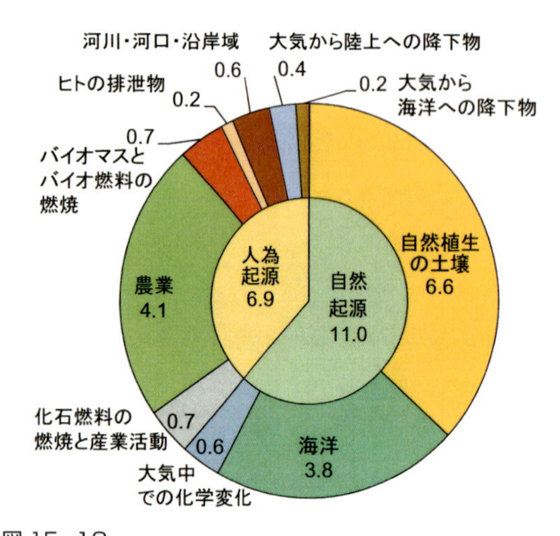

図15-18
一酸化二窒素態窒素（N_2O－N）の発生源別推定値
（Ciais et al., 2013）

図中の数字の単位：Tg N/年
Tg：テラグラム＝ 10^{12}g=10^9kg＝100万t

❹温室効果ガス削減のための課題

水田では CH_4 の発生量が多い。それを削減するため，排水する（中干し）ことがある。しかし，この方法は CH_4 の発生を削減できても，排水によって水田土壌に酸素が送り込まれて好気的条件になるため，N_2O の発生が助長される（こういう関係をトレードオフという）。

したがって，土壌からの温室効果ガスの発生制御は，個々のガスに注目するのでなく，どのガスを削減するのが最も効果的なのか，あるいは関連ガスを効果的に削減するにはどんな栽培方法がよいのかなど，総合的に検討しなければならない。じつは，このことが最もむずかしい課題である。

第16章 農薬，重金属，放射性物質による土壌汚染

土壌が汚染されるのは，前章で述べた養分の過剰だけでなく，私たち人間の無関心や不注意，経済効率優先の姿勢などが原因となる場合も多い。本章ではそのうち，農薬，重金属，放射性物質による土壌汚染を考える。

1 農薬による土壌汚染

1 農薬とその功績

作物の生育に有害な動物，昆虫，病原菌，さらに雑草などを防除するために自然から発見されたり，人工的につくりだされた化学合成物質が農薬である。農薬はその目的からして，使用法を誤ると人間にも悪影響を与える。それゆえ，農薬の安全性を科学的データで裏付けるために，農薬の新規登録には厳しい条件が設定されており（注1），その条件を満たした薬剤が農薬として登録される（農林水産省，2017）。しかも，実際に農薬を使用するには，安全性を確保するための具体的な条件（防除基準）にしたがうことが大前提である。

農薬のない時代，夏の炎天下の水田での腰をかがめた除草作業は大変な重労働だった。その苦労から解放したのが除草剤だった。いもち病の被害で収穫皆無の水田があとをたたなかった時代に，特効薬の殺菌剤が登場し，いもち病を激減させた。高温多湿の気象条件で多発する病害を軽減し，作物の生育を健全にしてくれた「妙薬」が農薬だった。また，害虫による作物の被害をなくし，収量の飛躍的増大に殺虫剤が大きな功績を残した。こうした農薬の功績を見逃してはならない。作物の病虫害の予防や，被害緩和のために農薬を適正に使用することは，私たちが健康を害したときや予防に医薬品を用法と用量を守って服用するのと似ている。

2 農薬の安全性への不安

かつて農薬には問題点が隠れていた。化学合成農薬の使用がはじまった1940年代，農薬が後世の人間や自然生態系にかくも重大な悪影響を与えるとはだれも想像できなかった。

1939年，スイスのポール・ミュラー（Müller, P. H., 1899～1965）が化学物質DDT（ジクロロジフェニルトリクロロエタン）に殺虫効果を発見したとき，多くの農業者，科学者は「これで害虫との闘いに勝利できる！」と歓喜の声をあげた。彼はその成果で1948年ノーベル生理学

〈注1〉
農薬取締法では，農薬の新規登録申請には，安全性を確保するために必要な試験成績（薬効，薬害，毒性，残留性などの試験）を明示することが義務づけられている。
とくに毒性は次の5つの調査試験が含まれ，全ての試験数は29に達する。①急性毒性を調査するための8つの試験，②中長期にわたる毒性を調査するための10の試験，③急性中毒症の処置を考えるうえで有益な情報を得るための1つの試験，④動植物体内での農薬の分解経路と分解物の構造などの情報を把握するための3つの試験，⑤環境中での影響をみるための7つの試験である。

表 16-1　酢酸フェニル水銀粉剤を散布した玄米の残留水銀量（1957 年産）　（金沢, 1974 を一部改変）

試験地（品種）		粉剤中（Hg, %）	散布量（g-Hg/ha）	散布回数	玄米中水銀（Hg, μg/g）
東北	a	0.25	50	2	0.16
（農林 41 号）	b	0.25	100	2	0.40
	c	無散布	－	－	0.03
九州	a	0.16	48	3	0.16
（十石）	b	0.16	48	4	0.38
	c	無散布	－	－	0.04
関東東山	a	0.16	48	3*	0.24
（農林 25 号）	b	0.16	48	3*	0.56
	c	無散布	－	－	0.05

Hg：水銀。玄米中の自然水銀量の範囲は 0.01 ～ 0.05 μg/g
μg：マイクログラム＝ 10^{-6}g＝10^{-3}mg
＊：この試験の a と b では散布時期が異なる。a は分げつ期に 2 回＋穂ばらみ期に 1 回，b は分げつ期＋穂ばらみ期＋出穂期に各 1 回である

医学賞に輝いた。しかし後述するように，DDT は残留性によって人間にまで悪影響を与えた。

その農薬による自然生態系や人間への悪影響を主張したのが，レイチェル・カーソン（Carson, R. L., 1907 ～ 1964）だった。彼女は 1962 年，名著『沈黙の春』で「人間という人間は，母の胎内に宿った時から年老いて死ぬまで，恐ろしい化学薬品の呪縛（じゅばく）のもとにある」と訴えた（カーソン，1974）。そのころ，この訴えを深刻に受け止める人はほとんどなく，世間は彼女を変人と評価した。その評価が変わらぬまま，『沈黙の春』出版後わずか 1 年半後，彼女は乳ガンで世を去った。当時，農薬はまさに「生と死の妙薬」（『沈黙の春』の邦訳の原題）として歓迎された。その「妙薬」が有害物質として私たちの前に姿をあらわすのに，彼女の死からそれほど多くの時間を要しなかった。

〈注 2〉
わが国ではじめて石灰窒素や硫安を開発製造した化学肥料メーカー，日本窒素肥料（現在のチッソ，JNC）の水俣工場では，アセトアルデヒドの生産過程で出る工業排水を水俣湾へ排出していた。この排水に含まれていた無機水銀が有機水銀であるメチル水銀に変化し，海水を汚染した。水俣病は，環境汚染の原因物質が食物連鎖によって濃縮され，人の健康被害としてあらわれた人類初の疾病である。
水俣湾の安全宣言がだされ，漁業が再開されたのは 1997 年である。水俣病公式発見から 41 年の歳月を要した。

3 過去の農薬による土壌汚染

カーソンが恐れた農薬の被害の代表的な例として，有機水銀剤，有機塩素剤などによる土壌汚染がある。過去のこうした事例が農薬の適正使用の教訓となり，農薬の安全基準がより厳しく設定されるようになった。

❶有機水銀剤による汚染

有機水銀剤は 1973 年を最後にわが国で使用禁止になった。有機水銀剤の代表的な薬剤が殺菌剤の酢酸フェニル水銀であった。これは，イネのいもち病特効薬として全国で広範囲に使用された。いもち病防除は，苗いもち，葉いもち，穂いもちを対象にするため，年間 3 回散布が通常で，合計散布量はほかの農薬より格段に多かった。こうして，わが国のほぼ全ての水田土壌が，水銀に汚染されてしまった。土壌が水銀に汚染されると，わずかな量でも，作物に長期間吸収されつづけられてしまう。こうして，玄米中の水銀含有率は自然状態の 5 倍から 10 倍にまで高まった（表 16-1）。

酢酸フェニル水銀のような有機水銀は，自然界で容易に無機水銀に変化する。しかも，無機水銀は，別の有機水銀であるメチル水銀に変化していく。このメチル水銀は，世界に先がけて公害病として有名になった水俣（みなまた）病の原因物質である。微量でもメチル水銀が含まれるものを食べた生物が，さらに別の生物に食べられるという食物連鎖で，生物の体内で濃縮がすすみ（生物濃縮），最終的に人間の健康被害をもたらすことを水俣病は証明してみせた（注 2）。農薬汚染の恐ろしさは，急性毒性だけでなく，生物濃縮による毒性や慢性毒性にも考慮しなければならないことである。

図 16-1
水俣メモリアルと水俣湾の不知火（しらぬい）海
水俣メモリアルは，水俣病公式発見から 40 年目になる 1996 年に建設された。その目的は，水俣病の犠牲者の慰霊，再発させないことへの願いと水俣病の教訓を後世に伝えることである

このことで水俣病は後世への大きな教訓となった（図16-1）。

❷有機塩素剤による汚染

イネの大敵であったウンカやメイガに対して，DDTやBHC（注3）のような有機塩素剤は，格別な効果を発揮した。とくにBHCの殺虫能力は，DDTをはるかにしのいだため稲作に広く用いられた。BHCもDDTと同様，作物や土壌への残留性が強い。これは，土壌中の特殊な有機物（脂溶性有機物）に強く吸着され，移動しにくいからである。

その結果，イネに散布されたBHCが，稲わらを飼料にした乳牛の乳中に濃縮され，さらに人の母乳中にも検出されて乳幼児にまで影響するなど深刻な問題が発生した。

『沈黙の春』が出版された翌年，1963年，農林省植物防疫課が監修した『農薬要覧』には，水面施用BHC剤は「人畜に対しては影響なく安心して使える」と明記されていた（農薬要覧編集委員会，1963）。そのわが国でBHCやDDTが使用禁止になったのは，残留農薬被害が深刻化した後の1971年だった。

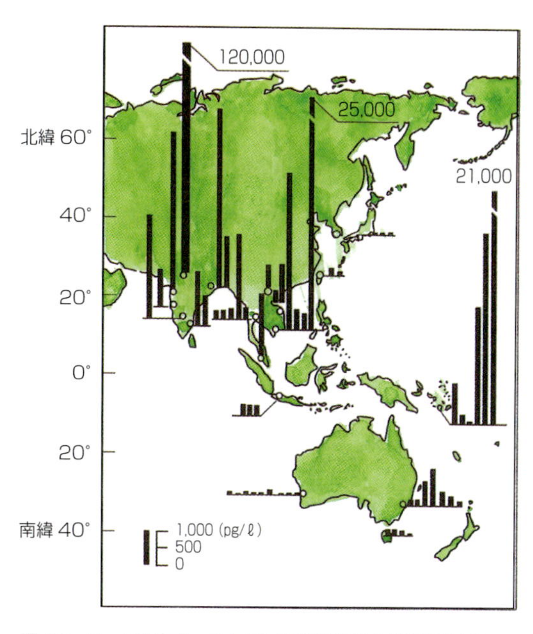

図16-2　アジア・オセアニア沿岸および河口域のDDTによる水質汚染　（田辺，1998）
地域内の複数地点で測定。太棒は同一地点での複数回測定の平均値

〈注3〉
ベンゼンヘキサクロライド，正しくは1,2,3,4,5,6-ヘキサクロロシクロヘキサン $C_6H_6Cl_6$。

これらの農薬は残留性が強いにもかかわらず，効果がすぐれているため，開発途上国では現在も使用されつづけている。こうした事情から，DDTやBHCなどによる環境汚染は，たんに水田土壌の範囲をこえ，海洋（図16-2），さらに水中生物や海鳥にまで高濃度で広がっている（田辺，1998）。

4 農薬やその他の化学合成物質と内分泌撹乱化学物質

農薬以外の化学合成物質による土壌汚染と，それにともなって発生する地下水汚染も深刻な問題である。これも人為的土壌汚染の1つである。これらの汚染原因物質として，絶縁材料のPCB（ポリ塩化ビフェニール），半導体製造にともなう使用済みトリクロロエタンやテトラクロロエチレンなど多数の化学合成物質が指摘されている（吉田，1989）。

かつてDDT，BHC，PCBなどは，環境に排出されると内分泌撹乱化学物質，いわゆる環境ホルモンとして働き，人類にも生殖異常をもたらす可能性があると指摘され（コルボーンら，1997；キャドバリー，1998），大問題になったことがある。

当時の環境庁（現，環境省）は，1998年に環境ホルモン戦略計画「SPEED' 98」をまとめ，2000年にその追加・修正版を公表した（環境庁，2000）（注4）。そのなかで内分泌かく乱作用が疑われる化学物質が67種類（2000年に65物質に修正）として公表された。しかし，厚生労働省（2016）は，2016年の時点で，内分泌撹乱物質と疑われる物質によって，人が有

〈注4〉
環境省は「SPEED' 98」を受けて，化学物質の内分泌撹乱作用への今後の対応方針「ExTEND2005」，「ExTEND2010」につづき，最新版は「ExTEND2016」を2016年6月に公表している（環境省，2016）。それによると，特定の化学物質が内分泌撹乱作用を明らかに発生させることは認められなかった。しかし，この問題はなお正確な情報が必要なので，継続的に調査していくとしている。

害な影響を受けたと確認された事例はないとの見解を発表している。この厚生労働省の見解は，2018 年 8 月現在でも改訂されていない。

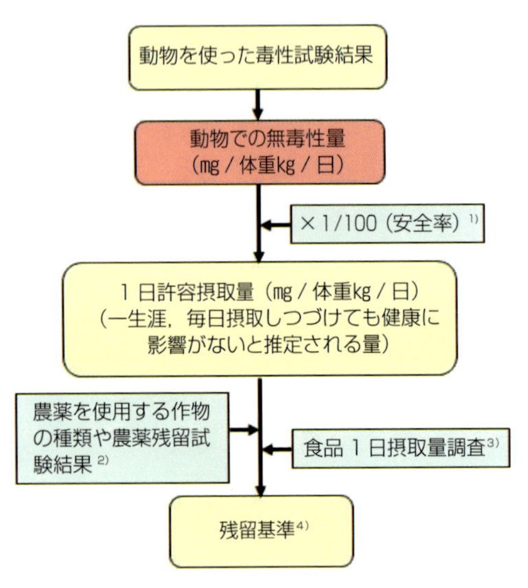

図 16 - 3　食品の農薬残留基準の設定の概要

1）動物にくらべ人のほうが薬物への感受性が高いとの前提で，安全率 1/10 を設定。それに加えて，人のなかでも幼児と大人とでは感受性がちがうであろうし，個人差もあるとの前提で安全率 1/10 を設定。結局，この両者の積である 1/100 を安全率としている
2）さまざまな作物に含まれる残留農薬量を調査する試験データ
3）国民が 1 日に食べるいろいろな食品の平均的な摂取量
4）上記の 2）と 3）の結果から，人が多様な食品から 1 日に摂取する農薬量を計算し，幼児から高齢者まで，どのように食品を食べたとしても，それらの合計摂取農薬量が 1 日許容摂取量をこえないように，食品それぞれの残留基準が設定される。したがって現在では，1 つの食品を摂取するだけで農薬の 1 日許容摂取量をこえるということはまずない

5 農薬の安全と安心

わが国では，農薬を安全に使用するため，厚生労働省，農林水産省，環境省などが安全性基準を設定している。農薬の食品残留許容量は食品衛生法で厳しく規制されている。残留基準は，幼児から高齢者まで，いろいろな人がさまざまな食品を摂取した場合，それらの合計農薬摂取量が 1 日の許容摂取量をこえないように設定されている（図 16 - 3）。

規制対象になる農薬は，農林水産省が農薬取締法にもとづき，使用方法を明示し，安全使用基準を決めている。食品衛生法で安全基準が決められていない農薬は，環境省の保留基準によって評価を受け，農林水産省が適正使用基準を設けている。こうした使用基準を正しく守ることは，農薬による土壌汚染防止だけでなく，今後も農薬を有効利用するうえでとくに重要である。

農薬を含め化学合成物質にはカーソンの心配が常につきまとう。有吉（1975）は小説『複合汚染』で，多様な化学合成物質が複合的に作用する汚染で人に健康被害を与えると訴えた。それからすでに 40 年以上が経過している。しかし，化学合成物質の複合汚染によって，人に健康被害が認められた例はない。過去に発生した農薬による土壌汚染やさまざまな汚染による人の健康被害を教訓に，被害の再発防止のため，現在の食品の農薬残留基準は，上述のように厳しく設定されているからである（注 5）。

〈注 5〉
農薬はその取り扱いをまちがえると，人に健康被害を与える。農業の現場で発生する農薬にかかわる事故や中毒を防ぐためにも，農薬の取り扱いは使用基準をよく守り，細心の注意を払う必要がある。

しかし，科学的知見がどれほど詳細に物質の安全性を指摘したとしても，それによって物質の危険性が全くないことを証明するのは不可能である。科学には未解明の部分が必ずあるからである。そのため，化学合成物質を「完全に」危険ではないと指摘することはできない（松永，2007）。そのため，農薬が散布された作物の食品としての安全性を科学的データで説明できたとしても，そのデータで個人のもつ「不安」を完全にぬぐいさることができないという現実もある（唐木，2007）。農薬の安全性と安心感の評価はきわめてむずかしい。

2 重金属による土壌汚染

1 重金属とは

金属のうち，比較的比重の大きいものを重金属とよぶ。ヒ素，カドミウム，コバルト，クロム，銅，鉄，水銀，マンガン，モリブデン，ニッケル，鉛，

セレン，亜鉛などが代表的なものである。もともと，これらの重金属は自然の土壌に多少含まれていて，それ自身は問題にならない。しかし，人間の不適切な経済活動が土壌中の重金属量を自然状態よりはるかに多くしてしまうことがある。これが重金属による土壌汚染である。

2 重金属汚染による被害

わが国の重金属汚染の代表例として，古くは19世紀後半におこった足尾銅山鉱毒事件がある。これは，銅の精錬過程で発生する排水や排煙，さらに精錬後のカス（鉱滓（こうさい））に含まれた銅，ヒ素，二酸化イオウ（亜硫酸ガス）などが栃木県と群馬県の渡良瀬川（わたらせがわ）流域の山林や農地を汚染し，農作物に被害を与えた事件である。この山林被害は渡良瀬川にたび重なる洪水をもたらし，銅精錬後の鉱滓が下流域の土壌汚染を拡大させた。谷中村（やなかむら）はそれによって滅亡してしまうほどの大惨事を受けた（注6）。同じ時期，愛媛県の別子（べっし）銅山でも，おもに煙害による鉱毒事件が発生している。

〈注6〉
足尾銅山の鉱毒事件は，わが国初の公害事件とされている。この鉱毒被害の救済のため一生を捧げたのが田中正造（1841～1913）である。足尾銅山の鉱毒によって苦しみ辛酸をなめている農民救済のため，衆議院議員を1901年10月に辞職し，12月に帝国議会開院式からの帰途にあった明治天皇に直訴したことはあまりにも有名である。

このほかの重金属汚染被害の例に，富山県婦中町（ふちゅうまち）を中心に多発した「イタイイタイ病」がある。これは，神岡鉱山からの排水や浮遊物に含まれたカドミウムによる神通川（じんつうがわ）流域の土壌汚染である。カドミウムは農業用水を通じて水田土壌を汚染した。さらにその汚染は家庭飲用水にまで広がり，被害が拡大した。群馬県安中町（あんなかまち）（現，安中市）の亜鉛精錬所からの排水や排煙による被害も，カドミウムに起因している。

さらに宮崎県の土呂久（とろく）鉱山周辺のヒ素による土壌汚染がある。土呂久鉱山では亜ヒ酸を製造する過程で鉱石を燃焼させる。そのときのカス（焼滓（しょうさい））や排煙中にヒ素や二酸化イオウが含まれ，これが土壌を汚染しただけでなく，農作物に直接的な被害を与え，動物や人に慢性ヒ素中毒をもたらした。ヒ素による土壌汚染は，島根県笹ヶ谷（ささがだに）鉱山でも発生していた。

3 重金属による土壌汚染の特徴

重金属による土壌汚染原因の多くは人為的なものである。おもな排出源は，①金属鉱山の排水，②精錬工場の排水や排煙，③メッキ工場や皮革加工工場，金属製品製造工場などからの排水，④塗料，塗装，染色などによるもの，などがある。さらに，⑤電子工業の工場排水，⑥各種焼却場の排煙，⑦自動車の排気ガスなどにも重金属が含まれており，汚染源になる。

このほか，都市廃棄物も排出源になる可能性が大きい。下水処理によっ

表16-2　汚泥の平均的重金属含有率および都市ゴミコンポストの重金属含有率の範囲と平均含有率　(mg/kg)

		Cu	Cd	As	Zn	Pb	Ni	Cr	Hg
A 下水汚泥		173	2.26	6.9	961	48.2	37.4	49.0	1.02
B し尿汚泥		121	2.14	2.86	740	12.3	18.7	18.1	1.10
C 土壌		24.8	0.33	6.82	54.9	17.1	18.6	25.7	0.20
A/C		7.0	6.8	1.0	17.5	2.8	2.0	1.9	5.0
都市ゴミコンポスト	範囲	42～1,009	0.53～6.0	0.1～6.0	77～1670	64～911	4.1～49	29～202	0.4～10.7
	平均	213	2.17	2.8	641	232	27.2	83	2.28

Cu：銅，Cd：カドミウム，As：ヒ素，Zn：亜鉛，Pb：鉛，Ni：ニッケル，Cr：クロム，Hg：水銀
A/C：下水汚泥中の重金属含有率の土壌中重金属含有率に対する比率
データA, B, C：環境庁。都市ゴミコンポスト：渡部・栗原のデータを那須・佐久間（1997）が引用したもの

〈注7〉
特定有害物質とは，土壌に含まれることで，人に健康被害を与えるおそれのある農畜産物が生産されたり，農作物の生育を阻害するおそれのある物質のことである。

〈注8〉
基準値は以下のとおり。①カドミウムの場合，生産される米に含まれるカドミウム（Cd）濃度が，米1kg中0.4mg。法律には農地のうち田に限定するとの記載はない。しかし，内容からみてほぼ田に限定できる。②銅の場合，農地のうち田に限定し，銅（Cu）が土壌1kg中125mg。③ヒ素の場合，農地のうち田に限定し，ヒ素（As）が土壌1kg中15mg。

て発生する廃棄物（下水汚泥）や，生ゴミなどの処理物であるコンポスト（生ゴミ堆肥）などは，いずれも，重金属をかなり含んでいる（表16-2）。したがって，施与量を考えず，これらを気軽に農地へ施与してリサイクルすることは，かえって土壌汚染をもたらす可能性がある。

重金属は自然界で分解したり消滅したりしない。また，重金属の害作用が消失することはあまりなく，かりに重金属の害作用が一時的に失われても，再び毒性が復帰する可能性もある。汚染土壌は重金属を除去しないかぎり汚染被害を残したままである。除去したとしても，重金属自身は変質しないため，除去土壌が移転先で再び汚染をくり返す。

4 土壌汚染防止法，土壌汚染対策法

わが国では，重金属汚染によって私たちの健康被害まで経験した。そこで，こうした土壌汚染をくり返さないために「農用地の土壌の汚染防止等に関する法律」（いわゆる「土壌汚染防止法」）が，1970年に制定された。この法律では，特定有害物質（注7）としてカドミウム，銅，ヒ素の3種類が指定されている。これらの特定有害物質の量が基準値（注8）をこえた場合，農用地土壌汚染対策地域として指定し，その農用地の復元のための対策を講じることが規定されている。

さらに2002年には，土壌汚染による人の健康被害防止を目的に，「土壌汚染対策法」が施行された（2010年に大幅改正）。この法律では，①土壌

表16-3　土壌汚染にかかわる特定有害物質の土壌溶出基準および土壌含有基準（環境省，2017）

特定有害物質の種類		①地下水の摂取などによる危険性回避 土壌溶出量基準	②直接摂取による危険性回避 土壌含有量基準
第1種特定有害物質（揮発性有機化合物）	クロロエチレン	検液1ℓにつき0.002mg以下であること	
	四塩化炭素	検液1ℓにつき0.002mg以下であること	
	1,2-ジクロロエタン	検液1ℓにつき0.004mg以下であること	
	1,1-ジクロロエチレン	検液1ℓにつき0.1mg以下であること	
	シス-1,2-ジクロロエチレン	検液1ℓにつき0.04mg以下であること	
	1,3-ジクロロプロペン	検液1ℓにつき0.002mg以下であること	
	ジクロロメタン	検液1ℓにつき0.02mg以下であること	
	テトラクロロエチレン	検液1ℓにつき0.01mg以下であること	
	1,1,1-トリクロロエタン	検液1ℓにつき1mg以下であること	
	1,1,2-トリクロロエタン	検液1ℓにつき0.006mg以下であること	
	トリクロロエチレン	検液1ℓにつき0.03mg以下であること	
	ベンゼン	検液1ℓにつき0.01mg以下であること	
第2種特定有害物質（重金属等）	カドミウムおよびその化合物	検液1ℓにつきカドミウム0.01mg以下であること	土壌1kgにつきカドミウム150mg以下であること
	六価クロム化合物	検液1ℓにつき六価クロム0.05mg以下であること	土壌1kgにつき六価クロム250mg以下であること
	シアン化合物	検液中にシアンが検出されないこと	土壌1kgにつき遊離シアン50mg以下であること
	水銀およびその化合物	検液1ℓにつき水銀0.0005mg以下であり，かつ，検液中にアルキル水銀が検出されないこと	土壌1kgにつき水銀15mg以下であること
	セレンおよびその化合物	検液1ℓにつきセレン0.01mg以下であること	土壌1kgにつきセレン150mg以下であること
	鉛およびその化合物	検液1ℓにつき鉛0.01mg以下であること	土壌1kgにつき鉛150mg以下であること
	ヒ素およびその化合物	検液1ℓにつきヒ素0.01mg以下であること	土壌1kgにつきヒ素150mg以下であること
	フッ素およびその化合物	検液1ℓにつきフッ素0.8mg以下であること	土壌1kgにつきフッ素4,000mg以下であること
	ホウ素およびその化合物	検液1ℓにつきホウ素1mg以下であること	土壌1kgにつきホウ素4,000mg以下であること
第3種特定有害物質（農薬等/農薬+PCB）	シマジン	検液1ℓにつき0.003mg以下であること	
	チオベンカルブ	検液1ℓにつき0.02mg以下であること	
	チウラム	検液1ℓにつき0.006mg以下であること	
	ポリ塩化ビフェニール（PCB）	検液中に検出されないこと	
	有機リン化合物	検液中に検出されないこと	

に含まれる重金属などの有害物質が地下水に溶けだし，それを飲むことによる健康被害と，②有害物質を含む土壌を口や肌から直接摂取することによる健康被害に分けて考えている。この法律で指定されている特定有害物質は 26 種で，①の被害防止の立場で, 土壌から溶出する物質量の基準が設定されている（表 16 - 3）。また，②の被害防止の立場からは，26 種の特定有害物質のうち重金属を中心とする 9 種について，土壌に含まれる量の基準が決められている（表 16 - 3）。

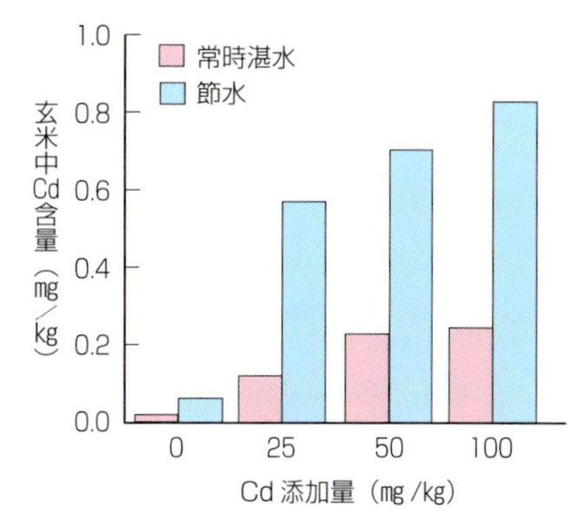

図 16 - 4　水管理による玄米中カドミウム（Cd）含量の変化
（那須・佐久間，1997）

5 汚染除去対策

重金属による土壌汚染を完全に除去することは非常にむずかしい。しかし，土壌中でのさまざまな反応を利用して，悪影響を抑制するために以下のような対策がとられている。

①**石灰資材の施与による土壌の酸性改良**：銅，亜鉛，カドミウムを水に溶けにくい物質に変化（不溶化）させる。

②**リン資材の施与による不溶化**：カドミウム，亜鉛，鉛，クロムなどをリンと結合させ不溶化する。熔成リン肥（ヨウリン）の効果が大きい。

③**水田のように水で土壌を覆って（湛水状態）酸素不足の状態（還元化）を維持**：土壌の還元化で硫化水素が発生し，それがカドミウム，亜鉛，銅，クロムなどを不溶化する（図 16 - 4）。ただし，ヒ素は還元化するとかえって毒性を増す（ヒ酸から亜ヒ酸への変化）ので，むしろ酸素が十分ある酸化的条件にするほうが被害軽減によい。

④**土壌の入れ替え**：汚染がおもに表層土であれば，汚染程度の軽い下層土と入れ替える（反転耕）。下層土は作物生産力が劣っている可能性が大きいので，この方法を採用した場合，下層土の土壌改良を必要とすることがある。汚染土壌を非汚染土壌と入れ替える（排土客土）ことも有効である。この場合，除去した汚染土壌の取り扱いがむずかしい。汚染土壌の上に非汚染土壌をかぶせる（客土）ことも可能である。いずれの客土でも厚みが重要である。

⑤**特異な植物の利用**：自然の植物のなかで重金属を特異的に吸収するもの（たとえば，シダ類の一部はカドミウム，セイタカアワダチソウは亜鉛をよく吸収する）を汚染土壌に栽培して，汚染物質を除去しようという試みである（注 9）。しかし，短期間で汚染物質を除去できるような植物はまだみつかっていない。

〈注 9〉
汚染された環境を，生物の働きで浄化して環境修復することをバイオレメディエーションという。このうち，植物を利用した環境修復をファイトレメディエーションとよぶ。

3 放射性物質による土壌汚染

1 福島第一原子力発電所事故による放射性物質の拡散

2011 年 3 月 11 日午後 2 時 46 分ころ，三陸沖を震源とする巨大地震とそれによる大津波（注 10）が発生した。この地震と大津波は，東北地方から関東地方の太平洋沿岸地域に壊滅的被害を与えた（図 16 - 5）。

福島県大熊町と双葉町に立地する東京電力福島第一原子力発電所（以下，

〈注 10〉
このときの津波の波高は，場所によっては 10m 以上，海岸から内陸へ津波がかけ上がる高さ（遡上高）は 40m にも達した。

図 16-5　東日本大震災の津波による被害状況
(2011 年5月 11 日，石巻市雄勝町雄勝)

福島第一原発と略）でも，地震とそれにつづく最大 15m の津波の被害を受けた。これによって福島第一原発は全ての電源を失い，稼働中の１号機から３号機の炉心冷却が不能になり，炉心溶融（注11）が発生した。その後，原子炉建屋(たてや)の水素爆発，原子炉格納容器の破損や原子炉の冷却水もれなどがつぎつぎに発生し，大量の放射性物質が大気，土壌，地下水，海洋などに放出された。国際原子力事象評価尺度（INES）で最悪のレベル７に分類される深刻な事故で，1986 年４月 26 日に発生したチェルノブイリ原子力発電所事故に匹敵する大惨事になった。

福島第一原発から放出された放射性物質が風によって広域に拡散し，作物の茎葉や枝などに沈着して農産物を直接汚染した。３月 19 日には，福島県の牛乳と茨城県のホウレンソウから食品衛生法上の暫定規制値（注 12）を上回る放射性物質が検出され，出荷が停止された（谷山，2014)。その他の県でも農産物に規制値をこえた放射性物質が検出され，出荷の自粛や回収がおこなわれた。

〈注 11〉
原子炉内部の冷却ができなくなり，核燃料が自身の熱で溶けだし，原子炉圧力容器の底に落ちてしまう現象。メルトダウンともいう。

〈注 12〉
暫定規制値は，食品から摂取することが許容できる放射線量を，放射性セシウムで年間５mSv までとして設定された。具体的には，食品１kg当たり，野菜類は放射性ヨウ素 2,000Bq，放射性セシウム 500Bq。牛乳や飲料水は，放射性ヨウ素 300Bq/kg，放射性セシウム 200Bq/kg（農林水産省，2011)。
ここで Sv はシーベルトで，人間が放射線を受けた（被ばくした）場合の影響程度を示す値である。mSv はミリシーベルトで，Sv の 1000 分の１を意味する。また，Bq はベクレルで，１Bq とは１秒間に１個の原子核が崩壊して放射線を出す放射能の量を示している。

2 農地土壌と農作物の放射性物質による汚染

福島第一原発事故によって放出された放射性物質は，放射性ヨウ素（^{131}I）と放射性セシウム（^{134}Cs，^{137}Cs）が主体であった。このうち，半減期（注 13）が比較的短い ^{131}I や ^{134}Cs による放射線の影響は徐々に小さくなっていく。しかし，半減期の長い ^{137}Cs は，長期にわたって土壌に存在し，土壌汚染を持続させる。

農林水産省は，農地土壌の放射性セシウム（Cs）濃度分布について，2011 年から 2017 年までの調査結果を公表している（農林水産省，2017a)。このうち，事故当年に最も広範囲に調査された濃度分布が図 16-6である（農林水産省，2012)。これによると，福島第一原発から北西方向と，そこから福島県中通り地方の北と南方向，さらにこの地域に接続する栃木県北部地方などに放射性 Cs 濃度の高い土壌が分布していた。

放射性物質に汚染された土壌で栽培された作物は，根から放射性物質を吸収し，その結果として農作物が放射性物質で汚染される。これが直接汚染のあとに発生する間接汚染である。作物の間接汚染による人への悪影響を避けるため，2011 年４月にわが国政府は，福島第一原発の半径 30㎞圏内と，土壌１kg中の放射性 Cs 濃度が 5,000 Bq をこえる水田でのイネの作付けを禁止した。この基準をこえる農地は福島県内でおよそ 8,900ha と推定された（谷山，2014)。

〈注 13〉
放射性物質は，放射線を放出して別の原子核に変化し，最終的に放射線を出さない安定した物質に変化する。この変化の時間はそれぞれの物質で決まっており，放射性物質が半分に減少するまでの期間を物理学的半減期という。半減期というのは，この物理学的半減期のことである。^{131}I の半減期は８日と短い。^{134}Cs の半減期は２年とやや短い。しかし，^{137}Cs の半減期は 30 年と長い。

しかし，イネの作付けが許された水田でも，生産されたイネから放射性 Cs 濃度が暫定基準値をこえる玄米が検出される場合もあった。

事故後１年が経過した 2012 年４月には，条件をより厳しく設定した新しい基準値（注 14）が設定された。しかし，その後も新基準値をこえる農作物が断続的に収穫され，そのつど出荷規制がおこなわれた。

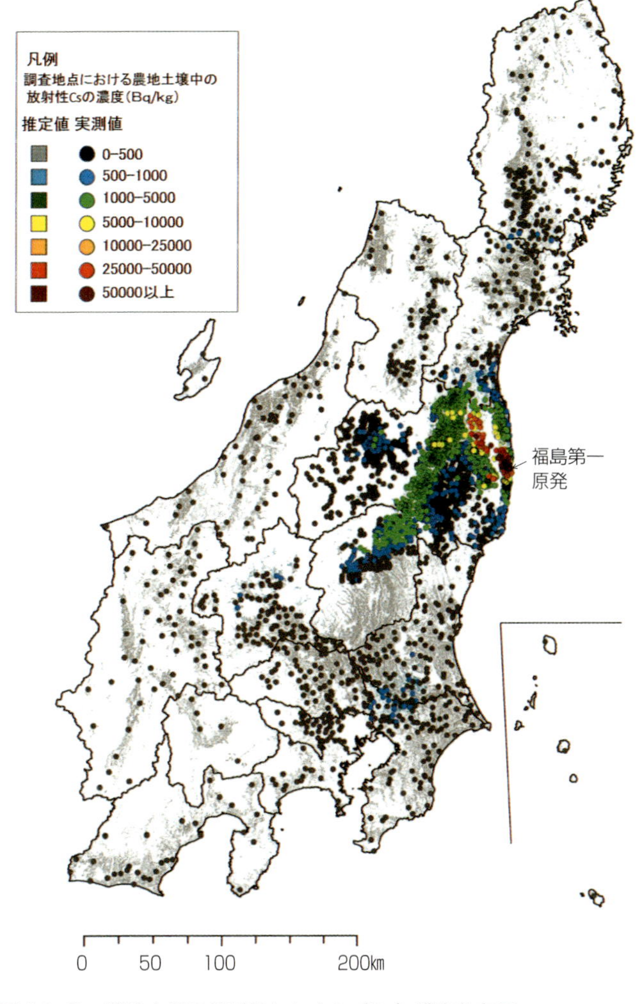

図 16-6　農地土壌の放射性セシウム（Cs）濃度分布図
（2011 年 11 月５日現在，農林水産省，2012）

注１）農地の分布は，独立行政法人農業環境技術研究所が 2010 年に作成・公開した農地土壌図（2001 年の農地の分布状況を反映）から作成
注２）推定値は，航空機による空間線量率の測定結果等を参考に試算した推計にもとづくものであり，一定の誤差を含んでいる

3　土壌に選択的に強く保持されるセシウム

❶セシウムは土壌表層付近に蓄積

大気中に放出された放射性セシウム（Cs）は，降雨によって土壌表面に沈下する。土壌表面に沈下した放射性 Cs は，正荷電１つの陽イオンとしてふるまう。これに対し，土壌は負荷電（マイナスの荷電）をもつため，セシウムイオン（Cs^{+}）は表層土壌の負荷電に吸着され，表層付近に蓄積する（Almgren and Isaksson, 2006）。

放射性 Cs が下方に浸透する速度は年間で 0.1 から 0.3cm の範囲であり，汚染土壌は表層５cm以内である（Arapis and Karandinos, 2004）。ただし，吸着された Cs は負荷電の性質によって，弱く吸着される場合と，強く吸着されて土壌に固定される場合がある。このため，Cs が土壌中で下方に移動する速度は土壌によってちがう。

〈注 14〉
2012 年４月１日から，放射性セシウムによる年間の許容放射線量の条件を５mSv から，より厳しい １mSv に引き下げられた。その結果，新たな基準値は，放射性セシウムで食品１kg当たり，一般食品 100 Bq，乳児用食品と牛乳 50Bq，飲料水 10Bq になった（厚生労働省，2012）。

❷土壌に吸着されたセシウムの植物による吸収割合は低い

作物は，比較的弱く土壌に吸着され，他の陽イオンとイオン交換しやすい形態（交換性陽イオン）で土壌溶液に放出された Cs^{+} を吸収する。しかし，実際には土壌に吸着された放射性 Cs が，陽イオン交換によって土壌溶液に放出される割合はきわめて低い（山口ら，2012）。したがって，植物に吸収される割合も低い。

これは，土壌の原材料になる物質（母材という）が，風化作用を受けて生成するある種の粘土鉱物（たとえば雲母系粘土鉱物のイライトやバーミキュライトなど。粘土鉱物は第５章参照）の構造中に，以下に述べるように Cs を選択的に強く吸着する部分ができ，そこに Cs が強く固定されるためと考えられている（中尾ら，2015）。

❸セシウムが土壌に強く吸着される仕組み

雲母系粘土鉱物は，アルミナ８面体シートを２つのシリカ４面体シート（注15）で挟み込んだ３層構造で１つの単位層をつくり，それが何層にも積み重なった構造をもつ（図16-7）。シリカ４面体シートの立体構造には，カリウムイオン（K^+）の大きさとほぼ一致するくぼみ（図16-7で示したSDC = Siloxane Ditrigonal Cavity）がある。そのくぼみに K^+ がピッタリとおさまり，単位層間で非常に強く保持される。このため，単位層のあいだ（層間）にはほとんどすき間ができない。

しかし，この層間で強く保持された K^+ のうち，単位層間の末端付近の K^+ は，長い年月で風化がすすむと層間から押し出され，カルシウムイオン（Ca^{2+}）やマグネシウムイオン（Mg^{2+}）などとイオン交換するものがでてくる（図16-8）。Ca^{2+} や Mg^{2+} の大きさは，K^+ より小さいものの，水分子にとり囲まれている分だけ大きく，上記のくぼみにおさまることができない。このため，層間のすき間に余裕ができて，層間の末端付近がしだいにめくれ上がっていく（図16-8）。

このめくれ上がった部分をフレイドエッジサイト（FES = Frayed Edge Site）という。このFESの一番奥のくぼみは，Cs^+ に対して選択的に働き，しかも Cs^+ が K^+ とほぼ同じ大きさなので，Cs^+ はシリカ４面体シートのくぼみ（SDC）にピッタリとおさまり，強く保持されて固定される（山口ら，2012）。

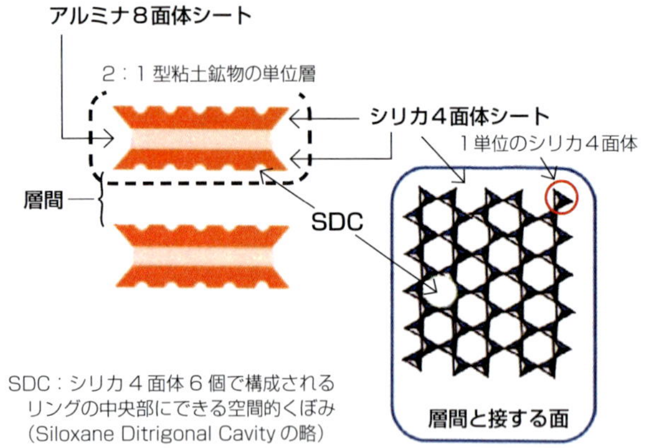

アルミナ８面体シート
２：１型粘土鉱物の単位層
シリカ４面体シート
１単位のシリカ４面体
層間
SDC
層間と接する面
SDC：シリカ４面体６個で構成されるリングの中央部にできる空間的くぼみ（Siloxane Ditrigonal Cavity の略）

図16-7　２：１型粘土鉱物の基本構造とシリカ４面体シートの立体構造にできるくぼみ（SDC）の模式図
（山口ら，2012に一部加筆）

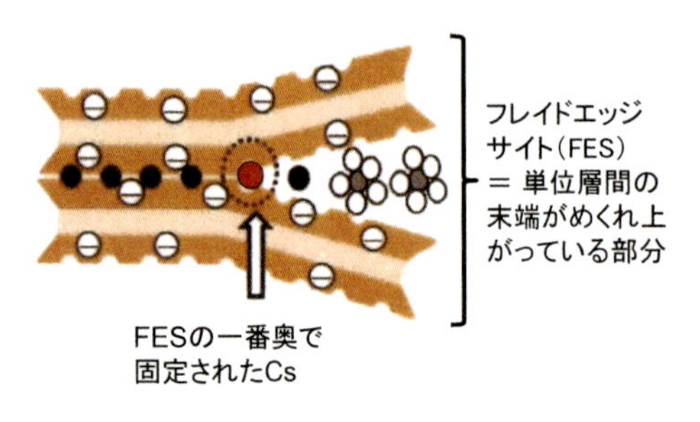

図16-8
雲母系粘土鉱物が放射性セシウム（Cs）を選択的に非常に強く保持する仕組みの概念図　（山口ら，2012より作図）
FES：フレイドエッジサイト（Frayed Edge Site）の略
●：固定されたセシウムイオン（Cs^+），●：カリウムイオン（K^+），❀：K^+ とイオン交換し，水分子に囲まれたカルシウムやマグネシウムなどのイオン，⊖：負荷電（マイナスの荷電）

4 セシウム固定能の土壌間差

上述したように，セシウム（Cs）を強く固定するフレイドエッジサイト（FES）を多量にもつ粘土鉱物は，２：１型粘土鉱物のなかでもバーミキュライト，イライト，雲母類（白雲母，黒雲母）である（山口ら，2012）。こうした粘土鉱物は風化のすすんだ低地土や台地土によく含まれている。同じ２：１型粘土鉱物でもスメクタイト族のモンモリロナイトは，層間が水を含んで膨らむ性質（膨潤性）をもっていて閉じない。このため Cs^+ を閉じ込めることができず，Csの固定能は弱い。

火山灰に由来する黒ボク土の多くは，アロフェンやイモゴライトなどが粘土鉱物の主体である。これらは明確な結晶構造をもたず，FESが生成されにくい。このため黒ボク土の多くは，

表 16-4　チェルノブイリ原発事故後に放射性セシウム（Cs）濃度の低減対策として実施された技術の概略と課題

（山口ら，2012 に一部加筆）

	技術		概略および課題など
物理的手法	汚染表面土壌の除去		・5cm程度の土壌をはぎとり，排土する。ウネ（畝）状態となっている畑地の場合，一定の深さの土壌を均一に削りとるのはむずかしい
	耕起		・圃場の土壌を混合または下層へ移行させる
		単純な耕起	・放射性 Cs の希釈効果はあるが汚染を拡散させ，汚染土壌を増やす可能性がある
		深耕	・5cmまでの深さで汚染土壌の層を削りとって，掘りおこされた耕作可能な土層（30～50cm）の下にすき込む ・汚染された深い層の土壌が掘り返されたり，その層に根が到達したりするのをさけるため，すきおこし後の耕作は，浅い層にかぎるべきである ・深くすきおこすと，土壌の肥沃度を大きく低下させるおそれがある
		天地返し	・汚染された表層土壌を下層の土壌と入れ替えるもの ・通常，1回のみ（2回目をおこなうと，汚染土壌が再度表面にでてくることとなる）
化学的手法	石灰		・土壌 pH を上昇させて，放射性 Cs の作物への可給性を低下させる ・石灰施用の効果が高いのは，酸性土壌である
	肥料		・放射性 Cs の作物吸収を養分競合によって減らす。また，植物の生産の増進によって，植物体内の放射性物質濃度を低下させる
		カリウム注）	・効果は，土壌の交換性カリウム（K）の量に強く依存する。K の量が少ないか最適な場合は，多量の K 肥料の施与が非常に効果的である。K の量が多い土壌の場合には，作物生産による消費を補う程度の適度な量の K 肥料でよい
		窒素	・窒素量が過剰になると，作物が放射性 Cs を吸収しやすくなる
		有機質資材	・主要な低減効果は K の供給と考えられる。放射性 Cs を固定する部位（フレイドエッジサイト，FES）を増加させる効果は小さい
	吸着資材		・ゼオライト，粘土鉱物などに放射性 Cs を吸着させ，植物への可給性を低下させる
生物学的手法	品種の選択		・Cs を吸収しにくい品種の選抜 ・気候や土壌の条件に適した代替作物を探索する必要がある
組み合わせ	Radical Improvement（劇的な改良）		・古い根を破壊し，土壌を耕起し，肥料や石灰を施与し，豆や穀草（穀物や牧草）を播くことによって，新しい土壌をつくる ・チェルノブイリ事故では，牧草地などで推奨されている

注）農林水産省（2014a）によると，土壌中の交換性カリウム（K_2O として）が 25mg/100g 以上であれば，玄米の放射性 Cs 濃度が食品としての基準値以下に抑制できる。
同様に，ソバでは土壌の交換性 K_2O が 35mg/100g 以上（農林水産省，2014b），黒ボク土で栽培される牧草では，30～40mg/100g 以上（農林水産省，2014c），大豆では 25mg/100g 以上（農林水産省，2015）であれば，作物の Cs 濃度を基準値以下に抑制できるという具体的な指針を示している

岩石を母材とする鉱質土壌より Cs 固定能が弱いと考えられている（山口ら，2012）。

黒泥土や泥炭土などの有機質土壌も，黒ボク土と同じ理由で雲母系粘土鉱物を主体とする土壌より Cs の固定能が弱く，Cs の多くは移動しやすい交換性陽イオンとして存在している可能性が大きい（山口ら，2012）。

5 農地での放射性セシウムの除染対策

土壌中の放射性セシウム（Cs）が，水田土壌の作付け制限基準である 5,000Bq/kg をこえる農地は，当初福島県内で 8,900ha と推定されていた（谷山，2014）。それが，2017 年には，作付け制限された水田が 2,100ha にまで減っている（農林水産省，2017b）。これは，チェルノブイリ事故以降，農地を対象にさまざまな放射性 Cs 低減対策が検討され（表 16-4），そうした除染対策がとられた成果といえる。

ただし，なによりも不思議なことは，土壌汚染でこれだけの大きな不安を与える放射性物質が，わが国の「農用地の土壌の汚染防止等に関する法律」（いわゆる「土壌汚染防止法」，1970 年制定）の特定有害物質から除

〈注 15〉
粘土鉱物は2つの基本となる層状構造をもつ（詳細は第5章参照）。1つはケイ素と酸素からできるシリカ4面体がつながりあったシリカ4面体シート。もう1つが，アルミニウムと酸素からなるアルミナ8面体がつらなってできるアルミナ8面体シートである。雲母類のようにアルミナ8面体シートを2つのシリカ4面体シートで挟み込んだ単位層をもつ粘土鉱物を2：1型粘土鉱物といい，アルミナ8面体シートとシリカ4面体シートが1つずつの単位層をもつ粘土鉱物を1：1型粘土鉱物という。

外されている（第２条３項）ことである。また，「土壌汚染対策法」（2002年制定）でも，放射性物質の除外規定は残されたままである（第２条第１項）（注 16）。土壌汚染対策法は，チェルノブイリ原発事故以後に制定された法律である。その時点で，放射性物質が原発から周辺環境に流出して土壌を汚染する事態が想定されるなら，除外規定は残されなかったはずである。なぜ，このような除外規定が生き残りつづけたのだろうか。

〈注 16〉
「水質汚濁防止法」でも，放射性物質による水質の汚濁およびその防止については，この法律を適用しないという除外規定が明記されている（第 23 条 1 項）。

6 チェルノブイリと福島の教訓からなにを学ぶのか

上述した除染対策は，たしかに農作物のセシウム（Cs）濃度低減に大きな効果を示した。しかし放射性 Cs は土壌に固定されていることが多く，除染対象となった土壌中には放射性 Cs が残存したままである。したがって，除染は汚染土壌を別の場所に移した「移染」にすぎない。しかも食品の放射性 Cs 濃度の新基準値以下で「安全」であったとしても，放射性 Cs を含む食品を幼児から大人まで微量ながらも摂取することにちがいはない。

福島第一原発事故の場合，土壌汚染だけにとどまらず，放射性物質で汚染された地下水が海洋に流出するのを完全に防ぐことに成功していない（2018 年 8 月現在）。福島第一原発から出る汚染水は蓄積する一方で，その保管場所をどのように確保するのかも先がみえない。

人類はチェルノブイリ原発事故とその後の放射性物質による悲惨な現実を経験した。この事故は，人類の宝といわれる土壌，チェルノーゼムを放射性物質で汚染してしまった。ベラルーシのジャーナリスト，スベトラーナ・アレクシェービッチ（Alexievich, S., 1948 ～）（注 17）は，原発事故による放射能汚染に遭遇したベラルーシの人々の嘆き，悲しみ，そしてその悲惨な現実によって愛する人を失う悲劇を，著書『チェルノブイリの祈り－未来の物語』に克明に記録した（アレクシェービッチ，1998）。彼女はその著書で，チェルノブイリ原発事故によって，ベラルーシやウクライナでは 1986 年 4 月 26 日以前の世界をとりもどすことができなくなってしまったことを強く訴えている。そして，そうした事故が「未来の物語」となってどこかの国で再現されることを予見した。その予見を福島で再現したのが日本であった。この日本でも，2011 年 3 月 11 日以前の清浄な土壌や大気，地下水，海洋の環境をもはやとりもどすことはできない。

〈注 17〉
2015 年のノーベル文学賞受賞者。ベラルーシは，チェルノブイリ原発が立地するウクライナの隣国である。

私たちはこのチェルノブイリや福島の原発事故からいったい何を学び，何を教訓として次世代につないでいけばよいのだろうか。

第17章 持続的食料生産と土壌保全

1 古代文明崩壊からの教訓

1 土壌と文明

原始人は，みずからを自然環境に適応させて生きていた。これは，ほかの動物と全く同じだった。しかし，約1万年前，自然に従順な人類が農耕を定着させた。それまでの狩猟生活からの道のりは長く苦難の連続だった。人類の知恵と発明した道具で，周辺の動植物を自分たちの生活に取り込んだのである。農耕による食料生産は，人類がなしとげた最初の偉業だった。

農耕によって食料の安定生産の基盤ができ，人口扶養能力も高まった。しかし皮肉なことに，これによって狩猟生活へのあともどりができなくなった。いったん増えた人口を狩猟生活では支えきれないからである。農耕定住生活は，自然生態系からはなれて人工の生態系をつくり，集落をつくってしだいに繁栄していった。ここに古代文明の芽ができた。

こうしてできたのが世界の4大文明で，それぞれの立地条件に対応して独自のものを築いていった。共通しているのはチグリス・ユーフラテス，ナイル，インダス，黄河など全て大河の流域で花開いたことで，いわゆる低地土（沖積土）地帯にある。大河が上流から多量の土砂を運搬し，それが堆積して肥沃な土壌をつくり，そこに文明の基礎が築かれた（注1）。

しかしこの文明の繁栄は，30～70世代（800～2000年）以上長続きすることはなかった。その根本的な原因は，自然生態系を無視し，土壌肥沃度を維持することに関心をはらわなかったゆえに，食料を持続的に生産できなくなったためと，カーターとデール（1975）はその名著『土と文明』で指摘している。

2 肥沃な三日月地帯，メソポタミアの例

チグリス川とユーフラテス川の流域と，その上流地帯からヨルダン川流域，死海までの低地帯が「肥沃な三日月地帯」である（注2）。旧約聖書の時代，エジプトで奴隷として暮らしていたイスラエルの民は，モーセに率いられてエジプトからこの「乳と蜜の流れる土地」カナン，すなわちヨルダン川の西岸をめざした。この土地にはいるのを許されなかったモーセが，民と別れる前にカナンをながめたのがネボ山である（旧約聖書，申命記34章）。当時，カナンはまさに緑あふれる肥沃な土地だった。だが，現在のネボ山からのながめは一面の荒野である（図17-2）。どこにも，「乳と蜜の流れ

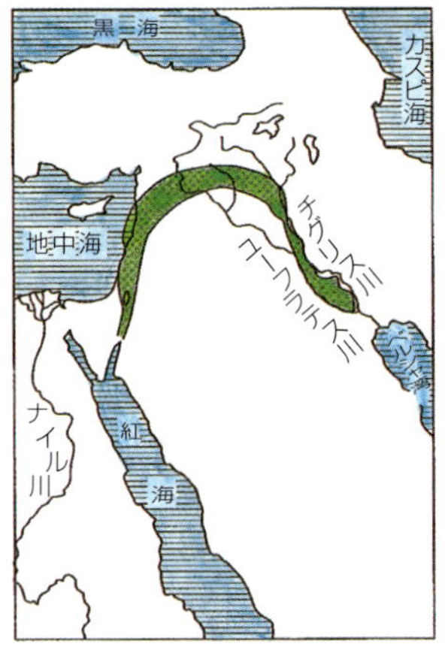

図17-1　肥沃な三日月地帯
（三笠宮，1967）
メソポタミアは，チグリス川とユーフラテス川によってはぐくまれた世界で有数の肥沃な地帯であった

〈注1〉
ただし，川の流域すなわち文明の発祥地ということではない。流域の湿地は人間生活には適さない。大きな川では洪水が頻発するし，湿地で疫病が発生するところは手におえない。わが国でも，近畿地方で稲作がはじまったのは，淀川や大和川の沖積地ではない。大和地方の沢田であった（岡島，1976）。大河流域の比較的おだやかな地勢のところが，文明の開花に最も適していたのである。

〈注2〉
この低地帯を「肥沃な三日月地帯」とよんだのは，米国の古代オリエント学者ブレステッド（Breasted, J. H., 1865～1935）である。

図 17-2　ネボ山からながめたカナン方向
（写真提供：菅沼英二氏）

る土地」の面影をみいだせない。なぜそうなったのだろうか。

もともとこの地域は降水量が少ない。そのため，作物栽培にはチグリス・ユーフラテス両河川から水を引き込み，土地をうるおす，かんがい（灌漑）が必要だった。両河川上流にあるアルメニア高原には，銘木レバノン杉に覆われた豊かな森林があった。しかし人があつまると，燃料や建材用に森林が伐採され，家畜も過放牧された。森林を失った高原の土壌は水を保持しきれなくなり，表土が侵食され土砂が河川に流れ込み，かんがい用水路に堆積した。用水路の機能を維持するために，奴隷労働によってその土砂を除去していた。

しかし，メソポタミアを外部から攻撃する民族は，かんがい水路の土砂の除去が重要だとは思わなかった。やがてかんがい水路は土砂でふさがれ，使用不能になっていく。そして，そのつど新しいかんがい水路が掘られるという悪循環がはじまった。決定的な打撃は，遊牧民である蒙古人がこの地域を襲ったときにおとずれた。遊牧民はかんがいの重要性が理解できなかったため，かんがい水路を完全に破壊しつくしてしまった。さらによくないことに，蒸発のさかんなこの地域では，かんがいによって地下水と地表がつながると，おびただしい塩類が地表に導かれ土壌表層に蓄積した。いわゆる土壌の塩類化現象（本章4項参照）である。塩類化は，土壌の作物生産力を完全に失わせてしまった。

食料生産に不可欠な，かんがい水を確保するための水路が土砂で埋められたこと，さらに土壌が塩類化しやすかったこと，こうした要因がメソポタミアでの食料の持続的安定供給を困難なものにし，人口扶養能力を低下させた。こうして文明が衰微していった。

〈注3〉
これは古代ギリシャの歴史家ヘロドトス（BC485？～BC420？）の言葉である。彼の著書『歴史』でこの言葉が用いられている（ヘロドトス，1971）。彼は，ギリシャ人が通行しているエジプトの土地が新しく獲得された土地であり，ナイル川によって運び込まれた堆積物の賜物であるという文脈でこの言葉を用いている。したがって，ナイル川のおかげで文明がはぐくまれたという意味でこの言葉を用いるのは，ヘロドトスのもとの意味をとりちがえているかもしれない。

3 エジプト・ナイル川流域の例

❶自然を生かした土壌肥沃度の維持

同じ古代文明発祥の地でもエジプトのナイル川流域は，メソポタミアとは事情がちがっていた。ナイル川は毎年正確な周期で増水と減水をくり返す。これは，おもな水源がアビシニア高原と中央アフリカの高地の雪解け水だったからである。年に一度，夏に必ずやってくるゆるやかな洪水は，古代エジプトだけでなく，最近まで何千年もかわることなく実りをもたらした。まさに「エジプトはナイルの賜物」（注3）だった（図 17-3）。

定期的なナイルの洪水を利用した作物栽培法が考案され，それが「湛水（たんすい）かんがい」だった。まず，ナイル川の流域に沿って，水田の畦（あぜ）のような囲みをつくっておく。そこに，増水期の洪水であふれだしたナイルの水が，田植え前の水田のように蓄えられる（湛水状態）。数週間その状態を維持すると，水に含まれる肥沃なシルト分（微砂，第5章5項参照）が地面に沈殿し，土壌にも十分な水が浸透する。その後，余剰な水を排水し，肥沃な泥の地面にコムギなどの種子を播く。

図 17-3
エジプトを支えたナイル川とカイロ市街

自然との調和を考えた古代エジプトの人々は，増水期のナイルの巨大な水のエネルギーを征服しようとしなかった。むしろ自然を上手に利用した技術を確立した。しかし，この技術にも欠点があった。それは，年1回のナイルの増水期しか作付けできないという弱みであった。

❷通年かんがいへの転機

19世紀以降になると，エジプトでは綿花の輸出が計画された。ところが，綿花はナイル川の減水期にあたる3～4月に播種され，10月に収穫される夏作物である。このため，増水期の水路を利用した水を導入することができない。そこで，減水期の低い水位の水でも利用できる，深いかんがい用運河が掘られた。低い水位から耕地への揚水には，水車のような機具が使われた。こうして，ナイルの水量の増減に関係なく，1年を通して水を利用する環境が整っていった。

通年かんがいへの熱い思いが，1903年，イギリスの援助によるアスワンダムを完成させた。ダムによっていつでもかんがいできるようになり，洪水に依存する不安定な農業から，かんがいによる安定した農業生産が約束された。干ばつの被害もなくなった。

安定した食料供給のおかげで人口が大きく増え，1882年に700万人だった人口が，70年後の1952年には2,000万人に達した。その結果，土地利用がすすみ原流域の山林が伐採され，家畜の過放牧もはじまった。こうした上流での変化で，以前は年に1/20インチしか運ばれなかったシルトを含む土砂分が，しだいに多くなっていった。ダムはこの土砂で徐々に埋められ，その機能を十分に発揮できなくなった。

図17-4　エジプト・アブシンベル神殿
アスワン・ハイダムの建設によって水没するため，丘陵地帯へ移設された。ラムセス2世によって建設された神殿（写真提供：青柳 剛氏）

ダムの機能低下はかんがい不能をもたらし，作物生産の減少につながった。あわててアスワン・ハイダムの建設が，こんどはソビエト（現在のロシア）の援助で1960年に着工された。10年後の1970年にダムが完成した（図17- 4）。これによって約294万haの湛水かんがい地が，通年かんがい地に転換された。さらに，作付けが従来の1年1回から1年数回が可能になり，作付面積が大幅に拡大した。

❸ダムの功罪と自然の摂理

アスワン・ハイダムの完成は水問題を解決したかにみえた。しかし，新たな問題をつくりだした。はりめぐらされたかんがい用水路（図17 - 5）に水生カタツムリが大発生し，それを中間宿主とする寄生虫ビルハルツ住血吸虫の蔓延と，土壌の塩類化（本章4項参照）である。

図17-5
ナイル川から引き込まれた用水路で潤う農地
（エジプト・カイロ郊外）

年に一度のナイルの洪水は，地表に蓄積されがちな塩類を洗い流してくれた。しかも，養分に富む肥沃なシルトを上流から運び，古い土壌の上に堆積してくれる。これによって，やっかいな土壌の塩類化現象を自然に克服し，土壌の肥沃度が維持されていた。これが「肥沃なナイルの低地土」を裏付ける古くからの自然の摂理であった。

しかし近代になって，人々はナイルの流れを自分たちで制御しようと試みた。かつて，あえてナイルの流れを征服しようとせず，「湛水かんがい」を利用して自然にしたがっていたことを忘れたのだろうか。農業安定化のために築かれたはずのアスワン・ハイダムは塩害をもたらした。「肥沃で優良なナイルの耕地」は，1982年当時でエジプトの全耕地面積のわずか6.2%しかないという（NHK取材班，1982）。「肥沃なナイルの低地土」といわれたエジプトの豊かな土壌は，まさに伝説に埋もれようとしている。自然の摂理を生かしきれなかった，かんがい農業の悲劇である。

❹生かされない教訓

人類はこの悲劇をすでにメソポタミアで経験していたはずだった。カーターとデール（1975）はその名著『土と文明』のなかで，「文明人は地球の表面を渡ってすすみ，その足跡に荒野を遺していった」（注4）と記述している。この言葉が現代エジプトにもあてはまってしまった。ただし，最近になってこれを悲劇に終わらせないよう，エジプトではさまざまな対策がおこなわれている。

たとえば，幹線排水路の整備や圃場内暗渠（あんきょ）（注5）などの設置である。こうした整備と適切な肥培管理の普及により，上記の深刻な問題が解決方向に向かっているという（真勢，1997）。

古代文明の衰退が私たちに教えるのは，食料生産の基盤である土壌を保全しないで食料の確保はあり得ず，高度な文明も維持できないという事実である。太平洋の孤島イースター島（注6）での資源の枯渇による文明の崩壊もまた，現代の私たちに貴重な教訓を提供している（ポンティング，1994）。これらの教訓をどう生かすかが私たちに問われている。

しかし，現実には地球規模の環境変化や人為的な要因などで土壌環境が悪化の一途をたどっている。土壌環境がどのように悪化しているのか，どんな要因がそれをもたらしたのか，以下の項で考えてみたい。

2 人口問題と土壌環境

1 食料問題をとりまく現実

2016年現在で地球上には，栄養不足による慢性的な「飢え」に直面している人たちが8億人もいる（FAO，2017a）。2017年の人口が76億人であるから（FAO，2017b），じつにおよそ10人に1人が食料不足にあえいでいることになる。もちろん，飢えを発生させる要因がたんに食料不足だけと早計な判断をしてはならない。この問題には，政治的，経済的な要因も複雑に関係しているため（ジョージ，1984），食料生産の増大だけでただちに飢餓の根絶につながるとはかぎらないからである。

オクスファム（Oxfam）（注7）の調査報告によれば（Oxfam，2017），2017年時点で世界のわずか8人の資産家（注8）の富が，世界人口のおよ

〈注4〉
フランスの政治家で，小説家でもあったシャトーブリアン（Chateaubriand, F., 1768～1848）の言葉（石ら，1994）。

〈注5〉
畑の地下に排水管を埋設し，余剰の水を排水すること。

〈注6〉
チリ，サンチャゴからおよそ3,700㎞西方の太平洋上の島。かつて，モアイ像に代表される巨石文化があった。

〈注7〉
オクスファム（Oxfam）は，世界90カ国以上で貧困を克服しようとする人々を支援し，貧困を生みだす状況をかえるために活動する国際協力団体である。日本にもOxfam Japanが組織されている（http://oxfam.jp/）。

〈注8〉
Oxfamが指摘した8人の資産家は以下のとおり。
①ビル·ゲイツ，②アマンシオ·オルテガ，③ウォーレン・バフェット，④カルロス・スリム・ヘル，⑤ジェフ・ベゾス，⑥マーク・ザッカーバーグ，⑦ラリー・エリソン，⑧マイケル・ブルームバーグ

そ半分にあたる36億もの人たちの富の合計に等しいという，利益の独占状態がつづいている。食料問題でも同じで，食料が富めるものに買いしめられ，貧困にあえぐ人に十分に配分されていない。食料問題は，もはや技術的な問題だけでないことは明らかである（ボヴェ・デュフール，2001）。

しかしそういう問題があったとしても，結局のところ，食料生産を今後も持続的に発展させなければ地球上の飢えを克服できないことも，また，たしかである。現在の地球でそれが可能なのだろうか。それが疑わしい。

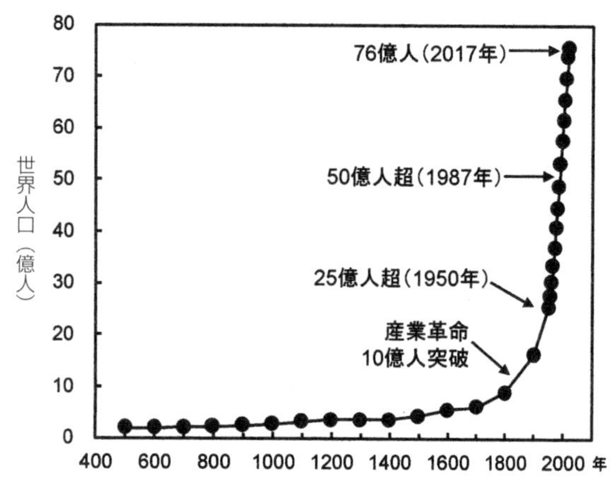

図 17-6　世界人口の推移

500～1400年は荏開津（1994）のデータ，1500～1900年はブラウン（2000a）のデータ，1950～2017年はFAOのデータ（FAO，2017b）で作図

2▌人口爆発

地球上の人口が10億人を突破したのは，産業革命の時代の1804年である（図17-6）。人類の祖先が地球上にあらわれ，直立歩行という画期的行動様式をとったアウストラロピテクスがアフリカに登場したのが，およそ400万年前とされているから，気の遠くなる時間を経て10億人に到達した。ところが，20億人を突破したのは1927年。この間123年しかない。その後も人口の増加はとどまることなく，1987年には50億人となり，現在（2017年）は76億人と推定されている。

産業革命後の200年間で6倍以上，第二次世界大戦後の1950年からの67年間だけでも人口は3倍に増えた。この人口の増加はまさに「爆発」というにふさわしい。国連の人口統計は2050年の人口を98億人，2100年には112億人と推定している（United Nations, 2017）。しかもこの「爆発」の原動力は，飢えにあえぐ途上国の出生率の高さである。

3▌食料増産への化学肥料の役割

この増えつづけた人口を支えた要因の1つが，20世紀の驚異的な食料増産だった。20世紀のはじめ1900年の穀物生産量はおよそ4億t（ブラウン，1999），それが世紀末に近づいた1999年にはおよそ21億t，5倍以上の増産だった（FAO，2017c）。人類の歴史上，これほどの食料増産をはたした世紀はない。農耕地の拡大だけでなく，単位面積当たり生産量（以下，収量と略）を増やすための品種改良，化学肥料，農薬，機械などを駆使した技術開発が食料増産を可能にさせた。それが「緑の革命」（注9）である（ブラウン，1971）。事実，「緑の革命」の時代以降，すなわち，1960年以降，化学肥料の使用量が急激に増加した（第10章6項，図10-5参照）。とくに，作物生産に大きな影響を与える窒素の使用量は，1910年にくらべ1960年は16倍であったのに対して，2015年は192倍にも増えた。

「緑の革命」以降の1961年から21世紀にはいった2015年まで，主食になる穀物の生産面積は，6.5億ha（1961年）から7.3億ha（1981年）の

〈注9〉
アメリカ国際開発庁長官だったウィリアム・ゴード（William Gaud）が最初に用い，レスター・ブラウン（Lester Brown）のレポート「緑の革命」（ブラウン，1971）によって普及した言葉。1940年代から60年代にかけて，高収量品種（草丈が低く，施肥量を増やしても倒伏せず，肥料に応答でき，葉を直立させて光合成能を高めた品種）を用い，適切に病害虫防除をおこない，十分な水と肥料を供給することで，穀物（トウモロコシ，コムギ，イネ）の大幅な増産に成功した技術開発のこと。

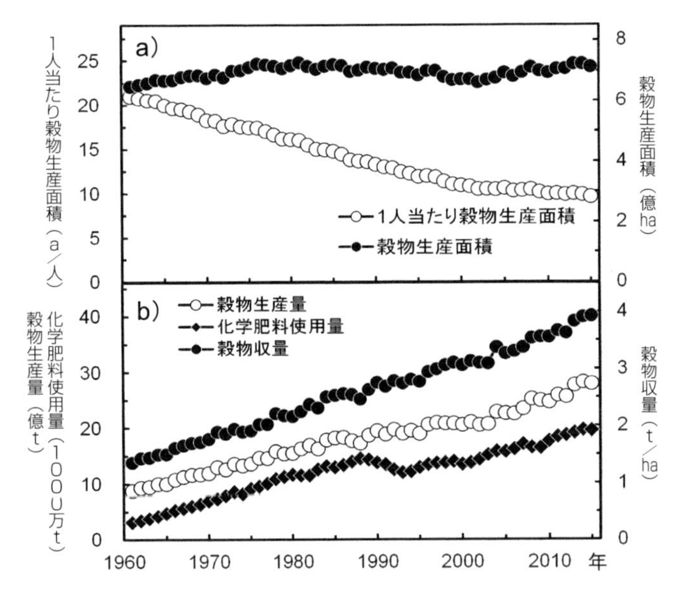

図 17-7
世界の穀物生産面積，1人当たり穀物生産面積，穀物生産量，穀物収量，化学肥料使用量の推移　（FAO，2017b，c，d，e から作図）
穀物は，すべての穀物（Cereals）の世界合計。化学肥料使用量は，窒素（N），リン（P_2O_5）およびカリウム（K_2O）の年間世界合計値

範囲内で大きな変化はない（図 17-7 a）。しかし，人口増加がつづいているため，1人当たりの穀物生産面積はひたすら減少した。ところが穀物の生産量は，1961 年以降 2015 年まで増加傾向が持続している（図 17-7b）。面積が停滞する一方で生産量の増加傾向がつづいたのは，収量が増加したことによる（図 17-7b）。そして収量の増加に対応して増加したのが，化学肥料使用量である。両者の関係はきわめて密接で（図 17-8），みかけ上，化学肥料使用量が収量の増加を支えている。

穀物生産量の増加が，増えつづける人口に対応していたかどうかは，1人当たりの穀物生産量から理解できる。1人当たりの穀物生産量は，1961 年の 284kg から 1985 年の 374kg へと増えた（図 17-9）。この期間，穀物生産量の増加が人口の増加を上回っていたことになる。しかしその後，1人当たりの穀物生産量は減少に転じ，2003 年の 325kg まで低下傾向がつづいた。人口の増加速度に穀物生産が追いつけなくなったのである。この期間の1人当たり化学肥料使用量も同時に減り，その後は停滞していた。

ところが，1人当たり化学肥料使用量が 2001 年に 22.1kg で最低値を示してから増加に転じ，2015 年の 26.5kg まで高まった。それに同調して1人当たりの穀物生産量も増加に向かい，ついに 2014 年にはそれまでの最

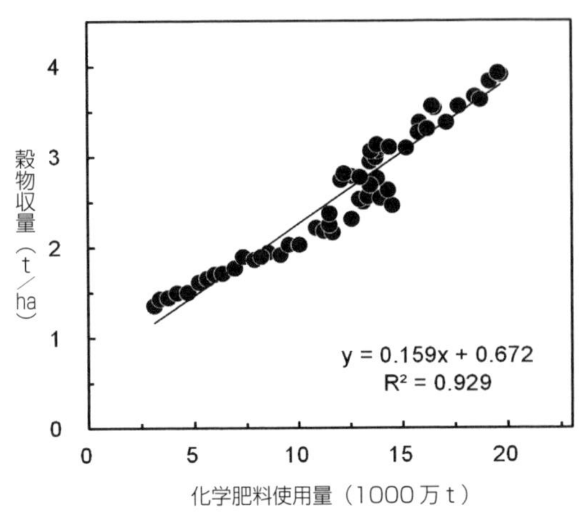

図 17-8　世界の穀物収量と化学肥料使用量との関係
（FAO，2017c，d，e から作図）

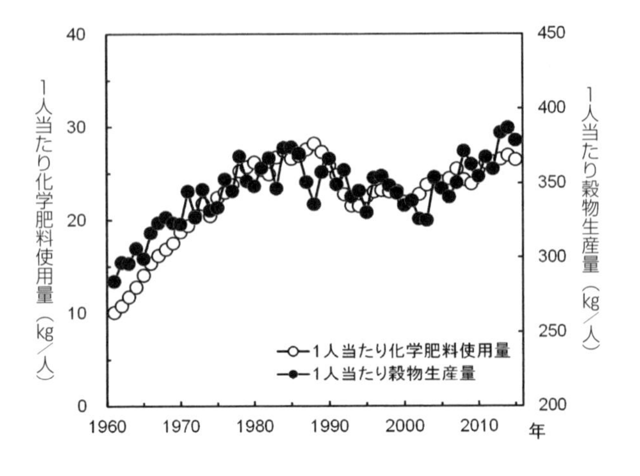

図 17-9
世界の1人当たりの穀物生産量と化学肥料使用量の推移
（FAO，2017b，c，d，e から作図）

高であった1987年を追いこし387kgまで増えた。このような化学肥料の食料増産への重要な役割は，まさにスミルの指摘（注10）そのものである（Smil V., 2001）。

〈注10〉
スミルは，その著書で（Smil, 2001），「20世紀最大の発明は，飛行機，原子力，宇宙飛行，テレビ，コンピュータではなく，アンモニア合成の工業化である。これなくして，1900年から2000年までの100年間に，人口が16億人から60億人まで増加することはなかった」と述べ，ハーバーによって発明された，空気中の窒素ガスからのアンモニアの合成（1909）と，ボッシュによるその工業化の成功（1913）の重要性を指摘した。

4 食料増産の持続性への不安

20世紀末，1人当たりの穀物生産量が減少に転じたとき，食料不安が広がった。かつてマルサスはその著書『人口論』で，食料増産が人口増加に追いつかず，そのため食料不足による絶望的な破局がやってくると警鐘をならした（マルサス，1927）。そのマルサスの不安が現実味を増していた。しかし，現状では，化学肥料使用量の増加で収量を高めてその不安を克服したかにみえる。

ところが，スミルが指摘した20世紀最大の発明である，ハーバー・ボッシュ法による空気中の窒素ガスからのアンモニア合成には，化石燃料という有限のエネルギー資源を必要とする。リンやカリウムにしても，原料になる鉱石はいずれも有限の資源である。化学肥料が現在と同じように永遠に利用できるということはありえない（松中，2013）。

それ以上に食料をこれまでのように増産しつづけていくことを困難にするのは，食料生産の基盤である土壌自身が食料生産に利用できなくなってしまう現象，すなわち「土壌の劣化」がすすんでいることである。

3 土壌劣化と発生要因

「土壌劣化」とは，農地で不適切な土壌管理や生産性を上げるあまり，土壌から過度の収奪をおこなった結果，土壌が荒廃し作物の生産性を著しく低下，もしくは皆無にしてしまう現象のことである（注11）。

〈注11〉
類似の用語として「砂漠化」がある。1994年に採択された「砂漠化に対処するための国連条約（1996年発効）」では，砂漠化を次のように定義している。砂漠化とは，乾燥地域，半乾燥地域，乾燥半湿潤地域での種々の要因（気候の変動および人間活動を含む）によってもたらされる土地の劣化である。ここでいう土地の劣化とは，上記3地域で，土地の利用や人間活動，居住形態に起因するものを含め，土壌が侵食されたり，土壌の特性が損なわれること，さらに自然の植生が長期的に失われることなどのために，耕地や森林の生物学的または経済的な生産性および複雑性が減少，あるいは失われることをいう。

もともと，土壌は環境の産物である。土壌は与えられた環境のもとで最も安定する方向に変化し，つくりあげられるからである。したがって人間活動がその変化の範囲内であるかぎり，土壌自身が原因になって劣化することはありえない。人間活動が環境のもたらす変化以上の変化を土壌に与えたとき，土壌劣化が発生する。人間活動に起因する土壌の劣化は，世界で20億ha程度，全植生地のおよそ17%にもなると見積もられている（表17-1）。土壌を劣化させる人間活動とは具体的にどんなことだろうか。

表17-1 人間活動に起因する世界の土壌劣化状況（単位：100万ha）（UNEP・国連環境計画，1997）

地域	過放牧	森林減少（過伐採）	不適切な農業管理	過剰開発（過開墾）	産業*	合計	各地域の全植生地に占める劣化面積の割合（%）
アジア	197	298	204	46	1	747	20
アフリカ	243	67	121	63	0	494	22
南アメリカ	68	100	64	12	0	243	14
ヨーロッパ	50	84	64	1	21	219	23
北アメリカ	38	18	91	12	0	158	8
オセアニア	83	12	8	0	0	103	13
世界	679	579	552	133	23	1,964	17

*：都市・産業からの廃棄物などの蓄積，農薬の過剰使用，油の漏えい，大気汚染による酸性化など
注）表中の合計や世界の数値が単純合計値と一致しないのは，単位を100万haにした四捨五入の影響である

図 17-10　焼畑移動耕作
西アフリカ・コートジボアール，アビジャン郊外

1 不適切な土壌管理─過剰耕作

農耕に適した便利な土地ほど早くから開墾されている。また，そのような土地ほど人間が多く住む。人間が住むには住む場所がいる。道路もつくらなければならない。産業開発用地も必要である。こうして，人口の増加が農耕地を食いつぶす。しかも現時点で農耕地を拡大しようとしても，農耕適地のほとんどは開発されているため，すでに限界にきている。その一方で人口増加がつづくため，すでに述べたように世界の1人当たり穀物生産面積は減少の一途をたどっている（図 17-7a）。結果的に，食料増産は単位面積当たりの増収に期待せざるを得ない。

開発途上国のような粗放な農業地域では，養分補給や土壌管理に十分な注意がはらわれず過剰耕作がくり返され，土壌の酷使がすすむ。焼畑移動耕作（図 17-10）も，かつては土壌肥沃度と森林が十分に回復してから再利用した。しかし，最近はそれができなくなってきた。人口が増加したため，移動耕作のための耕地面積が減少したからである。乾燥地域や半乾燥地域（注 12）での過剰耕作は砂漠化につながる（伊ヶ崎, 2015）。さらに，この地帯での不適切なかんがいの導入は，あとで述べるように土壌の塩類化を招きやすい。

〈注 12〉
乾燥地域，半乾燥地域，乾燥半湿潤地域とは，植物が利用可能な水が土壌中に十分存在する場合に，植物で密に覆われた地表面から失われる水の量（可能蒸発散量という）に対する年平均降水量の割合が，0.05 から 0.65 までの範囲内の地域（北極および南極やその周辺地域を除く）である。

一方，農業が集約的におこなわれる地域では増収を期待するあまり，必要以上の化学肥料や堆肥などを施与し，それによって環境汚染だけでなく，過剰な養分に起因する土壌の塩類化を引き起こし，作物栽培ができなくなってしまう。こうした土壌の不適切管理が土壌劣化をもたらす。

2 過放牧

アジアやアフリカなどの途上国では，土壌から自然に生産される野草を家畜の放牧利用に使ってきた。この地域の家畜は英語でいう Livestock，すなわち，生きた（Live）食料の備蓄（stock）という役割をはたしている。ふん尿も土壌養分の補給源やエネルギー源として（和田，2003）重要な役

図 17-11　過放牧で劣化した中国・内蒙古，シリンゴル草原
a)：中国では草原を遊牧民に割り当てて定住化を促進している。その結果，草原の面積が放牧される羊や山羊の頭数に見合った面積になっていないことが多い。このために過放牧におちいりやすい（カバー後そで写真参照）
b)：完全に劣化してしまったかつての草原が，はるかかなたまでつづく（カバー裏表紙写真参照）

割を担っている。しかし，人口増加にともなって放牧家畜の頭数が増えつづけると，野草の再生力以上に家畜が放牧されることになり，野草の密度がしだいに低下し，土壌表面が露出しはじめる。これが過放牧である（図 17-11）。アジア・アフリカで過放牧による 4.4 億 ha の土壌劣化（表 17-1）も，もとをただすと人口の増加が原因といえる（石，1988）。

過放牧の条件では，土壌が露出するだけでなく，家畜の踏圧で土壌が硬くしまる。硬い土壌表面は雨水の土壌浸透をさまたげ，土壌表面を流れる雨水が表土を侵食して，劣化をさらに促進する（図 17-12）。また，野草は土壌に水を保持することにも重要な役割をはたしている。過放牧によって土壌から野草が失われると，土壌の乾燥化がすすみ砂漠化につながる。

図 17-12
土壌侵食（水食）を受けたかつての放牧地
（カバー裏表紙写真参照）
西アフリカ・ブルキナファソ，ドリ近郊

3 森林の消失

森林もまた土壌の水分保持に重要な役割をはたしている。ところが，途上国での人口増加は，住宅や燃料用の薪などで木の需要量を増やし，大切な森林にまで利用が拡大していく（図 17-13）。焼畑移動耕作地の拡大と不適切な利用，放牧地への転用なども徐々に森林の衰退をもたらす。そして，衰退につづく森林の消失は土壌劣化を助長する。とりわけ熱帯雨林地域での森林消失は，土壌侵食による土壌劣化をもたらす。

2015 年の地球上は，陸地のおよそ 31％に相当する 40 億 ha が森林で覆われている（FAO，2017f）。しかし，1990 年から 2015 年の 25 年間に世界で失われた森林面積は，わが国の国土面積（3,778 万 ha）の約 3.4 倍に相当する 1 億 2,914 万 ha に達し，1 年で 517 万 ha もの森林が消失したことになる。1 年当たりの消失面積が大きかったのは，南アメリカ地域が最大で 355 万 ha，ついでアフリカ地域の 327 万 ha である（FAO，2017f）。

アフリカ地域では乾燥・半乾燥地域の国での消失が大きい。南アメリカではブラジルが最も大きく，毎年 213 万 ha もの森林が消失した。この消失速度は，ブラジル一国で，わが国の全森林面積（2,496 万 ha, 2015 年）が，およそ 10 年間で失うことに相当する大きな値である（注 13）。アジアでもインドネシアの熱帯林の消失が大きく，1990 年から 2015 年の 1 年当たりの森林消失面積は 110 万 ha であった（FAO，2016）。

とくに 20 世紀末の 10 年間，1990 年から 2000 年では，1 年当たりの森林消失面積は，ブラジルで 254 万 ha，インドネシアで 191 万 ha だった（FAO，2017f）。世紀末，熱帯林の消失速度のすさまじさが理解できる。

一方，アジア全体でみると，1990 年からの 25 年間で森林面積が増加した。これには，中国で 1 年当たり 205 万 ha もの森林面積が増加したことや，インドで 1 年当たり 27 万 ha の増加が大きく貢献している（FAO，2017f）。

図 17-13
燃料用の木材を運ぶ女性（左）
西アフリカ・ブルキナファソ，ドリ近郊

〈注 13〉
ブラジルの 1 年当たりの森林消失面積は，1990 年から 2015 年までの 25 年でみると，本文記載どおり 213 万 ha となる。しかし，それを経年的にみると，1990 年から 2000 年では 1 年当たり 254 万 ha の消失。2000 年から 2005 年になると 1 年当たり 291 万 ha の消失に増加。しかしその後，2005 年から 2010 年には 1 年当たり 166 万 ha の消失に，また 2010 年から 2015 年には 1 年当たり 98 万 ha の消失と，森林消失面積が大きく減少している（FAO，2017f）。

4 土壌の塩類化

乾燥地域や半乾燥地域で，おもに不適切なかんがいによってもたらされる土壌の塩類化も，土壌劣化の大きな原因の1つである。乾燥地域は晴天がつづく。これに水や養分があれば，作物の光合成が十分におこなわれるため，生産性が高くなるのは当然である。事実，かんがい農地は世界の全耕作地面積のおよそ17%（2006年，2億5,970万ha）にすぎないにもかかわらず，穀物生産量は穀物生産全体の42%にもなる（FAO，2011）（注14）。

しかし，乾燥地域や半乾燥地域でひとたびかんがい農業をはじめたら，かんがい用水を将来にわたって確保しなければ持続的な農業が成立しない。なぜなら，これらの地域ではもともと多量の雨が降らないからである。

これらの地域では，土層の比較的浅い部分に粘土層などの透水性の悪い土層（不透水層）がよく存在する。排水が不十分なまま多量のかんがい水が注ぎ込まれると，地中に一時的な地下水位ができる。この地下水位は浅い位置にあるので，土壌中の細かいすき間（毛細管孔隙）で表層土と水がつながってしまう。蒸発の盛んなこの地域の水の動きは，地下から地表面に向かうため，土壌中の水は溶け込んだ養分など（塩類）をともなって地表面へ向かう。地表で水が蒸発しても塩類は土壌表層に残され，蓄積していく（図17-14）。降雨が少ないため，蓄積した塩類は再び洗い流されて土壌中に浸透していくことがない。こうして蓄積した塩類によって，土壌の塩類化が加速していく。

そのため，こうした乾燥地域や半乾燥地域へ，かんがいを不適切に導入すると悲劇が発生する。このことは人類が古代文明衰退の歴史から学んだはずだった。しかしその教訓が生かされていない。塩類化にともなって土壌が劣化した土地の面積は，全土壌劣化地（19.6億ha）の3.9%，およそ7,630万haになると見積もられている（表17-2）。

〈注14〉
FAO（2011）の報告は，かんがい農地での食料生産に対して，以下のような期待と懸念を指摘している。
期待は，かんがい農地の高い作物生産性である。かんがい農地の穀物収量は，雨水依存農地での収量のおよそ2倍にもなる。かんがい農地の面積が，1960年以降の50年間で2倍に拡大した結果，同じ期間に増えた食料生産量の40%がかんがい農地由来だったという。
懸念は，かんがい農業の持続性である。農地のかんがいに用いる水量は，農業用水総量（河川，湖沼，地下帯水層などからの取水する総量）の70%にもなる。しかも，かんがい農地面積のおよそ40%は地下水に依存している。将来の水不足の時代に，他部門との水資源の競合が激しくなることが想定されため，かんがい農地への水供給の持続性には不安が大きい。

5 土壌侵食

土壌劣化がすすむと，土壌が植物で覆われなくなり表面が露出する。露出した土壌は水や風が運び去られ，農耕ができない状態になってしまう。こうした表土の流失を土壌侵食といい（注15），水による侵食を水食，風による侵食を風食という。土壌劣化の発生原因で最も大きな割合をしめるのが土壌侵食である（図17-15）。水食と風食を合わせた土壌侵食による土壌劣化はじつに劣化面積の84%，16.4億haにもなる（表17-2）。

〈注15〉
わが国の代表的な国語事典である『広辞苑』の第6版には「しんしょく」について「侵食」と「浸食」の両方が記載されている。前者は人文的な用法を主体に解説され，自然現象の解説には後者があてられている。久馬（2016）はこの記述に異論を唱え，いずれの場合でも「侵食」であるべきと指摘している。広辞苑の第7版（2018年1月刊）にはこの考え方が生かされている。

1 土壌侵食の過去と現在

❶アメリカの例

土壌劣化と，それにともなって発生する風食や水食による土壌侵食被害の歴史は古い。アメリカでは過去に3度も大規模な土壌侵食被害を経験している。西部開拓が本格化してまもなくの1880年代，1920年代，そして

表 17-2　土壌劣化地の各種原因別面積とその割合 *

劣化原因	土壌劣化の原因別面積（100 万 ha）		割合（%）	
水食	1,094		55.6	
表土損失		920		46.8
地形変形		173		8.8
風食	548		27.9	
表土損失		454		23.1
地形変形		83		4.2
飛砂被覆		12		0.6
化学的変化	239		12.2	
養分損失		135		6.9
塩類化		76		3.9
土壌汚染		22		1.1
酸性化		6		0.3
物理的変化	83		4.2	
圧密		68		3.5
土地の湛水化		11		0.5
有機質土壌の沈下		5		0.2

＊：Oldeman, et al., 1991 による
世界の全面積は 130 億 ha。このうち 19.6 億 ha が土壌劣化地の面積としている

図 17-14　塩類化で劣化した土地（カバー裏表紙写真参照）
中国・内蒙古，通遼郊外，代力吉村にて。塩類が集積して土壌表面が白っぽくみえる。土壌 pH> 8（現場での簡易測定結果）

図 17-15　土壌侵食によって劣化した土地
a）中国，黄土高原。水食と風食による侵食被害を受けた土地。自然侵食に加えて，人間活動の影響を受けた加速侵食もかかわった土壌侵食の例（カバー後そで写真参照）
b）カナダ，アルバータ州ドラムヘラー近郊，ホースシーフ谷。水食による自然侵食で劣化した土地

最大の風食が 1930 年代の大恐慌と前後して発生した。このとき，風で舞い上がった砂や塵が中西部一帯を覆いつくした。南部では表土が失われたことによって，農民が別の土地を求めて流民となった。スタインベック(1967)はこのときのありさまを，小説『怒りの葡萄（ぶどう）』に生々しく描いている。この大規模な風食で 1,400 万 ha の農地が消滅してしまった。

アメリカはこの教訓を生かし，1935 年に農務省に土壌保全局を設置した。土壌保全局の努力にもかかわらず，アメリカの土壌侵食被害はまだつづいている。土壌保全局の 1977 年と 1982 年の調査によれば，この 5 年間に農地の 44％で土壌が過剰に流失し，1.7 億 ha の農地から毎年 64 億 t の土壌が失われていたという（石，1988）。この流失量は，日本の耕地に厚さ 8 cmでしきつめられるほどの膨大な量である。

❷中央アジアの例

アメリカだけでなく，中央アジアの旧ソビエト連邦の地域（カザフスタン，タジキスタンなど）でも大規模な風食被害を受けている。旧ソビエト連邦の全耕地面積の20％に相当する，4,000万haが被害を受けた。作物がよく生産できた土地の表土が風で吹き飛ばされ，作物生産力が30～40％も低下したという（真木，1985）。しかも，中央アジアではさらに大規模な土壌の風食被害が報告されている。それは20世紀最大の環境破壊とされるアラル海の縮小にともなって発生した被害である（石，1998）。

カザフスタンとウズベキスタンの国境地帯では，旧ソビエト連邦時代の「自然改造計画」で，草原が綿花栽培地帯に改造された。乾燥地域につくられた綿花畑にはかんがい水が必要で，パミール高原と天山山脈の融雪水を水源とするアムダリア川とシルダリア川から取水された。これによって，ウズベキスタンは世界6位の綿花生産国になった。

しかし，この農業利用によって，アムダリア川とシルダリア川が注ぎ込んでいた世界で4番目，琵琶湖の100倍もの大きさのアラル海への水供給がとだえた。アラル海はもとの面積の10％にまで縮小し，アラルカン砂漠になってしまった。この砂漠から風食で砂塵と塩分が年間7,500万tも飛び散っているという（星野，2011）。アムダリア川から取水された水利用も不完全で，土壌が塩類化して耕地が放棄されるまで劣化してしまっている。

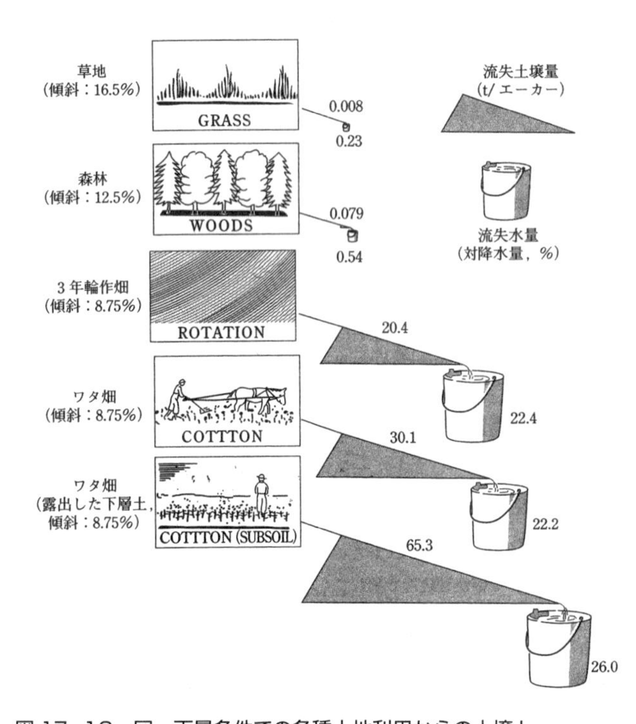

図17-16　同一雨量条件での各種土地利用からの土壌と水流出量の比較　（Bennet，1939）
データは，土壌保全局の土壌・水保全試験報告（1932～1936）による
1エーカー＝約0.40ha。試験地の土壌は細粒質砂壌土（Kirvin fine sandy loam）

2 自然侵食と加速侵食

人為的な要因による土壌侵食の多くは，すでに述べたように不適切な土壌管理に起因することが多い。こうした特殊な状況でなくても，傾斜地では表土が下方へ徐々に移動する。これは自然侵食とよばれるもので，肥沃な低地土をつくる自然の営みである。古代文明が低地に生まれたのは，じつは，この自然侵食のおかげともいえる。

しかし，地面を覆う植物を人為的にとりのぞいて耕地化すると，土壌侵食は自然侵食の数百倍もの早さで激しくなる。このような人間活動の影響を受けた侵食を加速侵食という。自然侵食にくらべて加速侵食の被害の大きさを明示したのは，アメリカ土壌保全局ができてまもなくのころの研究成果である（Bennett, 1939）。その成果によれば，綿花の栽培は侵食被害が大きく，抑制には草地としての土地利用が最も優れている（図17-

16)。牧草が土壌を覆い，加速侵食を阻止するからである。

6 酸性雨がもたらす土壌劣化

1 酸性雨とは

❶酸性雨と酸性降下物

大気中に汚染ガスが含まれていなければ，雨は空気中の二酸化炭素（炭酸ガス，CO_2）を溶かして降ってくるため，pH は 5.6 程度になる（第 9 章 6 項参照）。ところが現実の雨は，大気に含まれるさまざまな汚染物質を含むため，pH は 5.6 より低い。この pH5.6 より低い降雨が酸性雨である。

酸性雨という用語には，雨だけでなく，霧，雪などで降下するもの（これらを総称して湿性沈着または湿性降下物という）のほかに，晴れた日でも風にのって沈着する粒子状（エアロゾル）やガス状の酸（これらを総称して乾性沈着または乾性降下物という）も含めることがある。湿性沈着と乾性沈着の両方を含めて酸性降下物という（図 17 - 17）。

わが国では環境庁（現，環境省）が 1983 年以降全国各地で酸性降下物の観測をつづけている。最新の 2015 年の酸性雨調査結果によると（環境省，2017），調査期間（2011 ～ 2015 年度）の全地点（全国 26 地点，うち 3 地点は 2013 年まで実施）の降水 pH の 5 カ年平均値は，島根県蟠竜湖（ばんりゅうこ）と大分県大分久住（くじゅう）で観測された pH4.60 が最低，東京都小笠原の pH5.22 が最高で，全地点がその範囲内であった。全地点の単純平均値は pH4.78 できわめて強酸性であった。

❷酸性雨の歴史

酸性雨の歴史は，産業革命以降の人類による大気汚染の歴史と重なる。酸性雨の用語がこの世に登場したのは 1872 年であった。その年，ロバート・アンガス・スミス（Smith, R. A.）が，彼の著書『大気と雨―化学的気象学の始まり』で酸性雨という言葉を用いたのが最初である。彼はこの著書で，産業革命で大工業地帯を形成していたイギリス・マンチェスターとその周辺の石炭燃焼が大気を汚染し，それが酸性雨の生みの親であることを指摘したという（広瀬，1990）。

その後もイギリスは大気汚染によって長期にわたり悩まされた。とくに 19 世紀のロンドンはひどく，大気汚染によって死者さえだした（石，1992a）。

産業革命以降，人間の産業活動がさらに盛んとなり，石炭や石油など

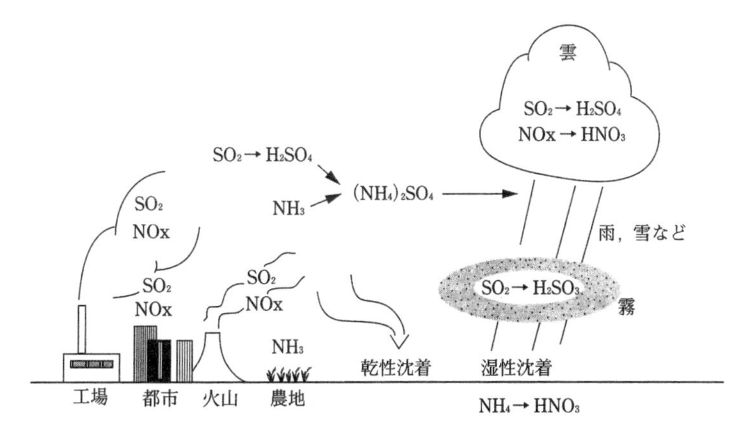

図 17 - 17 酸性降下物の沈着経路（和田，1997）
NO_x：窒素酸化物，SO_2：二酸化イオウ，H_2SO_4：硫酸，NH_3：アンモニアガス，$(NH_4)_2SO_4$：硫酸アンモニウム，NH_4：アンモニウム，HNO_3：硝酸

図 17-18
酸性雨によって腐食した銅像
（カバー後そで写真参照）
ハンガリーの首都ブダペストはかつて「ヨーロッパで最も空気の汚い首都」として有名であった（石，1992b）。ブダペストの王宮にある数多くの銅像には酸性雨の流れたあとが写真のようにはっきりと刻まれていた

化石燃料の消費量が増加した。その結果，大気にイオウ酸化物（SO_x）や窒素酸化物（NO_x）を大量に放出するようになった。これらの酸化物が大気中で複雑な化学反応を経て，最終的に硫酸（H_2SO_4）や硝酸（HNO_3）などを生成し，より pH の低い酸性の強い雨となって地上にもどってきたもの，それが酸性雨，酸性降下物である。

2 酸性降下物による被害

酸性降下物による被害は具体的に眼にすることができる（図 17-18）。しかし，それ以上に恐ろしいのは，眼にみえず静かに被害が拡大していくことである。すでに，第 9 章 6 項で述べた土壌の酸性化もその 1 つである。強酸性の酸性雨は，土壌の交換性陽イオン類を洗い流し（溶脱），酸性化をすすめる。これが土壌の劣化や生物の多様性を失わせる。現状ではヨーロッパ，アメリカ東部沿岸地帯，そしてインド西岸地帯や中国南東部の被害が深刻である（図 17-19）。

森林や河川，湖沼への酸性降下物の影響も世界各地で報告されている。とりわけ，北ヨーロッパ，カナダの河川，湖沼での「アシッド・ショック」とよばれる被害は大きい（石，1992c）。湿性降下物として降り積もった雪は，雪解けとともに一斉に溶けだし，強酸性の水になって河川や湖沼に一気に流れ込む。すると，河川や湖沼の pH が急激に低下して強酸性を示し，水生動物に大きな被害をもたらす。これがアシッド・ショックである。

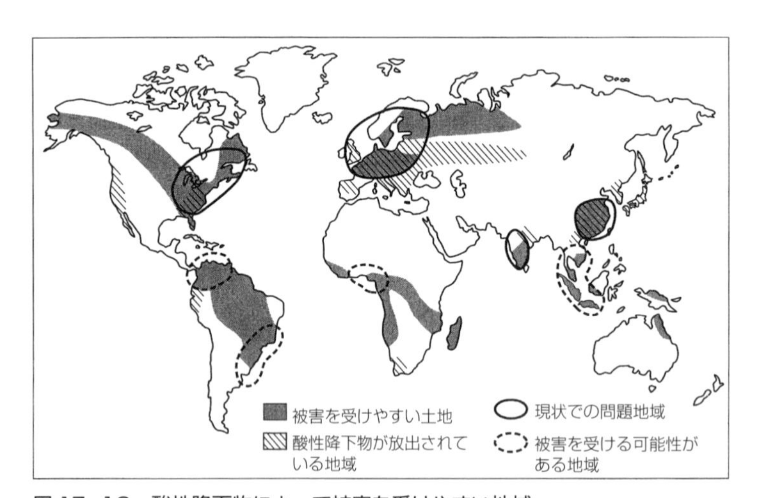

図 17-19　酸性降下物によって被害を受けやすい地域
Rodhe and Herrera のデータを Barrow，C.J.（1991）が引用したもの

森林への被害は，酸性物質による直接的な害作用だけでなく，酸性降下物に由来する土壌養分の富化による被害も考えられている。酸性降下物に由来する窒素は，年間 8 kg/ha 程度であった（表 17-3）。

表 17-3　各種養分の降下物量　（kg/ha/年）
（村野，1993）

	最低	平均	最高
N	3.6	8.0	17.1
NO3-N	1.6	3.4	7.3
NH4-N	1.9	4.6	9.8
K	0.7	1.8	3.8
Ca	3.7	9.1	19.8
Mg	0.7	1.8	5.0
Na	5.3	12.6	37.6
Cl	10.6	26.5	71.3
SO4-S	5.6	10.4	14.6

もとのデータはイオンとしての降下物量であったので，元素量に換算した
N：窒素，NO3-N：硝酸態窒素，NH4-N：アンモニア態窒素，K：カリウム，Ca：カルシウム，Mg：マグネシウム，Na：ナトリウム，Cl：塩素，SO4-S：硫酸態イオウ

この量は農耕地に施与される窒素量の 5 ～ 10％程度で無視できる量ではない。本来，森林には養分を施与することはない。したがって，養分を豊富に含む降下物が森林に降り注ぐと，樹木の生育が一時的に旺盛になり，もともと養分をあまり含まない森林の土壌から，樹木が積極的に養分を吸収する。そうすると，酸性降下物に含まれない土壌養分がしだいに枯渇して樹木の生育を阻害する。

場合によっては，降下物に由来する窒素の供給によって葉や枝が茂りすぎて，樹木全体としての窒素栄養

の調和が失われる。このように，降下物による養分の富化が自然の物質循環にもとづいた樹木の生育を撹乱し，それによって森林被害が発生する。

そのほか，酸性霧のような状態で酸性物質が葉に付着し，それが少しずつ蒸発することで濃縮がすすむと，葉の表面が傷つく。そこに再び酸性物質がとりつくと傷が拡大するというように，連鎖反応的に葉の内部まで被害を受ける。これがすすめば，樹木が枯死してしまう。こうした森林被害がすすむと，確実に土壌劣化につながる。

図 17-20　上流域末端地域で豊かな水量をたたえて流れる黄河
中国・内蒙古自治区省都フフホト郊外

7 持続的食料生産への不安要因

土壌劣化以外にも食料を持続的に増産するうえでの不安要因がある。それは，地球上の資源の枯渇という問題である。

1 淡水資源

❶「断流」の発生

最も深刻な地球資源の枯渇は淡水である（ポステル，2000a；ブラウン，1997)。中央アジアのアラル海が縮小し砂漠化したことはすでに述べた(本章第5項)。同じような現象は，中国の黄河でも発生している（図 17-20)。上中流域で農業用水として多量に取水されるため，黄河の水が河口に届かない。水の流れが断たれる「断流」が発生している（福嶌，2008)。

水量の減った黄河では，飲料用としても，農工業用としても利用できないほど，水質が悪化した流域が増えているという（石，1998)。農業のなかでの水の奪いあいだけでなく，住民や工業との水利用の問題も深刻である。黄河下流の山東省では，黄河から取水するかんがい用水の不足が，作物生産の大きな障害になっている。黄河だけでなく，アメリカでもコロラド川がアリゾナ砂漠でしばしば断流している。

❷帯水層の水の利用と枯渇

さらにアメリカ中西部の乾燥地域では，オガララ帯水層という巨大な貯留槽の地下水に依存したかんがい農業が広がっている。この帯水層に蓄えられた水は，太古の昔この地域に降った雨が蓄えられたもので，いわば化石水である。雨量が少ないため，帯水層に水を補給する能力はきわめて小さい。その水をかんがいに利用すれば確実に地下貯留水量が減る。こうして，この地帯では，1978 年のピーク時に 520 万 ha もあったかんがい農地が，1988 年には 420 万 ha に減少し，しかも，今後 20 年でさらに 120 万 ha の農地を失うと予測されている（ポステル，2000b)。帯水層の水利用は中国北部でもおこなわれている。ここでも，帯水層の水位の低下は明らかで，いずれ涸れてしまうと考えられている（ブラウン，1997)。

本章 4 項で述べたように，かんがいを利用した農業はきわめて生産性が高い。かんがい農地は世界の耕作地面積（注 16）の 17％でしかないのに，

〈注 16〉
FAO の統計である FAOSTAT や AQUASTAT などのデータベースでは，耕作地面積 (Cultivated area) は特別に定義されている（http://www.fao.org/nr/water/aquastat/data/popups/itemDefn.html?id=4103)。Arable land（一時的な作物，利用が数年未満の一時的な採草地および放牧草地，菜園的利用の土地，5年未満の休閑地などで，いわゆる「耕地」とみなせる）と Permanent crops（ココアやコーヒー，ゴムなどが栽培される土地，花木，果樹，苗木や樹木の栽培地を含む。木材生産用の林地や永年利用の牧草地は含まない）の土地面積の合計値が耕作地面積である。したがって，FAOSTAT の農地面積 (Agricultural area) とは一致しない。

穀物生産量は世界の42%におよぶ（FAO，2011）。しかし，そのかんがい農地にかんがい用水が不足すれば，ただちに食料生産が衰退する。淡水資源の持続可能な利用を推進しなければ，淡水資源の枯渇によってきわめて深刻な食料不足や土壌劣化がもたらされる可能性がある。

2 エネルギー資源

現在のエネルギー源は，いうまでもなく石油をはじめとする化石燃料に依存している。地中から採掘されエンジンや炉で燃やされる化石燃料，すなわち，石炭，石油，天然ガスは，多くの先進国でエネルギー供給の80～90%以上をまかなっている（注17）。そのなかでも石油は私たちの生活だけでなく，農業でも最も重要なエネルギー源である。

〈注17〉
2014年の主要国の化石エネルギー依存率は，日本＝95%，中国＝88%，アメリカとイギリス＝83%，ドイツ＝80%，インド＝74%で，フランスは例外的に46%と低い（資源エネルギー庁，2017a）。

石炭と天然ガスは現在の需要で推移しても，21世紀末，あるいはそれ以降も需要を満たす資源が存在する（フレイヴィン・ダン，1999）。供給量が最大である石油の埋蔵量は，1980年以降，平均すると毎年330億バレル程度ずつ増加しており（図17-21），現在の需要量からみた採掘可能年数は40年から50年程度と見積もられている（資源エネルギー庁，2017b）。

農業部門でも，エネルギーを石油に大きく依存している。農業機械の燃料，施設資材の原料，ハウスの加温用燃料，化学肥料や農薬の合成原料など，数えあげればきりがないほど，石油と深いかかわりをもっている。その石油の採掘可能年数は，現時点では40年から50年間分でしかない。

石油エネルギーにかわる新たなエネルギー源として風力，太陽光，水素，家畜ふん尿を含む未利用有機資源など多くのものが提案されている。しかし現状では，いずれも農業利用の場面で石油の代替になりそうもない。石油の枯渇は農業だけの問題でなく，私たち人類の生活にも大きな影響を与える。ただし石油の枯渇問題に対して楽観論もある。採掘可能年数は採掘技術や原油価格によって大きく変化するからである（槌田，2002）。

問題は石油の枯渇ということより，かぎりあるエネルギー資源をどう有効に利用し，持続的な農業生産につなげていくかということであろう。

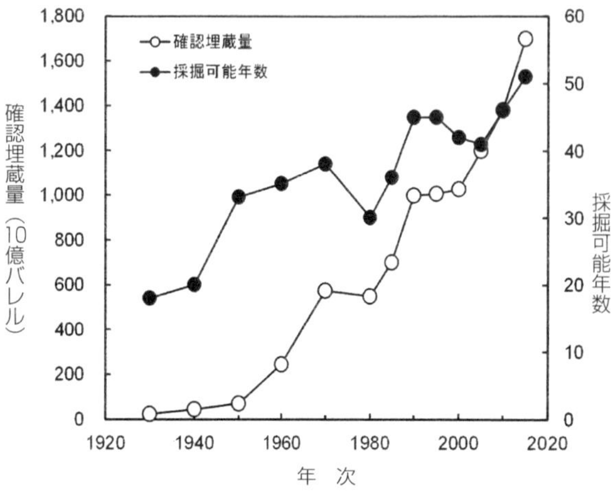

図17-21　原油の確認埋蔵量と採掘可能年数
2000年までのデータは，Oil Journal誌のデータを槌田（2002）が引用したもの。それ以降は，資源エネルギー庁のエネルギー白書（2004～2017，資源エネルギー庁，2017b）による
石油用の1バレル＝およそ159ℓ

3 不安をこえて

さまざまな困難が現代の土壌に降りかかっている。その多くは，人間活動が経済効率を優先するあまり，ゆきすぎてしまうことでもたらされる弊害である。土壌は一見して不動で，きわめて安定しているようにみえる。しかしくり返し本書で述べたように，土壌は与えられた環境で最も調和のとれた，安定した状態の方向へとつねに変化している。しかも，一定の秩序があ

る。熱帯には熱帯の，寒冷地には寒冷地の，乾燥地には乾燥地の，それぞれの環境にみあった土壌ができあがる。

ところが人類は，こうした土壌と環境とのかかわりを意識しないで，食料を土壌から生産してきた。人口が爆発的に増加するまでは土壌も人類の希望をかなえてくれた。しかし現代，人口が爆発的に増え，それまで大きな影響と思えなかったなにげない土壌への働きかけも，土壌が環境とのあいだで共有してきた変化以上の，過激な変化へと変質してしまった。人類の不適切な活動が土壌劣化をもたらしているのである。

食料生産の基盤である土壌を保全せず，食料の確保は決してあり得ない。それゆえに，土壌はまちがいなく「社会的共通資本」（宇沢，2000）（注 18）の１つである。社会的共通資本としての土壌や，そこに立地する農地を特定の営利企業にまかせて経済の市場原理のもとにおくことは，さらなるいきすぎた経済活動をもたらし，土壌や土地の劣化を招きかねない。

〈注 18〉
社会的共通資本とは（第１章４項参照），「１つの国，特定の地域に住む全ての人々が，豊かな経済生活を営み，すぐれた文化を展開し，人間的に魅力ある社会を持続的，安定的に維持することを可能にするような社会的装置を意味する」（宇沢，2000）と定義されている。

先人が営々として築いてきた肥沃な土壌を，私たちの世代の不適切な土壌管理や経済優先の姿勢で劣化させてはならない。本章で学んだように，土壌を保全するうえで困難な課題は数多く，持続的な食料生産に不安が多い。しかし，その不安をのりこえて土壌の保全に努力しなければ，古代文明が衰退したと同じように，現代文明もまた衰退してしまうだろう。

平均すると地球表面のわずか 18㎝の厚みにしかすぎない土壌に（陽，1994），私たちの生命をあずけている。自然のなかで営まれる土壌の動きにさからう利己的な経済活動は，厳に慎まなければならない。土壌の保全なくして人類を含む地上の生物の将来はないからである。

参考・引用文献

本書を執筆するに当たり，多数の著書を参考させていただいた。その主なものは下記のとおりである。

Brady, N. C. and Weil, R. R.（2008）The nature and properties of soils, 14th ed., Pearson Prentice Hall
Russell, E. W.（1973）Soil Conditions and Plant Growth, 10th ed., Longman Ltd.
Russell, E. J.（1957）The world of the soil, Collins
フォス，H. D.，江川友治監訳（1983）土壌・肥料学の基礎，養賢堂
犬伏和之・安西徹郎ら（2001）土壌学概論，朝倉書店
岡島秀夫（1976）土壌肥沃度論，農山漁村文化協会
岡島秀夫（1989）土の構造と機能，農山漁村文化協会
久馬一剛ら（1997）最新土壌学，朝倉書店
佐久間敏雄・梅田安治ら（1998）土の自然史，北海道大学図書刊行会
高井康雄・三好　洋（1977）土壌通論，朝倉書店
松井　健・岡崎正規ら（1993）環境土壌学，朝倉書店
山根一郎（1971）改訂新版・土壌学の基礎と応用，農山漁村文化協会
農業技術大系（2000）CD-ROM 版，農山漁村文化協会
世界大百科事典（1998）CD-ROM 版，第 2 版，日立デジタル平凡社

［引用文献］

●第 1 章　地球の生命を支える土壌

陽　捷行（1994）総論，陽　捷行編著，土壌圏と大気圏，p24，朝倉書店
セントゴメリー，D.，片岡夏実訳（2010）土の文明史，p30，築地書館
立花　隆（1983）宇宙からの帰還，p20-57，中央公論社
波多野隆介（1998）土と植物，佐久間敏雄・梅田安治編，土壌の自然史，p45-54，北海道大学図書刊行会
ポステル，S.，福岡克也監訳（2000）水不足が世界を脅かす，p1-297，家の光協会
内山裕夫（1999）有機ハロゲン化合物と微生物，日本土壌微生物学会編，新・土の微生物（4），p71-90，博友社
UNEP（1997）World atlas of desertification, 2nd ed. p47, Arnold
宇沢弘文（2000）社会的共通資本，p1-10，岩波新書，岩波書店

●第 2 章　土壌は「環境の産物」

大羽　裕・永塚鎮男（1988a）土壌生成分類学，p8-9，養賢堂
岡島秀夫（1989）土壌の構造と機能，p22-23，農山漁村文化協会
岡島秀夫（1976a）土壌肥沃度論，p226，農山漁村文化協会
大羽　裕・永塚鎮男（1988b）土壌生成分類学，p64-78，および p122-126，養賢堂
ドクチャーエフ（1885）ロシアのチェルノジョーム，福士定雄訳（1993），p20，福士定雄自費出版
永塚鎭男（2012）「土」と「土壌」は同じか？ー問題提起ー，ペドロジスト，56，28-33
日本土壌肥料学会土壌教育委員会（2014）土壌の観察・実験テキストー自然観察の森の土壌断面集つきー，p35-39
Hilgard, E. W.（1892）Relation of soils to climate, USDA Weathere Bur.,Bull., 3.（佐々木清一（1987）我国のペドロジーの思潮，p.26，佐々木自費出版）
USDA Natural Resources Conservation Service（1999）Soil Taxonomy, Second Edition, p886
波多野隆介（1998）土と植物，佐久間敏雄・梅田安治編，土壌の自然史，p45-54，北海道大学図書刊行会
岡島秀夫（1976b）土壌肥沃度論，p213，農山漁村文化協会
ブリッジズ，E. M.，永塚鎮男・漆原和子共訳（1990）世界の土壌，p32-42，古今書院
フォス，H. D.，江川友治監訳（1983）土壌・肥料学の基礎，p209，養賢堂
Brady, N. C. and Weil, R. R.（2008a）The nature and properties of soils,14th ed., p69-70, Pearson Prentice Hall
松中照夫・三枝俊哉（1986）北海道根釧地方に分布する主要火山性土の牧草生産力，北海道立農業試験場集報，54，39-48
Brady, N. C. and Weil, R. R.（2002a）The nature and properties of soils, 13th ed., p63, Prentice Hall
ポアンカレ，J. H.，吉田洋一訳（1987）科学の価値，p277，岩波文庫
大羽　裕・永塚鎮男（1988c）土壌生成分類学，p172-173，養賢堂
Brady, N. C. and Weil, R. R.（2002b）The nature and properties of soils,13th ed., p90-91, Prentice Hall
Brady, N. C. and Weil, R. R.（2008b）The nature and properties of soils,14th ed., p87-112, Pearson Prentice Hall
小原　洋・大倉利明・高田裕介・神山和則・前島勇治・浜崎忠雄（2011）包括的土壌分類第 1 次試案．農業環境技術研究所報告，29，1-73
農耕地土壌分類委員会（1995）農耕地土壌分類第 3 次改訂版，農業環境技術研究所資料第 17 号，p1-79，農業環境技術研究所
土壌保全調査事業全国協議会（1991）農林水産省農蚕園芸局農産課・日本土壌肥料学会監修，新訂版日本の耕地土壌の実態と対策，p36-55，博友社

●第 3 章　有機物が土壌をつくる

Russell, E. J.（1957）The world of the soil, p21-35, Collins
Ciais, P., C. Sabine, G. Bala, L. Bopp, V. Brovkin, J. Canadell, A. Chhabra, R. DeFries, J. Galloway, M. Heimann, C. Jones, C. Le Quéré, R.B. Myneni, S. Piao and P. Thornton（2013）Carbon and Other Biogeochemical Cycles. In: Climate Change 2013: The Physical Science Basis. Contribution of Working Group I to the Fifth Assessment Report of the Intergovernmental Panel on Climate Change（Stocker, T.F., D. Qin, G.-K. Plattner, M. Tignor, S.K. Allen, J. Boschung, A. Nauels, Y. Xia, V. Bex and P.M. Midgley (eds.)）, p471, Cambridge University Press, Cambridge, United Kingdom and New York, NY, USA
平舘俊太郎・井上　弦（2013）土壌中における炭化物の存在：これまでの議論とこれからの展望，日本土壌肥料学会編，土と炭化物ー炭素の隔離と貯留ー，p9-26，博友社
Brady, N. C. and Weil, R. R.（2008）The nature and properties of soils,14th ed., p521-522, Pearson Prentice Hall
Mohr, E.C.J. and van Baren, F.A.（1954）. Tropical soils: a critical study of soil genesis as related to climate, rock and vegetation. p280, Published by N. V. Uitgeverij and W. Van Hoeve, Netherlands
Chen, Y. and Aviad, T.（1990）Effcts of humic substances in plant growth. In P. MacCarthy, et al., eds. Humic substances in soil and crop sciences: Selected Readings, p.161-186, ASA Special Publications, Madison, USA.

●第 4 章「土は生きている」ー土壌生物の働き

薄井　清（1976）土は生きている，現代の博物誌（土）土は呼吸する，p107-154，教養文庫，社会思想社
ロデール，J. I.，赤堀香苗訳（1993），黄金の土，p12，酪農学園
ヘニッヒ，E.・中村英司訳（2009）生きている土壌，p31-35，日本有機農業研究会
岡島秀夫（1989）土壌の構造と機能，p17-20，農山漁村文化協会
妹尾啓史（2001）土壌生物，犬伏和之・安西徹郎編，土壌学概論，p37-50，朝倉書店
青木淳一（1973）土壌動物学，p599-601，北隆館
Brady, N. C. and Weil, R. R.（2008）The nature and properties of soils,14th ed., p453, Pearson Prentice Hall
西尾道徳（2001a）土壌微生物の基礎知識，p24-25，農山漁村文化協会
青木淳一（2005）やさしい土壌動物のしらべかた，p84-100，合同出版
ダーウィン，C.・渡辺弘之訳（1994）ミミズと土，p121-162，平凡社
新妻昭夫（文）・杉田比呂美（絵）（1996）ダーウィンのミミズの研究，p6-40，福音館
渡辺弘之（1997）森林伐採が土壌動物に及ぼす影響，木村真人編，土壌圏と地球環境問題，p118-124，名古屋大学出版会
de Vlesschauwer, D. and Lai, R.（1981）Properties of worm casts under secondary tropical forest regrowth, Soil Science, 132, 175-181
中村好男（1998）ミミズと土と有機農業，p57-86，創森社
中村好男（2005）土の生きものと農業，p21-58，創森社
板倉寿三郎（1990）フトミミズが大麦の生育と成分及び土壌条件に与える効果，東北農業研究，43，117-118
伊藤歌奈子・藤嶋千陽・由田宏一・中嶋博・春木雅寛（2001）ミミズの移入が土壌の性質および作物の生育に及ぼす影響，北海道大学農学部農場研究報告，32，47-54
ブロムフィールド・沼田鞆雄訳（1973）マラバー農場，p450-453，家の光協会
コルボーン，T.，ダマノスキ，D.，マイヤーズ，J. P.，長尾　力訳（1997）奪われし未来，p341-p364，翔泳社
キャドバリー，D.，井口泰泉監修・古草秀子訳（1998）メス化する自然，p25-356，集英社
環境省（2016）化学物質の内分泌かく乱作用に関する今後の対応ーExTEND2016ー，http://www.env.go.jp/chemi/end/extend2016/HP_EXTEND2016re3.pdf（2017 年 11 月閲覧）
厚生労働省（2016）厚生労働省医薬食品局審査管理課化学物質安全対策室，内分泌かく乱物質化学物質ホームページ，内分泌かく乱物質化学物質 Q&A，Q8 http://www.nihs.go.jp/edc/question/q8.htm（2017 年 11 月閲覧）
内山裕夫（1999）有機ハロゲン化合物と微生物，日本土壌微生物学会編，新・土の微生物（4），p71-90，博友社
服部　勉・宮下清貴（2000）土の微生物学，p75-81，養賢堂
東田修司（1993）天北地方における重粘土草地の土壌微生物活性と牧草生育，北海道立農業試験場報告，80，70-74
木曽誠二・菊地晃二（1988）チモシーを基幹とする採草地におけるマメ科草混成割合に基づいた窒素施肥量，日本草地学会誌，34，169-177
西尾道徳（2001b）土壌微生物の基礎知識，p102-111，農山漁村文化協会

●第5章　土壌の骨格とそれを決めるもの
高井康雄・三好　洋（1977）土壌通論，p7-8，朝倉書店
日本土壌肥料学会土壌教育委員会（2014）土壌の観察・実験テキスト - 自然観察の森の土壌断面つき－，p61，日本土壌肥料学会
前田正男・松尾嘉郎（2001）土壌の基礎知識，p198，農山漁村文化協会
フォス，H. D.，江川友治監訳（1983）土壌・肥料学の基礎，p24，養賢堂
井上克弘（1997）土壌の材料，久馬一剛編，最新土壌学，p27-42，朝倉書店
中原　治（1998）土のコロイド現象の基礎と応用（その2），土のコロイド粒子の化学構造・荷電特性，農業土木学会誌，66，191-198
Padilla, G. N., Matsue, N. and Henmi, T. (2002) Change in surface charge properties of nano-ball allophane as influenced by sulfate adsorption. Clay Science, 12, 33-39
MacKenzie, K.J.D., Bowden, M. E., Brown, I.W.M. and Meinhold, R.H. (1989) Structure and thermal transformations of imogolite studied by ^{29}Si and ^{27}Al high-resolution solid-state nuclear magnetic resonance. Clays Clay Miner, 37, 317-324
Yoshinaga, N. and Aomine, S. (1962) Imogolite in some Ando soils. Soil Science and Plant Nutrition, 8, 22-29
Kitagawa, Y., Watanabe, Y. and Yamamoto, K. (1979) Electron micrographs of clay minerals in soils. Bulletin of National Institute of Agricultural Sciences, Series B, 30, 1-71
和田信一郎（1998）土のコロイド現象の基礎と応用（その3），土のコロイド粒子の形と大きさ，農業土木学会誌，66，309-312
Brady, N. C. and Weil, R. R. (2008) The nature and properties of soils, 14th ed., p326, Pearson Prentice Hall

●第6章　土壌の水と空気
Emerson, W. W. (1959) The structure of soil crumbs, Journal of Soil Science, 10, 235-244
北岸確三（1962）火山灰土壌における牧草の集約栽培に関する土壌肥料学的研究，東北農業試験場研究報告，23，1-67
Soil Survey Staff, USDA (1951) Soil Survey Manual (Hand-book No.18)
フォス，H.D.，江川友治監訳（1983）土壌・肥料学の基礎，p63-65，養賢堂
Brady, N. C. and Weil, R. R. (2008) The nature and properties of soils,14th ed., p207, Pearson Prentice Hall
陽　捷行（1994）総論，陽　捷行編著，土壌圏と大気圏，p24，朝倉書店
遅澤省子（1998）土壌中のガスの拡散測定法とその土壌診断やガス動態解析への応用，農業環境技術研究所報告，15，1-66
安田　環・荒木浩一（1970）土壌空気に関する研究（第1報）土壌への通気とカンランの生育，日本土壌肥料学雑誌，41，413-417
小川和夫（1969）鉱質畑地土壌における地力要因の解析的研究，東海近畿農業試験場報告，18，192-352
Geisler, G. (1967) Interactive effects of CO_2 and O_2 in soil on root and top growth of barley and peas, Plant Physiology, 42, 305-307

●第7章　土壌の温度（地温）とその影響
宮澤賢治（1995）雨ニモマケズ，中村　稔編，「新編宮澤賢治詩集」，p327-329，角川文庫，角川書店
宮澤賢治（1996）グスコーブドリの伝記，「セロ弾きのゴーシュ」，p129-177，角川文庫，角川書店
岡島秀夫・石渡輝夫（1979）土壌温度と作物生育―とくにリン酸肥効との関連について―その1．大豆幼植物の生育と地温，日本土壌肥料学雑誌，50，334-338
Walker, J. M. (1969) One-degree increments in soil temperatures affect maize seedling behavior, Soil Science Society of America Proceedings, 33, 729-736
Walker, J. M. (1970) Effct of alternating versus constant soil temperatures on maize seedling growth, Soil Science Society of America Proceedings, 34, 889-892
内嶋善兵衛（1975）環境保全と農業，奥野忠一編，21世紀の食糧・農業，p39-120，東京大学出版会
ベーバー，L. D.，野口弥吉・福田仁志共訳（1955）土壌物理学，p294-314，朝倉書店
粕渕辰昭（1998）土壌温熱，根の事典編集委員会編，根の事典，p252-254，朝倉書店

●第8章　土壌が養分を保持する機能
Forrester, S. D. and Giles, C. H. (1971) From manure heaps to monolayers: the earliest development of solute-solid adsorption studies. Chemistry and Industry, 1314-1321
Thompson, H. S. (1850) On the absorbent power of soils. Journal of Royal Agricultural Society of England, 11, 68-74
Way, J. T. (1850) On the power of the soils to absorb manure. Journal of Royal Agricultural Society of England, 11, 313-379
Way, J. T. (1852) On the power of the soils to absorb manure (second paper). Journal of Royal Agricultural Society of England, 13, 123-143
Weir, W. W. (1949) Soil Science, Revised edition, p59-60, J. B. Lippincott Company
西尾道徳（2000）土壌の化学的性質，西尾道徳・古在豊樹・奥　八郎・中筋房夫・沖　陽子著・作物の生育と環境，p92-94，農山漁村文化協会
白川英樹（2000）化学に魅せられて，p13-16，岩波新書，岩波書店
亀和田國彦（1997）荷電特性，土壌環境分析法編集委員会編，土壌環境分析法，p212-215，博友社
和田光史（1981）土壌粘土によるイオンの交換・吸着反応，日本土壌肥料学会編，土壌の吸着現象，p5-57，博友社
今井弘樹・岡島秀夫（1979）土壌の養分保持能に関する研究（第1報）CEC, AECが土壌溶液のイオン濃度におよぼす影響，日本土壌肥料学雑誌，50，33-39

●第9章　土壌の酸性化と作物生育
Brady, N. C. and Weil, R. R. (2008a) The nature and properties of soils,14th ed., p360-361, Pearson Prentice Hall
村野健太郎（1993）酸性雨と酸性霧，p40，裳華房
吉田　稔（1984）土壌酸性の土壌化学的解析．田中明編，酸性土壌とその農業利用－特に熱帯における現状と将来，p143-168．博友社
吉田　稔（1979）土壌酸性とその測定をめぐる諸問題，日本土壌肥料学雑誌，50，171-180
Mitra, R. R. and Kapoor, B. S. (1969) Acid character of montmorillonite: Titration curves in water and some non-aqueous solvents, Soil Science, 108, 11-23
西尾道徳（2000）土壌の化学的性質，西尾道徳・古在豊樹・奥　八郎・中筋房夫・沖　陽子著，作物の生育と環境，p95-98，農山漁村文化協会
大工原銀太郎・阪本義房（1910）土壌酸性ノ原因及性質並ニ酸性土壌ノ分布ニ関スル研究，農事試験場報告，37，1-141
千葉　明・新毛晴夫（1977）炭酸カルシウム添加・通気法による中和石灰量の測定．日本土壌肥料学雑誌，48，237-242
庄子貞雄（1983）火山灰土の鉱物学的性質，日本土壌肥料学会編，火山灰土－生成・性質・分類－，p31-72，博友社
農耕地土壌分類委員会（1995）農耕地土壌分類第3次改訂版，農業環境技術研究所資料第17号，p1-79，農業環境技術研究所
小原　洋・大倉利明・高田裕介・神山和則・前島勇治・浜崎忠雄（2011）包括的土壌分類第1次試案．農業環境技術研究所報告，29，1-73
Saigusa, M., Shoji, S., and Takahashi, T. (1980) Plant root growth in acid andosols from northeastern Japan: 2. Exchange acidity Y_1 as a realistic measure of aluminum toxicity potential. Soil Science, 130, 242-250
環境省（2017）平成27年度酸性雨調査結果について（モニタリングデータ）
http://www.env.go.jp/air/acidrain/monitoring/h27/index.html（2017年12月閲覧）
三枝正彦・庄子貞雄・伊藤豊彰・本名俊正（1992）黒ボク土における交換酸度 y_1 の再評価，日本土壌肥料学雑誌，62，216-218
中谷宇吉郎（1994）雪，p162，岩波文庫，岩波書店
橋本　武（1981）酸性土壌と作物生育，p18-23，養賢堂
三枝正彦・松山信彦・故 阿部篤郎（1993）東北地方におけるアロフェン質黒ボク土と非アロフェン質黒ボク土の分布，日本土壌肥料学雑誌，64，423-430
田中　明・早川嘉彦（1974）耐酸性の作物種間差，第1報，耐低pH性の種間差，日本土壌肥料学雑誌，45，561-570
Brady, N. C. and Weil, R. R. (2008b) The nature and properties of soils,14th ed., p385, Pearson Prentice Hall
櫃田木世子・田中　明（1983）作物栄養的にみた酸性土壌の化学特性，北海道大学農学部邦文紀要，13，485-493
松本英明（1994）植物におけるアルミニウム耐性の生理生化学，日本土壌肥料学会編，低pH土壌と植物，p59-98，博友社
但野利秋・安藤忠男（1984）酸性土壌の作物生育阻害要因とそれらに対する作物の耐性．田中明編，酸性土壌とその農業利用－特に熱帯における現状と将来，p217-258．博友社
今井弘樹・尾形昭逸・田中　明（1984）酸性土壌の改良．田中明編，酸性土壌とその農業利用－特に熱帯における現状と将来，p259-298．博友社
田中　明・早川嘉彦（1975）耐酸性の作物種間差，第3報，耐酸性の種間差，日本土壌肥料学雑誌，46，26-32
Saigusa, M., Matsumoto, T. and Abe, T. (1995) Phytotoxicity of monomer aluminum ions and hydroxy-aluminum polymer ions in an Andosol. R.A. Date ら (eds), Plant-Soil Interactions at Low pH, p367-370, Kluwer Academic Publishers

三枝正彦（1991）低 pH 土壌における作物の生育，植物有害 Al と下層土のエダフォロジー，日本土壌肥料学雑誌，62，451-459
松中照夫・中村亜紀良・橋本亜弓（2017）酸性黒ボク土の酸性矯正による施与リンの肥効改善効果は黒ボク土やリン資材の種類によって変化する，日本土壌肥料学雑誌，88，318-326
北海道立総合研究機構農業研究本部（2012）土壌・作物栄養診断のための分析法 2012，p104

●第 10 章　土壌肥沃度と作物生産

柴原藤善（2010）地力，藤原俊六郎・安西徹郎・小川吉雄・加藤哲郎編・新版土壌肥料用語事典第 2 版，p77-81，農山漁村文化協会
岡島秀夫（1976）土壌肥沃度論，p28-33，農山漁村文化協会
タッジ，C.・竹内久美子訳（2002）農業は人類の原罪である，p8-14，新潮社
加用信文（1975）日本農法論，p8-9，お茶の水書房
Bingham, J., Law, C. and Miller, T.（1991）Wheat-Yesterday, today and tomorrow, p5-9, Plant Breeding International and Institute of Plant Science Research
飯沼二郎（1967）農業革命論，p74-139，未来社
McClean, S. P.（1991）The Morley research centre, Journal of Royal Agricultural Society of England, 152, 159-167
Rayns, F. and Culpin, S.（1948）Rotation Experiments on straw disposal at the Norfolk Agricultural Station, Journal of Royal Agricultural Society of England, 109, 128-139
松中照夫（1996）ノーフォーク農法の変遷とある民間研究センター，北農，63, 196-199
高橋英一（1991a）肥料の来た道帰る道，p38-41，研成社
高橋英一（1991b）肥料の来た道帰る道，p43-55，研成社
リービヒ，J.，吉田武彦訳（2007）化学の農業および生理学への応用，p71，北海道大学出版会
山根一郎（1981）耕地の土壌学，p167-169，農山漁村文化協会
シヴァ，V.，浜谷喜美子訳（1997）緑の革命とその暴力，p34-35，日本経済評論社
高橋英一（2004）肥料になった鉱物の物語，p155，研成社
FAO（2017a）FAOSTAT, Fertilizers archive, http://www.fao.org/faostat/en/#data/RA（2017 年 12 月閲覧）
FAO（2017b）FAOSTAT, Fertilizers by Nutrient, http://www.fao.org/faostat/en/#data/RFN（2017 年 12 月閲覧）
ロデール，J.I.，赤堀香苗訳（1993），黄金の土，p134-137，酪農学園
Russell, E. W.（1973）Soil Conditions and Plant Growth, 10th ed., p219-222, Longman
Russell, E. J.（1957）The world of the soil, p116, Collins
ブロムフィールド，沼田鞆雄訳（1973）マラバー農場，p450-453，家の光協会
山根一郎（1974）堆厩肥連用試験の再検討（1），同（2），農業および園芸，49, 723-727 および 49, 848-852
有吉佐和子（1975）複合汚染（上），p243 および p246，新潮社
Dangour, A.D., Dodhia, S.K., Hayter, A., Allen, E., Lock, K., and Uauy, R.（2009）Nutritional quality of organic foods: a systematic review. The American Journal of Clinical Nutrition, 90, 680-685
Dangour, A.D., Lock, K., Hayter, A., Aikenhead, A., Allen, E., and Uauy, R.（2010）Nutrition-related health effects of organic foods: a systematic review. The American Journal of Clinical Nutrition, 92, 203-210
FSA（2009）Agency emphasizes validity of Organic review. http://webarchive.nationalarchives.gov.uk/20120206100416/http://food.gov.uk/news/newsarchive/2009/aug/letter（2017 年 5 月閲覧）
Smith-Spangler, C., Brandeau, M.L., Hunter, G.E., Clay Bavinger, J., Pearson, M., Eschbach, P.J., Sundaram, V., Liu, H., Schirmer, P., Stave, C., Olkin, I. and Bravata, D.M.（2012）Are organic foods safer or healthier than conventional alternatives?: A systematic review, Annals of Internal Medicine, 157, 348-366
吉田企世子・森　敏・長谷川和久（2005）野菜の成分とその変動，p5-92，学文社
松中照夫（2013）土は土である，p13-99，農山漁村文化協会
ジオノ，J.，原みち子訳（1989）木を植えた人，p1-52，こぐま社

●第 11 章「作物の養分はなにか」を求めて

高橋英一（1982）植物栄養の基礎知識，p8-10，農山漁村文化協会
Russell, E. W.（1973）Soil Conditions and Plant Growth, 10th edition, p1-22, Longman
山根一郎・大向信平（1972）農業にとって土とは何か，p67-100，農山漁村文化協会
高橋英一（1996）ベネット　ロウズ小伝（2），農業および園芸，71，588-592
van der Ploeg, R.R., Böhm, W. and Kirkham, M.B.（1999）On the origin of the theory of mineral nutrition of plants and the law of the minimum. Soil Science Society of America Journal, 63, 1055-1062
Jungk, A.（2009）Carl Sprengel - The founder of agricultural chemistry, A re-appraisal commemorating the 150th anniversary of his death. Journal of Plant Nutrition and Soil Science, 172, 633-636
Bingham, J., Law, C. and Miller, T.（1991）Wheat-Yesterday, today and tomorrow, p5-9, Plant Breeding International and Institute of Plant Science Research
飯沼二郎（1967）農業革命論，p74-139，未来社
西尾道徳（2015）植物の無機栄養説と最小律の発見者はリービッヒではなかった，西尾道徳の環境保全型農業レポート，
その 1，No. 270, http://lib.ruralnet.or.jp/nisio/?p=3260
その 2，No.273, http://lib.ruralnet.or.jp/nisio/?p=3274
その 3，No.275, http://lib.ruralnet.or.jp/nisio/?p=3297
（2017 年 5 月閲覧）
テーヤ，A.D.（2007）合理的農業の原理・相川哲夫訳，上巻，p263-318，農山漁村文化協会
テーヤ，A.D.（2008）合理的農業の原理・相川哲夫訳，中巻，p1001-1003，農山漁村文化協会
リービヒ，J.（2007a）化学の農業および生理学への応用・吉田武彦訳，p11-12，北海道大学出版会
リービヒ，J.（2007b）化学の農業および生理学への応用・吉田武彦訳，p280-281，北海道大学出版会
リービヒ，J.（2007c）化学の農業および生理学への応用・吉田武彦訳，p200-203，北海道大学出版会
吉田武彦（2007a）リービヒ著「化学の農業および生理学への応用」，訳者まえがき，p xi，および，訳者改題，p369
吉田武彦（2007b）リービヒ著「化学の農業および生理学への応用」，訳者改題，p380-387
奥田　東（1968）肥料学概論，p220-221，養賢堂
Mori, S., Nishizawa, N., Uchino, H. and Nishimura, Y.（1977）Utilization of organic nitrogen as the sole nitrogen source for barley, Proceedings of the international seminar on soil environment and fertility management in intensive agriculture, Tokyo, Japan, p612-617
Mori, S. and Nishizawa, N.（1979）Nitrogen absorption by plant root from the culture medium where organic and inorganic nitrogen coexist. II, Which nitrogen is preferentially absorbed among ($U-^{14}C$) Gln,（2, $3-^{3}H$）Arg and $Na^{15}NO_3$?, Soil Science and Plant Nutrition, 25, 51-58
Kieland, K.（1994）Amino acid absorption by arctic plants: implications or plant nutrition and nitrogen cycling, Ecology, 75, 2373-2383
森　敏（1986）リボ核酸の裸麦の生育に対する顕著な肥効，日本土壌肥料学雑誌，57, 171-178
Nishizawa, N. K. and Mori, S.（2001）Direct uptake of macro organic molecules, In; Plant Nutrient Acquisition（Ae, N., Arihara, J., Okada, K. and Srinivasan, A. eds.），p421-443, Springer-Verlag
Wang, M., Shen, Q., Xu, G. H., and Guo, S.（2014）New insight into the strategy for nitrogen metabolism in plant cells. International review of cell and molecular biology, 310 (1), 1-37
二弊直登（2010）植物のアミノ酸吸収・代謝に関する研究，福島県農業総合センター研究報告，2，21-97
Yamagata, M. and Ae, N.（1996）Nitrogen uptake response of crops to organic nitrogen, Soil Science and Plant Nutrition, 42, 389-394
Matsumoto, S., Ae, N. and Yamagata, M.（1999）Nitrogen uptake response of vegetable crops to organic materials, Soil Science and Plant Nutrition, 45, 269-278
阿江教治・松本慎吾（2012）作物はなぜ有機物・難溶解成分を吸収できるのか，p95-165，農山漁村文化協会
クーン，T.，中山　茂訳（1971）科学革命の構造，p12-25，みすず書房

●第 12 章　作物養分の土壌中での動き

Arnon, D. I. and Stout P. R.（1939）The essentiality of certain elements in minute quantity for plants with special reference to copper, Plant Physiology, 14, 371-375
山内益夫（2002）ホウ素，植物栄養・肥料の事典，p110-113，同事典編集委員会編，朝倉書店
Brown, P. H., Welch, R. M. and Cary, E. E.（1987）Nickel : A micronutrient esssential for higher plants, Plant Physiology, 85, 801-803

Marschner, H.（1986）Mineral nutrition of higher plants, p4, Academic Press
Marschner, H.（1995）Mineral nutrition of higher plants, 2nd edition, p4, Academic Press
Marschner, P.（2011）Marschner's Mineral nutrition of higher plants, 3rd edition, p4, Academic Press
建部雅子・岡崎圭毅・岡紀邦・唐澤敏彦（2010）堆肥施用畑におけるダイコン，スイートコーンの窒素吸収とその品質への影響，日本土壌肥料学雑誌，81，23-30
目黒孝司・吉田企世子・山田次良・下野勝昭（1991）夏どりホウレンソウの内部品質指標，日本土壌肥料学雑誌，62，435-438
石間紀男・平 宏和・平 春枝・御子柴穆（1974）米の食味に及ぼす窒素施肥および精米中のタンパク質含有率の影響，食品総合研究所研究報告，29，9-15
松中照夫・佐藤未有・山本志都・松崎 彩・関沢美由紀・三星和佳子・毛利尚子（2003）酪農学園大学における酸性降下物のイオン組成とその沈着量の長期モニタリング，酪農学園大学紀要，28，85-96
服部 勉・宮下清貴（2000）土の微生物学，p68-69，養賢堂
広瀬春朗（1973）各種植物遺体の有機態窒素の畑状態土壌における無機化について，日本土壌肥料学雑誌，44，157-163
藤原俊六郎（1987）有機物分解と窒素の発現，農業技術体系，土壌施肥編，第３巻，土壌の性質と活用 III，p13-16，農山漁村文化協会
志賀一一・藤田秀保・徳永隆一・吉原大二（2001）酪農における家畜ふん尿処理と地域利用，p75，酪総研選書 69，酪農総合研究所
北海道農政部（2015a）北海道施肥ガイド 2015，p231，北海道農政部
久保田徹・箱石正・高橋茂（1986）ヒドロキシアルミニウム処理による堆肥の分解抑制，日本土壌肥料学雑誌，57，155-160
Matsunaka, T., Sentoku, A., Mori, M., and Satoh, S. (2008). Ammonia volatilization factors following the surface application of dairy cattle slurry to grassland in Japan: results from pot and field experiments. Soil Science and Plant Nutrition, 54, 627-637
岡島秀夫（1976）土壌肥沃度論，p145-146，農山漁村文化協会
Brady, N. C. and Weil, R. R.（2008）The nature and properties of soils,14th ed., p594-622, Pearson Prentice Hall
南條正巳（1993）リン酸の収着，久馬ら編，土壌の事典，p520-521，朝倉書店
Gunjigake, N. and Wada, K.（1981）Effects of phosphorus concentration and pH on phosphate retention by active aluminum and iron of Ando soils. Soil Science, 132, 347-352
伊藤豊彰・木川直人・三枝正彦（2011）黒ボク土におけるリン酸収着と土壌リン酸の可給性，アロフェン質黒ボク土と非アロフェン質黒ボク土の違いに注目して，ペドロジスト，55，84-88
山本毅・宮里愿（1971）畑土壌の生産力増強に関する研究－岩手火山灰土壌における燐酸資材多施用の効果．東北農試研究報告，42，53-92
Saigusa, M., Matsuyama, N., Honna, T., and Abe, T. (1991). Chemistry and fertility of acid Andisols with special reference to subsoil acidity. In Plant-Soil interactions at low pH . p73-80, Springer
三枝正彦・松山信彦（1996）東北地方の耕地黒ボク土の活性アルミニウムとそれに関わる２，３の化学性，日本土壌肥料学雑誌，67，174-179
松中照夫・中村亜紀良・橋本亜弓（2017）酸性黒ボク土の酸性矯正による施与リンの肥効改善効果は黒ボク土やリン資材の種類によって変化する，日本土壌肥料学雑誌，88，318-326
今井弘樹・尾形昭逸・田中明（1984）酸性土壌の改良，田中明編，酸性土壌とその農業利用－特に熱帯における現状と将来－，p.259-298. 博友社
吉田 稔（1984）土壌酸性の土壌化学的解析，田中明編，酸性土壌とその農業利用－特に熱帯における現状と将来，p143-168，博友社
Saigusa, M., Shoji, S., and Takahashi, T.（1980）Plant root growth in acid andosols from northeastern Japan: 2. Exchange acidity Y_1 as a realistic measure of aluminum toxicity potential. Soil Science, 130, 242-250
Ma, Y. L. and Matsunaka, T. 2013. Biochar derived from dairy cattle carcasses as an alternative source of phosphorus and amendment for soil acidity. Soil Sciece and Plant Nutrition, 59, 628-641
Ae, N., Arihara, J., Okada, K., Yoshihara, T. and Johansen, C.（1990）Phosphorus uptake by pigeon pea and its role in cropping systems of the Indian subcontinent, Science, 248, 477-480
Ae, N., Arihara, J., Okada, K., Yoshihara, T., Otani, T. and Johansen, C.（2010）The role of piscidic acid secreted by pigeon pea roots grown in an Alfisol with low-P fertility. Randall P.J. ら（eds.）Genetic aspects of plant mineral nutrition, p279-288, Kluwer Academic publishers
Ae, N., Otani, T., Makino, T. and Tazawa, J.（1996）Role of cell wall of groundnut roots in solubilizing sparingly soluble phosphorus in soil. Plant and Soil, 186, 197-204
Ae, N. and Otani, T.（1997）The role of cell wall components from groundnut roots in solubilizing sparingly soluble phosphorus in low fertility soils. Plant and Soil, 196, 265-270
渡辺和彦（2002）原色野菜の要素欠乏・過剰症，p59-60，農山漁村文化協会
岡島秀夫・松中照夫（1973）根圏土壌に関する研究（第１報）トウモロコシ，アルファルファ根圏土壌溶液の無機成分について，日本土壌肥料学雑誌，44, 413-420
杉山 恵・阿江教治（2000）黒ボク土および黒ボク土に施用した鉱物に対する作物のカリウム吸収反応，日本土壌肥料学雑誌，71，786-793
杉山 恵・阿江教治・古賀伸久・山縣真人（2002）作物による土壌カリウムの収奪とケイ酸の可溶化，長期三要素試験圃場からの推察，日本土壌肥料学雑誌，73，109-116
赤塚 恵・上貝義運・三須 昇（1964）乳牛飼養における飼料中肥料成分の回収について，日本土壌肥料学雑誌，35, 351-354
北海道農政部（2015b）北海道施肥ガイド 2015，p228
倉島健次（1983）草地飼料作における圃場還元利用研究の現状と問題点，F．施用基準，草地試験場 No.58-2 資料
伊東祐二郎・塩崎尚郎・橋元秀教（1982）多腐植質黒ボク土の畑地における牛ふん厩肥の大量連用と土壌の肥沃性，九州農業試験場報告，22, 259-320
Kemp, A. and 't Hart, M. L.（1957）Grass tetany in grazing milking cows, Netherlands Journal of Agricultural Science, 5, 4-17
Kemp, A.（1971）The effects of K and N dressings on the mineral supply of grazing animals, Proceedings of 1st Colloquium of Potassium Institute, p1-14
Committee of mineral nutrition（1973）Tracing and treating mineral disorders in dairy cattle, p12-19, Centre for Agricultural Publishing and Documentation, The Netherlands
Adams, R.S. and Guss, S.B.（1965）Silo gas and nitrate problems, Feedstuffs, 37, 32-44
辻 藤吾（1980）野草地土壌のイオウ含量に及ぼす二，三の要因，日本土壌肥料学雑誌，51, 210-220
小畑 仁（2002）亜鉛，植物栄養・肥料の事典，p105-107，同事典編集委員会編，朝倉書店
磯部 等・関本 均（1999）栃木県における豚用飼料，豚ぷんおよび豚ぷん堆肥の重金属含量の実態，日本土壌肥料学雑誌，70, 39-44
Watanabe, Y., Iizuka, T. and Shimada, N.（1994）Induction of cucumber leaf urease by cobalt. Soil Science and Plant Nutrition, 40, 545-548
塚本崇志（2010）要素，藤原俊六郎，安西徹郎，小川吉雄，加藤哲郎編，新編土壌肥料用語事典，第２版，p102，農山漁村文化協会

●第 13 章　作物生産に生かす土壌診断

北海道立総合研究機構農業研究本部（2012）土壌・作物栄養診断のための分析法 2012，p26-27
松中照夫・三枝俊哉（2016）草地学の基礎，p131，農山漁村文化協会
松中照夫（1984）土壌診断とその応用，これからの土づくり戦略，p109-132，デーリィジャパン社
農林水産省（2008）地力増進基本指針の公表について，http://www.maff.go.jp/j/seisan/kankyo/hozen_type/h_dozyo/pdf/chi4.pdf（2017 年，9 月閲覧）
北海道農政部（2015）北海道施肥ガイド 2015 http://www.pref.hokkaido.lg.jp/ns/shs/clean/sehiguide2015.htm（2017 年，9 月閲覧）
今野一男（2001）網走地方の畑作地帯における有機物および土壌の窒素評価と施肥対応，北海道立農業試験場報告，98，1-92

●第 14 章　おもな耕地土壌の特徴

農耕地土壌分類委員会（1995）農耕地土壌分類第３次改訂版，農業環境技術研究所資料第 17 号，p1-79，農業環境技術研究所
Jensen, C. R., Stolzy, L. H. and Letey, J.（1967）Tracer studies of oxygen diffusion through roots of barley, corn and rice, Soil Science, 103, 23-29
吉田昌一（1968）土壌および河川による養分の天然供給，小西・高橋編，土壌肥料講座 1，p21-40，朝倉書店
金子文宣（2010）水分保持，藤原俊六郎，安西徹郎，小川吉雄，加藤哲郎編，新編土壌肥料用語事典，第２版，p59，農山漁村文化協会
岡 啓（1991）連作と輪作，北海道農業フロンティア研究会編，土は求めている，p125-162，北海道大学図書刊行会
山根一郎（1974）日本の自然と農業，p199，農山漁村文化協会
農林水産省（2017a）平成 29 年耕地面積，http://www.maff.go.jp/j/tokei/kouhyou/sakumotu/menseki/attach/pdf/index-16.pdf（2018 年３月閲覧）

若月利之（1997）水田土壌，九馬一剛編，最新土壌学，p157-178，朝倉書店
山崎　伝（1968）湿田土壌，小西千賀三・高橋治助編，土壌肥料講座 3，p76-99，朝倉書店
Ponnamperuma, F. N, Martinez, E. and Loy, T.（1966）Influence of redox potential and partial pressure of carbon dioxide on pH values and the suspension effect of flooded soils, Soil Science, 101, 421-431
塩入松三郎（1942）水田の脱窒現象に就て，日本土壌肥料学雑誌，16，104-116
三井進午・麻生末雄・熊沢喜久雄（1951）作物の養分吸収に関する動的研究（第 1 報）水稲根の養分吸収に対する硫化水素の影響に就て，日本土壌肥料学雑誌，22, 46-52
大杉　繁・川口桂三郎（1938）水田に於ける硫酸アンモニア施肥に依る障害に就て，第 1 報，日本土壌肥料学雑誌，12, 453-462
大杉　繁・川口桂三郎（1939）水田に於ける硫酸アンモニア施肥に依る障害に就て，第 2 報，日本土壌肥料学雑誌，13, 1-10
塩入松三郎・横井　肇（1949）硫化鉄の溶脱機構，日本土壌肥料学雑誌，20, 157-161
鈴木新一（1968）老朽化水田，小西千賀三・高橋治助編，土壌肥料講座 3，p11-33，朝倉書店
岡島秀夫（1960）水稲根群の生理機能に関する研究，とくに窒素栄養を中心にして，東北大学農学研究所彙報，12, 1-146
吉田昌一（1986）稲作科学の基礎，村山　登・吉田よし子・長谷川周一・末永一博共訳，p223，博友社
FAO（国際連合食糧農業機関）（2017a）World hunger on rise, http://www.fao.org/state-of-food-security-nutrition/en/（2017 年 12 月閲覧）
FAO（2017b）FAOSTAT, Annual Population, http://www.fao.org/faostat/en/#data/OA（2017 年 12 月閲覧）
農林水産省（2017b）平成 29 年産水陸稲の収穫量 https://www.e-stat.go.jp/stat-search/files?page=1&layout=datalist&toukei=00500215&tstat=000001013427&cycle=7&year=20170&month=0&tclass1=000001032288&tclass2=000001032753&tclass3=000001112815（2018 年 3 月閲覧）
土壌保全調査事業全国協議会（1991）農林水産省農蚕園芸局農産課・日本土壌肥料学会監修，新訂版日本の耕地土壌の実態と対策，p25-35，博友社
藤原俊六郎（1996a）土壌・作物栄養診断の課題，1．土壌診断に求められるもの，藤原俊六郎・安西徹郎・加藤哲郎著，土壌診断の方法と活用，p15，農山漁村文化協会
農林水産省（2008a）土壌保全調査事業成績書，土壌環境基礎調査編，土壌機能モニタリング調査編，p20-23，および p402-404，農林水産省生産局
農林水産省（2008b）農地土壌の現状と課題 http://www.maff.go.jp/j/study/dozyo_kanri/01/pdf/ref_data1.pdf （2017 年 9 月閲覧）
Russell, E. J.（1957）The world of the soil, p160-167, Collins
Brady, N. C. and Weil, R. R.（2008）The nature and properties of soils, 14th ed., p519-520, Pearson Prentice Hall
フォス，H. D.，江川友治監訳（1983）土壌・肥料学の基礎，p147-152，養賢堂
成田保三郎（1984）網走地方の黒色火山性土における連・輪作畑の土壌微生物特性と連作障害の要因解明およびその対策に関する研究，北海道立農業試験場報告，50, 1-44
北海道農政部（2015）北海道施肥ガイド 2015，p113-140
土屋一成（1990）農業資材多投に伴う作物栄養学的諸問題 1　野菜および畑作物の要素過剰の実態，日本土壌肥料学雑誌，61，98-103
村上圭一・中村文子・後藤逸男（2004a）土壌のリン酸過剰とアブラナ科野菜根こぶ病発病の因果関係，日本土壌肥料学雑誌，75，453-457
渡辺和彦（2009）ミネラルの働きと作物の健康，p26-75，農山漁村文化協会
村上圭一・篠田英史・丸田里江・後藤逸男（2004b）転炉スラグによるブロッコリー根こぶ病の防除対策，日本土壌肥料学雑誌，75，53-58
農研機構東北農業研究センター（2015）転炉スラグによる土壌 pH 矯正を核とした土壌伝染性フザリウム病の被害軽減技術－研究成果集－，https://www.naro.affrc.go.jp/publicity_report/publication/files/tenro-slag.pdf （2017 年 12 月閲覧）
道総研十勝農試（2003）貫入式土壌硬度計を用いた耕盤層の簡易判定法と広幅型心土破砕による対策，平成 15 年度北海道農業試験会議成績会議資料，http://www.hro.or.jp/list/agricultural/center/kenkyuseika/gaiyosho/h15gaiyo/2003304.pdf （2017 年 9 月閲覧）
山根一郎（1981）耕地の土壌学，p105，農山漁村文化協会
渡辺和彦（2002）原色野菜の要素欠乏・過剰症，p53-54，農山漁村文化協会
藤原俊六郎（1996b）耕地・作物別の土壌診断と対策，4．施設栽培土壌，藤原俊六郎・安西徹郎・加藤哲郎著，土壌診断の方法と活用，p226，農山漁村文化協会
後藤逸男（2001）施設土壌，犬伏和之・安西徹郎編，土壌学概論，p170-174，朝倉書店

北岸確三（1962）火山灰土壌における牧草の集約栽培に関する土壌肥料学的研究，東北農業試験場研究報告，23, 1-67
三木直倫（1993）寒冷地における草地土壌の有機物並びに窒素の経年的動態とそれに基づく窒素施肥管理法に関する研究，北海道立農業試験場報告，79, 1-98
平林清美・松中照夫・近藤熙（1986）草地土壌診断における土壌採取法について，北海道草地研究会報，20，163-166
小川和夫・草野　秀（1975）降水によって作物体から溶出する成分，日本土壌肥料学雑誌，46，437-446
寶示戸雅之（1994）草地土壌の経年的酸性化と牧草の生育特性に関する研究，北海道立農業試験場報告，83, 1-106
東田修司（1993）天北地方における重粘土草地の土壌微生物活性と牧草生産，北海道立農業試験場報告，80, 1-123
関口久雄・奥村純一（1973）草地の放牧利用が 2，3 の土壌成分と収量に及ぼす影響，北農，40（7），20-29
松中照夫・中辻敏朗・大塚省吾・木曽誠二（2017）重粘土草地の更新時における土地改良と堆肥の大量施与の牧草生産からみた評価，日本草地学会誌，62，189-198
今野順治郎（1938）堆厩肥の腐熟程度と肥効との関係，北農，5, 513-517
根釧農試（1993）平成 4 年度クリーン農業技術開発推進対策事業中間成績概要，p110-111
Matsumoto, T., Noshiro, M. and Hojito, M.（1997）The effect of barnyard manure of different degradation levels on grass production, T. Ando et al. (Eds), Plant Nutrition - for Sustainable Food Production and Environment, p591-592, Springer
松中照夫・村上憲一・三浦俊一（1977）草地酪農地帯における厩肥の成分含量とその施用の実態，畜産の研究，31, 1338-1340
松中照夫・石井岳浩・岡本英竜（1998）曝気処理した乳牛由来液状きゅう肥のオーチャードグラスに対する肥料的効果，日本土壌肥料学雑誌，69, 598-603
高井康雄・三好　洋（1977）土壌通論，p189-198，朝倉書店
増田欣也・中村ゆり・梅宮善章（2001）果樹園における重金属蓄積の実態と対策，今月の農業，45（12），40-45
梅宮善章（2001）樹園地土壌，犬伏和之・安西徹郎編，土壌学概論，p180-187，朝倉書店
鶴田治雄（2000）地球温暖化ガスの土壌生態系との関わり，3．人間活動による窒素化合物の排出と亜酸化窒素の発生，日本土壌肥料学雑誌，71, 554-564

●第 15 章　耕地に由来する環境汚染

山下惣一（1999）身土不二の探求，p192-200，創森社
タッジ，C.・竹内久美子訳（2002）農業は人類の原罪である，p8-14，新潮社
熊澤喜久雄（1998）地下水の硝酸態窒素汚染の現況，日本土壌肥料学雑誌，70, 207-213
寶示戸雅之・池口厚男・神山和則・島田和宏・荻野暁史・三島慎一郎・賀来康一（2003）わが国農耕地における窒素負荷の都道府県別評価と改善シナリオ，日本土壌肥料学雑誌，74, 467-474
農林水産省（2017a）食料需給表，平成 28 年度，http://www.maff.go.jp/j/zyukyu/fbs/attach/pdf/index-2.pdf （2017 年 10 月閲覧）
農林水産省（2017b）食料・農業・農村白書，平成 28 年度，p73 http://www.maff.go.jp/j/wpaper/w_maff/h28/attach/pdf/zenbun-67.pdf （2017 年 10 月閲覧）
柏　久（2012）加工型酪農の進展と飼料政策，柏久編著，放牧酪農の展開を求めて－乳文化なき日本の酪農論批判－，p129-151，日本経済評論社
Shindo, J., Okamoto, K., Kawashima, H., and Konohira, E.（2009）Nitrogen flow associated with food production and consumption and its effect on water quality in Japan from 1961 to 2005. Soil Science and Plant Nutrition, 55, 532-545
高橋英一（1991）肥料の来た道帰る道，p43-55，研成社
リービヒ，J.・吉田武彦訳（2007）化学の農業及び生理学への応用，p71，北海道大学出版会
小川吉雄・松丸恒夫（2010）環境の保全，藤原俊六郎・安西徹郎・小川吉雄・加藤哲郎編，新版土壌肥料用語集，p251，農山漁村文化協会
リロンデル，J・リロンデル，J-L・越野正義訳（2006）硝酸塩は本当に危険か，p65-125，農山漁村文化協会
西尾道徳（1993）持続可能な農業システムとは何か，草地試験場・平成 5 年度草地飼料作物問題別検討会「土地利用型畜産経営における持続的農業システムの方向」p13-25，草地試験場

松中照夫（2007）EU 主要国における耕地へ家畜ふん尿施与に関する規制の概要，畜産の研究，61，659-668
扇　勉・峰崎康裕・西村和行・糟谷広高（1999）乳牛の糞尿量および窒素排泄量の低減，北海道草地研究会報，33，16-21
築城幹典・原田靖生（1997）家畜排泄物量推定プログラム，システム農学，13，17-23
松中照夫（2002）北海道の草地の歴史と持続的発展のシナリオ，北海道草地研究会報，36，16-19
Sugimoto, Y. and Hirata, M. (2006) Nitrate concentration of groundwater and its association with livestock farming in Miyakonojo Basin, southern Kyushu, Grassland Science, 52, 29-36
別海町（2017）別海町畜産環境に関する条例の制定について，http://betsukai.jp/blog/0001/index.php?ID=3533（2017 年 10 月閲覧）
松中照夫・三浦諭美・平井志保・石村博之（2013）施与量と施与時期からみた乳牛メタン発酵消化液の畑地施与における問題点，酪農学園大学紀要，38，1－10
松元　順（1999）畜産集中地域における家畜ふん尿処理・利用の現状と展望，日本土壌肥料学雑誌，70，487-492
薬師堂謙一・田中章浩・山本克巳（2000）乳牛ふん堆肥の成型特性，九州農業研究，62，143
山本克巳・土屋一成（2004）成分調整成型堆肥による大豆および小麦の減化学肥料栽培技術，日本土壌肥料学雑誌，75，501-504
松中照夫・三枝俊哉（2016）草地学の基礎，p161-165，農山漁村文化協会
松本武彦（2003）家畜ふん尿を土づくりにどう生かすか，松中照夫編，酪農家のための土づくり講座，p179-194，酪農学園大学エクステンションセンター
早川嘉彦・金澤健二・寳示戸雅之（2002）畑地からの硝酸態窒素の流出を抑制する－草地緩衝帯の必要幅の算出－，環境負荷を予測する－モニタリングからモデリングへ－，日本土壌肥料学会監修，長谷川周一・波多野隆介・岡崎正規（編），p95-109，博友社
松中照夫・熊井実鈴・千徳あす香（2003）バイオガスプラント消化液由来窒素のオーチャードグラスに対する肥料的効果，日本土壌肥料学雑誌，74, 31-38
Matsunaka, T., Sentoku, A., Mori, M., and Satoh, S. (2008). Ammonia volatilization factors following the surface application of dairy cattle slurry to grassland in Japan: results from pot and field experiments. Soil Science and Plant Nutrition, 54, 627-637
Matsunaka, T. and Sentoku, A. (2002) Impact evaluation among factors affecting ammonia emission from surface applied cattle slurry, Transactions of 17th world congress of Soil Science, p1575-1-1575-11
関口健二（2010）スラリー散布に伴う臭気発生とゾーニング，デーリィマン 8 月号，p40，デーリィマン社
鶴田治雄（2000）地球温暖化ガスの土壌生態系との関わり，3. 人間活動による窒素化合物の排出と亜酸化窒素の発生，日本土壌肥料学雑誌，71, 554-564
Tao, X., Matsunaka, T. and Sawamoto, T. (2008) Dicyandiamide application plus incorporation into soil reduces N_2O and NH_3 emissions from anaerobically digested cattle slurry. Australian Journal of Experimental Agriculture, 48, 169-174
IPCC (2007) Summary for Policymakers. In: Climate Change 2007: The Physical Science Basis. Contribution of Working Group I to the Fourth Assessment Report of the Intergovernmental Panel on Climate Change [Solomon, S., D. Qin, M. Manning, Z. Chen, M. Marquis, K.B. Averyt, M.Tignor and H.L. Miller (eds.)]. p6, Cambridge University Press, Cambridge, United Kingdom and New York, NY, USA
袴田共之・波多野隆介・木村眞人・高橋正通・阪本一憲（2000）地球温暖化ガスの土壌生態系との関わり，1. 二酸化炭素と陸域生態系，日本土壌肥料学雑誌，71, 263-274
日本国（2017）「気候変動に関する国際連合枠組条約」に基づく第 7 回日本国国別報告書，p49-53
https://www.env.go.jp/earth/ondanka/ghg-mrv/unfccc/material/NC7-JPN-J.pdf（2018 年 6 月閲覧）
Ciais, P., C. Sabine, G. Bala, L. Bopp, V. Brovkin, J. Canadell, A. Chhabra, R. DeFries, J. Galloway, M. Heimann, C. Jones, C. Le Quéré, R.B. Myneni, S. Piao and P. Thornton (2013) Carbon and Other Biogeochemical Cycles. In: Climate Change 2013: The Physical Science Basis. Contribution of Working Group I to the Fifth Assessment Report of the Intergovernmental Panel on Climate Change (Stocker, T.F., D. Qin, G.-K. Plattner, M. Tignor, S.K. Allen, J. Boschung, A. Nauels, Y. Xia, V. Bex and P.M. Midgley (eds.)), p507 and 512, Cambridge University Press, Cambridge, United Kingdom and New York, NY, USA
犬伏和之（2001）土壌保全と人類，犬伏和之・安西徹郎編，土壌学概論，p205-213，朝倉書店
Myhre, G., D. Shindell, F.-M. Bréon, W. Collins, J. Fuglestvedt, J. Huang, D. Koch, J.-F. Lamarque, D. Lee, B, Mendoza, T. Nakajima, A. Robock, G. Stephens, T. Takemura and H. Zhang (2013) Anthropogenic and Natural Radiative Forcing. In: Climate Change 2013 : The Physical Science Basis. Contribution of Working Group I to the Fifth Assesment Report of the Intergovernmental Panel on Climate Change (Stocker, T.F., D. Qin, G.-K. Plattner, M. Tignor, S.K. Allen, J. BOschung, A. Nauels, Y. Xia, V. Bex and P.M. Midgley (eds)). p714, Cambridge University Press, Cambridge, United Kingdom and New York, NY, USA.
Hristov, A. N., Oh, J., Giallongo, F., Frederick, T. W., Harper, M. T., Weeks, H. L., and Kindermann, M. (2015) An inhibitor persistently decreased enteric methane emission from dairy cows with no negative effect on milk production. Proceedings of the National Academy of Sciences, 112, 10663-10668

●第 16 章　農薬，重金属，放射性物質による土壌汚染

農林水産省（2017）農薬の基礎知識，
http://www.maff.go.jp/j/nouyaku/n_tisiki/（2017 年 11 月閲覧）
カーソン，R. L.，青樹簗一訳（1974）沈黙の春─生と死の妙薬，p25，新潮文庫，新潮社
金沢　純（1974）水銀汚染と農作物，食の科学，18, 58-65
農薬要覧編集委員会（1963）農薬要覧 1963，農林省農政局植物防疫課監修，p220，日本植物防疫協会
田辺信介（1998）化学汚染の検証：有機塩素化合物による海棲哺乳類の汚染を例に，哺乳類科学，38，79－91
吉田文和（1989）ハイテク汚染，p12-47，岩波新書，岩波書店
コルボーン，T.，ダマノスキ，D.，マイヤーズ，J. P.，長尾　力訳（1997）奪われし未来，p341-364，翔泳社
キャドバリー，D.，井口泰泉監修・古草秀子訳（1998）メス化する自然，p25-356，集英社
環境庁（2000）内分泌攪乱化学物質問題への環境庁の対応方針について－環境ホルモン戦略計画 SPEED' 98 －，2000 年 11 月版，http://www.env.go.jp/chemi/end/speed98/main/full.pdf（2017 年 11 月閲覧）
環境省（2016）化学物質の内分泌かく乱作用に関する今後の対応－ExTEND2016 －，
http://www.env.go.jp/chemi/end/extend2016/HP_EXTEND2016re3.pdf（2017 年 11 月閲覧）
厚生労働省（2016）厚生労働省医薬食品局審査管理課化学物質安全対策室，内分泌かく乱物質化学物質ホームページ，内分泌かく乱物質化学物質 Q&A，Q8
http://www.nihs.go.jp/edc/question/q8.htm（2018 年 8 月閲覧）
有吉佐和子（1975）複合汚染（上），p1-269，同（下），p1-241，新潮社
松永和紀（2007）メディア・バイアス，あやしい健康情報とニセ科学，p78-92，光文社新書
唐木英明（2007）食の安全と安心の違い，農家の友，2007 年 2 月号，100-105
那須淑子・佐久間敏雄（1997）土と環境，p60-61，三共出版
環境省（2017）パンフレット「土壌汚染対策法のしくみ」，p23，
http://www.env.go.jp/water/dojo/pamph_law-scheme/pdf/full.pdf（2017 年 11 月閲覧）
谷山一郎（2014）農産物と農地の放射能汚染，日本土壌肥料学雑誌，85，71-72
農林水産省（2011）食品等に含まれる放射性物質，http://www.maff.go.jp/j/syouan/soumu/saigai/pdf/2_shoku.pdf（2017 年 11 月閲覧）
農林水産省（2017a）農地土壌の放射性物質濃度分布図の作成について，
http://www.affrc.maff.go.jp/docs/map/（2017 年 11 月閲覧）
農林水産省（2012）農地土壌の放射性物質濃度分布図，
http://www.affrc.maff.go.jp/docs/press/pdf/120323_03_bunpuzu.pdf，（2017 年 11 月閲覧）
厚生労働省（2012）食品中の放射性物質の新たな基準値，http://www.mhlw.go.jp/shinsai_jouhou/dl/leaflet_120329.pdf（2017 年 11 月閲覧）
Almgren, S. and Isaksson, M. (2006) Vertical migration studies of Cs-137 from nuclear weapons fallout and the Chernobyl accident. Journal of Environmental Radioactivity, 91, 90-102
Arapis, G.D. and Karandinos, M.G. (2004) Migration of ^{137}Cs in the soil of sloping semi-natural ecosystems in Northern Greece. Journal of Environmental Radioactivity, 77, 133-142

参考・引用文献

山口紀子・高田裕介・林健太郎・石川　覚・倉俣正人・江口定夫・吉川省子・坂口　敦・朝田　景・和穎朗太・牧野知之・赤羽幾子・平舘俊太郎（2012）土壌－植物系における放射性セシウムの挙動とその変動要因，農業環境技術研究所報告，31，75-129

中尾　淳・和田信一郎・木暮敏博・高橋嘉夫・W. Crawford Elliott・山口紀子（2015）土壌化学で解く放射性セシウム－土壌鉱物間の反応機構，日本土壌肥料学雑誌，87，70-74

農林水産省（2017b）29 年産米の作付け制限等の対象地域，http://www.maff.go.jp/j/kanbo/joho/saigai/29kome_sakutuke_housin.html （2017 年 12 月閲覧）

農林水産省（2014a）放射性セシウム濃度が高い米が発生する要因とその対策について，http://www.maff.go.jp/j/kanbo/joho/saigai/pdf/youin_kome2.pdf （2017 年 12 月閲覧）

農林水産省（2014b）放射性セシウム濃度が高いそばが発生する要因とその対策について，http://www.maff.go.jp/j/kanbo/joho/saigai/pdf/h25soba_yoin.pdf （2017 年 12 月閲覧）

農林水産省（2014c）牧草地における放射性物質移行低減対策の手引き＜東北～北関東地方版＞，http://www.maff.go.jp/j/chikusan/sinko/shiryo/pdf/josen_pamph_all.pdf（2017 年 12 月閲覧）

農林水産省（2015）放射性セシウム濃度が高い大豆が発生する要因とその対策について，http://www.maff.go.jp/j/kanbo/joho/saigai/pdf/youin_daizu_3.pdf（2017 年 12 月閲覧）

アレクシェービッチ，S.，松本妙子訳（1998）チェルノブイリの祈り－未来の物語，p1-246，岩波書店

●第 17 章　持続的食料生産と土壌保全

岡島秀夫（1976）土壌肥沃度論，p14，農山漁村文化協会

カーター，V.，デール，T.，山路　健訳（1975）土と文明，p7-30，家の光協会

三笠宮崇仁（1967）バベルの塔，大世界史，1．ここに歴史はじまる，p40-59，文藝春秋社

ヘロドトス，松平千秋訳（1971）歴史・上，p164，岩波文庫，岩波書店

NHK 取材班（1982）アスワンハイダムの功罪，日本の条件 6．（1）穀物争奪の時代，p38-64，日本放送出版協会

石　弘之 / 京都大学環境史研究会（1994）訳者あとがき，ポンティング，C. 著，緑の世界史（下），p284，朝日選書，朝日新聞社

真勢　徹（1997）乾燥地帯の灌漑農業，田中　明編著，熱帯農業概論，p438-439，築地書館

ポンティング，C.，石　弘之 / 京都大学環境史研究会訳（1994）緑の世界史（上），p7-18，朝日選書，朝日新聞社

FAO（国際連合食糧農業機関）（2017a）World hunger on rise，http://www.fao.org/state-of-food-security-nutrition/en/（2017 年 12 月閲覧）

FAO（2017b）FAOSTAT, Annual Population，http://www.fao.org/faostat/en/#data/OA（2017 年 12 月閲覧）

ジョージ，S.，小南祐一郎・谷口真理子訳（1984）なぜ世界の半分が飢えるか，p12-341，朝日選書，朝日新聞社

Oxfam（2017）Just 8 men own same wealth as half the world，https://www.oxfam.org/en/pressroom/pressreleases/2017-01-16/just-8-men-own-same-wealth-half-world（2017 年 12 月閲覧）

ボヴェ，J.，デュフール，F.，新谷淳一訳（2001）地球は売り物じゃない！，p193，紀伊国屋書店

荏開津典生（1994）「飢餓」と「飽食」，p24-44，講談社

ブラウン，L.（2000a）地球環境データブック，ワールドウオッチ研究所，p117，家の光協会

United Nations（国際連合）（2017）World population prospects, The 2017 Revision，https://esa.un.org/unpd/wpp/Publications/Files/WPP2017_KeyFindings.pdf（2017 年 12 月閲覧）

ブラウン，L.，浜中裕徳監訳（1999）90 億人を養えるか，ブラウン，L. 編著，地球白書 1999-2000，p205-235，ダイヤモンド社

FAO（2017c）FAOSTAT, Crops，http://www.fao.org/faostat/en/#data/QC（2017 年 12 月閲覧）

ブラウン，L.，逸見謙三監訳（1971），緑の革命─国際農業問題と経済開発，p18-66，ぺりかん社

FAO（2017d）FAOSTAT, Fertilizers archive，http://www.fao.org/faostat/en/#data/RA（2017 年 12 月閲覧）

FAO（2017e）FAOSTAT, Fertilizers by Nutrient，http://www.fao.org/faostat/en/#data/RFN（2017 年 12 月閲覧）

Smil, V.（2001）Enriching the earth: Fritz Haber, Carl Bosch, and the transformation of world food production. p.xiii，The MIT press.

マルサス，T.，神永文三訳（1927）人口論，p2-16，世界大思想全集 18，春秋社

松中照夫（2013）土は土である，p126-133，農山漁村文化協会

UNEP（1997）World atlas of desertification, 2nd ed. p47，Arnold

伊ヶ崎健大（2015）砂漠化と風食，アフリカ・サヘル地域，日本土壌肥料学会編，世界の土・日本の土は今，p17-23，農山漁村文化協会

和田幸子（2003）インドの経済開発と再生可能エネルギー利用，客員研究員研究報告書 2002，p55-56，（財）アジア女性交流・研究フォーラム

石　弘之（1988）地球環境報告，p1-28 および p105-139，岩波新書，岩波書店

FAO（2017f）FAOSTAT, Forest Land，http://www.fao.org/faostat/en/#data/GF(2017 年 12 月閲覧)

FAO（2016）Global Forest Resources Assessment 2015, second edition, p18, FAO, Rome

FAO（2011）The state of the world's land and water resources for food and agriculture (SOLAW) – Managing systems at risk. p21-45, FAO, Rome and Earthscan, London

Oldeman, L. R., Hakkeling, R. T. A. and Sombroek, W. G.（1991）World map of the status of human-induced soil degradation: An explanatory note, Global Assessment of Soil Degradation（GLASOD），2nd revised edition，p32，ISRIC/UNEP, Wageningen

久馬一剛（2016）Erosion は「侵食」である，日本土壌肥料学雑誌，87，215-216

スタインベック，J.，大久保康雄訳（1967）怒りの葡萄（上），p5-468，同（下），p5 433，新潮文庫，新潮社

真木太一（1985）農地の保全と防災（その 3）─風食，農業土木学会誌，53, 713-719

石　弘之（1998）地球環境報告Ⅱ，p40-63，岩波新書

星野仏方（2011）自然改造で消える中央アジアの内陸湖①，酪農ジャーナル，64（11），44-45

Bennett, H. H.（1939）Soil Conservation，p125-168，McGraw-Hill

和田信一郎（1997）酸性降下物が土壌に及ぼす影響，木村眞人編，土壌圏と地球環境問題，p169-185，名古屋大学出版会

環境省（2017）平成 27 年度酸性雨調査結果について（モニタリングデータ）http://www.env.go.jp/air/acidrain/monitoring/h27/index.html（2017 年 12 月閲覧）

広瀬弘忠（1990）酸性化する地球，p23-31，NHK ブックス，日本放送出版協会

石　弘之（1992a）酸性雨，p33-37，岩波新書，岩波書店

石　弘之（1992b）酸性雨，p19-24，岩波新書，岩波書店

Barrow, C.J.（1991）Land Degradation, p53-67，Cambridge University Press

石　弘之（1992c）酸性雨，p38-50，岩波新書，岩波書店

村野健太郎（1993）酸性雨と酸性霧，p1-47，裳華房

ポステル，S.，福岡克也監訳（2000a）水不足が世界を脅かす，p1-294，家の光協会

ブラウン，L.，浜中裕徳監訳（1997）食料不足という試練，ブラウン，L. 編，地球白書 1997-98，p37-69，ダイヤモンド社

福嶌義宏（2008）黄河断流，p88-99，昭和堂

ポステル，S.，浜中裕徳監訳（2000b）灌漑農業の再構築，ブラウン，L. 編，地球白書 2000-01，p72-102，ダイヤモンド社

資源エネルギー庁（2017a）平成 28 年度エネルギーに関する年次報告（エネルギー白書 2017），p139 http://www.enecho.meti.go.jp/about/whitepaper/2017pdf/whitepaper2017pdf_2_1.pdf （2017 年 12 月閲覧）

フレイヴィン，C.・ダン，S.，浜中裕徳監訳（1999）エネルギー・システムの再構築，ブラウン，L. 編，地球白書 1999-2000，p38-71，ダイヤモンド社

資源エネルギー庁（2017b）エネルギー白書 2004 ～ 2017 http://www.enecho.meti.go.jp/about/whitepaper/（2017 年 12 月閲覧）

槌田　敦（2002）新石油文明論，p9-17，農山漁村文化協会

宇沢弘文（2000）社会的共通資本，p1-10，岩波新書，岩波書店

陽　捷行（1994）土壌圏と大気圏，1．総論，p26，朝倉書店

著者略歴

松中　照夫（まつなか　てるお）

酪農学園大学名誉教授・農学博士（北海道大学）。
1948年生まれ。1971年北海道大学卒業後，農学部助手，農業改良普及員を経て，1976年から北海道立根釧・北見・天北の各農業試験場勤務。1991～92年イギリス・ノーフォークに長期研修派遣留学。1995年酪農学園大学酪農学部・教授。2014年定年退職。

主な著書:『土壌学の基礎』（単著，農文協），『土は土である』（単著，農文協），『農学基礎セミナー　草地学の基礎』（共著，農文協），『土壌学概論』（共著，朝倉書店），『新編 畜産環境保全論』（共著，養賢堂），『循環型酪農へのアプローチ』（編著，酪農学園大学エクステンションセンター）

農学基礎シリーズ　**新版 土壌学の基礎**
生成・機能・肥沃度・環境

2018年11月20日　第1刷発行
2024年 1 月30日　第8刷発行

著　者　　松中 照夫

発行所　一般社団法人 農山漁村文化協会
郵便番号　335－0022　埼玉県戸田市上戸田２－２－２
電話　048（233）9351（営業）　048（233）9355（編集）
FAX　048（299）2812　振替 00120－3－144478

ISBN 978-4-540-17105-5　DTP制作／條 克己
〈検印廃止〉　印刷・製本／TOPPAN㈱

定価はカバーに表示